机器视觉与机器学习

算法原理、框架应用与代码实现

宋丽梅　朱新军　编著

机 械 工 业 出 版 社

本书内容共 10 章。第 1 章为绪论，包括机器视觉的相关概念，机器视觉的发展、基本任务、应用领域与困难，以及马尔视觉理论；第 2 章为数字图像处理；第 3 章为相机成像；第 4 章为相机标定；第 5 章为 Shape from X；第 6 章为双目立体视觉；第 7 章为结构光三维视觉；第 8 章为深度相机，介绍当前颇受欢迎的 Kinect、Intel RealSense 等深度相机的知识与相关应用；第 9 章为机器学习基础；第 10 章为机器学习在机器视觉领域的应用，包括机器学习在模式识别、图像超分辨率重建、图像去噪、目标跟踪、三维重建等方面的应用。

本书除第 1 章和第 9 章，其他各章都配有应用案例，包括案例的分析过程、实验设置、实验数据、程序代码及运行结果。案例的编程实现采用了 MATLAB、C++、Python 程序设计语言，使用了 OpenCV 函数、MATLAB 视觉与图形工具箱、Scikit-Learn 机器学习工具包，以及 MatConvNet、TensorFlow、Keras 深度学习框架。通过讲解案例背景与原理、设计思路、实验步骤、开发环境与工具和实验结果，使读者能够根据案例理解相关内容，加强工程实际应用中理论和知识的学习。同时，本书对从事机器视觉与机器学习的科研人员和工程师也具有一定的参考作用。

图书在版编目（CIP）数据

机器视觉与机器学习：算法原理、框架应用与代码实现/宋丽梅，朱新军编著．—北京：机械工业出版社，2020.5（2024.2 重印）
ISBN 978-7-111-65454-4

Ⅰ.①机… Ⅱ.①宋… ②朱… Ⅲ.①计算机视觉 ②机器学习 Ⅳ.①TP302.7 ②TP181

中国版本图书馆 CIP 数据核字（2020）第 071393 号

机械工业出版社（北京市百万庄大街 22 号 邮政编码 100037）
策划编辑：尚 晨 责任编辑：尚 晨
责任校对：张艳霞 责任印制：常天培
固安县铭成印刷有限公司印刷

2024 年 2 月第 1 版·第 4 次印刷
184mm×260mm·24.25 印张·602 千字
标准书号：ISBN 978-7-111-65454-4
定价：118.00 元

前　　言

随着计算机技术、光电子技术、信号处理理论与技术、人工智能理论与技术的发展，近年来机器视觉得到了飞速的发展和广泛的应用，在科研和实际生产中发挥了重要的作用。以深度学习为代表的机器学习正在学术界和工业界大放异彩。机器视觉与机器学习作为人工智能的重要分支，很大程度上代表了人工智能的发展水平，在人工智能领域的地位不言而喻。相关行业对从事机器视觉、人工智能领域的人才需求量持续增加。

机器视觉是国内外高校本科生和研究生的重要专业课，具有广泛的应用背景，对本科生、研究生的学习、研究和工作具有重要影响。该课程涉及信号处理、数字图像处理、模式识别、人工智能和光电子等领域，是一门交叉学科，具有很强的专业性。机器视觉课程内容很多，既包含大量的基础理论，也包含丰富的实验。迄今为止，国内外涌现了许多优秀、经典的教材，比如美国麻省理工学院的 Berthold Horn 教授编写的《Robot Vision》已经成为机器视觉的经典教材。Dana Ballard 和 Christopher Brown 编写的《Computer Vision》教材内容丰富，尤其偏重于一些非常专业的内容。David Marr 编写的《Vision：A Computational Investigation》偏重于机器视觉和生物视觉系统相联系的内容。在国内，也出现了许多优秀的机器视觉教材，比如张广军教授编写的《机器视觉》。另外，国内外还有许多其他优秀的教材，这里不再一一列举。

机器视觉发展迅速，由于出版时间等原因，关于机器视觉与机器学习的一些最新研究成果，在一些优秀的教材中体现得不是特别充分。比如，基于结构光的三维测量技术在近些年受到广泛关注和研究，在 *Optics Letters*、*Optics Express*、*Applied Optics*、《光学学报》和《光学精密工程》等相关期刊都有大量的关于机器视觉的文章发表。另外，基于飞行时间法与编码结构光的 3D 相机近年来发展迅速，以微软 Kinect 3D 传感器为代表，还有最近出现的 Intel RealSense 3D 相机。这些产品背后的技术和原理需要相关领域的广大工作者进一步学习和研究。因此，需要将结构光三维测量和飞行时间法三维测量的内容体现在教材中，以此来帮助学生学习机器视觉课程时能够更充分地了解前沿发展状况，掌握机器视觉前沿技术。编者基于对结构光投影三维测量和飞行时间法测量、机器学习的积累和对最新文献的掌握，编写了这本面向工程专业的机器视觉教材，教材体现机器视觉的最新案例和研究内容，将这些内容系统性地呈现给读者。

本书内容共 10 章：第 1 章为绪论；第 2 章为数字图像处理，包括图像滤波、图像分割、图像处理工具、特征提取等，主要用于机器视觉算法的设计与实现；第 3 章为相机成像，包括相机成像模型与相机亮度、光源等方面的内容；第 4 章为相机标定，主要包括相机标定原理、方法与实现；第 5 章为 Shape from X，主要包括从光度立体、阴影、运动及纹理恢复三维形状；第 6 章为双目立体视觉，主要包括双目立体视觉原理、双目立体视觉系统、双目立体视觉重建算法与实现；第 7 章为结构光三维视觉，包括基于条纹投影的面结构光与线结构光；第 8 章为深度相机，介绍当前颇受欢迎的 Kinect、Intel RealSense 等深度相机的知识与相关应用；第9章为机器学习基础，包括神经网络、支持向量机、集成学习与深度学习等；第10章为机器学习在机器视觉领域的应用，包括深度学习在模式识别、图像超分辨率重建、图像去噪、目标跟踪、三维重建等方面的应用。除第1章和第9章外，其他各章都配有应用案例，包括案例的分析过程、实验数据、程序代码及运行结果。

三维视觉是机器视觉的核心主题之一。第6~8章体现了课题组成员在这方面研究的一个基本总结。在第7章，基于最新文献及发展趋势，整理了结构光三维测量的发展过程、前沿趋势，编写了相关的教学案例，也可为相关研究人员提供一定的参考。第8章包含微软 Kinect 以及 Intel RealSense 产品的具体应用实例。此外，机器视觉及相关领域发展迅速，新的成果不断涌现，为保证教材的与时俱进，本书中加入了新的内容，如硬 X 射线自由电子激光光源、万亿帧每秒高速相机、10G 以太网相机等，让读者能够了解关于机器视觉的最新发展情况。本书还特别加入了机器视觉中的机器学习相关内容，编写了机器视觉中的深度学习案例。

本书积累了多年来在机器视觉和人工智能领域的科研和教学成果，是一本面向工程专业的本科生与研究生的教材。该教材包含经典和最新的机器视觉案例。通过讲解案例背景与原理、设计思路、实验步骤、开发环境和工具及实验结果，使学生能够根据案例理解相关理论知识和内容，能够为教学提供丰富可靠的工程应用经验，有利于加强工程实际应用理论和知识的学习。本教材对从事机器视觉的科研人员和工程师也具有一定的参考作用。

本书由天津工业大学宋丽梅、朱新军编著。纪越、成怡、杨燕罡、黄浩珍、茹愿、李欣遥、林文伟等为本书的编写提供了大量帮助。

本书的编写得到了天津工业大学研究生课程优秀教材建设项目（《机器视觉》优秀教材建设，项目编号 Y20160527）支持。本书也得到了全国工程专业学位研究生教育指导委员会/中国学位与研究生教育学会工程专业学位工作委员会立项的全国工程专业学位研究生教育自选研究课题（教改项目）——面向工程应用的《机器视觉》教材改革（项目编号 2016-ZX-066）的支持。此外，本书也得到了天津市高等学校创新团队培养计划的资助（项目编号 TD13-5036）。

由于编者水平有限，书中难免存在不妥之处，敬请读者批评指正。

编　者

目　　录

第1章 绪 论

1.1 机器视觉

视觉是人类强大的感知方式，它为人们提供了关于周围环境的大量信息，使人们能有效地与周围环境进行交互。据统计，人类从外界接收的各种信息中 80% 以上是通过视觉获得的，人类有 50% 的大脑皮层参与视觉功能运转。

视觉对于多数动物来说有着至关重要的意义。计算机视觉方面的知名学者李飞飞这样描述：眼睛、视觉、视力是动物最基本的东西。在寒武纪生命大爆发之前，地球上的生物种类稀少，全都生活在水里，都是被动获取食物的。寒武纪生命大爆发阶段，新物种突然增多，在短短的一千万年里生物种类出现了数十万倍的增长。寒武纪生命大爆发的原因至今没有公认的答案，但其中一个观点是这与视觉有很大关系。牛津大学生物学家 Andrew Parker 通过研究生物化石发现，5.4 亿年前三叶虫最早进化出了眼睛（图 1-1）。动物有了视觉后就能看到食物，然后开始主动捕食，从而有了捕食者与被捕食者之间的复杂行为的演化，使动物种类不断增多。因此，很多科学家认为生命大爆发始于动物获得视觉后求生的过程，视觉在生物进化过程中极其重要。

图 1-1　三叶虫

关于视觉有很多有趣的发现，比如螳螂虾的眼睛能探测到偏振光。人眼以及普通相机只能感受到光的强度信息而不能探测到光的偏振信息。澳大利亚昆士兰大学的研究人员发现，螳螂虾的复眼（见图 1-2）能探测到偏振光。根据生物医学及光学方面的理论知识，生物组织特性与偏振信息有关，所以螳螂虾的眼睛是能够"诊断"出生物组织的病变的（https://phys.org/news/2013-09-mantis-shrimp-world-eyesbut.html）。此外，蜻蜓等昆虫具有复眼结构（见图 1-3），蜘蛛有很多只眼睛，青蛙的眼睛只能看到动态场景，狗对色彩信息的分辨能力极低。

图 1-2　螳螂虾的眼睛

图 1-3 蜻蜓的眼睛

那么，介绍完生物的视觉功能之后，什么是机器视觉呢？

机器视觉是机器（通常指数字计算机）对图像进行自动处理并报告"图像是什么"的过程，也就是说它用于识别图像中的内容，比如自动目标识别。

机器视觉一般以计算机为中心，主要由视觉传感器、高速图像采集系统及专用图像处理系统等模块组成。

根据 David A. Forsyth 和 Jean Ponce 的定义，计算机视觉是借助于几何、物理和学习理论来建立模型，从而使用统计方法来处理数据的工作。它是指在透彻理解相机性能与物理成像过程的基础上，通过对每个像素值进行简单的推理，将多幅图像中可能得到的信息综合成相互关联的整体，确定像素之间的联系以便将它们彼此分割开，或推断一些形状信息，进而使用几何信息或概率统计计数来识别物体。

从系统的输入输出方式考虑，机器视觉系统的输入是图像或者图像序列，输出是一个描述。进一步讲，机器视觉由两部分组成：特征度量与基于这些特征的模式识别。

机器视觉与图像处理是有区别的。图像处理的目的是使图像经过处理后变得更好，图像处理系统的输出仍然是一幅图像，而机器视觉系统的输出是与图像内容有关的信息。图像处理可分为低级图像处理、中级图像处理和高级图像处理，处理内容包含图像增强、图像编码、图像压缩、图像复原与重构等。

1.1.1　机器视觉的发展

图 1-4 所示为 20 世纪 70 年代至今机器视觉发展过程中的部分主题，包括机器视觉发展初期（20 世纪 70 年代）的数字图像处理和积木世界，20 世纪 80 年代的卡尔曼滤波、正则化，20 世纪 90 年代的图像分割、基于统计学的图像处理以及 21 世纪计算摄像学与机器视觉中的深度学习等。

1. 20 世纪 70 年代

机器视觉始于 20 世纪 70 年代早期，它被视为模拟人类智能并赋予机器人智能行为的感知组成部分。当时，人工智能和机器人的一些早期研究者（如麻省理工大学、斯坦福大学、卡内基·梅隆大学的研究者）认为，在解决高层次推理和规划等更困难问题的过程中，解决"视觉输入"问题应该是一个简单的步骤。比如，1966 年，麻省理工大学的 Marvin

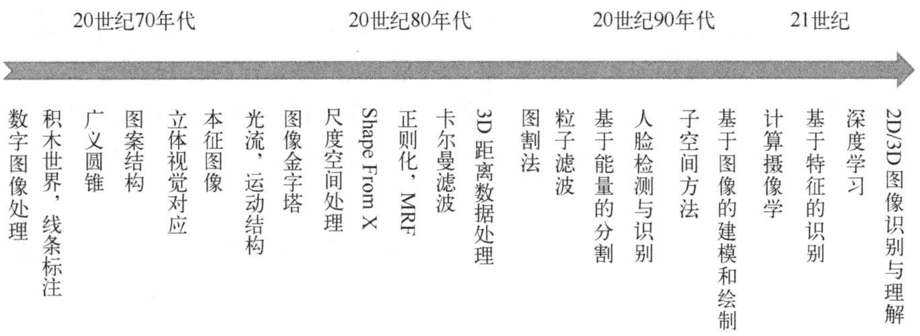

20世纪70年代　　　　　20世纪80年代　　　　　20世纪90年代　　　　21世纪

数字图像处理，线条标注
积木世界
广义圆锥
图案结构
立体视觉对应
本征图像
光流，运动结构
图像金字塔
尺度空间处理
Shape From X
正则化，MRF
卡尔曼滤波
3D 距离数据处理
图割法
粒子滤波
基于能量的分割
人脸检测与识别
子空间方法
基于图像的建模和绘制
计算摄像学
基于特征的识别
深度学习
2D/3D 图像识别与理解

图 1-4　机器视觉发展过程中的部分主题

Minsky 让他的本科生 Gerald Jay Sussman 在暑期将相机连接到计算机上，让计算机来描述它所看到的东西。现在，大家知道这些看似简单的问题其实并不容易解决。

数字图像处理出现在 20 世纪 60 年代。与已经存在的数字图像处理领域不同的是，机器视觉期望从图像中恢复出实物的三维结构并以此得出完整的场景理解。场景理解的早期尝试包括物体（即"积木世界"）的边缘抽取及随后的从二维线条的拓扑结构推断其三维结构。当时有学者提出了一些线条标注算法，此外，边缘检测也是一个活跃的研究领域。

20 世纪 70 年代，人们还对物体的三维建模进行了研究。Barrow、Tenenbaum 与 Marr 提出了一种理解亮度和阴影变化的方法，并通过表面朝向和阴影等恢复三维结构。那时也出现了一些更定量化的机器视觉方法，包括基于特征的立体视觉对应（stereo correspondence）算法和基于亮度的光流（optical flow）算法，同时，关于恢复三维结构和相机运动的研究工作也开始出现。

另外，David Marr 特别介绍了其关于（视觉）信息处理系统表达的三个层次。

1）计算理论：计算（任务）的目的是什么？针对该问题已知或可以施加的约束是什么？

2）表达和算法：输入、输出和中间信息是如何表达的？使用哪些算法来计算所期望的结果？

3）硬件实现：表达和算法是如何映射到实际硬件即生物视觉系统或特殊的硅片上的？相反地，硬件的约束怎样才能用于指导表达和算法的选择？随着机器视觉对芯片计算能力需求的日益增长，这个问题再次变得相当重要。

2. 20 世纪 80 年代

20 世纪 80 年代，图像金字塔和尺度空间开始广泛用于由粗到精的对应点搜索。在 80 年代后期，在一些应用中小波变换开始取代图像金字塔。

三维视觉重建中出现"由 X 到形状"的方法，包括由阴影到形状、由光度立体视觉到形状、由纹理到形状及由聚焦到形状。这一时期，探寻更准确的边缘和轮廓检测方法是一个活跃的研究领域，其中包括动态演化轮廓跟踪器的引入，例如 Snake 模型。立体视觉、光流、由 X 到形状及边缘检测算法如果作为变分优化问题来处理，可以用相同的数学框架来统一来描述，而且可以使用正则化方法增加鲁棒性。此外，卡尔曼滤波和三维距离数据（range data）处理仍然是这十年很活跃的研究领域。

3. 20 世纪 90 年代

20 世纪 90 年代，视觉的发展情况如下。

1）关于在识别中使用投影不变量的研究呈现爆发式增长，这种方法可有效用于从运动到结构的问题。最初很多研究是针对投影重建问题的，它不需要相机标定的结果。与此同时，有人提出了用因子分解方法来高效地解决近似正交投影的问题，后来这种方法扩展到了透视投影的情况。该领域开始使用全局优化方法，后来被认为与摄影测量学中常用的"光束平差法"相关。

2）出现了使用颜色和亮度的精细测量，并将其与精确的辐射传输和形成彩色图像的物理模型相结合。这方面的工作始于 20 世纪 80 年代，构成了一个称作"基于物理的视觉（physics-based vision）"的子领域。

3）光流方法得到了不断的改进。

4）在稠密立体视觉对应算法方面也取得了很多进展。其中最大的突破可能就是使用"图割（graph cut）"方法的全局优化算法。

5）可以产生完整三维表面的多视角立体视觉算法。

6）跟踪算法也得到了很多改进，包括使用"活动轮廓"方法的轮廓跟踪（例如蛇形、粒子滤波和水平集方法）和基于亮度的跟踪。

7）统计学习方法开始流行起来，如应用于人脸识别的主成分分析。

4. 21 世纪

21 世纪，计算机视觉与计算机图形学之间的交叉越来越明显，特别是在基于图像的建模和绘制这个交叉领域。另外，计算摄像学发挥越来越重要的作用，包括光场获取和绘制以及通过多曝光实现的高动态范围成像。目标识别中基于特征的方法（与学习方法相结合）日益凸显，更高效的复杂全局优化问题求解算法也得到了发展。

另外一个趋势是复杂的机器学习方法在计算机视觉中的应用，尤其是近几年，基于深度学习的机器学习方法在图像与视频等方面中的关于目标检测、跟踪、理解等领域的应用。

1.1.2　机器视觉与其他领域的关系

机器视觉属于交叉学科，它与众多领域都有关联，尤其是机器视觉与计算机视觉之间的关系，有的学者认为二者一样，有的则认为二者存在差别，图 1-5 显示了机器视觉与其他领域的关系图，包括计算机视觉、图像处理、人工智能、机器人控制、信号处理、成像等。人工智能、机器人控制等概念在相关学科中都有比较明确的定义。成像是表示或重构客观物体形状及相关信息的学科。

图像处理主要是基于已有图像生成一张新的图像，可以通过噪声抑制、去模糊、边缘增强等处理来实现。模式识别的主要任务是对模式进行分类。机器视觉的核心问题是从一张或多张图像生成一个符号描述。计算机视觉与计算机图形学是相互关联而又互逆的过程。计算机图形学的目的是真实或非真实地呈现一些场景，即通过虚拟建模等方式对得到的场景进行处理，然后使用计算机进行呈现；而计算机视觉是为了得到真实场景的信息通过采集图像进行处理。

在数学方法方面，机器视觉用到了连续数学、信号处理、变分法、摄影几何、线性代数、离散数学的知识，如图算法、组合优化、偏微分方程、傅里叶变换。某种程度上，机器视觉与汽车工程的研究一样复杂，它要求研究人员理解机械工程、空气动力学、人机工程学、电子线路和控制系统等诸多主题。

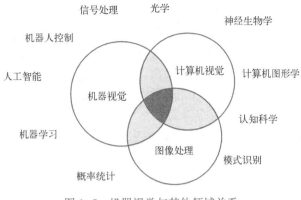

图 1-5　机器视觉与其他领域关系

1.2　机器视觉研究的任务、基本内容、应用领域与困难

1.2.1　任务

机器视觉系统被用于分析图像和生成对被成像物体的描述。这些描述必须包含关于被成像物体的某些信息，用于完成某些特殊的任务。机器视觉系统可以看作一个与周围环境进行交互的部分，它是关于场景的反馈回路中的一个单元，而其他单元则被用于决策与执行决策。

1.2.2　基本内容

机器视觉研究的内容非常广泛，比如以下几个方面。
- 相机标定与图像形成。
- 二值图像分析、边缘检测与图像滤波等低水平图像处理问题。
- 图像分割，纹理描述与分割。
- 纹理分析。
- Shape From X 三维视觉。
- 立体视觉。
- 光流与运动分析。
- 目标匹配、检测与识别。
- 3D 传感、形状描述、目标跟踪。
- 图像、视频理解。

1.2.3　应用领域

机器视觉在很多领域中已经得到了广泛应用。

1）工业自动化生产线：将图像和视觉技术用于工业自动化，可以提高生产效率和生产质量，同时还可以避免人的疲劳、注意力不集中等带来的误判。具体例子有工业探伤、自动流水线和装配、自动焊接、PCB 检查以及各种危险场合工作的机器人等。

2）视觉导航：用于无人驾驶飞机、无人驾驶汽车、移动机器人、精确制导及自动巡航装备捕获目标和确定距离，既可以避免人的参与及由此带来的危险，也可提高精度和速度。无人驾驶汽车技术运用了各种摄像头、激光设备、雷达传感器等，并根据摄像头捕获到的图像及利用雷达和激光设备的相互配合来获取汽车当前的速度、前方的交通标识、所在车道、与周围行人与汽车的距离等信息，并以此来做出加速、减速、停车、左转、右转等判断，从而控制汽车实现无人驾驶。

3）光学字符识别：阅读信上的手写邮政编码和自动识别号码牌。

4）机器检验：快速检验部件质量，用立体视觉在特定的光照环境下测量飞机机翼或汽车车身配件的容差。

5）零售业：针对自动结账通道的物体识别及基于人脸识别的支付功能。

6）医学成像：配准手术前和手术中的成像，或关于人类老化过程中大脑形态的长期研究。

7）人机交互：让计算机借助人的手势、嘴唇动作、躯干运动、表情等了解人的要求而执行指令，这既符合人类的互动习惯，也可增加交互便捷性和临场感。微软公司应用于Xbox360上的Kinect包括了人脸检测、人脸识别与跟踪、动作跟踪、表情判断、动作识别与分类等机器视觉领域的前沿技术。

8）虚拟现实：飞机驾驶员训练、手术模拟、场景建模、战场环境仿真等。

更多的应用可参考 David Lowe 的工业视觉应用网页（网址为 http://www.cs.ubc.ca/spider/lowe/vision.html）。总之，机器视觉的应用是多方面的，它会得到越来越广泛的应用。

1.2.4 困难

使机器具有看的能力不是一件容易的事情。那么，机器视觉的研究有哪些困难？对于这个问题，可以从以下六个方面理解。

1）在 3D 向 2D 转换过程中损失信息。在相机或者人眼图像获取过程中，会出现 3D 向 2D 转换过程中的信息损失。这由针孔模型来近似或者透镜成像模型决定，在成像过程中丢失了深度信息。在投影变换过程中，会将点沿着射线作映射，但不保持角度和共线性。

2）解释。人类可以自然而然地对图像进行解释，而这一任务却是机器视觉要解决的难题之一。当人们试图理解一幅图像时，以前的知识和经验就会起作用，人类的推理能力可将长期积累的知识用于解决新的问题。赋予机器理解能力是机器视觉与人工智能的学科研究者不断努力的目标。

3）噪声。真实世界中的测量都含有噪声，这就需要使用相应数学工具和方法对含有噪声的视觉感知结果进行分析与处理，从而较好地复原真实视觉数据。

4）大数据。图像数据是巨大的，视频数据相应地会更大。虽然技术上的进步使得处理器和内存不足已经不是问题，但是，数据处理的效率仍然是一个重要的问题。

5）亮度测量。在成像传感时，用图像亮度近似表示辐射率。辐射率依赖于辐照度（辐照度与光源类型、强度和位置有关）、观察者位置、表面的局部几何性质和表面的反射特效等。其逆任务是病态的，比如由亮度变化重建局部表面方向。通常病态问题的求解是极其困难的。

6）局部窗口和对全局视图的需要。通常，图像分析与处理的是其中的局部像素，也就是说通过小孔来看图像。通过小孔看世界很难实现全局上下文的理解。20世纪80年代，McCarthy指出构造上下文是解决推广性问题的关键一步，而仅从局部来看或只有一些局部小孔可供观察时，解释一幅图像通常是非常困难的。

1.2.5 机器视觉与人类视觉的关系

机器视觉是研究如何能让计算机像人类那样通过视觉实现"see"的学科。视觉实际上包含两个方面："视"和"觉"，也就是说机器视觉不仅要捕获场景信息还需要理解场景信息。具体来讲，它是利用相机和计算机代替人眼，使得机器拥有类似于人类的对目标进行分割、分类、识别、跟踪、判别和决策的功能。对人类来说非常简单的视觉任务对于机器却可能异常复杂。在很多方面，机器视觉的能力还远远不如人类视觉，原因在于人类经过大量的学习、认识和了解，已经对现实世界中存在的各种事物有了准确、完善的分类归纳能力，而计算机则缺少相应的过程，就像一个婴儿很难分清不同的人，很难辨别物体的形状和外观、人的表情等，但经过与外界的交互、学习就能逐渐掌握对事物和场景的识别和理解能力。让计算机达到人类的视觉能力需要一个完善的学习过程。此外，生物的眼睛经历了5亿多年的进化，视觉系统不断完善，而相机的出现才短短一百多年。

在图像理解等高级机器视觉问题上，计算机的视觉能力通常低于人类。人类及其他生物的眼睛具有的强大功能，所以机器视觉研究过程中借鉴了生物视觉的功能原理，比如Gabor滤波器的频率和方向表达同人类视觉系统类似，卷积神经网络的构建参考了人类大脑提取视觉信息的方式。

1.3 马尔视觉理论

马尔首次从信息处理的角度综合了图像处理、心理物理学、神经生理学及临床神经病学等方面已取得的重要研究成果，在1982年出版的 *Vision* 一书提出了视觉理论框架，使得机器视觉有了一个比较明确的体系。该框架既全面又精炼，不仅使视觉信息理解研究变得更加严谨，而且是把视觉研究从描述的水平提高到数理科学水平的关键。马尔的理论指出，要先理解视觉的目的，再去理解其中的细节，这对各种信息处理任务来说都是合适的。下面简要介绍马尔视觉理论的基本思想及理论框架。

1.3.1 视觉是一个复杂的信息加工过程

马尔认为视觉是一个远比想象中复杂的信息加工任务，而且其难度常常不为人们所正视。其中的一个主要原因是：虽然用计算机理解图像很难，但对于人类而言这是轻而易举的。

为了理解视觉中的复杂过程，首先要解决两个问题：第一，视觉信息的表达问题；第二，视觉信息的加工问题。这里的"表达"指的是一种能把某些实体或几类信息表示清楚的形式化系统以及说明该系统如何工作的若干规则，其中某些信息是突出和明确的，另一些信息则是隐藏和模糊的。表达对后面信息加工的难易有很大影响。至于视觉信息加工，它要通过对信息的不断处理、分析、理解，来将不同的表达形式进行转换和逐步抽象来达到目的。要完成视觉任务，需要在若干个不同层次和方面进行处理。

近期的生物学研究表明，生物在感知外部世界时，视觉系统可分为两个皮层视觉子系统，即有两条视觉通路，分别为 what 通路和 where 通路。其中，what 通路传输的信息与外界的目标对象相关，而 where 通路用来传输对象的空间信息。结合注意机制，what 信息可用于驱动自底向上的注意，形成感知和进行目标识别；where 信息可以用来驱动自顶向下的注意，处理空间信息。这个研究结果与马尔的观点是一致的，因为按照马尔的计算理论，视觉过程是一种信息处理过程，其主要目的就是从图像中发现存在于外部世界的目标以及目标所在的空间位置。

1.3.2　视觉系统研究的三个层次

马尔从信息处理系统的角度出发，认为对视觉系统的研究应分为三个层次，即计算理论层次、表达与算法层次和硬件实现层次。

计算理论层次主要回答视觉系统的计算目的与计算策略是什么，或视觉系统的输入输出是什么，如何由系统的输入求系统的输出。在这个层次上，视觉系统输入是二维图像，输出则是三维物体的形状、位置和姿态。视觉系统的任务是研究如何建立输入输出之间的关系和约束，如何由灰度图像恢复物体的三维信息。表达与算法层次是要进一步回答如何表达输入和输出信息，如何实现计算理论所对应功能的算法，以及如何由一种表示变换成另一种表示。一般来说，使用不同的表达方式完成同一计算的算法会不同，但表达与算法是比计算理论低一层次的问题，不同的表达与算法，在计算理论层次上可以是相同的。最后一个硬件实现层次解决如何用硬件实现上述表达和算法的问题，比如计算机体系结构和具体的计算装置及其细节。

从信息处理的观点来看，至关重要的是最高层次，即计算理论层次。这是因为构成视觉的计算本质取决于计算问题的解决，而不取决于用来解决计算问题的特殊硬件。计算机或处理器所运算的对象为离散的数字或符号，计算机的存储容量也有一定的限制，因而有了计算理论还必须要考虑算法的实现，为此需要给加工所操作的实体选择一种合适的表达——一方面要选择加工的输入和输出表达，另一方面要确定完成表达转换的算法。表达和算法是相互制约的，其中需要注意三点：①一般情况下可以有许多可选的表达；②算法的确定常取决于所选的表达；③给定一种表达，可有多种完成任务的算法。综上所述，所选的表达和操作的方法有密切联系。一般将用来进行加工的指令和规则称为算法。有了表达和算法，在物理上如何实现算法也是必须要考虑的，特别是随着对实时性的要求越来越高，专用硬件的问题常常被提出。需要注意的是，算法的确定常常依赖于从物理上实现算法的硬件特点，而同一个算法也可由不同的技术途径来实现。

1.3.3　视觉系统处理的三个阶段

马尔从视觉计算理论出发，将系统分为自下而上的三个阶段，即视觉信息从最初的原始数据（二维图像数据）到最终对三维环境的表达经历了三个阶段的处理，如图 1-6 所示。第一阶段（早期视觉处理阶段）构成所谓"要素图"或"基元图（primary sketch）"，基元图由二维图像中的边缘点、直线段、曲线、顶点、纹理等基本几何元素或特征组成。对第二阶段（中期视觉处理阶段），马尔称为对环境的 2.5 维描述。2.5 维描述是一种形象的说法，即部分的、不完整的三维信息描述，用"计算"的语言来讲，就是物体在以观察者为中心的坐标系下的三维形状与位置。当人眼或相机观察周围的物体时，观察者对三维物体最初是以自身的坐标系来描述的，而且只能观察到物体的一部分（另一部分是物体的背面或被其他物体遮挡的部分）。这样，重建的结果就是以观察者坐标系描述的部分三维物体形状，称为2.5维描述。这一阶段中存在许多并行的相对独立的模块，如立体视觉、运动分析、由亮度恢复表面形状等。事实上，从任何角度去观察物体，观察到的形状都是不完整的。不难设想，人脑中存有同一物体从所有可能的观察角度看到的物体形象，可以用来与所谓的2.5维描述进行匹配与比较，2.5维描述必须进一步处理以得到物体的完整三维描述，而且必须是物体在某一固定坐标系下的描述，这一阶段为第三阶段（后期视觉处理阶段）。

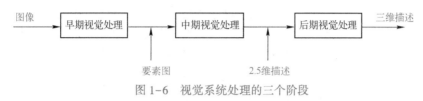

图1-6 视觉系统处理的三个阶段

马尔的视觉计算理论是视觉研究中第一个影响较大的理论，它推动了这一领域的发展，对图像理解和机器视觉的研究具有重要作用。但是马尔的理论也有不足之处，比如下面四个有关整体框架的问题。

1）框架中的输入是被动的，输入什么图像，系统就加工什么图像。

2）框架中的目的不变，总是恢复场景中物体的位置和形状。

3）框架缺乏或者说没有足够重视高层知识的指导作用。

4）整个框架中的信息加工过程基本自下而上，单向流动，没有反馈。

针对上述问题，人们提出了一系列改进思路，具体如图1-7所示。改进后的框架优点如下。

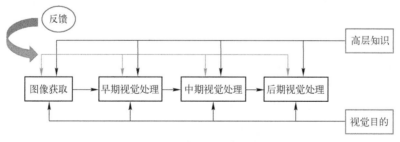

图1-7 改进的马尔框架

1）人类视觉具有主动性，例如会根据需要改变视角以帮助识别。主动视觉指视觉系统可以根据已有的分析结果和视觉任务的当前要求决定相机的运动，以便从合适的位置和视角获取相应的图像。人类的视觉又具有选择性，可以注目凝视（以较高分辨率观察感兴趣的区域），也可以对场景中某些部分视而不见。选择性视觉指视觉系统可以根据已有的分析结果和视觉任务的当前要求决定相机的注意点，以获取相应的图像。考虑到这些因素，改进框架中增加了图像获取模块，该模块会根据视觉目的来选择图像采集方式。

选择性视觉也可看作主动视觉的另一种形式上述的主动视觉是指移动相机以聚焦到当前环境中被关注的特定目标上，而选择性视觉是关注整幅图像中的一个特定区域并动态与之交互以获得解释。尽管这两种形式看起来很相似，但在第一种形式中，主动性主要体现在相机的观察上，在第二种形式中，主动性主要体现在加工层次和策略上。虽然两种形式中都有交互，即视觉都有主动性，但是移动相机是将完整场景全部记录和存储，因而是个较烦琐的过程，而且这样得到的整体解释并不一定全都被使用。而第二种形式中仅收集场景中当前最有用的部分、缩小其范围并增强其质量以获取有用的解释模仿了人类解释场景的过程。

2）人类的视觉可以根据不同的目的进行调整。有目的的视觉任务指视觉系统根据视觉的目的进行决策，例如，是完整、全面地恢复场景中物体的位置和形状等信息，还是仅仅检测场景中是否存在某物体。这里的关键问题是确定任务的目的，因此，在改进的框架中增加了视觉目的框架，可根据理解的不同目的确定进行定性分析还是定量分析，但目前定性分析还比较缺乏完备的数学工具。有目的的视觉动机是仅将需要的信息明确化，例如，无人驾驶汽车的避免碰撞功能就不需要精确的形状描述，只要一些定性的结果即可。这种思路还没有坚实的理论基础，但为生物视觉系统的研究提供了许多实例。此外，与有目的的视觉密切相关的定性视觉需求是对目标或场景的定性描述。它的动机不是去表达定性任务或决策所不需要的几何信息。定性信息的优点是对各种不需要的变换或噪声没有定量信息敏感。定性或不变性允许在不同的复杂层次下方便地解释所观察到的事件。

3）人类可以在仅从图像获取了部分信息的情况下完全解决视觉问题，原因是隐含地使用了各种知识。例如，借助设计资料来获取物体的形状信息，从而帮助解决由单幅图恢复物体整个形状的困难。利用高层知识可解决低层信息不足的问题，所以改进框架中增加了高层知识模块。

4）人类视觉中前后处理之间是有交互作用的，改进框架中也考虑了这一点。

1.4 习题

1. 总结机器视觉的发展历史。
2. 给出机器视觉应用的五个具体例子。
3. 机器视觉的目标是什么？
4. 机器视觉的主要内容有哪些？
5. 叙述马尔理论的主要内容。
6. 机器视觉与模式识别的区别是什么？
7. 机器视觉与图像处理的区别是什么？
8. 计算机视觉与计算机图形学之间有什么不同？
9. 考虑到近年来的科技进展（如人工智能、机器学习、大数据、物联网、激光雷达与无人驾驶等），在哪些方面可以对马尔理论进行补充和完善？

第2章　数字图像处理

图像处理是实现机器视觉功能的必要环节，包括图像预处理、图像分割、图像特征提取等过程。图像预处理是其中的关键环节，如图像滤波、平滑和锐化及图像复原等，是下一步图像处理工作的基础。图像的分割、特征提取是图像识别的前提。本章主要介绍图像的滤波、二值化、边缘提取这三种图像预处理方法，图像分割方法，图像特征提取方法，以及基于傅里叶变换、小波变换等的变换域和基于偏微分方程的空间域图像处理数学工具。

2.1　图像预处理

2.1.1　图像滤波

图像滤波的目的是消除或者抑制图像中的噪声，从而实现图像增强。噪声的产生方式有很多，可能由图像传输过程中的信号干扰、相机自身的原因和拍摄过程中的抖动等造成。噪声主要分为高斯噪声、脉冲噪声（也称为椒盐噪声）、散斑噪声等。一个好的图像滤波算法会在尽可能去除噪声的同时最大限度保留图像细节信息。最常见和最基本的图像滤波方法有均值滤波、中值滤波、高斯滤波、BM3D 滤波（Block Matching and 3D filtering，三维块匹配滤波）和双边滤波等。

1. 均值滤波

均值滤波是线性滤波中最简单的一种，处理之后的图像像素值是根据要处理的像素邻域的像素值来决定的，即每一个像素值用该像素邻域中所有像素的灰度平均值来代替。均值滤波的操作可以表示为

$$b(x,y) = \frac{1}{mn} \sum_{(r,c) \in T_{xy}} a(r,c) \tag{2-1}$$

式中，$b(x,y)$ 是均值滤波之后图像上的像素灰度值；$a(r,c)$ 是输入图像的像素灰度值，即要进行均值滤波的图像；m、n 为所用模板的大小；T_{xy} 为所使用的均值滤波模板；(r,c) 为均值滤波模板中的像素坐标。

常用的均值滤波模板有两种，第一种是计算模板内像素灰度值的平均值

$$w = \frac{1}{9} \times \begin{pmatrix} 1 & 1 & 1 \\ 1 & 1 & 1 \\ 1 & 1 & 1 \end{pmatrix} \tag{2-2}$$

第二种是对模板所覆盖的像素灰度值加上了权重，即每个像素值对结果的影响不一样，权重大的像素对结果的影响比较大，具体如

$$w = \frac{1}{16} \times \begin{pmatrix} 1 & 2 & 1 \\ 2 & 4 & 2 \\ 1 & 2 & 1 \end{pmatrix} \tag{2-3}$$

均值滤波在对图像进行平滑的同时会把阶跃变化的灰度值平滑为渐进变化，这就造成了图像细节信息的严重丢失，将导致边缘提取定位精确度的下降。滤波之前将图像作为二元函数绘制出来的函数图像如图 2-1 所示，均值滤波后的图像如图 2-2a 所示，均值滤波后图像的伪彩色效果如图 2-2b 所示。从图 2-1 和图 2-2b 可以看出图像滤波使图像变得光滑，减少了噪声。

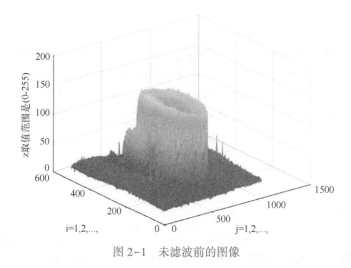

图 2-1　未滤波前的图像

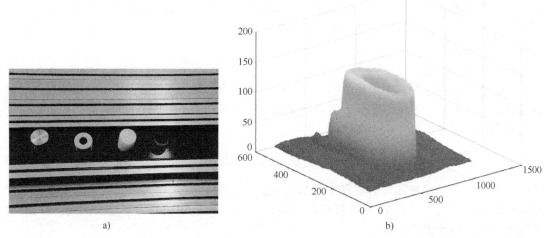

图 2-2　均值滤波后的图像及其伪彩色效果
a）均值滤波后的图像　b）均值滤波后图像的伪彩色效果

2. 中值滤波

图像的中值滤波是另一种用来消除图像噪声以减少其对后续处理影响的操作。它使用的也是一个模板，在图像上平移模板并对模板内的像素灰度值按照大小进行排序，然后选取排在中间位置的数值，将它赋值给图像的待处理像素。如果模板由奇数个元素组成，那么中值就取排序之后中间位置元素的灰度值。如果模板有偶数个元素，中值就取排序之后中间两个灰度值的平均值。中值滤波的模板通常采用奇数个元素，这样便于计算和编程实现。对于边界的处理，可以将原图像的像素直接复制到处理之后图像的对应位置，或者将处理之后的图

像边界像素灰度值直接改为 0。中值滤波可以表示为

$$b(x,y) = \operatorname*{median}_{(r,c) \in T_{xy}}(a(r,c)) \qquad (2\text{-}4)$$

中值滤波在去除椒盐噪声（即脉冲噪声）方面很有效，同时又能保留图像的细节特征，如边缘信息。中值滤波后的图像如图 2-3a 所示，中值滤波后的伪彩色效果如图 2-3b 所示。

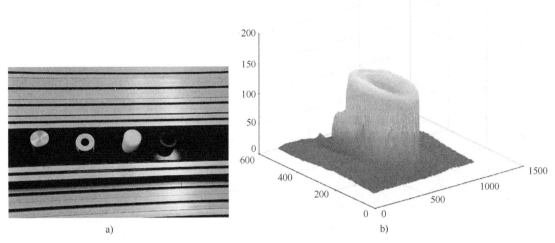

图 2-3　中值滤波后的图像及其伪彩色效果

a）中值滤波后的图像　b）中值滤波后的伪彩色效果

3. 高斯滤波

高斯滤波属于频域滤波，它是由高斯函数的形状来选择权值的。高斯滤波对一维的高斯分布通常表示为

$$G(x) = \frac{1}{\sqrt{2\pi}\,\sigma} \mathrm{e}^{-\frac{x^2}{2\sigma^2}} \qquad (2\text{-}5)$$

二维的分布函数为

$$G(x,y) = \frac{1}{2\pi\sigma^2} \mathrm{e}^{-\frac{x^2+y^2}{2\sigma^2}} \qquad (2\text{-}6)$$

式中，σ 是标准差。

对于图像处理，通常使用二维的高斯函数。图像进行高斯滤波之后的平滑程度和标准差有很大的关系：标准差越大，高斯滤波器的频带就越宽，图像就被平滑得越好。通过调节标准差可以很好地处理图像中噪声所引起的欠平滑。由于二维高斯函数的旋转对称性，高斯滤波在每个方向上的平滑程度是相同的。对于一幅图像，计算机无法事先知道图像的边缘方向信息，因此高斯滤波是无法确定在哪个方向上需要做更多平滑的。高斯函数具有可分离性，使得高斯函数卷积可以分为两步来实现，首先用一维高斯函数和图像进行卷积，然后将卷积的结果与另一个方向的一维高斯函数卷积，这样可以将算法的时间复杂度从 $O(n^2)$ 降低到 $O(n)$，从而大大提高计算效率。

理论上，高斯分布在任何位置都是非零值，但是如果这样的话，高斯模板将是一个无限大的模板，因此在实际应用中，高斯模板的构建只要满足取值在均值的 3 倍标准差之内就可以。通常高斯模板的大小为 3×3 或 5×5，它们的权值分布为

$$\frac{1}{16} \times \begin{pmatrix} 1 & 2 & 1 \\ 2 & 4 & 2 \\ 1 & 2 & 1 \end{pmatrix} \text{和} \frac{1}{273} \begin{pmatrix} 1 & 4 & 7 & 4 & 1 \\ 4 & 16 & 26 & 16 & 4 \\ 7 & 26 & 41 & 26 & 7 \\ 4 & 16 & 26 & 16 & 4 \\ 1 & 4 & 7 & 4 & 1 \end{pmatrix}$$

高斯滤波后的图像如图 2-4a 所示，高斯滤波后的伪彩色效果如图 2-4b 所示。

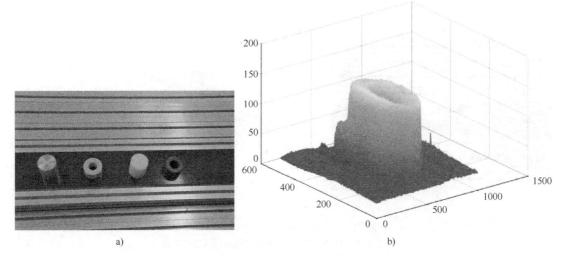

图 2-4　高斯滤波后的图像及其伪彩色效果
a）高斯滤波后的图像　b）高斯滤波后的伪彩色效果

4. BM3D 滤波

BM3D 滤波是一种性能优越的图像滤波算法，它包含了非局部和变换域两种思想。该方法通过与相邻图像块进行匹配，将若干相似的块整合为一个三维矩阵后在三维空间进行滤波，再将结果反变换融合到二维，得到滤波后的图像。作为一种非常有效的图像滤波算法，BM3D 滤波成为其他新的滤波算法竞相比较的对象。此外，BM3D 滤波还扩展到了图像处理的其他领域，如图像去模糊、压缩传感和超分辨率重构等。

BM3D 滤波算法的实现分为两个步骤。

（1）第一步：基础估计

首先将图像窗口化，设定若干参考块，计算图像参考块和与其他图像块之间的距离，再根据这些距离寻找若干差异最小的块作为相似块，将相似块归入对应组，形成一个三维矩阵。得到若干个参考块的三维矩阵后，首先将每个矩阵中的二维块进行二维变换编码（可采用 Wavelet 变换、DCT 变换等）。二维变换结束后，在矩阵的第三个维度进行一维变换。通过分组和滤波得到的每一个块的估计可能是重叠的，所以需要对这些重叠的块进行加权平均，这一过程称为聚集。

（2）第二步：最终估计

第二步与第一步类似，但在块匹配时是用第一步的结果图即基础估计进行匹配。通过块匹配，每个参考块形成两个三维矩阵：一个是通过基础估计形成的，另一个是通过本次匹配的坐标在噪声图上整合出来的。然后两个三维矩阵都进行二维、一维变换。为了获得更好的结果，通常最终估计的二维变换采用离散余弦变换。用维纳滤波对噪声图形成的三维矩阵进行缩放，缩放系数通过基础估计的三维矩阵值以及噪声强度得出。滤波后再通过反变换将噪声图的三维矩阵变换回图像估计，之后通过与第一步类似的聚集操作复原出二维图像而形成最终估计，这样就得到了 BM3D 滤波后的图像。

5. 双边滤波

二维图像的双边滤波算法是指利用当前待处理像素邻域内各个像素灰度值的加权平均值来代替当前像素的灰度值，加权平均过程中采用的权重因子不仅与两像素间的欧式距离有关，也与两像素的灰度值差异有关。双边滤波算法的优点是既可以对图像噪声进行抑制，又可以有效保留图像的边缘细节特征。假设 p 是数字图像 I 中的当前待处理像素，则二维图像双边滤波算法为

$$I_b(p) = \frac{\sum\limits_{q \in S} G_S(p,q) G_r(p,q) I(q)}{\sum\limits_{q \in S} G_S(p,q) G_r(p,q)} \tag{2-7}$$

式中，$I_b(p)$ 是 p 经过双边滤波后的像素灰度值；q 表示 p 的邻域像素点；$I(q)$ 是点 q 的像素灰度值；S 为邻域像素的集合；$G_S(p,q)$ 为空间邻近度因子；$G_r(p,q)$ 为灰度相似度因子。$G_S(p,q)$ 和 $G_r(p,q)$ 的表达式分别为

$$G_S(p,q) = e^{-\frac{(x-u)^2+(y-v)^2}{2\sigma_S^2}} \tag{2-8}$$

$$G_r(p,q) = e^{-\frac{[I(x,y)-I(u,v)]^2}{2\sigma_r^2}} \tag{2-9}$$

式中，(x,y) 为图像像素坐标；(u,v) 为中心点像素坐标；σ_S 是基于高斯函数的空间距离标准差；σ_r 是基于高斯函数的灰度标准差。

由式（2-8）和式（2-9）可见，双边滤波算法同时考虑了当前像素与周围像素的欧式距离和灰度相似性，因此邻域中与中心点距离更近、灰度更相似的像素被赋予较大的权重，反之则赋予较小的权重，这使得双边滤波算法具有距离各向异性和灰度各向异性，可以较好地保留细节特征。

2.1.2 二值化

1. 二值化基本原理

在数字图像处理中，二值图像占有非常重要的地位，在实际应用中以二值图像处理实现构成的系统是很多的。图像的二值化处理是将图像上像素的灰度值置为 0 或 255（或者 1），让整个图像呈现出明显的黑白效果，即将 256 个亮度等级的灰度图像通过适当的阈值选取而获得仍然可以反映图像整体和局部特征的二值图像。

为了进行二值图像的处理与分析，首先要把灰度图像二值化。二值图像的集合性质只与灰度值为 0 或 255 的像素位置有关，而不再涉及像素的多级值，使处理变得简单。为了得到理想的二值图像，一般采用封闭、连通的边界定义不交叠的区域。所有灰度值大于或等于阈值的像素被判定为属于特定物体，其灰度值设为 255，否则这些像素被排除在物体区域以外，灰度值设为 0，表示背景或者另外的物体区域。如果某个物体内部有均匀一致的灰度值，并且其处在一个具有其他等级灰度值的均匀背景下，使用阈值法就可以得到较好的分割效果。如果物体同背景的差别不表现在灰度值上（比如纹理不同），则可以将这个差别特征

转换为灰度的差别，然后利用阈值法来分割该图像。

2. 二值化处理方法

图像二值化是图像分析与处理中最常见、最重要的处理手段之一。最常见的二值化处理方法是计算像素灰度值的平均值 T，扫描图像的每个像素灰度值并与 T 比较，大于 T 时设为 1（白色），否则设为 0（黑色），即

$$g(i,j) = \begin{cases} 1 & f(i,j) > T \\ 0 & f(i,j) \leqslant T \end{cases} \tag{2-10}$$

公式（2-10）使用平均值作为二值化阈值可能导致部分物体像素或者背景像素丢失。为了解决此问题，可使用直方图法来寻找二值化阈值。直方图是图像的重要统计特征，用直方图法选择二值化阈值主要是先找出图像的两个最高峰，然后将阈值取为这两处之间的波谷值。

Otsu 方法由日本学者大津（Otsu）提出，也叫最大类间方差法。它主要依据图像的灰度特性将图像分成背景和目标两部分。背景区域和目标区域之间的类间方差越大，其差别也越大。当部分目标被误判为背景或部分背景被误判为目标时都会导致这两部分的差别变小，因此使得类间方差最大的阈值分割意味着误判的概率最小。

设图像的灰度级为 L，灰度值为 i 的像素数为 n_i，图像总像素数为 N。当取灰度值 T 作为阈值将图像分为目标 A 与背景 B 两个区域时，这两个区域的像素数在图像中的占比分别为

$$w_A = \sum_{i=0}^{T} \frac{n_i}{N} = w(T) \tag{2-11}$$

$$w_B = \sum_{i=T+1}^{L-1} \frac{n_i}{N} = 1 - w(T) \tag{2-12}$$

如果 A、B 区域的平均灰度分别为 u_A 和 u_B，图像的平均灰度为 u，则 A、B 区域的类间方差为

$$\sigma^2 = w(T)(u_A - u)^2 + (1 - w(T))(u_B - u)^2 \tag{2-13}$$

当阈值 T 从 0~L-1 中取不同值时，类间方差 σ^2 最大时的阈值 T 即为最佳阈值。

图 2-5 为采用 Otsu 方法进行图像二值化处理的结果。

原图　　　　　　　　　　　二值化

图 2-5　采用 Otsu 方法进行图像二值化处理

该方法的主程序如下。

```
clc
close all
```

```
clear

load clown
subplot(121)
X = ind2gray(X,map);
imshow(X)
title('原图','FontWeight','bold')
IDX =otsu(X,2);
subplot(122)
imshow(IDX,[ ]), axis image off
title('二值化','FontWeight','bold')
```

子程序如下。

```
function [IDX,sep] = otsu(I,n)

%OTSU Global image thresholding/segmentation using Otsu's method.
%   IDX = OTSU(I,N) segments the image I into N classes by means of Otsu's
%   N-thresholding method. OTSU returns an array IDX containing the cluster
%   indices (from 1 to N) of each point. Zero values are assigned to
%   non-finite (NaN or Inf) pixels.
%   IDX = OTSU(I) uses two classes (N=2, default value).
%   [IDX,sep] = OTSU(...) also returns the value (sep) of the separability
%   criterion within the range [0 1]. Zero is obtained only with data
%   having less than N values, whereas one (optimal value) is obtained only
%   with N-valued arrays.
%   Notes:
%   -----
%   It should be noticed that the thresholds generally become less credible
%   as the number of classes (N) to be separated increases (see Otsu's
%   paper for more details).
%   If I is an RGB image, aKarhunen-Loeve transform is first performed on
%   the three R,G,B channels. The segmentation is then carried out on the
%   image component that contains most of the energy.
%   Reference:
%   ---------
%   Otsu N, <a href=" matlab:web('http://dx.doi.org/doi:10.1109/TSMC.1979.4310076')">A
Threshold Selection Method from Gray-Level Histograms</a>,
%   IEEE Trans. Syst. ManCybern. 9:62-66;1979
%
%   See also GRAYTHRESH, IM2BW
%
%   -- Damien Garcia -- 2007/08, revised 2010/03
%   Visit my <a
%   href=" matlab:web('http://www.biomecardio.com/matlab/otsu.html')">website</a> for more
details about OTSU
error(nargchk(1,2,nargin))
% Check if is the input is an RGB image
isRGB = isrgb(I);
assert(isRGB | ndims(I)==2,...
    'The input must be a 2-D array or an RGB image.')
%% Checking n (number of classes)
if nargin==1
```

```
        n = 2;
elseif n==1;
        IDX =NaN(size(I));
        sep = 0;
        return
elseif n~=abs(round(n)) || n==0
        error('MATLAB:otsu:WrongNValue',...
            'n must be a strictly positive integer! ')
elseif n>255
        n = 255;
        warning('MATLAB:otsu:TooHighN',...
            'n is too high.  n value has been changed to 255. ')
end

I = single(I);

%% Perform a KLT ifisRGB, and keep the component of highest energy
if isRGB
sizI = size(I);
        I = reshape(I,[],3);
        [V,D] =eig(cov(I));
        [tmp,c] = max(diag(D));
        I = reshape(I*V(:,c),sizI(1:2)); % component with the highest energy
end

%% Convert to 256 levels
I = I-min(I(:));
I = round(I/max(I(:)) *255);

%% Probability distribution
unI = sort(unique(I));
nbins = min(length(unI),256);
if nbins==n
        IDX = ones(size(I));
        for i = 1:n, IDX(I==unI(i)) = i; end
        sep = 1;
        return
elseif nbins<n
        IDX =NaN(size(I));
        sep = 0;
        return
elseif nbins<256
        [histo,pixval] = hist(I(:),unI);
else
        [histo,pixval] = hist(I(:),256);
end
P =histo/sum(histo);
clear unI

%% Zeroth- and first-order cumulative moments
w =cumsum(P);
mu =cumsum((1:nbins). *P);
```

```matlab
%% Maximal sigmaB^2 and Segmented image
if n==2
    sigma2B =...
        (mu(end) * w(2:end-1)-mu(2:end-1)).^2./w(2:end-1)./(1-w(2:end-1));
    [maxsig,k] = max(sigma2B);

    % segmented image
    IDX = ones(size(I));
    IDX(I>pixval(k+1)) = 2;

    % separability criterion
    sep = maxsig/sum(((1:nbins)-mu(end)).^2. * P);

elseif n==3
    w0 = w;
    w2 =fliplr(cumsum(fliplr(P)));
    [w0,w2] =ndgrid(w0,w2);

    mu0 = mu./w;
    mu2 =fliplr(cumsum(fliplr((1:nbins). * P))./cumsum(fliplr(P)));
    [mu0,mu2] =ndgrid(mu0,mu2);

    w1 = 1-w0-w2;
    w1(w1<=0) = NaN;
    sigma2B =...
        w0. * (mu0-mu(end)).^2 + w2. * (mu2-mu(end)).^2 +...
        (w0. * (mu0-mu(end)) + w2. * (mu2-mu(end))).^2./w1;
    sigma2B(isnan(sigma2B)) = 0; % zeroing if k1 >= k2

    [maxsig,k] = max(sigma2B(:));
    [k1,k2] = ind2sub([nbins nbins],k);
    % segmented image
    IDX = ones(size(I)) *3;
    IDX(I<=pixval(k1)) = 1;
    IDX(I>pixval(k1) & I<=pixval(k2)) = 2;

    % separability criterion
    sep = maxsig/sum(((1:nbins)-mu(end)).^2. * P);

else
    k0 =linspace(0,1,n+1); k0 = k0(2:n);
    [k,y] = fminsearch(@ sig_func,k0,optimset('TolX',1));
    k = round(k * (nbins-1)+1);

    % segmented image
    IDX = ones(size(I)) *n;
    IDX(I<=pixval(k(1))) = 1;
    for i = 1:n-2
        IDX(I>pixval(k(i)) & I<=pixval(k(i+1))) = i+1;
    end

    % separability criterion
```

```
            sep = 1-y;

    end

IDX( ~isfinite( I ) ) =  0;

%% Function to be minimized if n>=4
    function y =sig_func( k )

        muT =  sum( ( 1:nbins ). * P );
        sigma2T =  sum( ( ( 1:nbins )−muT ). ^2. * P );

        k =  round( k * ( nbins−1 )+1 );
        k =  sort( k );
        if any( k<1 | k>nbins ), y =  1; return, end

        k =  [ 0 knbins ];
        sigma2B =  0;
        for j =  1:n
            wj =  sum( P( k( j )+1:k( j+1 ) ) );
            ifwj= =0, y =  1; return, end
            muj =  sum( ( k( j )+1:k( j+1 ) ). * P( k( j )+1:k( j+1 ) ) )/wj;
            sigma2B =  sigma2B +wj * ( muj−muT )^2;
        end
        y =  1−sigma2B/sigma2T; % within the range [ 0 1 ]

    end

end

function isRGB =  isrgb( A )
% --- Do we have an RGB image?
% RGB images can be only uint8, uint16, single, or double
isRGB =  ndims( A )= =3 && ( isfloat( A ) || isa( A,'uint8' ) || isa( A,'uint16' ) );
% ---- Adapted from the obsolete function ISRGB ----
if isRGB && isfloat( A )
    % At first, just test a small chunk to get a possible quick negative
    mm =  size( A,1 );
    nn =  size( A,2 );
    chunk =  A( 1:min( mm,10 ),1:min( nn,10 ),: );
    isRGB =  ( min( chunk( : ) )>=0 && max( chunk( : ) )<=1 );
    % If the chunk is an RGB image, test the whole image
    if isRGB, isRGB =  ( min( A( : ) )>=0 && max( A( : ) )<=1 ); end
end
end
```

2.1.3 边缘提取

为了对目标进行识别，要对滤波后的图像进行边缘提取，为之后的特征提取做准备。边缘提取是数字图像处理和机器视觉中的基本问题。对图像进行边缘提取后可以使用边缘特征来代表整个图像，这样做可以大大减少内存中的数据量，并且去除图像中和本次应用无关的一些特征。

边缘属于图像的高频信息，是灰度值发生跳变的位置。图像可以看作关于像素坐标(x,y)的二元函数，数字图像是二元离散函数。如图 2-6 所示，图像的边缘反映在二元函数上，就是函数的上升沿和下降沿，因此边缘的检测提取可以通过求函数导数的方式实现。

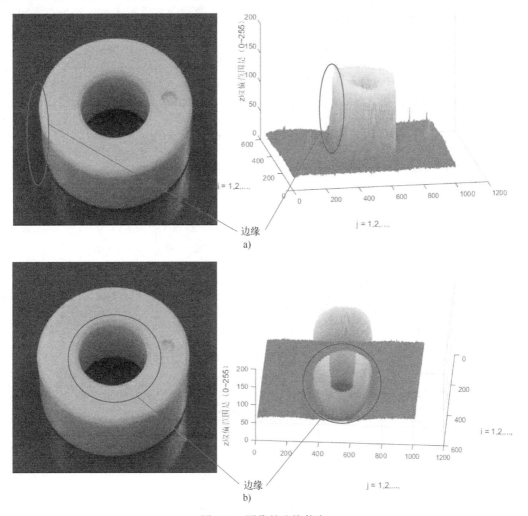

图 2-6　图像的边缘信息

a）圆环外部边缘　b）圆环内部边缘

1. 常见的边缘检测模板

数字图像的二元函数是离散函数，该函数的变量最小增量都是以一个像素为单位。因此图像的二元函数一阶导数表示为

$$\frac{\partial f}{\partial x} = f'(x) = f(x+1) - f(x) \tag{2-14}$$

图像的二阶导数可以表示为

$$\frac{\partial^2 f}{\partial x^2} = f''(x) = f(x+1) + f(x-1) - 2f(x) \tag{2-15}$$

在机器视觉的实际应用中，通常采集到的图像边缘部分是平滑的，即灰度值是缓慢改变而不是阶跃变化的。在这种情况下，边缘通常不是只有一个像素的宽度，而是由渐变过程中的一组像素组成的。

空间模板被用来求解图像中每个像素位置的一阶导数或者二阶导数。对于 3×3 的模板，处理过程通常是将模板的权值与模板所覆盖的图像像素值对应相乘再求和，即加权求和，具体公式为

$$\boldsymbol{w} = \begin{pmatrix} w_1 & w_2 & w_3 \\ w_4 & w_5 & w_6 \\ w_7 & w_8 & w_9 \end{pmatrix} \tag{2-16}$$

$$R = w_1 z_1 + w_2 z_2 + \cdots + w_9 z_9 = \sum_{i=1}^{9} w_i z_i \tag{2-17}$$

式中，z_i 是模板所覆盖的图像像素 i 的灰度值。

常用的模板有 Prewitt 模板、Sobel 模板和 Laplacian 模板等。Prewitt 模板、Sobel 模板和 Laplacian 模板分别为

$$\begin{pmatrix} -1 & -1 & -1 \\ 0 & 0 & 0 \\ 1 & 1 & 1 \end{pmatrix} \quad \begin{pmatrix} -1 & 0 & 1 \\ -1 & 0 & 1 \\ -1 & 0 & 1 \end{pmatrix} \qquad \begin{pmatrix} -1 & -2 & -1 \\ 0 & 0 & 0 \\ 1 & 2 & 1 \end{pmatrix} \quad \begin{pmatrix} -1 & 0 & 1 \\ -2 & 0 & 2 \\ -1 & 0 & 1 \end{pmatrix}$$

Prewitt Sobel

$$\begin{pmatrix} 0 & 1 & 0 \\ 1 & -4 & 1 \\ 0 & 1 & 0 \end{pmatrix}$$

Laplacian

其中，Prewitt 模板和 Sobel 模板比较相似，都是分别对 x 方向和 y 方向求导数。对于 Prewitt 模板，导数可以通过将 Prewitt 两个方向上的模板对图像进行卷积得到

$$g_x = \frac{\partial f}{\partial x} = (w_7 + w_8 + w_9) - (w_1 + w_2 + w_3) \tag{2-18}$$

和

$$g_y = \frac{\partial f}{\partial y} = (w_3 + w_6 + w_9) - (w_1 + w_4 + w_7) \tag{2-19}$$

即第三行和第一行的差分近似等于 x 方向上的导数，而第三列和第一列的差分近似等于 y 方向上的导数。

Sobel 模板是 Prewitt 模板的一个衍变，通过将中心位置的 1 变换为 2，Sobel 模板可以对图像进行平滑处理。Sobel 的处理过程为

$$g_x = \frac{\partial f}{\partial x} = (w_7 + 2w_8 + w_9) - (w_1 + 2w_2 + w_3) \tag{2-20}$$

和

$$g_y = \frac{\partial f}{\partial y} = (w_3 + 2w_6 + w_9) - (w_1 + 2w_4 + w_7) \tag{2-21}$$

尽管 Prewitt 模板和 Sobel 模板只是在权值上有很小的差异，但就是因为权值上的这个小

差异使得 Sobel 模板具有更好的噪声抑制作用，这也使得 Sobel 模板比 Prewitt 模板应用更广泛。还要注意到这两个模板中的所有权值之和等于 0，这样对于图像中灰度值都是同一个常量的区域，进行卷积后得到的值也是 0，这和微分算子是一样的。

Laplacian 模板是基于二阶导数的边缘检测方法，Laplacian 是最简单的一种各向同性的微分算子，对于二元函数 $f(x,y)$，即图像 $f(x,y)$，Laplacian 算子可以定义为

$$\nabla^2 f = \frac{\partial^2 f}{\partial x^2} + \frac{\partial^2 f}{\partial y^2} \tag{2-22}$$

由于任意阶的导数都是线性操作，所以 Laplacian 是一种线性算子。将式（2-22）转换成离散形式，在 x 方向可得

$$\frac{\partial^2 f}{\partial x^2} = f(x+1,y) + f(x-1,y) - 2f(x,y) \tag{2-23}$$

同样，在 y 方向上可得

$$\frac{\partial^2 f}{\partial y^2} = f(x,y+1) + f(x,y-1) - 2f(x,y) \tag{2-24}$$

由式（2-22）~式（2-24）可得离散 Laplacian 算子为

$$\nabla^2 f(x,y) = f(x+1,y) + f(x-1,y) + f(x,y+1) + f(x,y-1) - 4f(x,y) \tag{2-25}$$

从式（2-25）便可得到 Laplacian 模板。

图 2-7a 所示为原始图像，应用 Sobel 模板和 Laplacian 模板对图像进行边缘检测的结果如图 2-7b 和图 2-7c 所示。

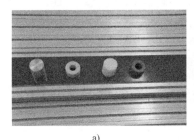 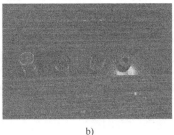 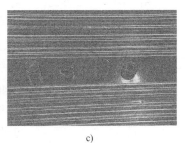

a) b) c)

图 2-7 边缘检测效果

a）原始图像 b）Sobel 模板边缘检测的结果 c）Laplacian 模板边缘检测的结果

2. Canny 边缘检测

Canny 边缘检测对于边缘的提取有很好的效果。Canny 边缘检测方法有以下 3 个最基本的目标。

1）低错误率。所有的边缘都可以被检测到，没有检测到的错误边缘，即尽可能避免将不是边缘的像素点误认为是边缘。信噪比（Single-to-Noise Ratio，SNR）的数学表达式为

$$\text{SNR} = \frac{\left| \int_{-\omega}^{\omega} G(-x)f(x)\,dx \right|}{\sigma \sqrt{\int_{-\omega}^{\omega} f^2(x)\,dx}} \tag{2-26}$$

可见，信噪比越小，边缘的误检率就越小。式中，$G(x)$ 为边缘函数；$f(x)$ 是边界为 $[-\omega, +\omega]$ 的滤波器的脉冲响应；σ 是高斯（Gaussian）噪声的均方根。

2）边缘位置应尽可能接近真实场景中的边缘，即定位边缘的精度要高。也就是说，要求通过 Canny 边缘检测法检测到的边缘点和实际边缘中心的距离最小。数学表达式为

$$\min\left(\frac{\left|\int_{-\omega}^{\omega} G'(-x)f'(x)\mathrm{d}x\right|}{\sigma\sqrt{\int_{-\omega}^{\omega} f'^2(x)\mathrm{d}x}}\right) \tag{2-27}$$

3）最终得到的边缘宽度是单个像素的宽度。Canny 边缘检测得到的边缘只有一个像素的宽度，如果边缘处有一个像素的边缘存在和多个像素的边缘存在，那么 Canny 边缘检测将会选择最小的边缘，即一个像素宽度的边缘。也就是说 Canny 边缘检测的脉冲响应导数的零交叉点平均距离要满足

$$D(f) = \pi\left(\frac{\int_{-\infty}^{\infty} f'^2(x)\mathrm{d}x}{\int_{-\infty}^{\infty} f''^2(x)\mathrm{d}x}\right)^{1/2} \tag{2-28}$$

Canny 边缘检测通过高斯函数的一阶导数去逼近求解，从而达到以上的目标。

高斯函数为

$$G(x,y) = \mathrm{e}^{-\frac{x^2+y^2}{2\sigma^2}} \tag{2-29}$$

Canny 检测边缘的处理过程如下。

（1）用高斯滤波器对输入图像进行平滑处理

由于图像是二维的，在对图像进行平滑滤波的时候，选用二维高斯函数，见式（2-29）。对 $G(x,y)$ 和 $f(x,y)$ 执行卷积操作就可以得到平滑滤波后的图像。

（2）计算梯度的模和梯度方向

$$M(x,y) = \sqrt{g_x^2+g_y^2} \tag{2-30}$$

式中，g_x 和 g_y 分别是 x 方向和 y 方向上的一阶导数，可以通过式（2-18）和式（2-19）或者式（2-20）和式（2-21）求得；$M(x,y)$ 为梯度的模。

求得 g_x 和 g_y 之后可以求取梯度的方向

$$\alpha(x,y) = \arctan\frac{g_y}{g_x} \tag{2-31}$$

需要注意的是 $M(x,y)$ 和 $\alpha(x,y)$ 是和所处理的图像大小一样的矩阵。

（3）对梯度的模 $M(x,y)$ 应用非极大值抑制

$M(x,y)$ 是梯度的模，因此在 $M(x,y)$ 图像中有很多屋脊带，为了确保得到的边缘定位准确，需要对所得到的 $M(x,y)$ 进行细化，这一处理过程可以利用非极大值抑制来实现。非极大值抑制法的本质是将边缘的梯度方向划分为几个单独分离的方向区域，对于 3×3 的区域可以划分边缘的梯度方向为 8 个区域，每个区域为 45°的范围，如图 2-8 所示。

在进行非极大值抑制的时候，首先要找到边缘的梯度方向在以上 8 个区域中的哪一个区域内，以确定 $M(x,y)$ 要沿哪个方向和近邻值比较。确定梯度方向后，比较 $M(x,y)$

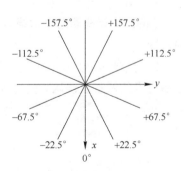

图 2-8　Canny 边缘检测梯度方向的划分

的值和它沿梯度方向的两个邻域值，如果邻域值中有一个比 $M(x,y)$ 大，就说明该点不是局部最大值，$g_N(x,y)=0$；如果 $M(x,y)$ 大于这两个邻域值，则 $g_N(x,y)=M(x,y)$。其中，$g_N(x,y)$ 是对 $M(x,y)$ 图像进行非极大值抑制后的图像。

（4）双阈值处理和连通性分析

这一操作是为了减少错误的边缘点。采用普通的单阈值处理时，如果阈值选得太小，那么一些错误的边缘仍然会被保留下来；如果阈值选得太大，那么一些真实的边缘点将会被消除。Canny 边缘检测通过双阈值处理克服了这些问题。首先选取合适的高低阈值 T_H 和 T_L，如果 $g_N(x,y) \geq T_H$，那么该点一定是边缘上的点；如果 $g_N(x,y) \leq T_L$，那么该点一定不是边缘上的点；如果 $T_L \leq g_N(x,y) \leq T_H$，那么就判断该点的 8 邻域中有没有大于高阈值 T_H 的像素，如果有，那么该点就是边缘点，如果没有，那该点就不是边缘点。

Canny 边缘检测效果如图 2-9 所示。

图 2-9　Canny 边缘检测效果

3. 霍夫变换直线检测

（1）霍夫变换基本原理

霍夫（Hough）变换是图像处理技术中从图像中识别几何形状的基本方法之一。霍夫变换的基本原理是利用点与线的对偶性，通过曲线表达形式把原图像空间的曲线变换为参数空间的一个点，这样就把原空间中的图像检测问题转化为寻找参数空间中点的峰值问题，即把检测整体特性转化为检测局部特性。

霍夫变换在两个不同空间中的点-线对偶性如图 2-10 所示。

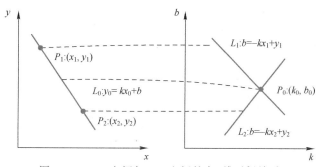

图 2-10　x-y 空间与 k-b 空间的点-线对偶关系

从图 2-10 中可看出，$x-y$ 平面和 $k-b$ 平面有点-线的对偶性。$x-y$ 坐标系中的点 P_1、P_2 对应 $k-b$ 坐标系中的线 L_1、L_2，而 $k-b$ 坐标系中的点 P_0 对应 $x-y$ 坐标系中的线 L_0。

在实际应用中，$y=kx+b$ 形式的直线方程无法表示为 $x=c$ 形式的直线（此时直线斜率为无穷大），为了使变换域有意义，采用直线的极坐标方程来解决这一问题，直角坐标系 $x-y$ 中点 (x,y) 的极坐标方程为

$$\rho=x\cos\theta+y\sin\theta \tag{2-32}$$

式中，ρ 是直线到坐标原点的距离；θ 是直线垂线与 x 轴的夹角。

这样，原图像平面上的点就对应到了 $\rho-\theta$ 平面的一条曲线上，如图 2-11 所示，而极坐标系 $\rho-\theta$ 上的点 (ρ,θ) 对应直角坐标系 $x-y$ 中的一条直线，而且它们是一一对应的。为了检测出直角坐标系 $x-y$ 中由点构成的直线，可以将极坐标系 $\rho-\theta$ 量化成若干大小相等的小格，这个网格对应一个计数阵列。根据直角坐标系中每个点的坐标 (x,y)，按上面的原理在 $\rho-\theta$ 平面上画出它对应的曲线，凡是这条曲线所经过的小格，对应的计数阵列元素加 1。当直角坐标系中全部的点都变换后，对小格进行检验，计数值最大的小格 (ρ,θ) 值所对应的直角坐标系中的直线即为所求直线。

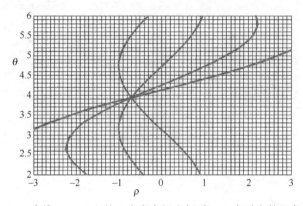

图 2-11　直线 $y=x+5$ 上的 4 个点在极坐标系 $\rho-\theta$ 中对应的 4 条曲线

直线是图像的基本特征之一，对图像直线检测算法进行研究具有重要的意义。一般物体平面图像的轮廓可近似为直线及弧的组合，因此对物体轮廓的检测与识别可以转化为对这些基元的检测与提取。另外在运动图像分析和估计领域也可以采用直线对应法实现刚体旋转量和位移量的测量。

（2）利用霍夫变换进行直线检测的 MATLAB 程序实现

```
I = imread('5. png');
BW = im2bw(I);
BW = edge(BW,'canny');
[H,T,R] = hough(BW);
imshow(H,[],'XData',T,'YData',R,...'InitialMagnification','fit');
    xlabel('\theta'), ylabel('\rho');
axis on, axis normal, hold on;
P = houghpeaks(H,10,'threshold',ceil(0.3 * max(H(:))));
x = T(P(:,2));
y = R(P(:,1));
plot(x,y,'s','color','white');
```

```
lines =houghlines(BW,T,R,P,'FillGap',5,'MinLength',7);
figure,
imshow(BW),
hold on
max_len = 0;
%%
for k = 1:length(lines)
    xy = [lines(k).point1; lines(k).point2];
    plot(xy(:,1),xy(:,2),'LineWidth',2,'Color','green');
    % 绘制线条的起点和终点
    plot(xy(1,1),xy(1,2),'x','LineWidth',2,'Color','yellow');
    plot(xy(2,1),xy(2,2),'x','LineWidth',2,'Color','red');
    % 确定最长线段的端点
    len = norm(lines(k).point1 - lines(k).point2);
    Len(k)=len;
    if((len > max_len)
        max_len = len;
        xy_long = xy;
    end
end
%突出显示最长的线段
plot(xy_long(:,1),xy_long(:,2),'LineWidth',2,'Color','blue');
%%
[L1, Index1]=max(Len(:));
Len(Index1)=0;
[L2, Index2]=max(Len(:));
%%
%
x1=[lines(Index1).point1(1) lines(Index1).point2(1)];
y1=[lines(Index1).point1(2) lines(Index1).point2(2)];
x2=[lines(Index2).point1(1) lines(Index2).point2(1)];
y2=[lines(Index2).point1(2) lines(Index2).point2(2)]; %%
K1=(lines(Index1).point1(2)-lines(Index1).point2(2))/(lines(Index1).point1(1)-lines
(Index1).point2(1));
K2=(lines(Index2).point1(2)-lines(Index2).point2(2))/(lines(Index2).point1(1)-lines
(Index2).point2(1));
%%
hold on
[m,n] = size(BW); % 尺寸
BW1=zeros(m,n);
b1=y1(1)-K1*x1(1);
b2=y2(1)-K2*x2(1);
for x=1:n
    for y=1:m
        if y==round(K1*x+b1)||y==round(K2*x+b2)
            BW1(y,x)=1;
        end
    end
end
for x=1:n
    for y=1:m
        if ceil(K1*x+b1)==ceil(K2*x+b2)
```

```
            y1 = round( K1 * x+b1) ;
            BW1( 1 :y1−1 , : )= 0;
        end
    end
end
figure , imshow( BW1)
```

运行结果如图 2-12 所示。

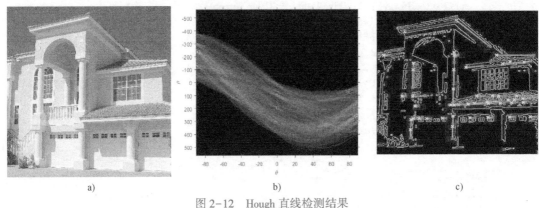

图 2-12 Hough 直线检测结果
a) 原始图像 b) Hough 矩阵和峰值点 c) 检测出的直线段

2.2 图像分割

图像分割是数字图像处理中的一项关键技术，用于进一步对图像进行分析、识别、压缩编码等处理，是图像处理到图像分析的关键步骤。总体来说图像分割可分为基于边缘的分割、基于阈值的分割、基于聚类的分割、基于区域的分割、基于小波变换的分割和基于数学形态学的分割等。

1. 数字图像分割的基本概念

数字图像分割是指按照一定的原则将一幅图像分为若干个特定的、具有独特性质的、互不交叠的、具有相同性质的区域的部分或子集，并提取出所需目标的技术和过程。图像分割应具有以下特征。

1）分割出来的各区域对某种性质（如灰度、纹理）而言具有相似性，区域内部是连通的且没有过多小孔。

2）相邻区域在分割所依据的性质上有明显的差异。

3）区域边界是明确的。

大多数图像分割方法只是满足上述部分特征。如果强调区域的同性质约束则分割区域很容易产生大量小孔和不规则边缘；若强调不同区域间性质差异的显著性，则易造成不同区域的合并。具体处理时，不同的图像分割方法总是在各种约束条件之间寻找一种合理的平衡。

2. 数字图像分割的主要方法

（1）阈值分割法

阈值分割法作为一种常见的同时也是最简单的图像分割方法，通过设置阈值，把像素点按灰度级分成若干类，从而实现图像分割。由于是直接利用图像的灰度特性，所以计算方便简明、实用性强。显然，阈值分割法的关键和难点是如何取得一个合适的阈值，而实际应用中阈值设定易受噪声和光亮度影响。

近年来关于阈值分割法的算法主要有：最大相关性原则选择阈值法、基于图像拓扑稳定状态法、灰度共生矩阵法、熵法、峰值和谷值分析法等。自适应阈值法、最大熵法、模糊阈值法、类间阈值法是对传统阈值法改进较成功的几种算法。更多情况下，阈值的选择会综合运用两种或两种以上的方法，这也是图像分割的一个发展趋势。例如，将图像的灰度直方图看作高斯分布的选择法与自适应定向正交投影高斯分解法的结合，能够较好地拟合多峰直方图，从而得到更为准确的分割效果。

如果将直方图的包络看作一条曲线，则可利用寻找曲线极小值点的方法来选取直方图的谷。假设用 $h(z)$ 代表直方图，那么极小值点应满足 $h(z)/z=0$ 和 $h(z)/z>0$，这些极小值点对应的灰度值可用作分割阈值，这就是极小值点阈值法。

基于 MATLAB 的极小值点阈值分割实现代码如下。

```
%%%%%极小值点阈值分割%%%%%
I=imread('3. jpg');
if numel(I)>2
    I=rgb2gray(I);
end
figure(1), imhist(I);        % 观察灰度直方图,灰度 135 处有谷,确定阈值 T=135
%title('直方图');
figure(2), imshow(I);
%title('原图')
I1=im2bw(I,135/255);    % im2bw 函数需要将灰度值转换到[0,1]范围内
figure(3), imshow(I1);
%title('极小值点阈值分割');
```

运行结果如图 2-13 所示。

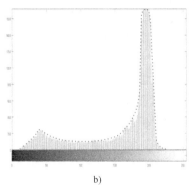

图 2-13　极小值点阈值分割结果

a) 原始图像　b) 直方图　c) 阈值分割结果

阈值法的缺陷主要在于它仅仅考虑了图像的灰度信息，而忽略了图像的空间信息。对于非此即彼的简单图像处理（如一些二值图像的处理）是有效的，但是对于图像中不存在明显的灰度差异或各物体的灰度值范围有较大重叠的图像分割问题则难以得到准确的分割效果。

（2）基于边缘的分割

边缘总是以强度突变的形式出现，可以定义为图像局部特性的不连续性，如灰度的突

变、纹理结构的突变等。边缘常常意味着一个区域的终结和另一个区域的开始。图像的边缘包含了物体形状的重要信息，边缘分析不仅有利于在分析图像时大幅度减少要处理的信息量，还有利于保护目标的边界结构。对于边缘的检测常常借助空间微分算子进行，通过将其模板与图像进行卷积来完成。两个具有不同灰度值的相邻区域之间总存在灰度边缘，而这正是灰度值不连续的结果，这种不连续可以通过求一阶和二阶导数检测到。当今的局部技术边缘检测方法中，主要有一次微分（Sobel 算子、Roberts 算子）、二次微分（Laplacian 算子等）和模板操作（Prewitt 算子、Kirsch 算子和 Robinson 算子）等。这些边缘检测器对边缘灰度值过渡比较尖锐且噪声较小等不太复杂的图像可以取得较好的效果，但对于边缘复杂（如边缘模糊、边缘丢失、边缘不连续等）的图像效果不太理想。此外，噪声的存在使基于导数的边缘检测方法效果明显减弱，在噪声较大的情况下所用的边缘检测算子通常都是先对图像进行适当的平滑、噪声抑制后求导数，或者对图像进行局部拟合后再用拟合光滑函数的导数来代替直接的数值导数，如 Marr 算子、Canny 算子等。

（3）基于聚类的分割

对灰度图像和彩色图像中相似的灰度或色度进行合并的方法称为聚类，通过聚类将图像表示为不同区域即所谓的聚类分割方法。此方法的实质是将图像分割问题转化为模式识别中的聚类分析，如 K 均值、参数密度估计、非参数密度估计等方法都能用于图像分割。常用的聚类分割有颜色聚类分割、灰度聚类分割和像素空间聚类分割。

颜色聚类实际上是将相似的几种颜色合并为一色。描述颜色近似程度的指标是色差，在标准 CIE 均匀色空间中，色差是用两个颜色的距离来表示的。但是显示器采用的 RGB 空间是显示器的设备空间，与 CIE 系统的真实三原色不同。为简单起见，一般采用 RGB 空间中的距离来表示。

如果只把图像分成目标和背景两类，而且仅考虑像素的灰度，图像分割就是一个在一维空间中把数据分成两类的问题。通过在灰度空间中完成聚类，得到两个聚类中心（用灰度值表示），聚类中心连线的中点便是阈值。

对人类视觉系统的研究表明，人眼在识别物体时总是离不开物体所在的周围环境，所以图像中灰度的局部变化对于图像处理是相当重要的信息。如果在某些特定的尺度上观察图像，比如把图像信号通过一个带通滤波器，结果将使图像的局部信息更好地表达。通过一个多尺度分解，轮廓信息可以在大尺度图像上保留下来，细节或者突变信息可以在中小尺度上体现，基于多尺度图像特征聚类的分割方法渐渐得到了人们的关注。

（4）基于区域的分割

数字图像分割算法一般是基于灰度值的两个基本特性之一：不连续性和相似性。第一种性质的应用途径是基于图像灰度的不连续变化分割图像，比如图像的边缘；第二种性质的主要应用途径是依据指定准则将图像分割为相似的区域。

1）区域生长算法。

区域生长算法就是基于图像的第二种性质，即图像灰度值的相似性。区域增长有两种方式：一种是先将图像分割成很多一致性较强的小区域，再按一定的规则将小区域融合成大区域，从而达到分割图像的目的；另一种是事先给定图像中分割目标的一个种子区域，再在种子区域基础上将周围的像素点以一定的规则加入其中，最终达到分离目标与背景的目的。

令 R 为整幅图像区域，那么分割可以看成将区域 R 划分为 n 个子区域 R_1, R_2, $\cdots$, R_n

的过程，并需要满足以下条件。

- $\overset{n}{\underset{i}{\cap}} R_i = R$。
- R_i 是一个连通区域，$i = 1, 2, 3, \cdots, n$。
- $R_i \cap R_j =$ 空集，$i \neq j$。
- $P(R_i) = \text{TURE}$，$i = 1, 2, 3, \cdots, n$。
- $P(R_i \cup R_j) = \text{FALSE}$，$i \neq j$。

区域生长算法的设计主要是确定生长种子点、区域生长的条件以及区域生长停止的条件。种子点的个数可以选择一个或者多个，可以采用完全自动确定或者人机交互确定，这些根据具体问题来确定。区域生长的条件实际上就是根据像素灰度间的连续性而定义的一些相似性准则，而区域生长停止的条件定义了一个终止规则。基本上，在没有像素满足加入某个区域的条件时，区域生长就会停止。

在算法里面定义变量最大像素灰度值距离 reg_maxdist。当待加入像素的灰度值和已经分割好的区域所有像素点的平均灰度值之差值小于或等于 reg_maxdist 时，该像素点就加入已经分割的区域。相反，则区域生长算法停止。

如图 2-14 所示，在种子点 1 的 4 邻域连通像素（即 2、3、4、5 点）中，像素点 5 的灰度值与种子点的灰度值最接近，所以像素点 5 被加入分割区域中，并且像素点 5 会作为新的种子点执行后面的过程。在第二次循环过程中，由于待分析像素点（即 2、3、4、6、7、8）中，像素点 7 的灰度值和已分割区域（由 1 和 5 组成）的灰度均值 10.5 最接近，所以像素点 7 被加入分割区域中。图 2-14c 示意了区域生长的方向。

从上面的分析中可以看出，在区域生长过程中，需要知道待分析像素点的编号（通过像素点的 x 和 y 坐标值来表示），同时还要知道这些像素点的灰度值。

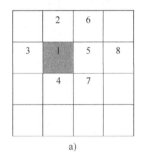 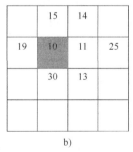 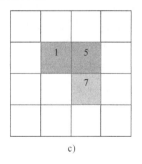

a)   b)   c)

图 2-14　区域生长

a）像素点标号　b）像素点灰度值　c）区域生长的方向

2）区域分裂合并算法。

区域分裂合并算法的基本思想是先确定一个分裂合并的准则，即确定区域特征一致性的判断标准，当图像中某个区域的特征不一致时就将该区域分裂成 4 个相等的子区域，当相邻的子区域满足一致性特征时将它们合成一个大区域，直至所有区域不再满足分裂合并的条件为止。当分裂到不能再分的情况时，分裂结束，然后查找相邻区域有没有相似的特征，如果有就将相似区域进行合并，最后达到分割的作用。在一定程度上区域生长算法和区域分裂合并算法有异曲同工之妙，互相促进、相辅相成，区域分裂到极致就是分割成单一像素点，然后按照一定的测量准则进行合并，所以有些类似于单一像素点的区域生长方法。

令 R 为整幅图像区域，P 为某种相似性准则。分裂方法是首先将 R 等分为 4 个区域，对任何分割区域，如果 P 的值是 FALSE，就再次分为 4 个区域，重复该操作，直到对任何区域 R_i 都有 $P(R_i)=$ TURE。这种特殊的分割技术用四叉树表示最为方便，每个非叶子节点都有 4 个子树，如图 2-15 所示。注意，树的根对应整幅图像，每个节点对应划分的子区域。图 2-15 中，只有 R_4 进行了再细分。

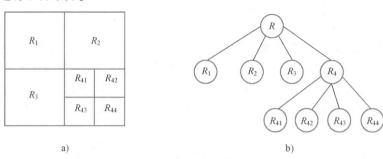

a)   b)

图 2-15   图像分裂

a）图像区域分裂示意图   b）四叉树示意图

如果只使用分裂，则最后的分割区域可能会包含具有相同性质的相邻区域。所以需要通过在拆分的同时也允许进行区域合并来矫正。只有在 $P(R_j \cup R_k)=$ TURE 时，两个相邻的区域 R_j 和 R_k 才能合并。

前面的讨论可以总结为以下过程。

1）对于任何区域 R_i，如果 $P(R_i)=$ FALSE，就将它再次拆分为 4 个相连的区域。

2）将 $P(R_j \cup R_k)=$ TURE 的任意两个相邻区域 R_j 和 R_k 进行合并。

3）当无法进行合并或分裂时操作停止。

前面讲述的基本思想可以进行几种变化。一种可能的变化是开始时将图像分为一组图像块，然后对每个块进行上述拆分，但合并操作开始时只能将 4 个块并为一组。这 4 个块是四叉树表示法中节点的后代且都满足某种相似性准则 P。当不能再进行此类合并时，这个过程终止于满足步骤 2）的最后区域合并。在这种情况下，合并的区域可能会大小不同。这种方法的主要优点是对于分裂和合并都使用同样的四叉树，直到合并的最后一步。

（5）基于小波变换的分割

小波变换是一种多尺度多通道分析工具，比较适合对图像进行多尺度的边缘检测。例如，可利用高斯函数的一阶或二阶导数作为小波函数，利用 Mallat 算法分解小波，然后基于马尔算子进行多尺度边缘检测。小波分解的级数可以控制观察距离的"调焦"，而改变高斯函数的标准差可选择所检测边缘的细节程度。小波变换的计算复杂度较低，抗噪声能力强。理论证明，以零点为对称点的对称二进小波适合检测屋顶状边缘，而以零点为反对称点的反对称二进小波适合检测阶跃状边缘。近年来，多进制小波也开始用于边缘检测。另外，利用正交小波基的小波变换也可提取多尺度边缘，并可通过对图像奇异度的计算和估计来区分一些边缘的类型，把小波变换和其他方法结合起来的图像分割技术也是现在的研究热点。除此之外，还有许多新的混合算法和模型，如基于视觉熵的图像分割、基于各种模型（动态轮廓模型、物理模型等）的分割算法等。

3. 分割的评测问题

现有的分割方法种类众多，且每种方法都有一些与其相关的参数。给定一个庞大的算法工具箱和一个新的问题，如何选取合适的算法及参数？或者，更简单地说，给定两种选择，哪种更好？所以需要采用客观的方法来评测性能，其中包括提供单个算法在不同数据集上的鲁棒性信息，以及对不同条件和模态下获得数据的处理能力的信息。

事实上，随着学科的成熟，机器视觉中的评测问题适用于几乎所有领域：最初研究人员只设计和发表算法，而现在人们期望他们同时提供算法性能提升的证据。分割评测引发了两个问题：①如何确定什么是"正确"的分割？如何比较分割结果和真实结果？②用什么来衡量？如何衡量？

2.3 数字图像处理的数学工具

2.3.1 傅里叶变换图像处理

图像频域变换工具主要有傅里叶（Fourier）变换、余弦变换和小波变换等，其中傅里叶变换是最基本的一种，在数字图像处理中应用广泛。傅里叶变换对图像的分解可比喻成一个玻璃棱镜对光信号的分解。棱镜是可以将光分解为不同颜色的物理仪器，每个成分的颜色由波长（或频率）来决定。傅里叶变换可以看作数学上的棱镜，能将函数基于频率分解为不同的成分，从而可以更好地识别图像中的各种成分。

图像的频率是表征图像中灰度变化剧烈程度的指标，是灰度在平面空间上的梯度。如：大面积的沙漠在图像中是一片灰度变化缓慢的区域，对应的频率值很低，而地表属性变换很大的边缘区域在图像中是一片灰度变化剧烈的区域，对应的频率值较高。傅里叶变换有非常明显的物理意义，设 f 是一个能量有限的模拟信号，则其傅里叶变换就表示 f 的谱。从纯粹的数学意义上看，傅里叶变换是将一个函数转换为一系列周期函数来处理的。从物理效果看，傅里叶变换是将图像从空间域转换到频率域，其逆变换是将图像从频率域转换到空间域。换句话说，傅里叶变换的物理意义是将图像的灰度分布函数变换为图像的频率分布函数，傅里叶逆变换是将图像的频率分布函数变换为灰度分布函数。

（1）图像傅里叶变换

傅里叶变换是数字图像处理中应用最广的一种变换，图像增强、图像复原和图像分析与描述等每一类处理方法都要用到图像变换，尤其是图像的傅里叶变换。傅里叶变换将时域信号分解为不同频率的正弦和余弦和的形式。它是数字图像处理技术的基础，其通过在时域和频域来回切换图像，来对图像的信息特征进行提取和分析。

离散傅里叶变换的定义如下。

二维离散傅里叶变换为

$$F(u,v) = \frac{1}{MN} \sum_{x=0}^{M-1} \sum_{y=0}^{N-1} f(x,y) \exp^{-j2\pi\left(\frac{ux}{M}+\frac{vy}{N}\right)} \tag{2-33}$$

逆变换为

$$f(x,y) = \frac{1}{MN} \sum_{u=0}^{M-1} \sum_{v=0}^{N-1} F(u,v) \exp^{j2\pi\left(\frac{ux}{M}+\frac{vy}{N}\right)} \tag{2-34}$$

式中，$u,x \in \{0,1,\cdots,M-1\}$，$v,y \in \{0,1,\cdots,N-1\}$。在离散傅里叶变换对中，$F(u,v)$ 称为离散信号 $f(x,y)$ 的频谱，而 $|F(u,v)|$ 称为幅度谱，$\varphi(u,v)$ 为相位角，功率谱为频谱的平

方，它们之间的关系为

$$F(u,v)=\left|F(u,v)\right|\exp\left[\mathrm{j}\varphi(u,v)\right]=R(u,v)+\mathrm{j}I(u,v) \tag{2-35}$$

图像傅里叶变换与反变换效果如图 2-16 所示。

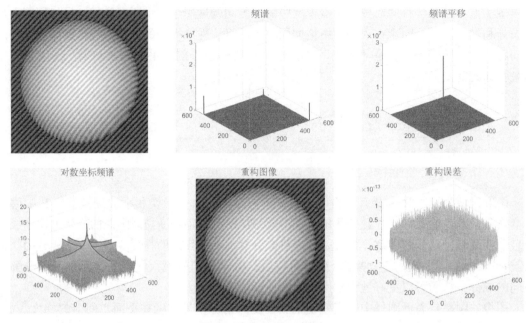

图 2-16　图像傅里叶变换

图像傅里叶变换的 matlab 程序如下。

```
clc
clear all
close all

img1 = double( imread( 'sim41Img1Free. bmp') ) ;
figure；imshow( img1，[ ] )

img1F = fft2( img1) ;
figure；mesh( abs( img1F) )
img1FF =fftshift( abs( img1F) ) ;
figure；mesh( img1FF)

figure；mesh( log( 1+img1FF) )

imgRec = ifft2( img1F) ;
figure；imshow( imgRec，[ ] )

figure；mesh( img1-imgRec)
```

（2）傅里叶频谱性质以及图像旋转

对灰度图像进行二维傅里叶变换，对变换频谱进行观察，会发现一些性质。图 2-17 为图像旋转后频谱图的比较。从图中可以发现，随着图像的旋转，图像的纹理方向发生变换，同时图像的频谱也跟着旋转。实际上，图像纹理旋转了多少度，其对应的频谱图像也旋转相应的角度。

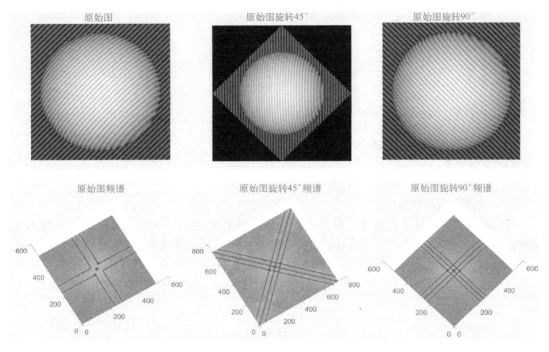

图 2-17　图像旋转后频谱图的比较

傅里叶频谱性质 MATLAB 程序如下：

```
clc
clear all
close all

img1 = double(imread('sim41Img1Free. bmp'));
figure;imshow(img1,[])
title('原始图')
h=gca;
set(h,'fontsize',20)
img1F = fft2(img1);
img1FF =fftshift(abs(img1F));
figure;mesh(log(1+img1FF))
title('原始图频谱')
h=gca;
set(h,'fontsize',20)

img2 =imrotate(img1,45);
figure;imshow(img2,[])
title('原始图旋转 45 度')
h=gca;
set(h,'fontsize',20)
img2F = fft2(img2);
img2FF =fftshift(abs(img2F));
figure;mesh(log(1+img2FF))
title('原始图旋转 45 度频谱')
h=gca;
set(h,'fontsize',20)
```

```
img3 = imrotate( img1 ,90) ;
figure;imshow( img3, [ ] )
title('原始图旋转 90 度')
h = gca;
set( h, 'fontsize' ,20)
img3F = fft2( img3) ;
img3FF = fftshift( abs( img3F) ) ;
figure;mesh( log( 1+img3FF) )
title('原始图旋转 90 度频谱')
h = gca;
set( h, 'fontsize' ,20)
```

（3）傅里叶变换滤波

傅里叶变换对信号进行高通、带通、低通滤波可实现混合信号的分离。如图 2-18 所示，原始图为低频信号与高频信号（条纹纹理）的组合，可使用二维傅里叶变换实现信号的分离。

图像傅里叶变换滤波实现信号分离的程序如下。

```
clc
clear all
close all

img1 = double( imread('sim41Img1Free. bmp') ) ;
figure;imshow( img1, [ ] )
title('原始图')
h = gca;
set( h, 'fontsize' ,20)
img1F = fft2( img1) ;
img1FF = fftshift( ( img1F) ) ;
figure;mesh( log( 1+abs( img1FF) ) )
title('原始图频谱')
h = gca;
set( h, 'fontsize' ,20)
[ M,N] = size( img1) ;
w_1 = gausswin( M,25) ;
w_2 = gausswin( N,25) ;
w = w_1 * w_2';
figure;mesh( w)
title('窗函数')
h = gca;
set( h, 'fontsize' ,20)

img1FF2 = img1FF. * w;
figure;mesh( log( 1+abs( img1FF2) ) )
title('滤波频谱')
h = gca;
set( h, 'fontsize' ,20)

imgR = ifft2( ifftshift( img1FF2) ) ;
figure;imshow( imgR, [ ] )
title('滤波结果 1')
h = gca;
set( h, 'fontsize' ,20)
```

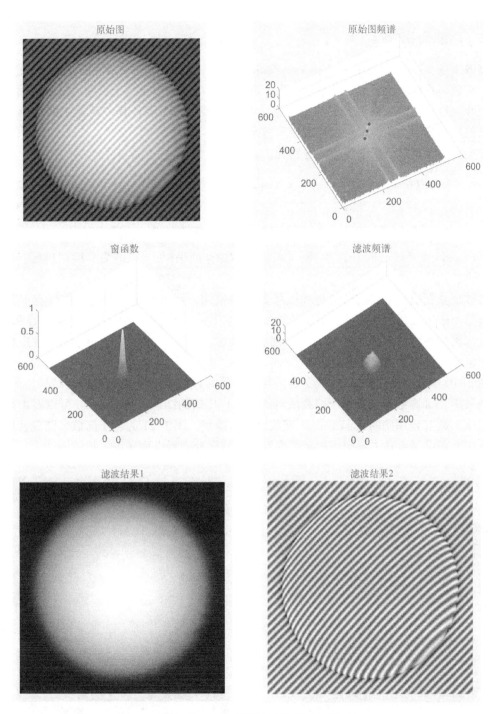

图 2-18　图像傅里叶变换信号分离

```
imgR = ifft2(ifftshift(img1FF2));
figure;imshow(img1-imgR,[])
title('滤波结果 2')
h=gca;
set(h,'fontsize',20)
```

2.3.2 离散余弦变换

离散余弦变换（Discrete Cosine Transform，DCT）是与傅里叶变换相关的一种变换，它类似于离散傅里叶变换，但是只使用实数。离散余弦变换相当于一个长度大概是它两倍的离散傅里叶变换。离散余弦变换的类型包括 I 型、II 型和III 型等，其中最常用的是第二种类型。它的逆被称为反离散余弦变换或逆离散余弦变换（IDCT）。

II 型和III 型离散余弦变换公式分别为

$$\begin{cases} F(u,v) = \dfrac{1}{N} \displaystyle\sum_{x=0}^{N-1} \sum_{y=0}^{N-1} f(x,y) \cos\left[\dfrac{\pi}{N} u\left(x+\dfrac{1}{2}\right)\right] \cos\left[\dfrac{\pi}{N} v\left(y+\dfrac{1}{2}\right)\right] \\ f(x,y) = \dfrac{1}{N} \displaystyle\sum_{x=0}^{N-1} \sum_{y=0}^{N-1} F(u,v) \cos\left[\dfrac{\pi}{N} u\left(x+\dfrac{1}{2}\right)\right] \cos\left[\dfrac{\pi}{N} v\left(y+\dfrac{1}{2}\right)\right] \end{cases} \quad (2-36)$$

式中，$F(u,v)$ 为 $f(x,y)$ 的 DCT 变换；(x,y) 为图像空间坐标；(u,v) 为变换域坐标；N 为图像的大小。

离散余弦变换经常在信号处理和图像处理中使用，用于对信号和图像进行有损数据压缩。这是由于离散余弦变换具有很强的能量集中特性：大多数自然信号（包括声音和图像）的能量都集中在离散余弦变换后的低频部分。离散余弦变换常被用于 JPEG 图像压缩。此外，它也经常被用于求解偏微分方程。

图 2-19 所示为图像经过 DCT 变换，变换系数处理以及反变换重构后的结果。图 2-20 所示为采用 8×8 离散余弦变换压缩算法对图像进行压缩的结果。从图 2-20 可以看出采用不同的压缩参数（程序中的 mask）时压缩效果具有差别。图 2-21 为基于离散余弦变换的相位展开算法处理结果，其中采用离散余弦变换求解偏微分方程进而实现了相位展开。

图 2-19　图像离散余弦变换压缩

a) 原图　b) 离散余弦变换结果　c) 离散余弦变换压缩　d) 压缩结果

a)

b)   c)

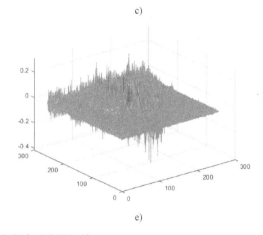

d)   e)

图 2-20　8×8 图像离散余弦变换压缩

a）原图　b）压缩结果 1　c）压缩结果 2

d）压缩结果 1 误差　e）压缩结果 2 误差

图 2-19 中的处理实现程序如下。

```
clc
clear all
close all

RGB = imread('autumn. tif');
I = rgb2gray(RGB);
figure;imshow(I,[ ])

J = dct2(I);
```

```
figure
imshow(log(abs(J)),[ ])
colormap(gca,jet(64))
colorbar

J(abs(J) < 10) = 0;
figure
imshow(log(abs(J)),[ ])
% colormap(gca,jet(1000))
colormap jet
colorbar

K = idct2(J)
figure
imshow(K,[ ])
```

图 2-20 中的处理程序如下。

```
clc
clear all
close all

I =imread('cameraman. tif');
I = im2double(I);
T =dctmtx(8);
dct = @(block_struct) T * block_struct. data * T';
B =blockproc(I,[8 8],dct);
mask = [1   1   1   1   0   0   0   0
        1   1   1   0   0   0   0   0
        1   1   0   0   0   0   0   0
        1   0   0   0   0   0   0   0
        0   0   0   0   0   0   0   0
        0   0   0   0   0   0   0   0
        0   0   0   0   0   0   0   0
        0   0   0   0   0   0   0   0];
B2 =blockproc(B,[8 8],@(block_struct) mask . * block_struct. data);
invdct = @(block_struct) T' * block_struct. data * T;
I2 =blockproc(B2,[8 8],invdct);
figure
imshow(I)
figure
imshow(I2)
figure;mesh(I-I2)

mask = [1   1   1   1   1   1   1   0
        1   1   1   1   1   1   0   0
        1   1   1   1   1   0   0   0
        1   1   1   1   0   0   0   0
        1   1   1   0   0   0   0   0
        1   1   0   0   0   0   0   0
        1   0   0   0   0   0   0   0
        0   0   0   0   0   0   0   0];
B3 =blockproc(B,[8 8],@(block_struct) mask . * block_struct. data);
```

```
invdct = @ ( block_struct) T' * block_struct. data * T;
I3 = blockproc( B3,[ 8 8 ] ,invdct) ;
figure
imshow( I)
figure
imshow( I3 )
figure; mesh( I-I3)
```

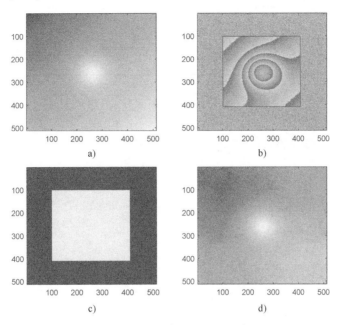

图 2-21　基于离散余弦变换的相位展开

a) 原始连续相位图　b) 噪声包裹相位图　c) 权重　d) 解包裹相位

图 2-21 中的处理程序如下。

```
clc
clear all
close all

%%%%%%%%%%%%%%%%%% test phase unwrap
% parameters
N = 512;
ampPhase = 20;
noise = 0. 1;
[ x, y ] =meshgrid( linspace( -1,1,N) ) ;
%%%% ( 1 ) unweighted case
% original unwrapped phase
phi = exp( -( x. * x+y. * y)/2/0. 2^2) * ampPhase + ( x + y) * ampPhase/2;
% wrapped phase
psi =wrapToPi( phi + randn( size( phi) ) * noise) ;
% unweighted case
abc = tic;
phi2 =phase_unwrap( psi) ;
disp( sprintf( 'Unweighted phase unwrap of a %dx%d image takes %f seconds', N, N, toc( abc) ) ) ;
```

```
% show the images
close all;
subplot(2,2,1);
imagesc(phi); title('Original phase');
subplot(2,2,2);
imagesc(psi); title('Wrapped phase with noise');
subplot(2,2,3);
imagesc(ones(N)); title('Weight');

subplot(2,2,4);
imagesc(phi2); title('Unwrapped phase');

%%%%% (2) now test the weighted case
weight = ones(N);
xregion = floor(N/4):floor(N/2);
yregion = floor(N/4):floor(N/2);
weight(yregion, xregion) = 0;

% change the zero-weighted region to noise only
psi3 = psi;
psi3(yregion, xregion) = randn([length(yregion), length(xregion)]);

% now unwrap
bac = tic;
phi3 =phase_unwrap(psi3, weight);
disp(sprintf('Weighted phase unwrap of a %dx%d image takes %f seconds', N, N, toc(bac)));

% show the images
figure;
subplot(2,2,1);
imagesc(phi); title('Original phase');

subplot(2,2,2);
imagesc(psi3); title('Wrapped phase with noise');

subplot(2,2,3);
imagesc(weight); title('Weight');

subplot(2,2,4);
imagesc(phi3); title('Unwrapped phase');

%%%%% (3) test the weighted case (with noise in the border)
weight4 = zeros(N)+0.01;
xregion = floor(N/5):floor(4*N/5);
yregion = floor(N/5):floor(4*N/5);
weight4(yregion, xregion) = 1;

% change the zero-weighted region to noise only
psi4 =randn(size(psi));
psi4(yregion, xregion) = psi(yregion, xregion);

% now unwrap
acb = tic;
phi4 =phase_unwrap(psi4, weight4);
```

```
disp( sprintf('Weighted phase unwrap of a %dx%d image takes %f seconds', N, N, toc(acb)));

% show the images
figure;
subplot(2,2,1);
imagesc(phi); title('原始连续相位图');

subplot(2,2,2);
imagesc(psi4); title('噪声包裹相位图');

subplot(2,2,3);
imagesc(weight4); title('权重');

subplot(2,2,4);
imagesc(phi4); title('解包裹相位');

%%%%%%%%%%%%%%%%%%%%%%%%%%%%%%%%%%%%%%%%%%%%%%%%%%%%%%%%
%%%%%%%%%%%%%%%%%%%%%%%%%%%%%%%%%%%%%%%%%%%%%%%%%%%%%%%%
% Unwrapping phase based onGhiglia and Romero (1994) based on weighted and unweighted least-
square method
% URL: https://doi.org/10.1364/JOSAA.11.000107
% Inputs:
%    * psi: wrapped phase from -pi to pi
%    * weight: weight of the phase (optional, default: all ones)
% Output:
%    * phi: unwrapped phase from the weighted (or unweighted) least-square phase unwrapping
% Author: Muhammad F. Kasim (University of Oxford, 2016)
%%%%%%%%%%%%%%%%%%%%%%%%%%%%%%%%%%%%%%%%%%%%%%%%%%%%%%%%
%%%%%%%%%%%%%%%%%%%%%%%%%%%%%%%%%%%%%%%%%%%%%%%%%%%%%%%%

function phi = phase_unwrap(psi, weight)
    if (nargin < 2) % unweighted phase unwrap
        % get the wrapped differences of the wrapped values
        dx = [zeros([size(psi,1),1]),wrapToPi(diff(psi, 1, 2)), zeros([size(psi,1),1])];
        dy = [zeros([1,size(psi,2)]); wrapToPi(diff(psi, 1, 1)); zeros([1,size(psi,2)])];
        rho = diff(dx, 1, 2) + diff(dy, 1, 1);

        % get the result by solving thepoisson equation
        phi = solvePoisson(rho);

    else % weighted phase unwrap
        % check if the weight has the same size as psi
        if (~all(size(weight) == size(psi)))
            error('Argument error: Size of the weight must be the same as size of the wrapped phase');
        end

        % vector b in the paper (eq 15) is dx anddy
        dx = [wrapToPi(diff(psi, 1, 2)), zeros([size(psi,1),1])];
        dy = [wrapToPi(diff(psi, 1, 1)); zeros([1,size(psi,2)])];

        % multiply the vector b by weight square (W^T * W)
        WW = weight . * weight;
        WWdx = WW . * dx;
```

```
WWdy = WW . * dy;

% applying A^T toWWdx and WWdy is like obtaining rho in the unweighted case
WWdx2 = [zeros([size(psi,1),1]),WWdx];
WWdy2 = [zeros([1,size(psi,2)]);WWdy];
rk = diff(WWdx2, 1, 2) + diff(WWdy2, 1, 1);
normR0 = norm(rk(:));

% start the iteration
eps = 1e-8;
k = 0;
phi = zeros(size(psi));
while (~all(rk == 0))
    zk = solvePoisson(rk);
    k = k + 1;

    if (k == 1) pk =zk;
    else
        betak = sum(sum(rk . * zk)) / sum(sum(rkprev . * zkprev));
        pk =zk + betak * pk;
    end

    % save the current value as the previous values
    rkprev = rk;
    zkprev = zk;

    % perform one scalar and two vectors update
    Qpk = applyQ(pk, WW);
    alphak = sum(sum(rk . * zk)) / sum(sum(pk . * Qpk));
    phi = phi +alphak * pk;
    rk = rk - alphak * Qpk;

    % check the stopping conditions
    if ((k >=numel(psi)) || (norm(rk(:)) < eps * normR0)) break; end;
        end
    end
end

function phi =solvePoisson(rho)
    % solve thepoisson equation using dct
    dctRho = dct2(rho);
    [N, M] = size(rho);
    [I, J] =meshgrid([0:M-1], [0:N-1]);
    dctPhi = dctRho ./ 2 ./ (cos(pi * I/M) + cos(pi * J/N) - 2);
    dctPhi(1,1) = 0; % handling the inf/nan value

    % now invert to get the result
    phi = idct2(dctPhi);

end

% apply the transformation (A^T)(W^T)(W)(A) to 2D matrix
functionQp = applyQ(p, WW)
```

```
% apply (A)
dx = [diff(p, 1, 2), zeros([size(p,1),1])];
dy = [diff(p, 1, 1); zeros([1,size(p,2)])];

% apply (W^T)(W)
WWdx = WW . * dx;
WWdy = WW . * dy;

% apply (A^T)
WWdx2 = [zeros([size(p,1),1]),WWdx];
WWdy2 = [zeros([1,size(p,2)]);WWdy];
Qp = diff(WWdx2,1,2) + diff(WWdy2,1,1);
end
```

2.3.3 偏微分方程图像处理

偏微分方程图像处理是这几年兴起的一种图像处理方法，主要针对底层图像处理，在图像去噪、修复、分割等方向的应用中取得了不错的效果。偏微分方程具有各项异性的特点，在图像处理中可以在去噪的同时很好地保持边缘。比如，在图像修复中，利用偏微分方程对图像进行建模，可以使得待修复区域周围的有效信息沿等照度线自动向内扩散，在保持图像边缘的基础上平滑噪声。

偏微分方程在图像处理中的成功应用可以归功于两个主要因素。首先，许多变分问题或它们的正则化逼近通常可以通过其欧拉-拉格朗日方程进行有效计算。其次，像经典的数学物理模型一样，偏微分方程对于描述、建模，以及模拟许多动态和平衡的现象（如扩散、对流或输运、反应等）非常有效。

图像处理中的偏微分方程与变分模型存在一定关系。一方面，图像处理中的偏微分方程不一定总满足一个变分模型。这在物理中是常识，著名的例子有流体力学中的纳维-斯托克斯方程、量子力学中的薛定谔方程、电磁学中的麦克斯韦方程。另一方面，在图像处理中，许多偏微分方程都有对应的变分模型，比如热扩散方程、平均曲率运动方程和全变分方程。下面介绍几种典型的偏微分方程图像处理模型。

1. PM 模型及其改进模型

Perona 和 Malik 对最早的各项同性热传导方程滤波模型进行了重要改进，将控制扩散速度函数 $g(|\nabla u|)$ 引入模型中，又于 1990 年提出了第一个具有方向性的偏微分方程滤波模型——各向异性扩散模型，即 PM 模型。该模型用一个非线性方程代替热传导方程

$$\frac{\partial u(x,y,t)}{\partial t} = \nabla \cdot (g(|\nabla u|)\nabla u) \tag{2-37}$$

式中，函数 $g(|\nabla u|)$ 用于控制扩散速度，是图像梯度 ∇u 的非增函数，因此扩散速度在图像边缘处（相当于 ∇u 大的地方）慢，使图像边缘能够得到保持，而在均匀区域扩散速度较大（即 ∇u 小的区域），能够更好地平滑非边缘区域。该模型极大地改进了滤波效果。

常用的控制扩散速度函数为

$$g(|\nabla u|) = \frac{1}{1+(|\nabla u|/k)^2} \tag{2-38}$$

式中，k 为预先设定的常数。在 PM 模型中，扩散根据控制扩散速度函数进行，降低了边缘

附近的平滑作用，但它对噪声极为敏感，许多学者仍在不断地对该函数进行改进。

复数扩散偏微分方程是 PM 模型的改进之一，其目的是避免或者减少 PM 模型的块相应。其模型为

$$\frac{\partial u(x,y,t)}{\partial t} = \nabla \cdot \left(D(\mathrm{Im}(u) \nabla u) \right) \tag{2-39}$$

式中，$u(x,y,t)$ 为随时间 t 演化的图像；$\mathrm{Im}(u)$ 为图像 u 的虚部；$\nabla \cdot$ 为散度操作符；D 扩散速率定义为

$$D(\mathrm{Im}(u)) = \frac{\exp(i\theta)}{1 + \left(\dfrac{\mathrm{Im}(u)}{k\theta}\right)^2} \tag{2-40}$$

式中，i 为虚数单位；k 为阈值参数；$\theta \in (-\pi/2, \pi/2)$，为相位角。其中不包含图像的导数项，这是比实数扩散方法优越的一点。Gilboal 等研究结果表明，复数扩散偏微分滤波在光滑区域幅度加强，在边缘区域幅度减弱。

2. 全变分（Total Variation，TV）模型

基于变分方法的全变分模型最早起源于 Osher, Rudin, Fatemi 的工作，于 1992 年提出，简称为 "ROF 模型"。ROF 模型中图像的光滑部分使用 TV 范数描述，纹理部分采用 L2（平方可积）刻画，因此也叫作 TV-L2 模型。TV-L2 模型的能量泛函表示为

$$\inf_{u \in \mathrm{BV}} \left(\int |\nabla u| \, \mathrm{d}x + \frac{1}{2\lambda} \| f - u \|_{L^2}^2 \right) \tag{2-41}$$

式中，f 为原始图像；u 为带求解图像；λ 为正则参数。

L2 范数对于零均值的 Gaussian 信号具有很好的描述。

3. 热扩散方程的图像去噪

热扩散方程表示为

$$\frac{\partial U}{\partial t} = \Delta U = U_{xx} + U_{yy} \tag{2-42}$$

式中，Δ 代表拉普拉斯算子；$\dfrac{\partial U}{\partial t}$ 代表热扩散方程演化图像。

首先对时间项离散化

$$\frac{U^{n+1} - U^n}{\Delta t} = \Delta U = U_{xx} + U_{yy} \tag{2-43}$$

$$U^{n+1} = U^n + \Delta t (U_{xx} + U_{yy}) \tag{2-44}$$

式中，n 为离散化的迭代次数；Δt 为离散化的时间步长，是一常数，比如取为 0.1。

然后，对 x 和 y 离散化（采用前向差分，对应为 i 和 j）

$$U^{n+1}(i,j) = U^n(i,j) + \Delta t [U^n(i+1,j) - 2U^n(i,j) + U^n(i-1,j) + \\ U^n(i,j+1) - 2U^n(i,j) + U^n(i,j-1)] \tag{2-45}$$

进一步可表示为

$$U^{n+1}(i,j) = U^n(i,j) + \Delta t (U^n(i+1,j) + U^n(i-1,j) + U^n(i,j+1) - 4U^n(i,j) + U^n(i,j-1)) \tag{2-46}$$

所以可以用简单的数组与循环来实现热扩散方程。图 2-22 为热扩散方程图像去噪结果。

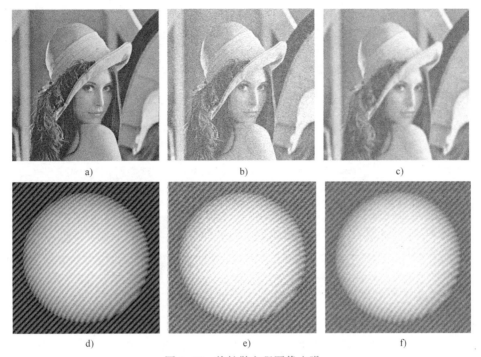

图 2-22　热扩散方程图像去噪

a) 原图 1　b) 噪声图 1　c) 去噪结果 1　d) 原图 2　e) 噪声图 2　f) 去噪结果 2

图 2-22 所用的程序如下。

```
%test HeatEquation. m

clc
clear all
close all

img1 = double(imread('image1. bmp'));
figure;imshow(img1,[])
[M,N] = size(img1);

delatT = 0. 1;
U = img1;
for index = 1:200

    for i = 2:M-1
        for j = 2:N-1
        U(i,j)   = U(i,j) + delatT * (U(i+1,j)-2 * U(i,j)+U(i-1,j) + U(i,j+1)-2 * U(i,j)
        +U(i,j-1));
        end
    end

end
figure;imshow(U,[])
```

4. 全变分图像去噪

全变分图像去噪的能量泛函表示为

$$F = \iint \sqrt{u_x^2 + u_y^2}\,\mathrm{d}x\mathrm{d}y \tag{2-47}$$

式中，u_x 和 u_y 为 u 关于 x 和 y 的偏导数。

对应的欧拉-拉格朗日方程求解过程为

$$
\begin{aligned}
&\partial(\partial F/\partial u_x)/\partial x + \partial(\partial F/\partial u_y)/\partial y\\
&=\partial(\partial(\sqrt{u_x^2+u_y^2})/\partial u_x)/\partial x + \partial(\partial(\sqrt{u_x^2+u_y^2})/\partial u_y)/\partial y\\
&=\partial((u_x^2+u_y^2)^{-1/2}u_x)/\partial x + \partial((u_x^2+u_y^2)^{-1/2}u_y)/\partial y\\
&=\partial((u_x^2+u_y^2)^{-1/2})/\partial x\,u_x + (u_x^2+u_y^2)^{-1/2}u_{xx} + \partial((u_x^2+u_y^2)^{-1/2})/\partial y\,u_y + (u_x^2+u_y^2)^{-1/2}u_{yy}\\
&=-\frac{1}{2}(u_x^2+u_y^2)^{-3/2}(2u_xu_{xx}+2u_yu_{yx})u_x + (u_x^2+u_y^2)^{-1/2}u_{xx} +\\
&\quad -\frac{1}{2}(u_x^2+u_y^2)^{-3/2}(2u_xu_{xy}+2u_yu_{yy})u_y + (u_x^2+u_y^2)^{-1/2}u_{yy}\\
&=-(u_x^2+u_y^2)^{-3/2}(u_x^2u_{xx}+2u_xu_yu_{xy}+u_y^2u_{yy}) + (u_x^2+u_y^2)^{-1/2}(u_{xx}+u_{yy})\\
&=(u_x^2+u_y^2)^{-3/2}(-u_x^2u_{xx}-2u_xu_yu_{xy}-u_y^2u_{yy}) + (u_x^2+u_y^2)^{-3/2}(u_x^2u_{xx}+u_x^2u_{yy}+u_y^2u_{xx}+u_y^2u_{yy})\\
&=(u_x^2+u_y^2)^{-3/2}(u_x^2u_{yy}+u_y^2u_{xx}-2u_xu_yu_{xy}) = 0
\end{aligned} \tag{2-48}
$$

从而可以用简单的数组与循环实现全变分模型的演化方程。图 2-23 为全变分图像去噪结果。

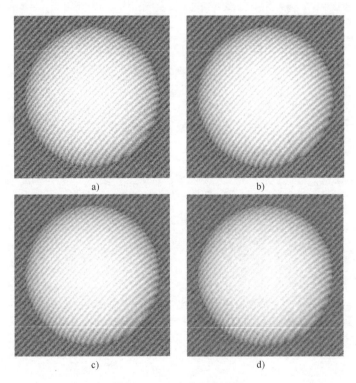

图 2-23　全变分图像去噪

a) 噪声图　b) 噪声图 100 次迭代　c) 噪声图 200 次迭代　d) 噪声图 300 次迭代

全变分图像去噪的程序如下。

```
clc
clear all
close all

IRaw = imread('sim41Img1Noise. bmp');
I = double(IRaw(:,:,1));
I0 = double(I);
ep = 0. 0000001;
lam = 0;
C = 0;
[nx,ny] = size(I);
ep2 = ep^2;
iter = 300;
I_x = zeros(ny,nx);
I_y = zeros(ny,nx);
I_xx = zeros(ny,nx);
I_yy = zeros(ny,nx);
I_xy = zeros(ny,nx);
dt = 0. 1;
for indexI = 1:iter                  %循环求图像一阶导数

    for i = 2:nx-1
        for j = 2:ny-1
            I_x(i,j) = (I(i+1,j)-I(i-1,j))/2;
            I_y(i,j) = (I(i,j+1)-I(i,j-1))/2;
        end

    end

    I_x(1,:) = I_x(2,:);
    I_x(end,:) = I_x(end-1,:);
    I_x(:,1) = I_x(:,2);
    I_x(:,end) = I_x(:,end-1);

    I_y(1,:) = I_y(2,:);
    I_y(end,:) = I_y(end-1,:);
    I_y(:,1) = I_y(:,2);
    I_y(:,end) = I_y(:,end-1);

        for ii = 2:nx-1                  %循环求图像二阶导数
            for jj = 2:ny-1
            I_xx(ii,jj) = (I(ii+1,jj)-2*I(ii,jj)+I(ii-1,jj));
            I_yy(ii,jj) = (I(ii,jj+1)-2*I(ii,jj)+I(ii,jj-1));
            I_xy(ii,jj) = (I(ii+1,jj+1)+I(ii,jj)-I(ii-1,jj)-I(ii,jj-1))/4;
            end
        end
    I_xx(1,:) = I_xx(2,:);            %边界处理
    I_xx(end,:) = I_xx(end-1,:);
    I_xx(:,1) = I_xx(:,2);
    I_xx(:,end) = I_xx(:,end-1);

    I_yy(1,:) = I_yy(2,:);
```

```
        I_yy(end,:) = I_yy(end-1,:);
        I_yy(:,1) = I_yy(:,2);
        I_yy(:,end) = I_yy(:,end-1);

        I_xy(1,:) = I_xy(2,:);
        I_xy(end,:) = I_xy(end-1,:);
        I_xy(:,1) = I_xy(:,2);
        I_xy(:,end) = I_xy(:,end-1);

        I(I>255)=255;
        I(I<0)=0;                          %限定灰度值上下界限
        Num =I_xx.*(I_y.^2)-2*I_x.*I_y.*I_xy+I_yy.*(I_x.^2);
        Den = (I_x.^2+I_y.^2).^(3/2);
        I_t = Num./(Den+1) + lam.*(I0-I+C);
        I=I+dt*I_t;                        % 方程演化
    end
    figure;imshow(I,[])
```

2.3.4 小波变换等时频分析方法

（1）小波变换

傅里叶变换将信号展开为无限个正弦和余弦的线性组合，这样虽可得到信号的频谱信息，但是不能获得信号时间方面的信息。换句话说，傅里叶变换提供了图像中所出现的所有频率，但是并不能反映它们源于何处。窗口傅里叶变换（即短时傅里叶变换）可以定位信号的变化。它将信号分解为小窗口并将其看作周期函数做局部处理。然而，窗口傅里叶变换仍然存在很大缺陷：窄窗口带来较差的频率分辨率，而宽窗口带来较差的定位效果。小波变换比窗口傅里叶变换更进一步，不仅能提供较精确的时域定位也能提供较精确的频域定位。

小波变换兴起于 20 世纪 80 年代中期，由于其具有良好的时频局域分析能力，所以成为信号处理最重要的工具之一。对含"点奇异"的一维信号，小波具有最优的逼近性能。小波变换具有如下优点。

- 稀疏性：小波系数稀疏分布，经小波变换后，只用很少的非零系数即可实现对对象的表达。
- 多分辨率：对不同分辨率根据信号和噪声分布消除噪声。
- 去相关性：小波变换可对信号去相关，因此相对于时域，更有利于去噪。
- 基函数多样性：可根据信号特点，结合滤波效果，来选择或构造不同的小波基函数。

如果函数 $\psi(\omega)$ 满足容许条件

$$C_\psi = \int \frac{|\hat{\psi}(\omega)|^2}{|\omega|} d\omega < \infty \tag{2-49}$$

则积分变换

$$W_f(a,b) = |a|^{-\frac{1}{2}} \int f(x)\,\overline{\psi\left(\frac{x-b}{a}\right)}\,dx, f \in L^2(R) \tag{2-50}$$

为 $f(x)$ 以 $\psi(x)$ 为基的小波变换，引入符号 $\psi_{a,b}(x)$

$$\psi_{a,b}(x) = \psi_a(x-b) = |a|^{-\frac{1}{2}}\psi\left(\frac{x-b}{a}\right) \tag{2-51}$$

对 $f(x,y) \in L^2(R^2)$，其对应的小波变换为

$$W_f(a, b_1, b_2) = \int_{-\infty}^{\infty} \int_{-\infty}^{\infty} f(x,y) \frac{1}{a} \overline{\psi} \left(\frac{x-b_1}{a}, \frac{x-b_2}{a} \right) dxdy \qquad (2\text{-}52)$$

式中，a 为尺度因子；b、b_1、b_2 为平移量。

以维纳滤波器为例

$$e(t) = s(t) - y(t) \qquad (2\text{-}53)$$

式中，$y(t) = x(t) * h(t)$。

小波滤波的基本实现过程如下。

第一步：对图像 $f(x,y)$ 进行小波变换，得到各级变换系数

$$a_{-J}(k), d_{-J}(k), d_{-J+1}(k), \cdots, d_{-1}(k) \qquad (2\text{-}54)$$

第二步：对高频系数进行修正处理，可以得到系数的修正值

$$\hat{d}_j(k) = \eta(d_j(k)) d_j(k) \qquad (2\text{-}55)$$

式中，$\eta()$ 为修正函数。

第三步：用 $a_{-J}(k)$ 及 $\hat{d}_j(k)$（$j = -J, \cdots, -1$）进行重构，得到滤波后的图像 $\hat{f}(x,y)$。

由一维小波张成的二维小波只具有有限方向，即水平、竖直、对角，多方向的缺乏导致其不能最优地表达线或面奇异性，对线或面奇异函数的逼近性能差强人意。

设 $f(x) \in L^2(R^2)$，定义连续小波变换：

$$W_f(a, b) = \int_{R^2} \psi_{a,b}(x) f(x) dx \qquad (2\text{-}56)$$

式中，$\psi_{a,b}(x) = |a|^{-1/2} \psi \left(\frac{x-b}{a} \right)$，$\psi()$ 为母小波；a 为尺度因子；b 为平移因子。参数 a 和 b 均连续变化，所以称为连续小波变换。其内积表示形式为

$$W_f(a, b) = \langle f, \psi_{a,b} \rangle \qquad (2\text{-}57)$$

参数 a 的变化决定着小波窗函数的形状和频谱结构。当 a 减小时，$\psi_{a,b}(x)$ 的频谱集中于高频部分，此时窗口尺寸较小，小波函数具有较好的空间分辨率；当 a 增大时，$\psi_{a,b}(x)$ 的频谱集中于低频部分，此时窗口尺寸变小，空间分辨率降低。

小波函数必须满足容许条件，小波变换才存在逆变换，其容许条件为

$$c_\psi = \int_{-\infty}^{\infty} \frac{|\Psi(\omega)|}{\omega} d\omega < \infty \qquad (2\text{-}58)$$

式中，$\Psi(\omega) = \int_{-\infty}^{\infty} e^{-j\omega x} \psi(x) dx$。容许条件表明，可以用作基本小波的函数 $\psi_{a,b}(x)$ 必须满足 $\Psi(0) = 0$ 的条件，即 $\psi_{a,b}(x)$ 为均值为 0 的振荡波形，$\Psi(\omega)$ 具有带通性。

（2）曲波变换

小波变换在图像边缘信息表达上存在严重不足，由一维小波张成的可分离小波只具有有限的方向性，不能"最优"地表示具有线性奇异性或面奇异性的高维函数。小波方向性的单一使得其不能很好地逼近具有高维奇异的信号。由于双树复小波的多尺度、近似平移不变性和多方向性，使得其比传统小波在图像去噪时更易保持边缘。双密度双树离散小波变换将信息提高到 16 个方向，但每个方向值由一个小波表示，使图像的分解与重构精度受到限制。

多尺度几何分析具有三个优点：即多分辨率分析特性、局域性和方向性。目前，多尺度

几何分析工具主要有 Brushlet 变换、Ridgelet 变换、Ridgelet 变换、Curvelet 变换、Wedgelet 变换、Beamlet 变换、Bandlet 变换、Contourlet 变换、Directionlet 变换以及 Shearlet 变换等。由于它们主要以变换为核心，因此也称多尺度方向变换，为了能充分利用原函数的几何正则性，这些变换的基的支撑区间表现为"长条形"，用最少的系数来逼近奇异曲线。

定理 2.1 设 $g \in W_2^2(R^2)$，令 $f(x) = g(x)|_{\{x_2 \le \gamma \le x_1\}}$，其中曲线 γ 二阶可导，则函数 f 的曲波变换的 m 项非线性逼近 $\tilde{f}_m^c$ 误差为

$$\|f - \tilde{f}_m^c\|_2^2 \le C \cdot m^{-2}(\log_2 m)^3 \quad (m \to +\infty) \tag{2-59}$$

边缘属于突变信号，是弯曲的，而不是直线，这些信号在数学上表现为奇异性。小波、脊波等不能有效表达出图像的这些特征。和小波相比，小波系数属于"过"边缘的表达，而曲波是"沿"边缘的表达，如图 2-24 所示，所以传统小波在处理图像上表现出很大的局限性。

在曲波变换尺度体系中，基函数本身对方向高度敏感。从图 2-24 中可以看出，在同一尺度下，两个不同位置的基元在方向上的表现只是略有差别，可见曲波具有很强的方向性。经过曲波分解，如果曲波基元与图像的边缘重合，那么在曲波系数上表现为大值，不重合则曲波系数很小，所以曲波系数能表达出该尺度、该方向上的边缘信息。更进一步，为了捕获图像各个方向的边缘，曲波可以进行不同尺度的分解，经旋转、平移后实现边缘特征的捕获，在矩阵上表现为稀疏性。

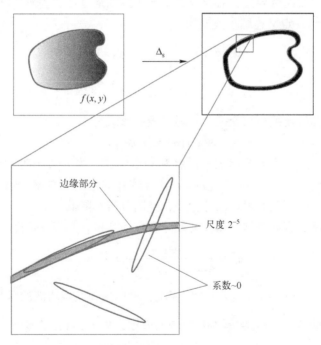

图 2-24 图像边缘和 Curvelet 系数之间的关系

Candes 等提出了两种曲波变换的快速实现方法，分别是 USFFT（基于非均匀采样的快速傅里叶变换，Unequally Spaced FFT）和 Wrap（基于频域特殊采样的卷绕规则 Wrapping 算法，Wrapping-based FFT）算法。这两种算法的主要区别在于不同尺度、不同方向上空间网格的选择方法不同，算法实现步骤简单介绍如下。

基于 USFFT 的离散 Curvelet 变换实现基本过程如下。

第一步：对输入的笛卡儿坐标下的二维函数（图像）进行快速傅里叶变换，得到二维频域表示

$$\hat{f}[n_1,n_2], -n/2 \leqslant n_1,n_2 \leqslant n/2 \tag{2-60}$$

第二步：在频域，对每一个(j,k)重采样$\hat{f}[n_1,n_2]$得到采样值

$$\hat{f}[n_1,n_2-n_1\tan\theta_l], (n_1,n_2) \in P_j \tag{2-61}$$

第三步：将内插后的$\hat{f}$与$\widetilde{U}_j$窗函数相乘便可得到

$$\hat{f}[n_1,n_2]=\hat{f}[n_1,n_2-n_1\tan\theta_l]\widetilde{U}_j[n_1,n_2] \tag{2-62}$$

第四步：对$\hat{f}_{j,l}$进行二维快速傅里叶逆变换，可以得到离散 Curvelet 系数$c^D(j,l,k)$。

基于 Wrapping 的离散 Curvelet 变换实现方法核心思想是：围绕原点包裹（wrap），即在具体实现时对任意区域通过周期化技术——映射到原点的仿射区域。该方法是在 USFFT 方法的基础上增加 wrap 步骤，具体过程如下。

第一步：对输入的一个笛卡儿坐标下的二维函数图像进行二维快速傅里叶变换，得到二维频域表示

$$\hat{f}[n_1,n_2], -n/2 \leqslant n_1,n_2 \leqslant n/2 \tag{2-63}$$

第二步：在频域对每一个(j,k)重采样$\hat{f}[n_1,n_2]$得到采样值

$$\hat{f}[n_1,n_2-n_1\tan\theta_l], (n_1,n_2) \in P_j \tag{2-64}$$

第三步：将内插后的$\hat{f}$与$\widetilde{U}_j$窗函数相乘便可得到

$$\hat{f}[n_1,n_2]=\hat{f}[n_1,n_2-n_1\tan\theta_l]\widetilde{U}_j[n_1,n_2] \tag{2-65}$$

第四步：围绕原点 wrapping 局部化$\hat{f}[n_1,n_2]$；

第五步：对$\hat{f}_{j,l}$进行二维快速傅里叶逆变换，可以得到离散曲波系数$c^D(j,l,k)$。

（3）剪切波变换

剪切波变换是一类新的多维函数逼近方法。剪切波通过一个基本函数的膨胀、剪切和平移变换来构造，体现了函数的几何和数学特性，如近年来许多领域的学者所强调的函数方向性、尺度和振荡等。剪切波变换是一种继承曲波和轮廓波优点的新型多尺度几何分析工具。

在$L^2(R^2)$空间中的二维函数f剪切波变换定义为

$$SH_\Psi(f)(a,s,t)=\langle f,\Psi_{a,s,t}\rangle \tag{2-66}$$

式中，$\Psi_{a,s,t}$为剪切波，它构成了在频域中连续尺度$a>0$，位置$t \in R^2$，曲率方向$s \in R$的局部化仿射系统。剪切波表示为

$$\Psi_{a,s,t}(x)=a^{-\frac{3}{4}}\Psi(A_a^{-1}S_s^{-1}(x-t)) \tag{2-67}$$

其中

$$A_a=\begin{pmatrix} a & 0 \\ 0 & \sqrt{a} \end{pmatrix}, \quad S_s=\begin{pmatrix} 1 & s \\ 0 & 1 \end{pmatrix} \tag{2-68}$$

它们分别为尺度矩阵和剪切矩阵。尺度矩阵A_a体现各向异性膨胀矩阵，剪切矩阵通过s参数化方向。

通过对尺度参数、剪切参数和平移参数离散化，得到离散的剪切波函数为

$$\psi^{(0)}_{j,l,k}(x) = 2^{\frac{3j}{2}}\psi(B^l A^j x - k) \tag{2-69}$$

其中

$$A = \begin{pmatrix} 4 & 0 \\ 0 & 2 \end{pmatrix}, \ S = \begin{pmatrix} 1 & 1 \\ 0 & 1 \end{pmatrix}, \ j,l \in \psi, \ k \in Z^2$$

相应的离散剪切波函数

$$SH_\varphi f(j,l,k) = \langle f, \psi_{j,l,k} \rangle \tag{2-70}$$

对于 $\xi = (\xi_1, \xi_2), \ \xi_1 \neq 0$, 令

$$\hat{\psi}^{(0)}(\xi) = \hat{\psi}^{(0)}(\xi_1,\xi_2) = \hat{\psi}^{(1)}(\xi_1)\hat{\psi}^{(2)}\left(\frac{\xi_2}{\xi_1}\right) \tag{2-71}$$

式中, $\hat{\psi}^{(1)} \subset C^\infty(R)$, $\hat{\psi}^{(2)} \subset C^\infty(R)$, $\operatorname{supp}\hat{\psi}^{(1)} \subset [-1/2,1/16] \cup [1/16,1/2]$, 并且 $\operatorname{supp}\hat{\psi}^{(2)} \subset [-1,1]$, 能够得到 $\hat{\psi}^{(0)} \subset C^\infty(R)$ 以及 $\operatorname{supp}\hat{\psi}^{(0)} \subset [-1/2,1/2]^2$。

假定

$$\sum_{j \geq 0} |\hat{\psi}^{(1)}(2^{-2j}\xi_1)|^2 = 1, \ |\omega| \geq 1/8 \tag{2-72}$$

并且对 $\forall j \geq 0$

$$\sum_{l=2^{-j}}^{2^j - 1} |\hat{\psi}^{(2)}(2^{-j}\omega - l)|^2 = 1, \ |\omega| \leq 1 \tag{2-73}$$

根据 $\hat{\psi}^{(1)}$ 和 $\hat{\psi}^{(2)}$ 的支集就能够得到函数的频域支集为

$$\begin{aligned} \operatorname{supp}\hat{\psi}^{(0)}_{j,k,l} \subset \{ (\xi_1,\xi_2) : &\xi_1 \in [-2^{2j-1}, -2^{2j-4}] \cup \\ &[2^{2j-4}, 2^{2j-1}], \ |\xi_2/\xi_1 + l2^{-j}| \leq 2^{-j} \} \end{aligned} \tag{2-74}$$

也就是说, $\hat{\psi}_{j,k,l}$ 是一个大小为 $2^{2j} \times 2^j$ 的梯形对, 方向为 $2^{-j}l$。

和曲波相比, 剪切波的构造有着根本的区别, 剪切波是由一族算子操作在一个函数上产生的, 而曲波并不是这样。图 2-25 为曲波和剪切波的频域剖分图。曲波和剪切波的不同之处在于: ①曲波不是和一个固定的平移格相关联, 如果考虑方向的敏感性, 则剪切波的方向数目在每一个尺度加倍, 而曲波则在每一个不同的尺度加倍; ②剪切波定义在笛卡儿域, 通过剪切变换获得各种方向, 而曲波是在极坐标域构造的, 通过旋转操作获得方向。

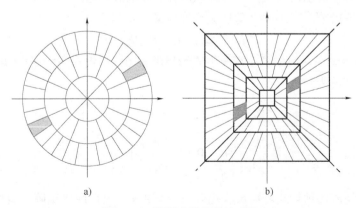

a) b)

图 2-25 图像边缘和曲波系数

a) 曲波频域剖分　b) 剪切波频域剖分

2.3.5　形态学处理

形态学本来指的是生物学中的一个分支，而此处的形态学为图像处理中的常用算法工具，它分析的基础是基于形态的数学运算。作为数学理论的一部分，它常用来调整分割后的图像形状以达到特定的目的，边缘检测、噪声抑制、特征提取甚至图像分割都可以将形态学运用于其中并且实际效果良好。

数学形态学是由一组形态学的集合运算组成的，其基本运算有膨胀、腐蚀、开运算/闭运算、击中/击不中、细化/粗化。这些基本运算在二值图像和灰度图像中各有特点。基于这些基本运算还可推导和组合出各种数学形态学实用算法。膨胀和腐蚀是数学形态学方法中最基本的运算。膨胀和腐蚀的原理是利用一个称作结构元素的"探针"收集图像的信息，当探针在图像中不断移动时，通过简单的逻辑运算便可考察图像各个部分之间的相互关系，从而了解图像的结构特征。

腐蚀操作的运算符号为"Θ"，如果对集合 A 用结构元素 B 来进行腐蚀操作，则可以表示为 $A\Theta B$，并且定义

$$A\Theta B = \{x \mid (B)_x \subseteq A\} \tag{2-75}$$

式（2-75）表明，结构元素 B 在集合 A 中平移 x 扫描后，结构元素 B 依旧在集合 A 中的所有参考点集合即为运算结果，具体操作例如图 2-26 所示过程。

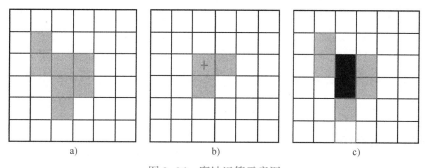

图 2-26　腐蚀运算示意图

a）集合 A　b）结构元素 B　c）腐蚀结果

图 2-26a 中的阴影区域为集合 A，图 2-26b 中的阴影区域为结构元素 B，设定红色"+"号标记点为参考点，图 2-26c 中的纯黑部分为腐蚀运算后集合 A 所留下的部分，即腐蚀的结果。

膨胀操作的运算符号为"$\oplus$"，如果对集合 A 用结构元素 B 来进行膨胀操作，则可以表示为 $A \oplus B$，并且定义

$$A \oplus B = \{x \mid [(\hat{B})_x \cap A \neq \varphi\} \tag{2-76}$$

膨胀运算与腐蚀运算略有不同，需要先对结构元素 B 进行关于原点的映射得到 $\hat{B}$，结构元素 $\hat{B}$ 在集合 A 中平移 x 扫描后，$\hat{B}$ 的位移与 A 至少有一个非零元素相交时 B 的参考点位置集合即膨胀结果，具体操作例如图 2-27 所示过程。

图 2-27a 中的阴影区域为集合 A，图 2-27b 中的阴影区域为结构元素 B，设定红色"+"号标记点为参考点，图 2-27c 中的阴影区域为结构元素 B 的映射 $\hat{B}$，图 2-27d 中的纯黑区域为膨胀运算后集合 A 所增加的部分，整个阴影区域为膨胀的结果。

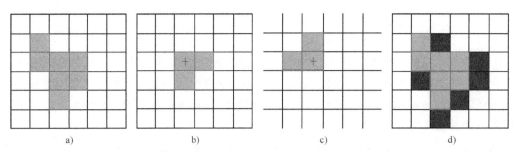

图 2-27　膨胀运算示意图

a）集合 A　b）结构元素 B　c）映射 $\hat{B}$　d）膨胀结果

一般情况下，腐蚀运算和膨胀运算虽然不互为逆运算，但是可以通过恰当的组合变成新的形态运算，比如开运算和闭运算。使用相同的结构元素对图像先进行腐蚀运算再进行膨胀运算即为开运算，其运算符号为"∘"，如果对集合 A 用结构元素 B 来进行开运算操作，则可以表示为 $A\circ B$，并且定义

$$A\circ B=(A\Theta B)\oplus B \tag{2-77}$$

开运算的作用较多，比如可以削弱图像中狭长的区域，断开不同区域之间的连接等。虽然作用与腐蚀运算差不多，但是开运算可以基本保持待测物体尺寸不变。

使用相同的结构元素对图像先进行膨胀运算再进行腐蚀运算即为闭运算，其运算符号为"·"，如果对集合 A 用结构元素 B 来进行闭运算操作，则可以表示为 $A\cdot B$，并且定义

$$A\cdot B=(A\oplus B)\Theta B \tag{2-78}$$

闭运算的作用也较多，也可以平滑图像轮廓，但与开运算不同的是，闭运算一般用来连接断开的临近区域。同样，它的作用虽然与膨胀运算差不多，但是可以基本保持待测物体尺寸不变。

2.4　图像特征提取

2.4.1　特征提取算法

（1）特征点

如何选取合适的图像特征一直是图像检测领域的研究热点，不好的图像特征不仅会引入非线性关系，还会引入噪声，影响缺陷判别的实现。对于特征提取算法来说，算法的鲁棒性会直接影响整个缺陷检测系统的鲁棒性，甚至会影响系统的稳定性。目前图像检测与识别领域常用的图像特征有 Hu 不变矩、Haar 特征算子和 surf 特征，这三种特征都具有平移、旋转、缩放不变性，有良好的鲁棒性。下面介绍前两种特征。

Hu 不变矩是由 Hu 提出的，其利用中心矩构造出 7 个不变量，可以对区域形状进行描述，而且具有平移、比例、旋转不变性，在机器视觉中是一种十分重要的特征描述方法。

对于分布为 $f(x,y)$ 的灰度图像，定义其 $(p+q)$ 阶矩为

$$m_{pq}=\iint\limits_{-\infty}^{+\infty}x^p y^q f(x,y)\,\mathrm{d}x\mathrm{d}y\quad p,q=0,1,2,\cdots \tag{2-79}$$

且对应的中心矩定义为

$$\mu_{pq} = \iint\limits_{-\infty}^{+\infty} (x-x_0)^p (y-y_0)^q f(x,y) \, \mathrm{d}x \mathrm{d}y \qquad (2-80)$$

式中，$x_0 = \dfrac{m_{10}}{m_{00}}$，$y_0 = \dfrac{m_{01}}{m_{00}}$，$(x_0, y_0)$ 为图像质心。

数字图像的分布是不连续的，将矩函数与中心矩函数离散化可得

$$m_{pq} = \sum_{x=1}^{M} \sum_{y=1}^{N} x^p y^q f(x,y) \qquad (2-81)$$

$$\mu_{pq} = \sum_{x=1}^{M} \sum_{y=1}^{N} (x-x_0)^p (y-y_0)^q f(x,y) \qquad (2-82)$$

式中，M 和 N 为图像大小。

定义归一化中心矩为

$$y_{pq} = \frac{\mu_{pq}}{\mu_{00}{}^r} \qquad (2-83)$$

其中，$r = \dfrac{p+q+2}{2}$。

7 个不变量分别为

$$I_1 = y_{20} + y_{02} \qquad (2-84)$$

$$I_2 = (y_{20} - y_{02})^2 + 4y_{11} \qquad (2-85)$$

$$I_3 = (y_{20} - 3y_{12})^2 + (3y_{21} - y_{03})^2 \qquad (2-86)$$

$$I_4 = (y_{30} + y_{12})^2 + (y_{21} + y_{03})^2 \qquad (2-87)$$

$$I_5 = (y_{03} - 3y_{12})(y_{30} + y_{12})[(y_{30} + 3y_{12})^2 - 3(y_{21} + y_{03})^2] + \\ (3y_{21} - y_{03})(y_{21} + y_{03})[3(y_{30} + y_{12})^2 - (y_{21} + y_{03})^2] \qquad (2-88)$$

$$I_6 = (y_{20} - y_{02})[(y_{30} + y_{12})^2 - (y_{21} + y_{03})^2] + 4y_{11}(y_{30} + y_{12})(y_{21} + y_{03}) \qquad (2-89)$$

$$I_7 = (3y_{21} - y_{03})(y_{30} + y_{12})[(y_{30} + y_{12})^2 - 3(y_{21} + y_{03})^2] + \\ (3y_{21} - y_{30})(y_{21} + y_{03})[3(y_{30} + y_{12})^2 - (y_{21} + y_{03})^2] \qquad (2-90)$$

Haar 特征是由 Papageorgiou 提出的，最早用来进行人脸检测与识别的特征算子，随着特征识别算法的普及和传播已经越来越多地应用在手势识别、物体追踪等方面。

首先构造几种不同的特征模板，如图 2-28 所示。

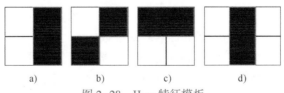

图 2-28　Haar 特征模板

a）Haar 特征模板 1　b）Haar 特征模板 2　c）Haar 特征模板 3　d）Haar 特征模板 4

将模板作为滑动窗口，在目标图像上进行滑动与缩放来求得 Haar 特征值。对于特征模板 1、特征模板 2 和特征模板 3，Haar 特征值求解公式为

$$h = \mathrm{sum}(\mathrm{white}) - \mathrm{sum}(\mathrm{black}) \qquad (2-91)$$

式中，$\mathrm{sum}(\mathrm{white})$ 表示模板中白色部分的像素值之和，$\mathrm{sum}(\mathrm{black})$ 表示模板中黑色部分的像

素值之和。

特征模板 4 的求解方法为

$$h = \mathrm{sum(white)} - 2 * \mathrm{sum(black)} \tag{2-92}$$

由于 Haar 特征模板在图像上进行滑动和缩放时产生的特征数量很多，所以之后需要利用主成分分析（PCA）技术筛选和变换特征空间。

为了快速求出如此多的特征，在求解 Haar 特征时引入了积分图像的概念，公式为

$$ii(x,y) = \sum_{i<x,j<y} I(i,j) \tag{2-93}$$

式中，$ii(x,y)$ 为待求积分图像；$I(i,j)$ 为原始图像在 (i,j) 像素处的像素值。构建积分图像可以很方便地求任何区域内所有像素值之和。设在原图上有区域 $A(\alpha,\beta,\gamma,\psi)$，$\alpha$、$\beta$、$\gamma$ 和 ψ 分别为区域 A 的 4 个顶点，则区域 A 中所有像素和的计算方法为

$$\mathrm{Sum}(A) = ii(\alpha) + ii(\beta) - ii(\gamma) - ii(\psi) \tag{2-94}$$

由式（2-93）和式（2-94）可以看出，求 Haar 特征的过程就是求出区域像素值和然后作差的过程，这可以映射到积分图像上，使得矩形内的求和运算变成矩形端点的运算，这样，不管矩形尺度如何变换，其计算时间总是一致的，而且只需遍历一次积分图像就可以求得所有子窗口的特征值。

（2）纹理特征

灰度共生矩阵分析方法（GLCM）是建立在图像的二阶组合条件概率密度估计基础上的。它通过计算图像中某一距离和某一方向上两点之间灰度的相关性，来反映图像在方向、间隔、变化快慢及幅度上的综合信息，从而准确描述纹理的不同特性。

灰度共生矩阵是一个联合概率矩阵，它描述了图像中满足一定方向和一定距离的两个灰度值出现的概率，具体定义为：灰度值分别为 i 和 j 的一对像素点，位置方向为 θ，像素距离为 d 时的概率，记作 $p(i,j,d,\theta)$。通常，对 $\theta = 0°$，$45°$，$90°$，$135°$，$d=1$ 的数字图像而言，其灰度共生矩阵计算公式为

$$p(i,j,d,\theta) = \{[(x,y),(x+\Delta x, y+\Delta y)] \mid f(x,y) = i, \\ f(x+\Delta x, y+\Delta y) = j; x = 1,2,\cdots,M; y = 1,2,\cdots,N\} \tag{2-95}$$

式中，$i,j = 0,1,\cdots L-1$，L 是灰度等级，取 $L = 256$，是图像中像素的坐标。

由于 d、θ 选取不同，灰度共生矩阵中向量的意义和范围也不同，因此有必要对 $p(i,j,d,\theta)$ 进行归一化处理

$$P(i,j,d,\theta) = p(i,j,d,\theta)/\mathrm{Num} \tag{2-96}$$

式中，Num 为归一化常数，这里取相邻像素对的个数。

为简便起见，后文中忽略了对 d 和 θ 的讨论，将归一化后的图像灰度共生矩阵简化为 P_{ij}。作为图像纹理分析的特征量，灰度共生矩阵不能直接用于图像特征的分析，而是需要在灰度共生矩阵的基础上计算图像的二阶统计特征参数。Haralick 提出了多种基于灰度共生矩阵的纹理特征统计参数，这里采用了常用的 7 种，并给出了详细的描述。

1）反差，即主对角线的惯性矩：

$$f_1 = -\sum_{i=0}^{L-1} \sum_{j=0}^{L-1} |i-j|^2 P_{ij} \tag{2-97}$$

惯性矩度量灰度共生矩阵的值分布情况和图像中局部变化的大小反映了图像的清晰度和

纹理的粗细。粗纹理的 P_{ij} 值较集中于主对角线附近，$i-j$ 较小，所以反差较小，图像较模糊；细纹理反差较大，图像较清晰。

2）熵：

$$f_2 = - \sum_{i=0}^{L-1} \sum_{j=0}^{L-1} P_{ij} \log_2 P_{ij} \qquad (2-98)$$

熵度量图像纹理的不规则性。当图像中像素灰度分布非常杂乱、随机时，灰度共生矩阵中的像素值很小，熵值很大；反之，当图像中像素分布井然有序时，熵值很小。

3）逆差距：

$$f_3 = - \sum_{i=0}^{L-1} \sum_{j=0}^{L-1} \frac{P_{ij}}{1 + |i-j|^k}, k > 1 \qquad (2-99)$$

逆差矩度量图像纹理局部变化的大小。当图像纹理的不同区域间缺少变化时，其局部灰度非常均匀，图像像素对的灰度差值较小，逆差矩较大。

4）灰度相关：

$$f_4 = \frac{1}{\sigma_x \sigma_y} \sum_{i=0}^{L-1} \sum_{j=0}^{L-1} (i-\mu_x)(j-\mu_y) P_{ij} \qquad (2-100)$$

其中

$$\mu_x = \sum_{j=0}^{L-1} i \sum_{i=0}^{L-1} P_{ij}$$

$$\mu_y = \sum_{j=0}^{L-1} j \sum_{i=0}^{L-1} P_{ij}$$

$$\sigma_x^2 = \sum_{i=0}^{L-1} (i-\mu_x)^2 \sum_{j=0}^{L-1} P_{ij}$$

$$\sigma_y^2 = \sum_{j=0}^{L-1} (j-\mu_y)^2 \sum_{i=0}^{L-1} P_{ij}$$

式中，μ 表示均值，σ 表示标准差。

灰度相关用来描述矩阵中行或列元素之间的灰度相似度。相关值大表明矩阵中元素均匀相等；反之，表明矩阵中元素相差很大。当图像中相似的纹理区域有某种方向性时，相关值较大。

5）能量（角二阶距）：

$$f_5 = \sum_{i=0}^{L-1} \sum_{j=0}^{L-1} P_{ij}^2 \qquad (2-101)$$

能量反映图形灰度分布的均匀性和纹理粗细度。当 P_{ij} 数值分布较集中时，能量较大；当 P_{ij} 中所有值均相等时，能量较小。如果一幅图像的灰度值均相等，则其灰度共生矩阵 P_{ij} 只有一个值（等于图像的像素总数），其能量值最大。所以，能量值大就表明图像灰度分布较均匀，图像纹理较规则。

6）集群荫：

$$f_6 = \sum_{i=0}^{L-1} \sum_{j=0}^{L-1} \left[(i-\mu_x)+(j-\mu_y) \right]^3 P_{ij} \qquad (2-102)$$

7）集群突出：

$$f_7 = \sum_{i=0}^{L-1} \sum_{j=0}^{L-1} \left[(i-\mu_x)+(j-\mu_y) \right]^4 P_{ij} \qquad (2-103)$$

2.4.2 主成分分析

从原始图像中提取到的特征还不能直接用于分类器的训练：一方面原始特征会带有噪声，直接用于分类器训练容易造成分类器的过拟合；另一方面原始特征往往维度较高而有用数据所占比例较少，直接用于分类器训练会导致训练需要更多的迭代次数。而且有时候由于数据噪声比较多，还会使数据呈非线性分布，这样使用一般的分类器就无法获得很高的判断精度。因此需要对数据进行降维、压缩、去噪及数据空间的变换。目前，常用的数据处理方法有主成分分析（Principal Component Analysis，PCA）、基于核函数的主成分分析（Kernel Principal Component Analysis，KPCA）、线性判别分析（Linear Discriminant Analysis，LDA）。

主成分分析是一种无监督数据特征空间线性转换技术，广泛用于数据降维、去噪。在大数据领域，它是数据挖掘必不可少的一步；在生物工程学领域，它主要应用于基因表达与基因分析；在金融领域，它应用在股票交易与信号去噪中。

主成分分析的主要工作是将原始高维数据映射到新的数据子空间，通过特征之间的相关性可确定数据中存在的模式，还可以利用原始数据中的最大方差方向。通常，子空间的维度不大于原始特征空间。新的数据子空间正交轴即原始高维数据的主成分，也是待求的原始空间最大方差方向。以二维数据空间为例，如图 2-29 所示。其中，X_1、X_2 为原始数据空间的特征轴；PC_1、PC_2 为变换后新的数据子空间特征轴，也就是原始数据的主成分。

主成分分析的数据压缩过程其实就是求解变换矩阵 W 的过程，W 为 $k×d$ 的矩阵。其中，d 为原始数据空间的维度；k 为映射后新的数据子空间维度，且 $k≤d$。数据变换过程为

$$\begin{cases} Z = XW \\ X = [x_1, x_2, x_3, x_4, \cdots, x_d] & x \in \mathbf{R}^d \\ Z = [z_1, z_2, z_3, z_4, \cdots, z_k] & z \in \mathbf{R}^k \end{cases} \quad (2-104)$$

式中，X 为原始数据空间中的数据；Z 为变换后新数据子空间中的数据。图 2-30 为主成分分析的系统流程图。

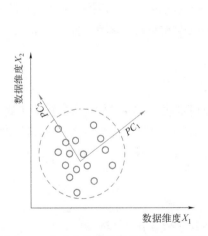

图 2-29 主成分分析的数据子空间示意图

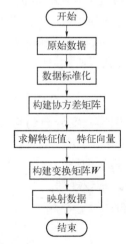

图 2-30 主成分分析的系统流程图

数据标准化是机器学习中常用的数据缩放算法，经过特定的缩放过程，使数据变成均值为 0、方差为 1 的分布，从而消除特征范围对主成分分析方向的影响。

令x_j为数据 X 第 j 维度的特征；μ_j 和 σ_j 分别为第 j 维度数据的平均值与标准差。数据标准化过程如下

$$x_j' = \frac{x_j - \mu_j}{\sigma_j} \tag{2-105}$$

式中，x_j' 为标准化后第 j 维度的数据。

对于第 k 维度与第 j 维度的协方差可以表示为它们与各自期望之差的乘积和后求期望，公式如下

$$\sigma_{jk} = \frac{1}{n} \sum_{i=1}^{n} (x_{ij} - \mu_j)(x_{ik} - \mu_k) \tag{2-106}$$

式中，x_{ij} 表示第 i 个数据在 j 特征维度上的特征；x_{ik} 表示第 i 个数据在 k 特征维度上的特征；μ_j 和 μ_k 为对应特征维度的平均值。由于数据在计算协方差前进行了标准化，由标准化的定义可知 μ_j 和 μ_k 均等于 0，故公式（2-106）可改写为

$$\sigma_{jk} = \frac{1}{n} \sum_{i=1}^{n} x_{ij} x_{ik} \tag{2-107}$$

由协方差计算公式可知，协方差矩阵是 $d \times d$ 的对称矩阵。协方差矩阵的特征向量代表了主成分（最大方差的方向），对应的特征值决定了特征向量绝对值的大小。因此求解其特征值特征向量，计算方法如下

$$\tau v = \lambda v$$
$$(\tau - \lambda E)v = 0 \tag{2-108}$$

式中，τ 为协方差矩阵；λ 为待求特征值；v 为特征向量。因为协方差矩阵是实对称矩阵，因此可以采用雅可比迭代法编程实现。

计算出特征值与特征向量后，通过筛选特征值构建变换矩阵 W。在降维压缩过程中，需要利用包含原始数据空间中最多信息的特征向量，由主成分分析的定义可知，协方差矩阵的特征值大小反映了特征向量包含信息的多少，因此将特征值与对应的特征向量从大到小排序并提取前 k 个特征相量构建变换矩阵。同时引入方差解释率

$$\delta_i = \frac{\lambda_i}{\sum_{i=1}^{d} \lambda_i} \tag{2-109}$$

式中，δ_i 为待求第 i 个特征值的方差解释率；$\sum_{i=1}^{d} \lambda_i$ 为所有特征值之和。

在实际应用中通常选择 k 个特征向量，使得满足以下条件

$$\sum_{i=1}^{k} \delta_i \geqslant 90\% \tag{2-110}$$

这样在数据压缩的同时可以尽量多地保留原始数据空间中的主成分。最后利用 k 个特征向量组成的变换矩阵 W，根据式（2-104）完成数据转换。

2.4.3　SIFT 特征点

SIFT（Scale Invariant Feature Transform，尺度不变特征变换）方法是 David Lowe 于 1999 年提出的一种基于尺度空间的图像局部特征表示方法，它具有图像缩放、旋转甚至仿射变换

不变的特性，并于 2004 年得到了更深入的发展和完善。SIFT 本质上是一种在不同尺度空间下检测关键点（特征点），并对关键点的方向进行计算的算法。SIFT 被广泛应用在机器视觉、三维重建等领域。

一般的 SIFT 算法分为以下几个步骤完成。

1. 尺度空间的生成

尺度空间理论即采用高斯核理论对初始图片进行尺度变换运算，得到图片在多个尺度下的尺度空间描述序列，最后在尺度空间下对得到的序列进行特征提取。图像尺度的变换通常由高斯卷积核进行唯一确定，不同尺度下的目标图像和高斯卷积核进行卷积的结果就是图像的尺度空间，可以表示为

$$L(x,y,\sigma)=G(x,y,\sigma)*I(x,y) \tag{2-111}$$

其中的高斯函数 $G(x,y,\sigma)$ 可以实现尺度的变换，其表达式为

$$G(x,y,\sigma)=\frac{1}{2\pi\sigma^2}e^{-(x^2+y^2)}/2\sigma^2 \tag{2-112}$$

式中，σ 为高斯尺度因子，随着 σ 的增大，图像平滑程度慢慢变大，图像变得越模糊；反之，图像保留的细节越丰富，图像变得越清晰。

高斯差分尺度空间公式为

$$D(x,y,\sigma)=(G(x,y,k\sigma)-G(x,y,\sigma))*I(x,y)=L(x,y,k\sigma)-L(x,y,\sigma) \tag{2-113}$$

式中，k 是两个相邻尺度空间的尺度因子在变换时的倍数，它发生在建立尺度金字塔的过程中。

2. DOG 极值点检测与定位

DOG（Difference of Guassian，高斯差分）算子局部极值点就是 SIFT 算子下图像特征点的子集，在进行极值点检测时，为找到极值点，要将每一个像素点和其三维领域内的 26 个点进行比较，如果它是这些点中的最大值或最小值，则被保存下来，作为目标图像在这个标准下的特征点，即为候选特征点。

为了消除对比度较低的点和 DOG 算子产生的不稳定边缘点，可通过拟合三维二次函数来计算出特征点的位置和尺度，进而增强后续图像匹配的稳定性和抗噪能力。将图像的尺度空间函数通过泰勒公式进行展开可得

$$D(x,y,\sigma)=D+\frac{\partial D^{\mathrm{T}}}{\partial x}x+\frac{1}{2}x^T\frac{\partial^2 D}{\partial x^2}x \tag{2-114}$$

对其进行求导，选定特征点的精准位置 $\hat{x}$

$$\hat{\boldsymbol{x}}=-\frac{\partial^2 D^{-1}}{\partial x^2}\frac{\partial D}{\partial x} \tag{2-115}$$

将式（2-115）代入式（2-114）并取其前两项得

$$D(\hat{x})=D(x,y,\sigma)+\frac{1}{2}\frac{\partial D^{\mathrm{T}}}{\partial x}\hat{x} \tag{2-116}$$

如果 $|D(\hat{x})\geqslant 0.03|$，则该特征点被保留下来，否则舍掉。特征点的位置和尺度可以表示为

$$\hat{\boldsymbol{x}}=(x,y,\sigma)^{\mathrm{T}} \tag{2-117}$$

由于高斯差分后的算子极值点其主曲率在 x 方向上的值较大，在 y 方向的数值较小，经过 2×2 黑塞（Hessian）矩阵的计算得到的结果为

$$H = \begin{pmatrix} D_{xx} & D_{xy} \\ D_{yy} & D_{yy} \end{pmatrix} \tag{2-118}$$

H 的最大特征值为 α，最小特征值为 β，$\alpha = \gamma\beta$，其中 γ 为比例系数，如果

$$\frac{\mathrm{tr}(H)^2}{\det(H)} > \frac{(\gamma+1)^2}{\gamma} \tag{2-119}$$

则去除了边缘相应的较大极值点。

3. 特征点方向分配

上一步中得到了图像的特征点，然后利用特征点邻域像素的梯度方向分布特性对每个特征点添加一个方向，使得这些特征点具有旋转不变性，公式为

$$m(x,y) = \sqrt{(L(x+1,y) - L(x-1,y))^2 + (L(x,y+1) - L(x,y-1))^2} \tag{2-120}$$

$$\theta(x,y) = \arctan(L(x,y+1) - L(x,y-1)) / L(x+1,y) - L(x-1,y) \tag{2-121}$$

式中，$m(x,y)$ 和 $\theta(x,y)$ 分别是特征点 (x,y) 处梯度的模值和方向，L 表示各个特征点所在的尺度。

首先以各个特征点为中心创建邻域窗口，然后对创建的邻域窗口进行采样处理，最后将每一个像素梯度方向的次数用直方图来表示，如图 2-31 所示。

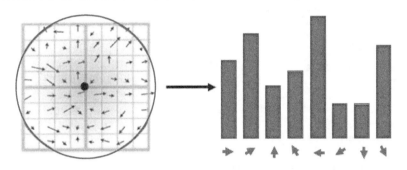

图 2-31　梯度方向直方图

至此，特征点检测完毕，每个特征点都可以由 3 个信息表示：二维位置信息 (x,y)、尺度空间信息 σ 和主方向信息 θ。

4. 特征点描述子的生成

为了使图像具有旋转不变性，首先将坐标轴旋转至与特征点主方向一致，然后以特征点为中心，将其周围的 8×8 邻域窗口（见图 2-32）分为 4 个子块，接着计算每个子块 8 个方向的梯度方向直方图，最后绘制出每个梯度方向的累加值，从而形成种子点，每个种子点有 8 个矢量信息。

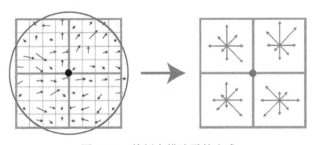

图 2-32　特征点描述子的生成

SIFT 特征点的匹配可参考以下程序（https://xmfbit.github.io/2017/01/30/cs131-sift/）：

```
function match =SIFTSimpleMatcher(descriptor1, descriptor2, thresh)
%SIFTSimpleMatcher
%    Match one set of SIFT descriptors (descriptor1) to another set of
%    descriptors (decriptor2). Each descriptor from descriptor1 can at
%    most be matched to one member of descriptor2, but descriptors from
%    descriptor2 can be matched more than once.
%
%    Matches are determined as follows：
%    For each descriptor vector in descriptor1, find the Euclidean distance
%    between it and each descriptor vector in descriptor2. If the smallest
%    distance is less than thresh * (the next smallest distance), we say that
%    the two vectors are a match, and we add the row [d1 index, d2 index] to
%    the "match" array.
%
% INPUT：
%    descriptor1：N1 * 128 matrix, each row is a SIFT descriptor.
%    descriptor2：N2 * 128 matrix, each row is a SIFT descriptor.
%    thresh：a given threshold of ratio. Typically 0.7
%
% OUTPUT：
%    Match：N * 2 matrix, each row is a match.
%            For example, Match(k, :) = [i, j] means i-th descriptor in
%            descriptor1 is matched to j-th descriptor in descriptor2.
    if ~exist('thresh', 'var'),
        thresh = 0.7;
    end
    match = [];
    [N1, ~] = size(descriptor1);
    for i = 1:N1
fea = descriptor1(i, :);
        err =bsxfun(@ minus, fea, descriptor2);
        dis = sqrt(sum(err.^2, 2));
        [sorted_dis, ind] = sort(dis, 1);
        if sorted_dis(1) < thresh * sorted_dis(2)
            match = [match; [i, ind(1)]];
        end
    end
end
```

2.4.4 SURF 特征点

Bay 提出的 SURF（Speeded Up Robust Feature，加速稳健特征）算法是一个速度较快、鲁棒性能较好的方法。它是 SIFT 算法的改进，融合了哈里斯（Harris）特征和积分图像，加快了程序的运行速度。具体来说，该算法可分为建立积分图像、构建黑塞（Hessian）矩阵和高斯金字塔尺度空间、定位特征点、确定主方向、生成特征点描述子等几步完成。

1. 建立积分图像

由于 SURF 算法的积分图用于加速图像卷积，所以加快了 SURF 算法的计算速度。对于一个灰度图像 $I(i,j)$，图像中的像素积分为

$$I_{\Sigma(X)} = \sum_{i=0}^{i \leq x} \sum_{j=0}^{j \leq y} I(i,j) \tag{2-122}$$

2. 构建黑塞矩阵和高斯金字塔尺度空间

(x,y) 为图像中的任意一点，在 (x,y) 处，尺度为 σ 的黑塞矩阵 $\boldsymbol{H}(x,y,\sigma)$ 可以表示为

$$\boldsymbol{H}(x,y,\sigma) = \begin{pmatrix} L_{xx}(x,y,\sigma) & L_{xy}(x,y,\sigma) \\ L_{xy}(x,y,\sigma) & L_{yy}(x,y,\sigma) \end{pmatrix} \tag{2-123}$$

式中，$L_{xx}(x,y,\sigma)$ 是高斯函数与二阶微分 $\dfrac{\partial^2 g(\sigma)}{\partial x^2}$ 在点 (x,y) 处与图像 $I(x,y)$ 的卷积，$L_{xy}(x,y,\sigma)$ 和 $L_{yy}(x,y,\sigma)$ 与此类似。

SURF 算法选用 DOG 算子 $D(x,y,\sigma)$ 代替 LOG 算子来近似地表达，得到类似的黑塞矩阵为

$$\det(H_{approx}) = D_{xx}D_{yy} - (\omega D_{xy})^2 \tag{2-124}$$

式中，$\omega = 0.9$，为矩阵的权重；D_{xx}、D_{yy}、D_{xy} 表示箱式滤波和图像卷积的值，取代了 L_{xx}、L_{yy}、L_{xy} 的值。在进行极值点判断时，如果 $\det(H_{approx})$ 的符号为正，则该点为极值点。

图 2-33 上面的图为先使用高斯平滑滤波，然后在 y 方向上进行二阶求导的结果；下面的图为滤波后在 x 和 y 方向上进行二阶求导的结果。

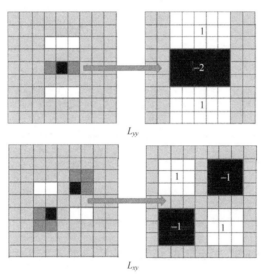

图 2-33　SURF 箱式滤波器

3. 定位特征点

得到各像素点的黑塞矩阵后，根据其行列式的正负判断是否为极值点，并使用非极大值抑制法在 3×3×3 立体邻域检测极值点，只将比它所在尺度层的周围 8 个点和上下两层对应的 9 个点都大或者都小的极值点作为候选特征点。

4. 确定主方向

以每个候选特征点为中心，$6s$（s 为特征点尺度）为特征点尺度的半径，以 Harr 小波统计总响应的 60°扇区和 x 在 y 方向的所有特征点（Harr 小波尺寸 $4S$），高斯分配权重系数的响应，然后以中心角 60°扇区模板遍历整个圆形区域，如图 2-34 所示，将最长的向量作为特征点的方向。

5. 生成特征点描述子

确定主方向后，需要生成特征点描述子。将 $20s \times 20s$ 正方形区域中感兴趣的区域分割成

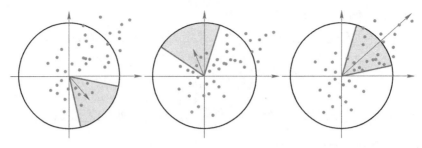

图 2-34　选取特征点的主方向

4×4 的正方形子区域（每个子区域的大小是 $5s×5s$）。如图 2-35 所示，对于被计算的每一个子区域，将 Harr 小波响应的水平分量表示为 d_x，垂直分量表示为 d_y，然后响应区域 d_x、d_y 的和以及绝对值 $|d_x|$、$|d_y|$ 被计算出来，每个子区域形成一个四维的描述向量

$$v=(\Sigma d_x,\Sigma d_y,\Sigma|d_x|,\Sigma|d_y|) \qquad (2-125)$$

这样，最终生成的每一个特征点描述子都是一个 4×(4×4)=64 维的特征向量，比 SIFT 算法减小了很多，所以提高了匹配的速度。

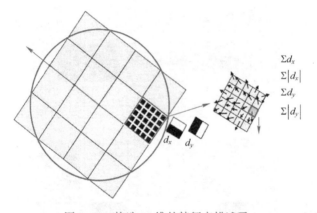

图 2-35　构造 64 维的特征点描述子

图 2-36 所示为 SURF 特征点匹配结果。特征点的匹配采用了 MATLAB 工具箱中的 matchFeatures 函数。

```
clc
clear all
close all

I1 = (imread('Imageleft. bmp'));
I2 = (imread('Imageright. bmp'));
% points1 =detectHarrisFeatures(I1);
% points2 =detectHarrisFeatures(I2);
points1 =detectSURFFeatures(I1);
points2 =detectSURFFeatures(I2);
[features1,valid_points1] =extractFeatures(I1,points1);
[features2,valid_points2] =extractFeatures(I2,points2);
indexPairs = matchFeatures(features1,features2);
matchedPoints1 = valid_points1(indexPairs(:,1),:);
matchedPoints2 = valid_points2(indexPairs(:,2),:);
```

```
figure;imshow(I1,[])
figure;imshow(I2,[])
figure;showMatchedFeatures(I1,I2,matchedPoints1,matchedPoints2);
```

图 2-36　SURF 特征点匹配

a）参考图　b）匹配图　c）SURF 特征点匹配结果

2.5　案例——灯泡灯脚检测中的图像处理

2.5.1　检测背景

　　本案例的主要任务是检测 H3 型车用灯泡灯脚。在工厂生产 H3 型车用灯泡时，有一个十分重要的环节，就是封装 H3 型车用灯泡灯脚，其封装前后对比如图 2-37 所示，其中，图 2-37a 为原始灯泡图像，图 2-37b 为封装后的灯泡图像。由于封装盖底部是封闭的，并且有一只灯脚必须焊接在封装盒里面，所以灯脚的长度是必须严格限制的，以免太长挤压封装盖底部以致灯脚弯曲或者断裂甚至短路，或太短而无法封装灯脚。因此本项目的任务是设计一个 H3 型车用灯泡灯脚检测系统，完成在线实时检测，并对不合格的灯泡进行分类剔除，以满足工厂的实际需求。

　　检测标准如下。

　　1）合格产品：双灯脚长度均为 8 mm，误差小于 0.15 mm。

　　2）不合格产品：①若只有一个灯脚长度合格，则存入采集盒 1；②若为其他不合格产品（根据目前的划分规则），则存入采集盒 2；③若为待添加的新类型不合格产品（用于后续扩展），则存入备用采集盒 3。

a)　　　　　　　　　　　　　　b)

图 2-37　灯泡灯脚封装前后对比

a）原始灯泡图像　b）封装后的灯泡图像

根据项目实际需求搭建的检测平台如图 2-38 所示。为方便在企业使用及安装，检测平台使用的是工业中常用的传送带。该检测平台将红色 LED 环形光源以低角度照射待检测灯泡，再通过垂直于待检测灯泡方向的相机捕获图像并检测，然后通过判断该灯泡的属性来控制气阀，将不合格的灯泡推入对应的采集盒中，合格的灯泡将继续前行。整个系统利用远心镜头搭配 CCD 来获取图像，然后针对灯泡灯脚的实际情况进行一系列的图像处理。一般传送带的颜色都为暗镉绿色，由补色原理可知，选用红色光源可以将皮带本身的颜色掩盖掉，并且自然界红色光源较少，有助于滤除一些杂光干扰。由于灯泡较小，如果集中光线照射灯泡本身可以减少灯泡周围其他物体的反光，降低干扰。另外，系统后续进行图像处理时需要捕获灯泡灯脚与灯泡本体之间的接触面，利用低角度照明方式会更加合适，所以本系统选用了红色环形 LED 光源，照明方式为低角度照射。系统结构图如图 2-38 所示。

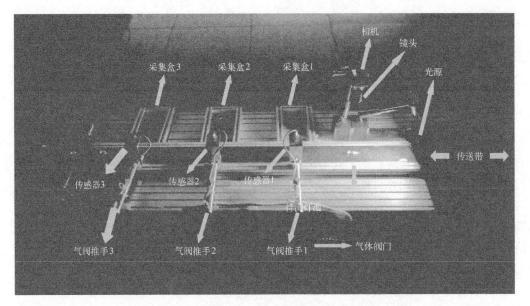

图 2-38　系统结构图

本案例使用的计算机内存为 2.0 GB，主频为 3.2 GHz，软件为 VS2012，使用 C++编程，并加入了 OpenCv 函数库。

2.5.2　图像处理过程与结果

系统利用所搭建的硬件平台捕获待检测的灯泡图像，根据后续处理需要依次对图像进行灰度化、中值滤波，通过最小误差阈值选择算法进行边缘提取，及使用开运算改良灯脚形状。它们的具体效果如图 2-39 所示。

在图像信号的形成、传输和记录过程中，由于成像系统、传输介质、工作环境和记录设备的不完善均会导致噪声的产生而使图像质量下降。所以需要先采用中值滤波进行处理，将图像的每个像素用邻域（以当前像素为中心的正方形区域）像素的中值代替，从而较好地去除灯丝和支架之间的连接部分并且滤除噪声，为接下来的处理做好准备。代码如下。

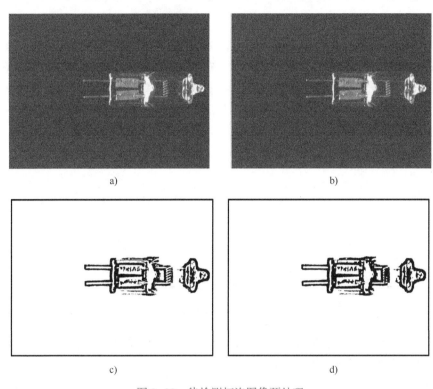

图 2-39　待检测灯泡图像预处理

a) 灰度化　b) 中值滤波　c) 边缘提取　d) 开运算

```
//中值滤波处理,注意参数为奇数
medianBlur( GrayImg,MedianblurImg,3);
```

边缘信息是重要的图像特征信息，是识别灯脚和测量长度的基础。考虑到实时性，此处利用自适应二值化对图像进行处理（图 2-40）。

自适应二值化代码如下。

```
adaptiveThreshold( MedianblurImg,ThresholdingImg,255,CV_ADAPTIVE_THRESH_MEAN_C,CV_
THRESH_BINARY,2 * AdtThrbarPosition+3 ,5);
```

其中，MedianblurImg 表示原始图像（已经过中值滤波）；ThresholdingImg 表示处理后的图像，255 为满足条件的最大值，CV_ADAPTIVE_THRESH_MEAN_C 为自适应阈值方法，先求出块中

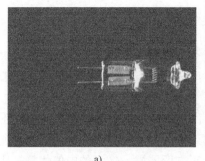
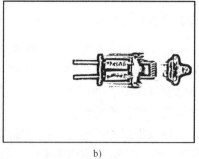

a)   b)

图 2-40 边缘检测

a) 原始图像　b) 自适应二值化的图像

的均值，再减掉 param1，其中 param1 = 5；CV_THRESH_BINARY 为阈值类型；"2 * AdtThr-barPosition+3" 用来计算阈值的像素邻域大小，AdtThrbarPosition 表示当前滚动条的值。

系统的核心任务是提取灯脚图像并进行尺寸判断。图像检测到的灯脚包络轮廓可用一个多边形来表示，如图 2-41a 所示。为了获得灯脚的矩形轮廓，将多边形轮廓的一条边与矩形轮廓的一条边重合，多边形轮廓需要先旋转一定角度，如图 2-41b 所示。

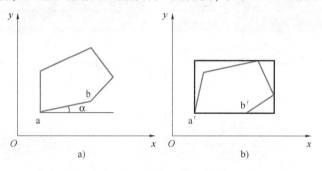

图 2-41 矩形轮廓示意图

在图 2-41a 中取凸多边形中的两点 a 和 b，设 a 点的坐标为 (x_1, y_1)，b 点的坐标为 (x_2, y_2)，则直线 ab 旋转前后的夹角 α 为

$$\alpha = \arctan \frac{y_1 - y_2}{x_1 - x_2} \tag{2-126}$$

对凸多边形进行旋转时，需要对其所有顶点进行旋转，则以原点（0，0）为中心逆时针旋转后的多边形顶点坐标为

$$\begin{pmatrix} x_1' & y_1' \\ \vdots & \vdots \\ x_i' & y_i' \\ \vdots & \vdots \\ x_n' & y_n' \end{pmatrix} = \begin{pmatrix} x_1 & y_1 \\ \vdots & \vdots \\ x_i & y_i \\ \vdots & \vdots \\ x_n & y_n \end{pmatrix} \begin{pmatrix} \cos\alpha & \sin\alpha \\ -\sin\alpha & \cos\alpha \end{pmatrix} \tag{2-127}$$

式中，(x_i, y_i) 是旋转前的坐标点，(x_i', y_i') 是旋转后的坐标点。

据式（2-127），假设已知旋转中心 $O(x_0, y_0)$，待旋转点 $a(x, y)$，逆时针旋转角度 α，旋转后的点为 $b(x', y')$，则有

70

$$x' = x_0 + (x - x_0) \cdot \cos\alpha + (y - y_0) \cdot \sin\alpha \tag{2-128}$$

$$y' = y_0 + (x - y_0) \cdot \cos\alpha - (y - y_0) \cdot \sin\alpha \tag{2-129}$$

完成旋转计算之后，再求凸多边形的包络矩形，从而通过计算包络矩形的特征参数判断灯脚是否合格。

对于灯脚轮廓是凹多边形的情况，可先将凹点以及凹点两侧的直线去掉，然后连接断开两点，即可将其转换为凸多边形，由此来确定图像的包络矩形。检测到的灯脚如图 2-42 所示。

部分检测代码如下。

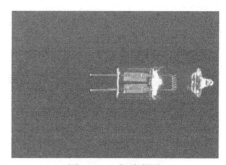

图 2-42　灯脚提取

```
void CMVCGEVMiniDlg::AdtThrProc(Mat& inputImg)
{
    Mat Img=inputImg.clone(),outputImg=OriginalImage.clone();
    int k=0;                              //循环找出最终得到的两个灯丝矩形
    float rectCenter,distance[2];         //矩阵中心与大小
    Point2f   vect[4];                    //留给结果矩阵的四个角点
    RotatedRect rectboxR[2];              //存储最终得到的两个灯丝矩形
    Mat pointsf;                          //为灯销和灯丝的椭圆拟合和矩形拟合存储每个轮廓的
                                          //点集矩阵
    //创建各字符串的存储空间
    char rectCenterStr[30],lengthStr[30],frontdistanceStr[30],peakStr[30];
    vector<vector<Point>>contours;        //灯丝轮廓存储

    //在二值化的图像中查找轮廓
    findContours(Img,contours,CV_RETR_LIST,CV_CHAIN_APPROX_SIMPLE);

    //显示轮廓,以便观察
    DrawImg = Mat::zeros(inputImg.size(), CV_8UC3);
     for(size_t i = 0; i<contours.size(); i++)
     {
         drawContours(DrawImg, contours, i, Scalar(0,255,255), 3, 8);
     }
    showImage(DrawImg,IDC_PIC4);

    //寻找所需矩形
    for(size_t i=0;i<contours.size();i++)
    {
        size_t count=contours[i].size();             //count 定义为每一个轮廓中的像素个数,
                                                     //为无符号整型
        //限定轮廓大小。此步骤用于去除像素个数不符合要求的轮廓
        if ( count<10 || count>80)
            continue;
        Mat (contours[i]).convertTo(pointsf,CV_32F);  //将向量型整型点阵转换为 Mat 型浮
                                                     //点型矩阵,以供后续调用
        RotatedRect rectbox=minAreaRect(pointsf);     //最小外界倾斜矩阵拟合
                                                     //数据存储到 rectbox
        //限定大小,查找矩形
```

```
                if ((( 25 < min ( rectbox. size. height, rectbox. size. width )) ‖ ( min ( rectbox. size. height,
rectbox. size. width) < 5 ) ‖ ( max ( rectbox. size. height, rectbox. size. width ) < 100 ) ‖ ( max
( rectbox. size. height, rectbox. size. width) >150)))
                {
                continue;
                }
                else
                {
                    //判断是否为合格的灯脚
                    rectbox. points( vect);
                    rectboxR[ k] = rectbox;
                    k++;
                    if( k = = 2)
                    {
                        k = 0;
                        check[ 2] = 4;
                    } else
                    {
                        check[ 2] = 0;
                    }
                    //画出矩形
                    for( size_t j = 0; j < 4; j++)
                    { line( outputImg, vect[ j], vect[ (j+1) %4], Scalar(0,255,255),5,8); }
                }
            }
        showImage( outputImg, IDC_PIC2);
    }
```

由于利用灯脚和接触面两者的关系便于判定产品合格与否，而且出错率极低，所以根据检测的分类任务，可以根据这一关系进行如下判断。

（1）合格产品

首先利用矩形限定算法，假设 $R_1.w$、$R_2.w$、$R_3.w$ 分别为两个灯脚和一个接触面的矩形长度，$R_1.h$、$R_2.h$、$R_3.h$ 分别为两个灯脚和一个接触面的矩形轮廓宽度，利用式（2-130）可以限定得出基本符合要求的矩形，然后利用三个拟合矩形的矩形中心相对位置进行判断，见式（2-131），拟合出的三个矩形的矩形中心坐标分别为 $(R_1.x, R_1.y)$、$(R_2.x, R_2.y)$、$(R_3.x, R_3.y)$。

$$
\begin{cases}
7.5\,\text{mm}<R_1.w<8.5\,\text{mm} \\
0.4\,\text{mm}<R_1.h<1\,\text{mm} \\
7.5\,\text{mm}<R_2.w<8.5\,\text{mm} \\
0.4\,\text{mm}<R_2.h<1\,\text{mm} \\
10\,\text{mm}<R_3.w<12\,\text{mm} \\
1\,\text{mm}<R_3.h<3\,\text{mm}
\end{cases}
\tag{2-130}
$$

$$
\begin{cases}
(5\,\text{mm})^2<(R_1.x-R_2.x)^2+(R_1.y-R_2.y)^2<(6\,\text{mm})^2 \\
(2\,\text{mm})^2<(R_3.x-R_1.x)^2+(R_3.y-R_1.y)^2-(R_3.x-R_2.x)^2-(R_3.y-R_2.y)2<(4\,\text{mm})^2
\end{cases}
\tag{2-131}
$$

（2）不合格产品

① 对于只有一个灯脚长度合格的产品，检测方法和合格产品类似。由于只能检测到一

个灯脚和接触面，即此时没有矩形 $R_2(R_2.x, R_2.y)$，所以检测的公式略有变化：

$$\begin{cases} 7.5\,\text{mm}<R_1.w<8.5\,\text{mm} \\ 0.4\,\text{mm}<R_1.h<1\,\text{mm} \\ 10\,\text{mm}<R_3.w<12\,\text{mm} \\ 1\,\text{mm}<R_3.h<3\,\text{mm} \\ (4\,\text{mm})^2<(R_3.x-R_1.x)^2+(R_3.y-R_1.y)^2<(6\,\text{mm})^2 \end{cases} \qquad (2\text{-}132)$$

② 其他不合格产品。利用灯脚和接触面的相对关系很容易准确限定出灯脚轮廓，再利用拟合出的矩形直接计算长边就可得出灯脚的长度。

图 2-43 中是几种常见的情况，其中图 2-43a 为矩形限定后合格品的灯脚和接触面，图 2-43b 为确定合格品的灯脚显示图，图 2-43c 为矩形限定后不合格品①的灯脚和接触面，图 2-43d 为确定不合格品①的灯脚，图 2-43e 为不合格品②的矩形拟合图，图 2-43f 为接触

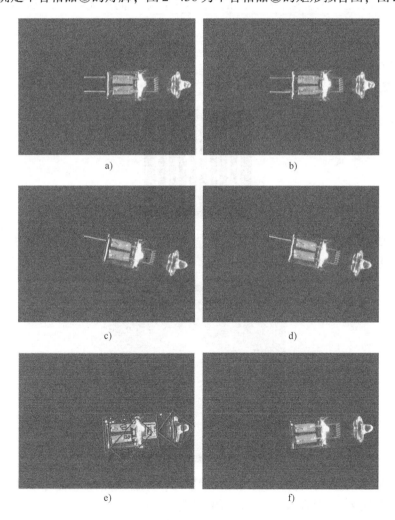

图 2-43　灯脚提取

a) 合格品的灯脚和接触面　b) 合格品的灯脚　c) 不合格品①的灯脚和接触面　d) 不合格品①的灯脚

e) 不合格品②的矩形拟合图　f) 不合格品②的接触面

面在无灯脚灯泡上的显示图。

2.6 习题

1. 数字图像滤波的意义是什么？
2. 数字图像处理包含哪几方面的内容？
3. 图像分割的主要方法有哪些？
4. 基于阈值的分割方法有哪些？它们分别适用于什么场合？
5. 傅里叶变换、小波变换、剪切波变换在图像表示方面有哪些不同？
6. 从理论上分析为什么曲波变换比小波变换在图像处理方面性能更好？
7. 基于偏微分方程进行图像处理的主要步骤是什么？
8. 图中的白条是 7 像素宽、210 像素高。两个白条之间的宽度是 17 像素，分别使用下面的滤波器处理后，该图像会有哪些变化？

a）3×3 算术均值滤波。

b）7×7 算术均值滤波。

c）9×9 算术均值滤波。

9. 通过傅里叶变换实现图像中交叉纹理的分离（交叉纹理是由纹理方向相互垂直的条纹组合而成的）。

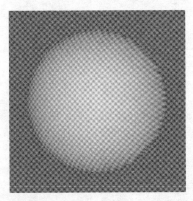

10. 叙述 SIFT 与 SURF 特征点检测算法的原理，并用 MATLAB 或 OpenCV 等实现这两种算法，然后根据结果分析与比较两种算法的区别。

第3章 相机成像

MIT Horn 教授强调机器视觉中成像过程的重要性。在开始分析一张图像之前，首先需要知道它是如何形成的。图像是一个二维的亮度模式。那么，这个亮度模式是如何在一个光学成像系统中生成的？实际上，它分为两个问题：①图像中的点如何与真实世界中的点对应？②图像中点的亮度由什么决定？本章主要内容就是由这两个问题展开的。其中，射影几何与几何变换、成像模型部分回答了第一个问题，而图像亮度、数字相机与光源部分回答了第二个问题。

3.1 射影几何与几何变换

射影几何是研究图形的射影性质，即经过射影变换后依然保持不变的图形性质的几何学分支学科。机器视觉中常涉及欧式几何（Euclidean Geometry）、仿射几何（Affine Geometry）、射影几何（Projective Geometry）和微分几何（Differential Geometry）。

常用的空间几何变换有刚体变换、空间相似变换（含平移、旋转、相似变换）、仿射变换、投影变换（也叫透视变换）与非线性变换等。其中仿射变换为射影变换的特例，在射影几何中已证明，如果射影变换使无穷点仍变换为无穷远点，则变换为仿射变换。经仿射变换后，线段间保持其平行性，但不保持垂直性。平面仿射变换的实质是平面与平面之间的平行投影。平面透视变换的实质是平面与平面之间的中心投影。

射影变换保持直线、直线与点的接合性及直线上点列的交比不变。仿射变换除具有以上不变性外，还能保持直线与直线的平行性、直线上点列的简比不变。欧式变换除具有仿射的不变性外，还能保持两条相交直线的夹角和任意两点的距离不变。

3.1.1 空间几何变换

1. 二维变换

1）平移变换：二维平移可以写成 $x'=x+t$ 或者

$$x' = (I \quad t)x \tag{3-1}$$

或者

$$x' = \begin{pmatrix} I & t \\ 0 & 1 \end{pmatrix} x \tag{3-2}$$

式中，I 是 2×2 的单位矩阵，x 为二维向量，t 为二维平移向量，0 是零向量。

2）旋转+平移：该变换也称为二维刚体运动或二维欧式变换，θ 为旋转角，t 为平移向量，则变换关系可以写成

$$x' = (R \quad t)x \tag{3-3}$$

式中

$$R = \begin{pmatrix} \cos\theta & -\sin\theta \\ \sin\theta & \cos\theta \end{pmatrix} \tag{3-4}$$

R 是一个正交旋转矩阵，有

$$R^{\mathrm{T}}R = 1, \quad \| R \| = 1$$

3）缩放平移：也叫相似变换，该变换可以表示为

$$x' = (sR \quad t)x \tag{3-5}$$

或者

$$x' = \begin{pmatrix} a & -b & t_x \\ b & a & t_y \end{pmatrix}x \tag{3-6}$$

相似变换能保持直线间的夹角不变。

4）仿射变换：仿射变换可以表示为

$$x' = Ax \tag{3-7}$$

式中，A 是 2×3 矩阵，即

$$x' = \begin{pmatrix} a_{00} & a_{01} & a_{02} \\ a_{10} & a_{11} & a_{12} \end{pmatrix}x \tag{3-8}$$

仿射变换后平行线将保持平行性。

5）投影变换：也叫透视变换或同态变换，作用在齐次坐标上，变换公式为

$$\widetilde{x}' = \widetilde{H}\,\widetilde{x} \tag{3-9}$$

式中，$\widetilde{H}$ 是一个任意的 3×3 矩阵，$\widetilde{H}$ 是齐次的，即它只在相差一个尺度量的情况下是已定义的，而仅尺度量不同的两个 $\widetilde{H}$ 是等同的。要想获得非齐次结果 $\widetilde{x}'$，得到的齐次坐标 $\widetilde{x}'$ 必须经过规范化，即

$$x' = \frac{h_{00}x + h_{01}y + h_{02}}{h_{20}x + h_{21}y + h_{22}} \tag{3-10}$$

和

$$y' = \frac{h_{10}x + h_{11}y + h_{12}}{h_{20}x + h_{21}y + h_{22}} \tag{3-11}$$

式中，(x, y) 为变换前坐标，(x', y') 为变换后的坐标。

由于变换是齐次的，同一个投影变换矩阵可以相差一个非零常数因子，因此投影变换仅有 8 个自由度，直线在投影变换后仍然是直线。图 3-1 为图像二维变换的效果。

2. 三维变换

1）平移：三维平移可以写为 $x' = x + t_{3\mathrm{D}}$ 或者

$$x' = \begin{bmatrix} I_{3\mathrm{D}} & t_{3\mathrm{D}} \end{bmatrix}x \tag{3-12}$$

式中，$I_{3\mathrm{D}}$ 是 3×3 的单位矩阵，$t_{3\mathrm{D}}$ 为三维向量。

2）旋转+平移：该变换也称为三维刚体运动，即三维欧式变换，可以写成

$$x' = \begin{bmatrix} R_{3\mathrm{D}} & t_{3\mathrm{D}} \end{bmatrix}x \tag{3-13}$$

式中，$R_{3\mathrm{D}}$ 是一个 3×3 的正交矩阵，有 $R_{3\mathrm{D}}^{\mathrm{T}}R_{3\mathrm{D}} = 1$ 和 $\| R_{3\mathrm{D}} \| = 1$。

3）缩放旋转：该变换可以表示为

 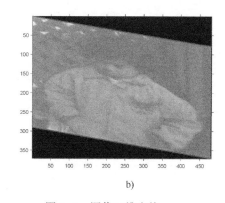 

a)   b)   c)

图 3-1　图像二维变换

a）原图像　b）仿射变换后的图像　c）投影变换后图像

$$x' = \begin{bmatrix} s\boldsymbol{R}_{3D} & \boldsymbol{t}_{3D} \end{bmatrix} x \tag{3-14}$$

它能够保持直线和平面间的夹角。

4）仿射变换：仿射变换可以表示为

$$x' = \boldsymbol{A}_{3D} x \tag{3-15}$$

式中 $\boldsymbol{A}_{3D}$ 是 3×4 矩阵，即

$$x' = \begin{pmatrix} a_{00} & a_{01} & a_{02} & a_{03} \\ a_{10} & a_{11} & a_{12} & a_{13} \\ a_{20} & a_{21} & a_{22} & a_{23} \end{pmatrix} x \tag{3-16}$$

仿射变换后原来的平行线和平行面会保持平行性。

5）投影变换：也叫三维透视变换或同态映射，作用在齐次坐标上，表示为

$$\widetilde{x}' = \widetilde{\boldsymbol{H}}_{3D} \widetilde{x} \tag{3-17}$$

式中，$\widetilde{\boldsymbol{H}}_{3D}$ 是一个任意的 4×4 齐次矩阵。与二维投影变换相同，要想获得非齐次结果 $\widetilde{x}'$，得到的齐次坐标 $\widetilde{x}'$ 就必须经过规范化。由于变换是齐次的，射影变换可以相差一个非零常数因子，因此三维投影变换有 15 个自由度。直线在投影变换后仍然是直线。

3.1.2　三维到二维投影

在计算机视觉与计算机图形学中，最常用的是三维透视投影，如图 3-2 所示。投影变换将三维空间坐标中的点映射到二维平面中，即空间中点的三维信息投影后变成图像亮度信息，丢失了图像的三维信息，投影后就不可能恢复该点到图像的距离了，因此二维传感器没有办法测量到表面点的距离。

图 3-2 中点 $P(x,y,z)$ 与成像平面上的对应点 $p(x_p, y_p, z_p)$ 在深度方向的大小分别为 d 和 z。根据相似三角形，在图 3-2 中有

$$y_p = \frac{y}{z/d} \tag{3-18}$$

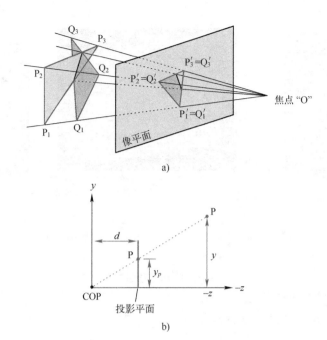

a)

b)

图 3-2　透视投影示意图

a）整个三维空间　b）yz 平面

以及

$$x_p = \frac{x}{z/d} \tag{3-19}$$

进一步可以得到三维空间中点 $P(x,y,z)$ 与成像平面上对应点 $p(x_p,y_p,z_p)$ 对应关系为

$$\begin{pmatrix} x_p \\ y_p \\ z_p \\ 1 \end{pmatrix} = \begin{pmatrix} \dfrac{x}{z/d} \\ \dfrac{y}{z/d} \\ d \\ 1 \end{pmatrix} = \begin{pmatrix} d\,\dfrac{x}{z} \\ d\,\dfrac{y}{z} \\ d \\ 1 \end{pmatrix} \tag{3-20}$$

当 d 为相机焦距时，有

$$\boldsymbol{p}' = \begin{pmatrix} f_x \\ f_y \\ z \end{pmatrix} = \begin{pmatrix} f & 0 & 0 & 0 \\ 0 & f & 0 & 0 \\ 0 & 0 & 1 & 0 \end{pmatrix} \begin{pmatrix} x \\ y \\ z \\ 1 \end{pmatrix} \tag{3-21}$$

因而有

$$\boldsymbol{p}' = \boldsymbol{M}\boldsymbol{p} \tag{3-22}$$

式中，$\boldsymbol{M} = \begin{pmatrix} f & 0 & 0 & 0 \\ 0 & f & 0 & 0 \\ 0 & 0 & 1 & 0 \end{pmatrix}$ 为投影矩阵。

78

以上分析基于理想条件，即光学中心在像平面坐标原点，相机没有旋转和平移。如果光学中心位于像平面中心 (u_0, v_0) 的位置且传感器轴间倾斜 s，则 $\boldsymbol{M}$ 矩阵被修正为如下形式：

$$w\begin{pmatrix} u \\ v \\ 1 \end{pmatrix} = \boldsymbol{M}\begin{pmatrix} x \\ y \\ z \\ 1 \end{pmatrix} = \begin{pmatrix} \alpha & s & u_0 & 0 \\ 0 & \beta & v_0 & 0 \\ 0 & 0 & 1 & 0 \end{pmatrix}\begin{pmatrix} x \\ y \\ z \\ 1 \end{pmatrix} \tag{3-23}$$

式中，α 和 β 为归一化焦距。

如果相机与世界坐标系有旋转和平移，则

$$w\begin{pmatrix} u \\ v \\ 1 \end{pmatrix} = \begin{pmatrix} \alpha & s & u_0 & 0 \\ 0 & \beta & v_0 & 0 \\ 0 & 0 & 1 & 0 \end{pmatrix}\begin{pmatrix} r_{11} & r_{12} & r_{13} & t_x \\ r_{21} & r_{22} & r_{23} & t_y \\ r_{31} & r_{32} & r_{33} & t_z \end{pmatrix}\begin{pmatrix} x \\ y \\ z \\ 1 \end{pmatrix} \tag{3-24}$$

式中，$\begin{pmatrix} r_{11} & r_{12} & r_{13} & t_x \\ r_{21} & r_{22} & r_{23} & t_y \\ r_{31} & r_{32} & r_{33} & t_z \end{pmatrix}$ 为旋转和平移组合而成的矩阵。

3.2 成像模型

《墨经》在两千多年前记载了关于小孔成像的描述。公元 1544 年人们利用小孔成像原理观察日蚀现象，如图 3-3。在投影变换中，透视投影被用来描述小孔成像模型和透镜成像模型。前面已经提到，相机成像模型描述相机从三维场景到二维像平面上的变换过程。相机成像模型一般可分为线性模型和非线性模型。线性模型可用针孔成像模型表示。当考虑到镜头畸变等因素时，相机成像模型为非线性。

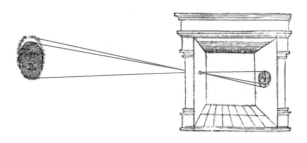

图 3-3 利用小孔成像原理观察日蚀现象

假设在图像平面前的固定距离处有一个理想的小孔，如图 3-4 所示，并且，小孔周围是不透光的，那么只有经过小孔的光才能够到达像平面。光是沿着直线传播的，因此图像上的每一个点都对应一个方向，即从这个点出发穿过小孔。

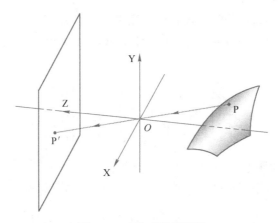

图 3-4　小孔成像示意图

3.2.1　线性模型

在大部分应用环境中，实际的相机可采用理想的小孔成像模型近似表示。小孔成像模型是各种相机模型中最简单的一种，它是相机的一个近似线性模型。在相机坐标系下，任一点 $P(X_w, Y_w, Z_w)$ 在像平面的投影位置，也就是说，任一点的投影点 $P(X, Y)$ 都是 OP（即光心与点 $P(X_w, Y_w, Z_w)$ 的连线）与像平面的交点，其几何关系如图 3-5 所示。

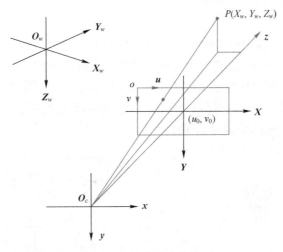

图 3-5　相机小孔成像模型

小孔成像模型的投影公式为

$$s\begin{pmatrix} u \\ v \\ 1 \end{pmatrix} = \begin{pmatrix} \alpha & 0 & u_0 & 0 \\ 0 & \beta & v_0 & 0 \\ 0 & 0 & 1 & 0 \end{pmatrix} \begin{pmatrix} R & T \\ 0^T & 1 \end{pmatrix} \begin{pmatrix} X_w \\ Y_w \\ Z_w \\ 1 \end{pmatrix} = M_1 M_2 \begin{pmatrix} X_w \\ Y_w \\ Z_w \\ 1 \end{pmatrix} \quad (3-25)$$

简写为

$$s\begin{pmatrix} u \\ v \\ 1 \end{pmatrix} = M\begin{pmatrix} X_w \\ Y_w \\ Z_w \\ 1 \end{pmatrix} \tag{3-26}$$

3.2.2 非线性模型

实际的成像过程中，由于相机镜头的加工误差、装备误差等原因会产生相机畸变，使成像点偏离原来应成像的位置，所以线性模型不能准确地描述相机的成像几何关系。非线性模型可用式（3-27）来描述。

$$x_0 = x_d + \delta_x(x, y)$$
$$y_0 = y_d + \delta_y(x, y) \tag{3-27}$$

式中，(x_0, y_0) 是经过畸变的点，(x_d, y_d) 是线性模型计算出来的图像点坐标理想值，$\delta_x(x, y)$、$\delta_y(x, y)$ 是非线性畸变，公式为

$$\delta_x(x, y) = k_1 x(x^2 + y^2) + (p_1(3x^2 + y^2) + 2p_2 xy) + s_1(x^2 + y^2)$$
$$\delta_y(x, y) = k_2 y(x^2 + y^2) + (p_2(3x^2 + y^2) + 2p_1 xy) + s_2(x^2 + y^2) \tag{3-28}$$

式中，$k_1 x(x^2 + y^2)$ 和 $k_2 y(x^2 + y^2)$ 是径向畸变，$p_1(3x^2 + y^2) + 2p_2 xy$ 和 $p_2(3x^2 + y^2) + 2p_1 xy$ 是离心畸变，$s_1(x^2 + y^2)$ 和 $s_2(x^2 + y^2)$ 是薄棱镜畸变，k_1、k_2、p_1、p_2、s_1、s_2 是畸变参数。

在相机标定过程中，通常不考虑离心畸变和薄棱镜畸变，因为对于引入的非线性畸变因素，往往需要使用附加的非线性算法对其进行优化，而大量研究表明，引入较多的非线性参数不仅对标定精度的提高作用不大，还会造成解的不稳定性，而且一般情况下只使用径向畸变就足以描述非线性畸变，则

$$x_0 = x_d + \delta_x(x, y) = x_d(1 + k_1 r^2)$$
$$y_0 = y_d + \delta_y(x, y) = y_d(1 + k_2 r^2) \tag{3-29}$$

式中，r 为径向半径，$r^2 = x_d^2 + y_d^2$。式（3-29）表明，相机畸变程度与 r 有关。r 越大，证明畸变越严重，位于边缘的点偏离越大。

将式（3-29）代入式（3-25）可得

$$s\begin{pmatrix} u \\ v \\ 1 \end{pmatrix} = \begin{pmatrix} 1+k_1 r^2 & 0 & 0 \\ 0 & 1+k_1 r^2 & 0 \\ 0 & 0 & 1 \end{pmatrix} \begin{pmatrix} a_x & 0 & u_0 & 0 \\ 0 & a_y & v_0 & 0 \\ 0 & 0 & 1 & 0 \end{pmatrix} \begin{pmatrix} R & T \\ 0^T & 1 \end{pmatrix} \begin{pmatrix} X_w \\ Y_w \\ Z_w \\ 1 \end{pmatrix} \tag{3-30}$$

简写为

$$s\begin{pmatrix} u \\ v \\ 1 \end{pmatrix} = M_d\begin{pmatrix} X_w \\ Y_w \\ Z_w \\ 1 \end{pmatrix} \tag{3-31}$$

3.3 图像亮度

图像的亮度模式是二维的，那么这个亮度模式是如何在一个光学成像系统中生成的呢？上一节已经找到了场景中点和图像上点之间的对应关系，本节将探讨什么决定了图像中点的亮度。

3.3.1 亮度模式

亮度是一个非正式术语，比如它可以用来描述图像亮度与场景亮度。对于图像，亮度和射入像平面的能流有关，许多不同的方法可以用来度量亮度。本书用辐照强度来代替图像亮度。辐照强度是指照射到某一表面上的"辐射能"在单位面积上的功率（单位为 $W \cdot m^{-2}$，即瓦特每平方米）。在图 3-6a 中，E 代表辐照强度，δP 表示照射到一个面积为 δA 的极其微小的曲面区域上的辐照能功率。例如，相机中胶片的亮度就是辐照强度的函数。图像中某一点的辐照强度取决于从该像素点所对应的物体表面点所射过来的能流。

在场景中，亮度和从物体表面发射的能流有关。位于成像系统前的物体表面上不同的点会有不同的亮度，而其亮度取决于光照情况及物体表面如何对光进行反射。场景亮度采用辐射强度来表示。辐射强度是指从物体表面的单位透视面积发出的、射到单位立体角中的功率（$W \cdot m^{-2} \cdot sr^{-1}$，即瓦特每平方米立体弧度）。在图 3-6b 中，$L$ 表示辐射强度，$\delta^2 P$ 是指从一个面积为 δA 的极小表面射入一个极小立体角 δw 中的能流大小。从形式上看，辐射强度的定义很复杂，因为从某一微小表面发出的光会射向各个不同的方向，所有的射出方向将会形成一个半球，而且不同方向上的光线强度可能不同。因此，只有指定这个半球中的立体角后谈论辐射强度才是有意义的。通常情况下，随着观测方向的不同，辐射强度会发生变化。图像辐照强度的测量结果与场景辐射强度成正比，其比例取决于成像系统的参数。

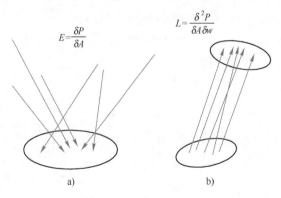

$$E = \frac{\delta P}{\delta A}$$

$$L = \frac{\delta^2 P}{\delta A \, \delta w}$$

a)　　　　　　　　b)

图 3-6　辐照强度与辐射强度

3.3.2 传感器

工业相机主要用来对待测物体进行实际的成像，将光信号转换成电信号或者数字信号，它的关键部件是 CCD（Charge Coupled Device，电荷耦合器件）或 CMOS（Complementary Metal Oxide Semiconductor，互补金属氧化物半导体）图像传感器。图像像素值（即图像灰度值）是 CCD 或 CMOS 图像传感器对光强（光亮度）的测量对象。由于其采集图像的质量将直接影响到后续图像处理的效果，所以选择一个合适的相机对机器视觉检测系统来说是非常重要的。对于一般的工业相机主要有如下参数。

1）分辨率：分辨率是工业相机最基本的参数，可以用水平分辨率和垂直分辨率来描述，例如 1920(H)×1080(V) 表示每行的像元数量为 1920 个，共有 1080 行。分辨率越大，图片所占内存空间也越大，但是图片的细节越清晰。所以，一般要首先保证图像有足够多的数据信息，能够满足系统检测的需要，然后考虑分辨率不能过大，以免浪费资源、降低效率。

2）帧速：帧速表示相机采集图像的频率，单位为帧/秒，即每秒所能采集的画面数量，可以用来衡量采集速度。帧速是衡量一台工业相机的重要参数，当相机速度足够时才能满足相应的系统需求。一般而言，不同类型的机器视觉系统所需要的帧速不尽相同，帧速需要与实际项目需求相匹配。目前，工业相机的帧速从十几帧/秒到几百帧/秒甚至上万帧/秒。例如，德国 PCO 公司的高速相机可在 100 万分辨率时达到 7039 帧/秒的成像速度。

值得一提的一点——一万亿帧相机

科学家已经实现了一万亿帧/秒成像，可用于观察光子的运动和对光成像。图 3-7 为高速相机捕获的光在饮料瓶传播过程的画面。

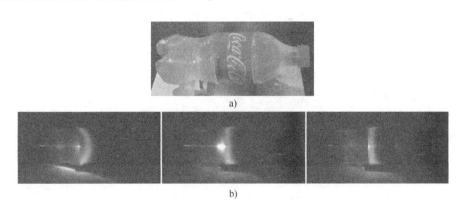

a)

b)

图 3-7　光在饮料瓶传播过程的画面

a）被测物体　b）不同时刻的光传播画面

3）传感器像元大小：传感器芯片由许许多多像元阵列组成，像元尺寸指芯片像元阵列上每个像元的实际物理尺寸。像元尺寸从某种程度上反映了芯片对光的响应能力，像元尺寸越大，能够接收到的光子越多，在同样的光照条件和曝光时间内产生的电荷数量越多。通常像元尺寸为几微米，大尺寸像元感光能力更好，但是使得在相同芯片面积条件下像素分辨率降低。

4）动态范围：相机的动态范围表明相机探测光信号的范围，可用两种方法来界定：一种是光学动态范围，指饱和时最大光强与等价于噪声输出的光强的比值，由芯片的特性决定；另一种是电子动态范围，指饱和电压和噪声电压之间的比值。动态范围大，则相机对不同的光照强度有更强的适应能力。

值得一提的一点——EMCCD 和 sCMOS 相机

机器视觉常用相机主要有两类光电传感芯片，分别为 CCD 芯片和 CMOS 芯片。CCD 和 CMOS 成像都是通过光电效应将光信号转换成电信号获得数字图像。

在科学级成像中还有另外两种相机：EMCCD（Electron-Multiplying CCD，电子倍增 CCD）和 sCMOS（scientific CMOS，科学级 CMOS）相机。EMCCD 和 sCMOS 相机比 CCD 和 CMOS 对光的感知灵敏度更高，具有极高的动态范围，尤其适用于显微、荧光成像等微弱光成像领域。比如，德国 PCO 公司的 sCMOS 相机动态范围可达 37500∶1，并具有 0.8 e-中值读出噪音的高灵敏度。

3.3.3　感知颜色

颜色是图像处理中很重要的一种特征，利用颜色可以简化将目标从场景中提取并识别的过程。颜色特征不会受到形变畸变的影响，有很好的不变性，如平移、旋转和尺度增减等均不会改变图像颜色，而且鲁棒性能很好。颜色已经成为使用非常广泛的特征。最为常见的颜色模型就是 RGB 模型，为了适应不同应用，根据 RGB 颜色模型还提出了 CMY 颜色模型、HSV 颜色模型和 HSI 颜色模型等。

1. RGB 颜色模型

根据三基色的原理，通过加权混合红、绿、蓝三种基色可以得到各种不同的颜色，如图 3-8 所示。这个模型是基于笛卡儿坐标系的，为了方便描述，将颜色进行了归一化处理，红、绿和蓝的取值限定在 0~1 之间。在图 3-8 中，红、绿、蓝三基色位于单位立方体在坐标轴上的三个定点上。三个补色青色、品红色和黄色位于另外三个顶点。黑色在原点，三基色都达到最大值时是白色，因此白色位于与原点相对的立方体顶点上。代表灰度值的点落在连接白色和黑色的对角线上。在模型内部和边缘上的点代表不同的颜色。

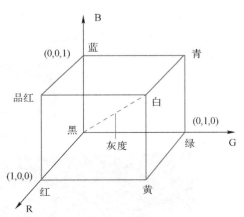

图 3-8　RGB 颜色模型空间

2. HSI 颜色模型

人观察彩色物体的时候，通常是用色调、饱和度和亮度来描述的，对应于这种描述方式，有一种颜色模型称为 HSI 颜色模型。HSI 颜色模型将强度，也就是亮度信息，从颜色信息中分离出来，这使得很多适用于灰度图像的处理方法同样适用于 HSI 颜色模型。其中，H 为色调，色调和混合光谱中的主波长有关；S 是饱和度，是指颜色的相对纯度；I 代表亮度。色调和饱和度一起构成了色度。

HSI 颜色模型如图 3-9 所示。色调是按角度来统计的，0° 的色调表示红色，120° 的色调表示绿色，240° 的色调表示蓝色。0°~240° 之间的色调表示了所有的可见光谱色，而 240°~360° 之间的色调表示了人眼可见的非光谱色。饱和度是色调圆环的圆心到颜色点的长度。最外面圆周上的饱和度是 1，中心的饱和度是 0。如果将 HSI 表示在一个圆锥模型上，那么亮度，即灰度是沿着轴线的，从底部到顶部，由黑变白。

给定一个 RGB 颜色模型的图像，可以通过式（3-32）~式（3-35）转换到 HSI 颜色模

型，每个 RGB 像素的 H 分量为

$$H=\begin{cases} \theta & \text{如果 } B \leqslant G \\ 360-\theta & \text{如果 } B>G \end{cases} \quad (3-32)$$

其中

$$\theta=\cos^{-1}\left\{\frac{[(R-G)+(R-B)]/2}{[(R-G)^2+(R-B)(G-B)]^{1/2}}\right\} \quad (3-33)$$

S 分量为

$$S=1-\frac{3}{(R+G+B)}[\min(R,G,B)] \quad (3-34)$$

最后，I 分量为

$$I=\frac{1}{3}(R+G+B) \quad (3-35)$$

为了编程方便，提高程序执行效率，可采用以下快速近似转换公式：

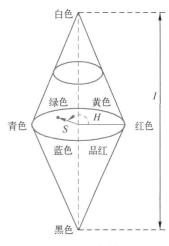

图 3-9 HSI 颜色模型空间

$$V_{\max}=\max(R,G,B) \quad (3-36)$$

$$V_{\min}=\min(R,G,B) \quad (3-37)$$

$$I=\frac{V_{\max}+V_{\min}}{2} \quad (3-38)$$

$$S=\begin{cases} \dfrac{V_{\max}-V_{\min}}{V_{\max}+V_{\min}}, & I<0.5 \\[3mm] \dfrac{V_{\max}-V_{\min}}{2-(V_{\max}+V_{\min})}, & I \geqslant 0.5 \end{cases} \quad (3-39)$$

$$H=\begin{cases} 60(G-B)/S, & V_{\max}=R \\ 120+60(B-R)/S, & V_{\max}=G \\ 240+60(R-G)/S, & V_{\max}=B \end{cases} \quad (3-40)$$

MATLAB 官方提供的 RGB 与 HSV 格式转换程序（rgb2hsv）如下：

```
v = max(max(r,g),b);
h = zeros(size(v), 'like', r);
s = (v - min(min(r,g),b));

z = ~s;
s(z) = 1;
k = (r == v);
h(k) = (g(k) - b(k))./s(k);
k = (g == v);
h(k) = 2 + (b(k) - r(k))./s(k);
k = (b == v);
h(k) = 4 + (r(k) - g(k))./s(k);
h = h/6;
k = (h < 0);
h(k) = h(k) + 1;
```

```
h(z) = 0;

tmp = s./v;
tmp(z) = 0;
k = (v~=0);
s(k) = tmp(k);
s(~v) = 0;
```

3.4 数字相机与光源

3.4.1 光源

光源是机器视觉系统中的关键组成部分。在机器视觉应用系统中，照明方案的选择往往能直接决定一个系统的成败，对成像质量有着十分重要的作用。照明的主要功能是以合适的方式照亮待测物体，将待测物的特征从整体中突出以便于后续的检测。好的照明方式可以简化后续图像处理算法，提高检测精度，使得整个系统具备更好的鲁棒性。相反，不合适的照明则会拖累整个系统，有时会带来不可预知的困难，甚至使检测任务失败，例如光源亮度不够或过高就可能屏蔽掉某些重要的图像信息，或者造成对比度不均匀等，增加后续图像处理中的困难（如阈值的选择）。通常情况下，针对不同的应用，都需要设计相适应的照明装置，用最好的照明效果来支撑整个系统，而系统照明光源的价值正在于此。

在目前的机器视觉应用系统上，光源主要有荧光灯、卤素灯泡、发光二极管（LED）、激光光源。荧光灯将弧光放电现象产生的紫外线作为荧光体，从而发出可视光。卤素灯泡一般以卤素灯+光纤导管组合形式出现，利用光纤导管将灯箱中的卤素灯发出的光线采集并转向待测物。LED利用电子和空穴结合所释放的能量进行照明，通常由多个LED排列组合而成。激光光源具有相干性好、亮度高、单色性好等优点，在高精度测量等领域广泛应用。激光光源包括线激光、条纹激光、网格激光灯。

从颜色上划分，LED主要包括白色LED、蓝色LED、红色LED和绿色LED。LED实现白光的方式有三种：①通过红、绿、蓝三基色芯片组合来合成；②使用蓝光LED芯片激发黄色荧光粉，由LED蓝光和黄色荧光粉发出的黄绿光合成；③采用紫外光LED（UVLED）激发三基色荧光粉合成。白色光源适用性广，亮度高，在拍摄彩色图像时使用较多。蓝色光源波长在410~480 nm之间，适用于银色背景产品、金属印刷品。红色光源波长在600~720 nm之间，波长较长，可以透过一些比较暗的物体，例如底材为黑色的透明软板孔定位、绿色线路板线路检测、透光膜厚度检测，采用红色光源更能提高对比度。绿色光源波长在510~560 nm之间，界于红色和蓝色之间，适用于红色和银色背景产品。

由于LED在性价比方面能体现出更大的优势（特别是针对工业检测领域），下面分析和使用的系统均为LED光源。图3-10展示了部分工业上常用的LED。其中，环形光源应用最广，它设计紧凑，方便安装调节，可以提供大面积的均衡照明，能较好地解决对角照射阴影问题。环形光源对检测高反射材料表面的缺陷效果极佳，比如电路板和BGA（球栅阵列封装）缺陷的检测。同轴光源可以去掉被测物体外表不平整带来的阴影效果，用于提高清晰度，广泛应用于金属表面、薄膜、晶片等的划伤检测，玻璃板的表面损伤检测等；条形光源照射角度的可调节性高并且易于安装，适合于较大物体的表面照明。背光源一般用作零件背光照明，能突出零件的轮廓特征，如图 3-11 所示。除此之外，还有一些常用的 LED 光源，比如 AOI（Automated Optical Inspection，自动光学检测）专用光源、球积分光源等。

图 3-10　工业常用 LED

a）环形光源　b）同轴光源　c）条形光源　d）背光源

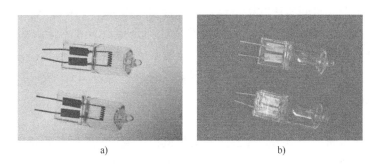

图 3-11　背光源照明对比

a）背光源照明　b）无照明光源

实际应用中，不仅光源的类型需要慎重选择，光源的照明方式也同等重要。常用的照明方式有低角度照射、角度照射、垂直照射、背光源照射。低角度照射时光线方向与物体表面的夹角接近 0°，此时光源对物体表面的凹凸表现力强；角度照射时光线方向与物体表面有较大的夹角（如 30°、45°、60°、75°等），在一定的工作距离下，这种方式具有光束集中、亮度高、均匀性好、照射面积相对较小的优点；垂直照射时光线方向与物体表面约成 90°夹角，照射面积大、光照均匀性好，适用于较大面积照明；相对前三种方式，背光源照射略有不同，它主要是在不透明区域会产生明显的暗部轮廓，能够突出不透明部分的外部轮廓。

选取光源时还需要考虑一些其他因素，比如用单色光源添加滤镜去除或降低环境光，通过偏振片消除反光等。根据目标颜色的不同可以选择不同光谱的光源照射，利用补色律和亮度相加律来达到突出目标亮度、削弱背景的目的，最终达到突出目标的效果。

值得一提的一点——自由电子激光

自由电子激光是 21 世纪诞生的最新一代先进光源，具有极高的峰值亮度（高于第三代同步辐射光源 8~10 个数量级）、超短的脉冲（飞秒到阿秒）和极好的相干性等优越特性，在物理、化学、生物、医学、能源、环境等领域具有很大的应用价值。与传统激光产生机理不同，自由电子激光的产生原理为将磁场中运动的相对论电子束的动能转换为光子能量。以硬 X 射线自由电子激光为代表的此类激光可以在原子、飞秒尺度上对微观物质进行研究，因此其重要性不言而喻。世界第一台亚纳米波段硬 X 射线自由电子激光装置在美国斯坦福 SLAC 国家加速器实验室（简称 SLAC）建成，极大推动了自由电子激光的发展和应用。目前工作在极紫外波段的自由电子激光装置（中国大连相干光源）也已经建成并投入使用。

3.4.2 镜头

镜头是连接待测物体所反射的光线和相机成像的通道，主要作用是实现光束的变换调制，将待测物体成像在相机图像传感器的光敏面上。工业镜头对于被测物体成像有着十分关键的作用，它的质量直接影响机器视觉应用系统的整体性能。

工业镜头的历史悠久、品类繁多，一般可以进行如下划分。

（1）根据工业镜头的接口类型进行划分

工业镜头与工业相机间常用的接口模式有 C 接口、CS 接口、F 接口、V 接口、T2 接口、徕卡接口、M42 接口、M50 接口等。不过这些模式只是接口方式不同，而并未对镜头的性能做相应的区分，并且一般情况下，为提高工业镜头的实用性和适应性，常用的接口之间也设置有相应的转接口。上述接口模式中，使用最多的为 C 接口和 CS 接口，它们的螺纹连接相同，只是后截距不同。

（2）根据能否变焦进行划分

根据能否变焦可将镜头分为定焦镜头和变焦镜头。定焦镜头的焦距是固定不变的，它的焦段只有一个，即镜头只有固定的视野。定焦镜头按照等效焦距又可以划分为鱼眼镜头、超广角镜头、广角镜头、标准镜头、长焦镜头、超长焦镜头。不同于变焦镜头的复杂设计，定焦镜头的内部结构更显精简，虽然变焦镜头可以适当改变焦距，但是变焦后对于物体的成像会有影响，所以定焦镜头的优势在于对焦速度快、成像质量稳定。显然，变焦镜头的优势就是焦距可变，这样便可以在物距不变时改变视场。

（3）根据镜头光圈进行划分

镜头按照光圈的调节方式可分为手动光圈和自动光圈两种，当待测物体上的光线变化不大、较为恒定时，适合用手动光圈，而当环境光线变化较为明显时，适合用自动光圈，从而能够根据实际的环境光实时改变镜头的光圈大小。

（4）特殊用途的镜头

特殊用途的镜头有很多种，例如微距镜头、显微镜头、紫外镜头、红外镜头、远心镜头等。远心镜头主要是为纠正传统工业镜头的视差而设计的，在一定的物距范围之内，它捕获图像时使用的放大倍率基本不会发生变化。远心镜头主要有以下特点：高影像分辨率；近乎为零的失真度；无透视误差；超宽景深。普通工业镜头通常有1%~2%甚至更高的畸变系数，而这将有可能严重影响最终测量结果的精确度。相比之下，远心镜头利用特殊的光路加以严格的制造和质量检验要求，可以将误差控制在0.1%以下。系统进行精密线性测量时，经常需要从待测物体的标准正面检测，而许多零件有时并不能精确放置，随着时间的推移测量距离也在微弱地改变；测量系统总是需要能精确反映实物实际大小的图像，利用远心镜头成像时只会接收平行于光轴的主射线的特点可以很好地解决以上问题即达到无透视误差的效果。在工作物距范围内移动物体时成像不变，亦即放大倍率可以保持不变，由此可见，远心镜头具有超宽的景深。由于这些独特的特性，远心镜头一直为对镜头畸变要求很高的视觉应用场合所青睐。

确定具体的镜头型号前，还需要确定镜头的一些基本参数。

1）焦距：简单地说焦距是焦点到透镜中心点之间的距离，实际使用时镜头上面都会标注出焦距，并不需要用户计算。

2）视场角：整个视觉系统所能观察到的物体实际尺寸被称为视场即视场范围（Field of View，FOV）。$FOV = L/m$，其中，L 是相机的芯片高度或者宽度，m 是放大倍率，可以定义 $m = v/u$，v 是相距，u 是物距，FOV 即相应方向的物体大小。

3）光圈：光圈实际为可以调节孔径大小的机械部件，它通常在镜头内，利用控制镜头光孔大小来控制进入相机的光量。一般而言，当外界光较弱时，光圈应该相应开大，当光较强时，光圈应该相应开小。光圈大小通常用字母 F 来表示，比如 F1、F1.4、F2.8、F4、F5.6、F8、F11、F16、F22、F32 等，这些表示中上一级正好是下一级通光量的一倍，即光圈开大了一级。

4）景深：镜头能够取得清晰图像时被测物体的前后距离范围即为景深。一般而言，改变光圈、焦距、拍摄距离时，景深会相应变化。例如，将光圈值调大，则景深相应变小，将焦距拉长，景深也会变小，当被测物距离越远时，景深就会变大。

5）畸变：理想的物体成像中，物体和成像应该完全相似，然而，在实际的成像过程中，由于镜头本身的光学结构以及成像特性，镜头会不可避免地产生畸变，可以简单地理解为这是由像面上局部放大倍率不一致所导致的。选购镜头时，需要根据所需达到的目标和精度来选择不同质量的镜头。

为一个机器视觉系统选择镜头时，一般可以按照下列步骤来进行。

1）根据系统整体尺寸和工作距离，结合视场角，大概判断出所需镜头的焦距。

2）切换不同的光圈大小，找到最合适的值。

3）考虑镜头畸变、景深、接口等其他要求。

3.4.3 相机接口

根据需求选择匹配的相机后，系统需要将图像通过相机接口传输到相应的处理设备中，此时便要用到相机接口技术。相机的接口技术可以分为模拟接口技术和数字接口技术两大类。模拟接口技术主要是将模拟数据采集卡与图像处理设备相连，其数据传输速度和精度都较差，并且随着数字化技术的发展，模拟接口技术终会消亡，但其消亡还要相当长的一段时间，由于模拟视频设备的低价，它们在图像处理应用的低端领域还有一定的市场。数字接口技术是目前相机接口的主流技术，下面将介绍最常用的几种数字相机接口。

(1) Camera Link 接口

Camera Link 是为高端应用而研发的，其数据传输速度可以达到 1 Gbit/s。针对不同的应用需求，例如分辨率、传输速度等，相应地有低、中、高三档格式。虽然 Camera Link 规范已经成为包括线阵相机、高速面阵相机在内的高速图像采集设备标准，但是，此标准的缺点也很明显，那就是计算机端需要添加额外的图像采集卡以完成对数据的重构，相应地，设备的成本就增加了。

(2) IEEE 1394 接口

IEEE 1394 亦被称作火线，最初的标准规定数据传输速度为 93.304 Mbit/s、196.608 Mbit/s 和 393.216 Mbit/s。它需要使用 6 针线插件，两对双绞线用于传输信号，一根电缆用作电源，另一根用作地线。另外，此标准接口还定义了带有锁固功能的接插件，这在工业应用中是很有用的，如可以防止电缆线的意外脱开。IEEE 1394 接口提供较快速度的同时，传输距离也足够远，体积相对其他接口而言较小，也能提供较高的分辨率以及帧频，适用于医学成像和实时速度要求不是特别高的应用场合。

(3) USB 接口

USB 作为计算机系统连接外部设备的一种串口总线标准，广泛应用于个人计算机和移动设备等通信产品。虽然最初设计的传输速度不高，但是发展较快，比如新一代的 USB 3.1 传输速度为 10 Gbit/s，新型 Type C 接口正反向都能插入设备，使用较为方便。

(4) Gigabit Ethernet 接口

Gigabit Ethernet（GigE）即千兆以太网，它作为传统以太网的新型技术，在高速、远距离、大批量数据传输方面优势明显。它还具有简易、可扩展性好、安全可靠、管理维护方便等一系列优点，是将来应用的趋势。

值得一提的一点——10 Gigabit Ethernet 接口

最近，美国菲力尔（FLIR）公司推出了 10 Gigabit Ethernet 接口相机，其速度是 Gigabit Ethernet 接口的 10 倍。

(5) CoaXpress 接口

CoaXpress（简称 CXP）接口 2009 年在斯图加特的 VISION 展会上推出，它保留了同轴电缆的优点，同时具有高速数据传输能力（高达 6.25 Gbit/s）。该接口已经成为高性能相机系统实际采用的相机到计算机之间的接口之一。

3.5 案例——光源对成像的影响

3.5.1 实验设备

实验设备主要包括计算机、视觉教学平台、工业相机（彩色）、工业镜头（25mm）、条形光源、背光源、环形光源、穹顶光源、同轴光源等。实验平台如图 3-12 所示。

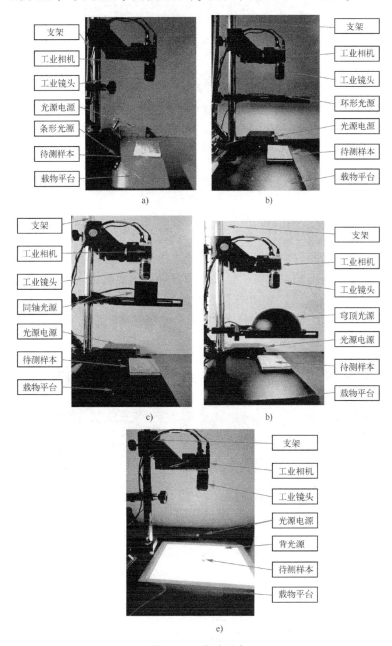

图 3-12 实验平台

a）条形光源实验平台 b）环形光源实验平台 c）同轴光源实验平台 d）穹顶光源实验平台 e）背光源实验平台

3.5.2 光源照明效果

1. 环形光源

环形光源如图 3-13 所示，可提供不同角度的照射，方便得到物体的三维信息，显示被测物体边缘和高度的变化，突出原本难以看清的部分，能有效解决对角照射阴影问题，周圈表面采用滚花设计，可扩大散热面积以增加光源的使用寿命。

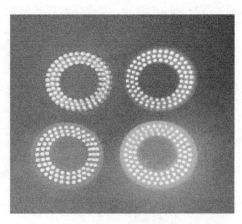

图 3-13　环形光源

环形光源具有独特的照射结构，能实现有效工作范围内的均匀照射，其高效的低角度照明可以增强表面特征或缺陷的对比度。这种光源常应用在被测物体表面需要均衡的照明并且需要避免反光或耀斑的场合，如 PCB 检测、塑胶容器检测、电子元件检测、集成电路字符检查等。图 3-14 所示为 U 盘的金属外壳在条形光源照射和环形光源照射下的图像，采用环形光源比采用条形光源获得的轮廓信息。

图 3-14　条形光源和环形光源对比

a) 条形光源　b) 环形光源

2. 条形光源

条形光源如图 3-15 所示，条形光源也叫条形灯，它是一种从侧面打光的照明光源，常用的角度是 45°，也有更小的角度。侧光灯可以避免正面照射产生的强烈反光，同时还可以对边缘部分实现高亮的照明。条形光源在尺寸测量、外观检测方面应用非常广泛，其优点是光照均匀度高、亮度高、散热好、使用寿命长、产品稳定性高、安装简单、角度随意可调及尺寸设计灵活，主要应用于金属表面检测、表面裂缝检查、包装破损检测、引脚平整度检查、LCD 破损检测等。

图 3-15　条形光源

条形光源组合后可以用来照射大面积的电路板表面，如图 3-16 所示，从而获得清晰的图像。条形光源的优势在于可以从任意角度照射待测物，以突出所要得到的信息。

3. 背光源（面光源）

背光源如图 3-17 所示，能提供大面积的均匀光线，突出待测量物的轮廓信息。LED 均匀分布于背光源底部，经过特殊扩散材料后在其表面形成一片均匀的照射光。背光源主要应用于轮廓检测、电子元件外形检测、透明物体划痕检测、轴承外观和尺寸检查等。

图 3-16　电路板

图 3-17　背光源

背光源在轮廓检测上具有明显的优势。如图 3-18 所示，背光源常常应用于透明物体轮廓检测、工件轮廓检测、灯丝缺陷检测，可以获得清晰的轮廓信息。

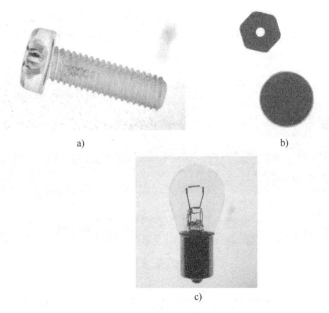

图 3-18 背光源的应用

a) 透明螺钉 b) 工件轮廓 c) 灯丝

4. 同轴光源

同轴光源如图 3-19 所示，光源为平板镜面表面提供漫射均匀照明，利用同轴光源方法，垂直于照相机的镜面变得光亮，而标记或雕刻的区域因吸收光线而变暗。同轴光源提供了比传统光源更均匀的照明，主要应用于金属、玻璃等具有光泽的物体表面缺陷检测。

图 3-19 同轴光源

条形光源与同轴光源检测结果对比如图 3-20 所示。

图 3-20　条形光源（左）与同轴光源（右）检测结果对比

5. 穹顶光源

穹顶光源如图 3-21 所示，它是一种用于扩散、均匀照明的经济型光源，光源的大张角可以帮助弯曲、光亮和不平表面成像，也算漫反射的一种，但它是通过半球型的内壁进行多次反射，可以完全消除阴影。它主要应用于曲面形状的缺陷检测、不平坦光滑表面字符的检测、金属或镜面的表面检测。使用不同光源对不平坦光滑表面的字符检测结果如图 3-22 所示，其中，穹顶光源的效果最好。

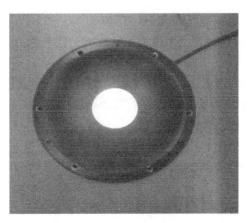

图 3-21　穹顶光源

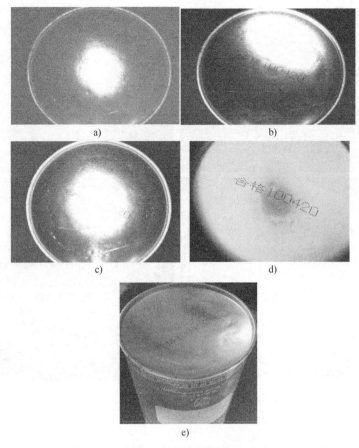

图 3-22　不同光源字符检测对比图
a) 同轴光源检测　b) 条形光源检测
c) 环形光源检测　d) 穿顶光源检测　e) 样品图像

3.5.3　铆钉光源实验

1. 实验过程

测量时为避免木板表面反光，将木板涂上显影剂，待测样本如图 3-24 所示。

1）安装相机与光源。

2）打开 MVCGEVLite64 软件，取消勾选"启动巨帧"复选框，依次单击"打开设备""开始采集"按钮，然后单击"存储图像"按钮进行保存路径设置。界面如图 3-23 所示。

3）调节相机焦距、光圈，使图像清晰。

4）移动测量对象到图像中心，保存图像。

5）更换不同光源进行测量并保存图像。

2. 实验结果

1）条形光源测量结果如图 3-25 所示。

2）环形光源测量结果如图 3-26 所示。

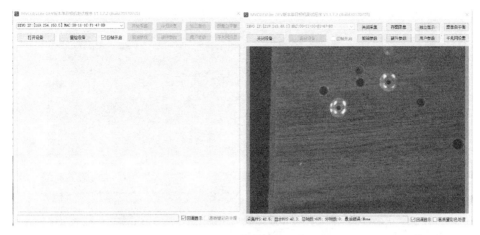

图 3-23 软件界面

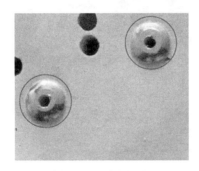

图 3-24 待测样本

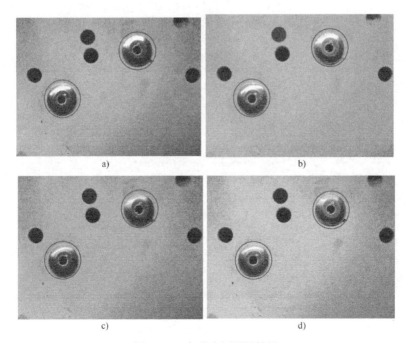

图 3-25 条形光源测量结果

a）白光源　b）红光源　c）绿光源　d）蓝光源

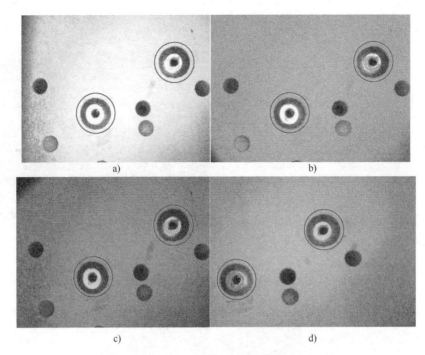

图 3-26　环形光源测量结果

a）白光源　b）红光源　c）绿光源　d）蓝光源

3）同轴光源测量结果如图 3-27 所示。

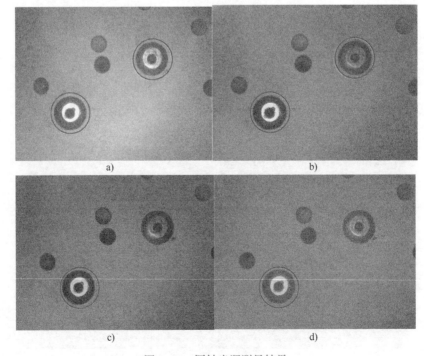

图 3-27　同轴光源测量结果

a）白光源　b）红光源　c）绿光源　d）蓝光源

4）穹顶光源测量结果如图 3-28 所示。

3. 实验结果分析

条形光源只能从一个角度进行照射，得到的图像中铆钉表面有一面是反光的。使用环形光源时，由于环形光从上面照射，所以得到的铆钉上表面有强烈的反光，侧面也有些反光。使用同轴光源时，由于同轴光源的光是垂直向下的，所以垂直于光的铆钉上表面颜色明亮，而侧面相对较暗。使用穹顶光源时，铆钉的上表面和侧面亮度基本相同，特征比较清晰。由于被测物为银白色反光金属表面，所以同种光源的三色光照射都存在类似现象。实验表明，对这种有弧面的反光金属铆钉，测量时使用穹顶光源能够最大程度上避免光线的影响。

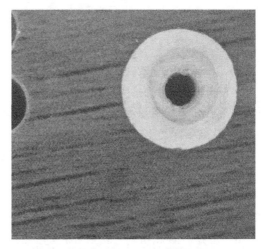

图 3-28　穹顶光源测量结果

3.6　习题

1. 在焦点前后各有一个容许弥散圆，这两个弥散圆之间的距离就叫景深，如图 3-29 所示。即在被摄主体（对焦点）前后，其影像仍然有一段清晰范围，就是景深。景深随镜头的焦距、光圈值、拍摄距离而变化。对于固定的焦距和拍摄距离，光圈越小，景深越大。以持照相机拍摄者为基准，从焦点到近处容许弥散圆的距离叫前景深，从焦点到远方容许弥散圆的距离叫后景深。

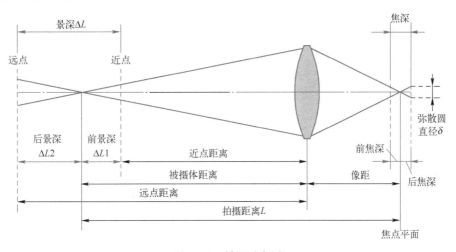

图 3-29　景深示意图

景深的计算公式为

前景深：

$$\Delta L_1 = \frac{F\delta L^2}{f^2 + F\delta L}$$

后景深：
$$\Delta L_2 = \frac{F\delta L^2}{f^2 - F\delta L}$$

景深：
$$\Delta L = \Delta L_1 + \Delta L_2 = \frac{2f^2 F\delta L^2}{f^4 - F^2\delta^2 L^2}$$

式中，δ 为容许弥散圆直径，f 为镜头焦距，F 为镜头的拍摄光圈值，L 为拍摄距离，ΔL_1 为前景深，ΔL_2 为后景深，ΔL 为景深。分析影响景深的因素。

2. 总结不同类型光源对照明结果的影响。

3. 分析三维场景经过投影后是否仍然有深度信息。

4. 根据透视投影与透镜成像原理，画出三维场景点与二维图像点的对应关系。

5. 采用 OpenCV 与 C++实现图像的旋转、平移与仿射变换，并采用 SIFT 计算变换后的图像特征点。

6. 说明 CCD 相机与 CMOS 相机的区别。

7. 调研彩色相机与黑白相机实现方式的异同。

8. 目前相机的像素范围通常是多少？像素的增加会带来什么影响？

第4章　相机标定

相机标定是确定世界坐标到像素坐标之间转换关系的过程。标定技术主要依靠世界坐标系中的一组点，它们的相对坐标已知，且对应的像平面坐标也已知，通过物体表面某点的三维几何位置与其在图像对应点之间的相互关系得到相机几何模型参数，得到参数的过程称为相机标定。从广义上讲，现有的相机标定方法可以归结为两类：传统的相机标定和相机自标定。目前，传统相机标定技术研究如何有效、合理地确定非线性畸变校正模型的参数以及如何快速求解成像模型等，而相机自标定研究不需要标定参照物情况下的方法。传统的标定技术需要相机拍摄一个三维标定靶进行标定，而较新的标定技术仅仅需要一些平面靶标，如布盖的 MATLAB 标定工具箱等。从计算方法的角度，传统相机标定主要分为线性标定方法（透视变换矩阵和直接线性变换）、非线性标定方法、两步标定方法和平面模板方法。

4.1　相机标定基础

4.1.1　空间坐标系

在对相机进行标定前，为确定空间物体表面上点的三维几何位置与其在二维图像中对应点之间的相互关系，首先需要对相机成像模型进行分析。在机器视觉中，相机模型是通过一定的坐标映射关系，将二维图像上的点映射到三维空间。相机成像模型中涉及世界坐标系、相机坐标系、图像像素坐标系及图像物理坐标系四个坐标系间的转换。

为了更加准确地描述相机的成像过程，首先需要对上述四个坐标系进行定义。

1）世界坐标系又叫真实坐标系，是在真实环境中选择一个参考坐标系来描述物体和相机的位置。

2）相机坐标系是以相机的光心为坐标原点，z 轴与光轴重合、与成像平面垂直，x 轴与 y 轴分别与图像物理坐标系的 X 轴和 Y 轴平行的坐标系。

3）图像像素坐标系为建立在图像中的平面直角坐标系，单位为像素，用来表示各像素点在像平面上的位置，其原点位于图像的左上角。

4）图像物理坐标系原点是成像平面与光轴的交点，X 轴和 Y 轴分别与相机坐标系的 x 轴与 y 轴平行，通常单位为 mm，图像的像素位置用物理单位来表示。

4.1.2　空间坐标系变换

1. 世界坐标系与相机坐标系转换

图 4-1 为世界坐标系与相机坐标系的转换示意图。利用旋转矩阵 R 与平移向量 T 可以

实现世界坐标系中的坐标点到相机坐标系中的映射。

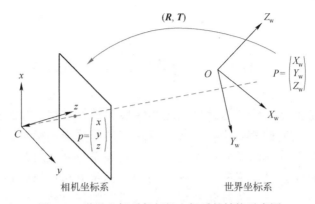

图 4-1 世界坐标系与相机坐标系的转换示意图

如果已知相机坐标系中的一点相对于世界坐标系的旋转矩阵与平移向量，则世界坐标系与相机坐标系的转换关系为

$$\begin{pmatrix} x \\ y \\ z \\ 1 \end{pmatrix} = \begin{pmatrix} \boldsymbol{R} & \boldsymbol{T} \\ 0^{\mathrm{T}} & 1 \end{pmatrix} \begin{pmatrix} X_{\mathrm{w}} \\ Y_{\mathrm{w}} \\ Z_{\mathrm{w}} \\ 1 \end{pmatrix} \tag{4-1}$$

其中 $\boldsymbol{R}$ 为 3×3 矩阵，$\boldsymbol{T}$ 为 3×1 平移向量，$0^{\mathrm{T}} = (0 \quad 0 \quad 0)$。

2. 相机坐标系与图像物理坐标系转换

如图 4-2 所示，成像平面所在的平面坐标系就是图像物理坐标系。

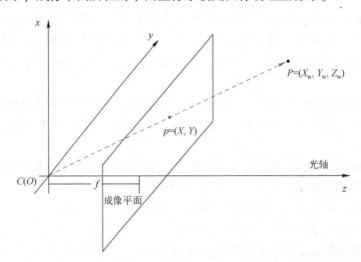

图 4-2 相机坐标系与图像物理坐标系的转换示意图

空间中任意一点 P 在图像平面的投影 p 是光心 O 与 P 点的连接线与成像平面的交点，由透视投影，可知

$$X = \frac{fx}{z}$$

$$Y = \frac{fy}{z}$$

(4-2)

式中，$p(x, y, z)$是空间点 P 在相机坐标系下的坐标，对应图像物理坐标系下的坐标(X, Y)，f 为相机的焦距。则由式（4-2）可以得到相机坐标系与图像物理坐标系间的转换关系为

$$z\begin{pmatrix} X \\ Y \\ 1 \end{pmatrix} = \begin{pmatrix} f & 0 & 0 & 0 \\ 0 & f & 0 & 0 \\ 0 & 0 & 1 & 0 \end{pmatrix} \begin{pmatrix} x \\ y \\ z \\ 1 \end{pmatrix}$$

(4-3)

3. 图像像素坐标系与图像物理坐标系转换

图 4-3 展示了图像像素坐标系与物理坐标系之间的对应关系。其中，Ouv 为图像像素坐标系，O 点与图像左上角重合。该坐标系以像素为单位，u、v 为像素的横、纵坐标，分别对应其在图像数组中的列数和行数。O_1XY 为图像物理坐标系，其原点 O_1 在图像像素坐标系下的坐标为(u_0, v_0)。$\mathrm{d}x$ 与 $\mathrm{d}y$ 分别表示单个像素在横轴 X 和纵轴 Y 上的物理尺寸。

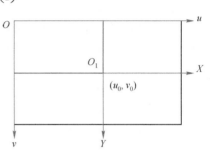

图 4-3　图像像素坐标系与图像物理坐标系

上述两坐标系之间的转换关系为

$$u = \frac{X}{\mathrm{d}x} + u_0$$

$$v = \frac{Y}{\mathrm{d}y} + v_0$$

(4-4)

将式（4-4）转换为矩阵齐次坐标形式为

$$\begin{pmatrix} u \\ v \\ 1 \end{pmatrix} = \begin{pmatrix} \dfrac{1}{\mathrm{d}x} & 0 & u_0 \\ 0 & \dfrac{1}{\mathrm{d}y} & v_0 \\ 0 & 0 & 1 \end{pmatrix} \begin{pmatrix} X \\ Y \\ 1 \end{pmatrix}$$

(4-5)

4. 图像像素坐标系与世界坐标系转换

根据各坐标系间的转换关系，即式（4-1）、式（4-3）、式（4-5）可以得到世界坐标系与图像像素坐标系的转换关系

$$z\begin{pmatrix} u \\ v \\ 1 \end{pmatrix} = \begin{pmatrix} \dfrac{1}{\mathrm{d}x} & 0 & u_0 \\ 0 & \dfrac{1}{\mathrm{d}y} & v_0 \\ 0 & 0 & 1 \end{pmatrix} \begin{pmatrix} f & 0 & 0 & 0 \\ 0 & f & 0 & 0 \\ 0 & 0 & 1 & 0 \end{pmatrix} \begin{pmatrix} \boldsymbol{R} & \boldsymbol{T} \\ 0^{\mathrm{T}} & 1 \end{pmatrix} \begin{pmatrix} X_w \\ Y_w \\ Z_w \\ 1 \end{pmatrix}$$

$$= \begin{pmatrix} a_x & 0 & u_0 & 0 \\ 0 & a_y & v_0 & 0 \\ 0 & 0 & 1 & 0 \end{pmatrix} \begin{pmatrix} \boldsymbol{R} & \boldsymbol{T} \\ 0^{\mathrm{T}} & 1 \end{pmatrix} \begin{pmatrix} X_w \\ Y_w \\ Z_w \\ 1 \end{pmatrix} = M_1 M_2 \begin{pmatrix} X_w \\ Y_w \\ Z_w \\ 1 \end{pmatrix} = M \begin{pmatrix} X_w \\ Y_w \\ Z_w \\ 1 \end{pmatrix} \tag{4-6}$$

式中，$a_x = f/\mathrm{d}x$，$a_y = f/\mathrm{d}y$；M 为 3×4 矩阵，被称为投影矩阵；M_1 由参数 a_x、a_y、u_0、v_0 决定，这些参数只与相机的内部结构有关，因此称为相机的内部参数（内参）；M_2 被称为相机的外部参数（外参），由相机相对于世界坐标系的位置决定。确定相机内参和外参的过程即为相机的标定。

以上述四个坐标系的对应关系为基础，下文将对相机的成像模型进行分析。常用的成像模型包括线性模型和非线性模型。

线性模型针对针孔模型或透镜模型，忽略了镜头畸变，用于视野较狭窄的相机标定。为准确地描述针孔透视成像过程，需要考虑非线性畸变，从而引入了相机的非线性模型与非线性标定。这类标定方法的优点是可以假设相机的光学成像模型非常复杂，充分考虑成像过程中的各种因素，能够得到比较高的标定精度。Faig 标定方法是这一类型的代表，其充分考虑了成像过程中的各种因素，精心设计了相机模型，然后寻找在某些约束条件下的最小值，进行非线性优化求解。求解非线性优化问题可选用 Levenberg-Marquart 等优化算法。

4.2 相机标定方法

4.2.1 Tsai 相机标定

直接线性变换方法或者透视变换矩阵方法利用线性方法来求取相机参数，其缺点是没有考虑镜头的非线性畸变。如果利用直接线性变换方法或透视变换矩阵方法求得相机参数，可以将求得的参数作为下一步的初始值，考虑畸变因素，利用最优化算法进一步提高标定精度，这样就形成了所谓的两步法。

两步法的第一步是解线性方程，得到部分外参的精确解。第二步再将其余外参与畸变修正系数进行迭代求解。较为典型的两步法是 Tsai 提出的基于径向约束的两步法。基于径向约束的相机标定方法标定过程快捷、准确，但是只考虑了径向畸变，没有考虑其他畸变。该方法所使用的大部分方程是线性方程，从而降低了参数求解的复杂性。

其标定过程是先忽略镜头的误差，利用中间变量将标定方程化为线性方程后求解出相机的外参，然后根据外参利用非线性优化的方法求取径向畸变系数 k、有效焦距 f 以及平移分量 t_z。

径向排列约束矢量 $\boldsymbol{L}_1$ 和矢量 $\boldsymbol{L}_2$ 具有相同的方向。由成像模型可知，径向畸变不改变 $\boldsymbol{L}_1$ 的方向。由式（4-1）可知

$$\begin{cases} x = r_{11}x_w + r_{12}y_w + r_{13}z_w + t_x \\ y = r_{21}x_w + r_{22}y_w + r_{23}z_w + t_y \\ z = r_{31}x_w + r_{32}y_w + r_{33}z_w + t_z \end{cases} \tag{4-7}$$

则

$$\frac{x}{y}=\frac{X_d}{Y_d}=\frac{r_{11}x_w+r_{12}y_w+r_{13}z_w+t_x}{r_{21}x_w+r_{22}y_w+r_{23}z_w+t_y} \tag{4-8}$$

整理可得

$$x_wY_dr_{11}+y_wY_dr_{12}+z_wY_dr_{13}+Y_dt_x-x_wX_dr_{21}-y_wX_dr_{22}-z_wX_dr_{23}=X_dt_y \tag{4-9}$$

上式两边同除以 t_y，得

$$x_wY_d\frac{r_{11}}{t_y}+y_wY_d\frac{r_{12}}{t_y}+z_wY_d\frac{r_{13}}{t_y}+Y_d\frac{t_x}{t_y}-x_wX_d\frac{r_{21}}{t_y}-y_wX_d\frac{r_{22}}{t_y}-z_wX_d\frac{r_{23}}{t_y}=X_d \tag{4-10}$$

再将式（4-10）变换为矢量形式

$$(x_wY_d \quad y_wY_d \quad z_wY_d \quad Y_d \quad -x_wX_d \quad -y_wX_d \quad -z_wX_d)\begin{pmatrix} r_{11}/t_y \\ r_{12}/t_y \\ r_{13}/t_y \\ t_x/t_y \\ r_{21}/t_y \\ r_{22}/t_y \\ r_{23}/t_y \end{pmatrix}=X_d \tag{4-11}$$

式中，行矢量 $(x_wY_d \quad y_wY_d \quad z_wY_d \quad Y_d \quad -x_wX_d \quad -y_wX_d \quad -z_wX_d)$ 是已知的，而列矢量 $(r_{11}/t_y \quad r_{12}/t_y \quad r_{13}/t_y \quad t_x/t_y \quad r_{21}/t_y \quad r_{22}/t_y \quad r_{23}/t_y)^{\mathrm{T}}$ 是待求参数。

对每一个物体点，已知其 x_w、y_w、X_d、Y_d，选取合适的 7 个点就可以解出列矢量中的 7 个分量。此外，式（4-11）可以简化为

$$(x_wY_d \quad y_wY_d \quad Y_d \quad -x_wX_d \quad -y_wX_d)\begin{pmatrix} r_{11}/t_y \\ r_{12}/t_y \\ t_x/t_y \\ r_{21}/t_y \\ r_{22}/t_y \end{pmatrix}=X_d \tag{4-12}$$

利用最小二乘法求解这个方程组、计算有效焦距 f、平移分量 t_z 和透镜畸变系数 k 时，先用线性最小二乘计算有效焦距 f 和平移向量 $\boldsymbol{T}$ 的 t_z 分量，然后利用有效焦距 f 和平移矢量 $\boldsymbol{T}$ 的 t_z 分量值作初始值，求解非线性方程组得到 f、t_z、k 的准确值。

利用式（4-12）以及旋转矩阵为正交阵的特点，可以确定旋转矩阵 $\boldsymbol{R}$ 和平移分量 t_x、t_y。

利用径向一致约束方法将外参分离出来，并用求解线性方程的方法求解外参。另外，可将世界坐标和相机坐标重合，这样，标定时就能只求内参，从而简化标定。

4.2.2　张正友标定

1998 年，张正友提出了基于二维平面靶标的标定方法，使用相机在不同角度下拍摄多幅平面靶标的图像，比如棋盘格的图像，然后通过对棋盘格的角点进行计算分析来求解相机的内外参数。

1. 对每一幅图像得到一个映射矩阵 H

一个二维点可以用 $\boldsymbol{m}=(u,v)^{\mathrm{T}}$ 表示，一个三维点可以用 $\boldsymbol{M}=(X,Y,Z)^{\mathrm{T}}$ 表示，用 $\tilde{\boldsymbol{x}}$ 表示

其增广矩阵，则 $\widetilde{m}=(u,v,1)^{\mathrm{T}}$ 以及 $\widetilde{M}=(X,Y,Z,1)^{\mathrm{T}}$。三维点与其投影图像点之间的关系为

$$s\,\widetilde{m}=A(R,t)\widetilde{M} \tag{4-13}$$

式中，s 是任意标准矢量；R、t 为外参；A 矩阵为相机内参，可表示为

$$A=\begin{pmatrix} \alpha & \gamma & u_0 \\ 0 & \beta & v_0 \\ 0 & 0 & 1 \end{pmatrix} \tag{4-14}$$

式中，(u_0,v_0) 是坐标系上的原点；α 和 β 是图像上 u 和 v 坐标轴的尺度因子；γ 表示图像坐标轴的垂直度。

不失一般性，假定模板平面在世界坐标系 $Z=0$ 的平面上，则由式（4-14）可得

$$s\begin{pmatrix} u \\ v \\ 1 \end{pmatrix}=A(r_1 \quad r_2 \quad r_3 \quad t)\begin{pmatrix} X \\ Y \\ 0 \\ 1 \end{pmatrix}=A(r_1 \quad r_2 \quad r_3)\begin{pmatrix} X \\ Y \\ 1 \end{pmatrix} \tag{4-15}$$

式中，$\widetilde{M}=(X,Y,1)$ 为标定模板平面上的齐次坐标，$\widetilde{m}=(u,v,1)^{\mathrm{T}}$ 为模板平面上的点投影到图像平面上对应点的齐次坐标。

此时，可以得到一个 3×3 的矩阵

$$H=(h_1 \quad h_2 \quad h_3)=\lambda A(r_1 \quad r_2 \quad t) \tag{4-16}$$

利用映射矩阵可得内参矩阵 A 的约束条件为

$$h_1^{\mathrm{T}}A^{-T}A^{-1}h_2=0 \tag{4-17}$$

2. 利用约束条件线性求解内参矩阵 A

假设存在

$$B=A^{-T}A^{-1}=\begin{pmatrix} B_{11} & B_{12} & B_{13} \\ B_{21} & B_{22} & B_{23} \\ B_{31} & B_{32} & B_{33} \end{pmatrix}=\begin{pmatrix} \dfrac{1}{\alpha^2} & -\dfrac{\gamma}{\alpha^2\beta} & \dfrac{v_0 r-u_0\beta}{\alpha^2\beta} \\ -\dfrac{\gamma}{\alpha^2\beta} & \dfrac{\gamma^2}{\alpha^2\beta}+\dfrac{1}{\beta^2} & -\dfrac{\gamma(v_0\gamma-u_0\beta)}{\alpha^2\beta}-\dfrac{v}{\beta^2} \\ \dfrac{v_0\gamma-u_0\beta}{\alpha^2\beta} & -\dfrac{\gamma(v_0\gamma-u_0\beta)}{\alpha^2\beta}-\dfrac{v_0}{\beta^2} & \dfrac{(v_0\gamma-u_0\beta)^2}{\alpha^2\beta}+\dfrac{v_0}{\beta^2}+1 \end{pmatrix}$$

$$\tag{4-18}$$

式中，B 是对称矩阵，可以表示为六维矢量 $b=(B_{11},B_{12},B_{13},B_{22},B_{23},B_{33})^{\mathrm{T}}$，基于绝对二次曲线原理求出 B 以后，再对 B 矩阵求逆，并从中导出内参矩阵 A；再由 A 和映射矩阵 H 计算外参旋转矩阵 R 和平移向量 t，公式为

$$\begin{cases} r_1=\lambda A^{-1}h_1 \\ r_2=\lambda A^{-1}h_2 \\ r_3=r_1 \cdot r_2 \\ t=\lambda A^{-1}h_3 \end{cases} \tag{4-19}$$

3. 最大似然估计

采用最大似然准则优化上述参数。假设图像有 n 幅，模板平面标定点有 m 个，则最大似然估计值就可以通过最小化以下公式得到：

$$\sum_{i=1}^{n} \sum_{j=1}^{m} \| m_{ij} - m(A,k_1,k_2,R_i,t_i,M_j) \|^2 \qquad (4\text{-}20)$$

式中，m_{ij} 为第 j 个点在第 i 幅图像中的像点；R_i 为第 i 幅图像的旋转矩阵；t_i 为第 i 幅图像的平移向量；M_j 为第 j 个点的空间坐标；初始估计值利用上面线性求解的结果，畸变系数 k_1、k_2 初始值为 0。

4.3　相机标定的 MATLAB 与 OpenCV 实现

4.3.1　MATLAB 棋盘格标定

（1）相机标定板制作

参照棋盘格布局在计算机上画出 10×7（25 mm×25 mm）的棋盘格，并用纸打印出来粘贴到板上，如图 4-4 所示。

图 4-4　制作棋盘格

（2）采集标定板图像

改变标定板相对相机的姿态和距离，拍摄不同状态下的标定图像 10～20 幅。本实验中以左右相机分别拍摄 12 幅为例。

（3）标定步骤

第一步：运行 calib_gui 标定程序，对左相机进行标定，选择"Standard"。

第二步：单击"Image names"，输入已经拍摄好（见图 4-5）的 12 幅图片的通配模式。

第三步：加载左相机所有标定图片后（见图 4-6），单击"Extract grid corners"，在图片上选择四个拐点，按照左上→右上→右下→左下的顺时针顺序选择，提取出角点（见图 4-7），重复 12 次。

第四步：单击"Calibration"，标定并查看标定结果，命令行会显示内参和畸变系数。

第五步：单击"Save"，在目录中保存标定的结果，如保存成 Calib_Results. mat。

第六步：单击"Comp. Extrinsic"计算外参。

图 4-5　采集图像

图 4-6　加载图像

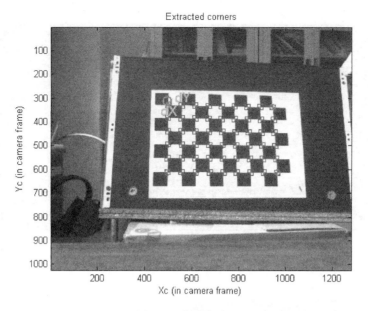

图 4-7　提取角点

4.3.2　OpenCV 棋盘格标定

OpenCV 提供了相机标定需要用到的函数接口，比如 cv::projectPoints（投影三维点到图像平面）、cv::findHomography（计算两个平面之间的透视变换）、cv::findFundamentalMat（从对应点计算基础矩阵）、cv::findChessboardCorners（计算棋盘格角点）。本节采用 OpenCV 3.1 提供的棋盘格标定程序实现相机标定。标定棋盘格为标定板厂家提供的高精度棋盘格，C++开发环境为 Visual Studio 2013。图 4-8 为检测的角点，图 4-9 为校正的图像，图 4-10 为标定的结果参数，图 4-11 为 MATLAB 验证的结果。

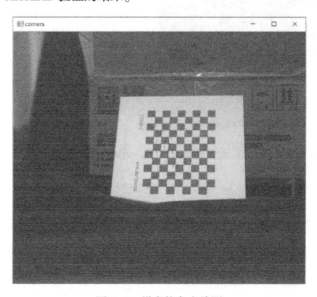

图 4-8　棋盘格角点检测

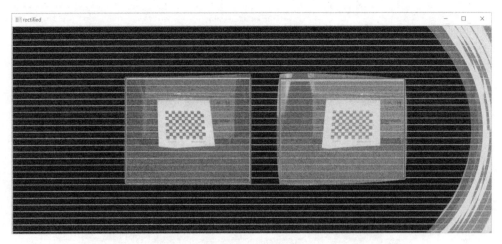

图4-9　校正图像

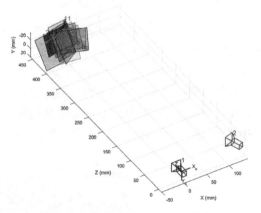

图4-10　标定的结果参数　　　　　　　　图4-11　标定结果 MATLAB 验证

OpenCV 3.1 双目标定程序如下。

/ * This is sample from theOpenCV book. The copyright notice is below * /

/ * *************** License：************************
Oct. 3, 2008
Right to use this code in any way you want without warranty, support or any guarantee of it working.

BOOK：It would be nice if you cited it：
LearningOpenCV：Computer Vision with the OpenCV Library
by GaryBradski and Adrian Kaehler
Published by O'Reilly Media, October 3, 2008

```
AVAILABLE AT:
http://www.amazon.com/Learning-OpenCV-Computer-Vision-Library/dp/0596516134
Or: http://oreilly.com/catalog/9780596516130/
ISBN-10: 0596516134 or: ISBN-13: 978-0596516130

OPENCV WEBSITES:
Homepage:         http://OpenCV.org
Online docs:      http://docs.OpenCV.org
Q&A forum:        http://answers.OpenCV.org
Issue tracker:    http://code.OpenCV.org
GitHub:           https://github.com/Itseez/OpenCV/
************************************************ */

#include "OpenCV2/calib3d/calib3d.hpp"
#include "OpenCV2/imgcodecs.hpp"
#include "OpenCV2/highgui/highgui.hpp"
#include "OpenCV2/imgproc/imgproc.hpp"

#include <vector>
#include <string>
#include <algorithm>
#include <iostream>
#include <iterator>
#include <stdio.h>
#include <stdlib.h>
#include <ctype.h>

using namespace cv;
using namespace std;

static int print_help()
{
        cout <<
                " Given a list of chessboard images, the number of corners (nx, ny)\n"
                " on the chessboards, and a flag: useCalibrated for \n"
                "    calibrated (0) or\n"
                "    uncalibrated \n"
                "        (1: use cvStereoCalibrate(), 2: compute fundamental\n"
                "            matrix separately) stereo. \n"
                " Calibrate the cameras and display the\n"
                " rectified results along with the computed disparity images.    \n" << endl;
        cout << "Usage:\n ./stereo_calib -w=<board_width default=9> -h=<board_height default=6
> <image list XML/YML file default=../data/stereo_calib.xml>\n" << endl;
        return 0;
}


static void
StereoCalib(const vector<string>& imagelist, Size boardSize, bool displayCorners = false, bool useCali-
brated = true, bool showRectified = true)
{
        if (imagelist.size() % 2 != 0)
```

```
        {
                cout << "Error: the image list contains odd (non-even) number of elements\n";
                return;
        }

        const int maxScale = 1;
        const float squareSize = 6.f;   // 实际所用棋盘格大小
        // 数组和向量存储:

        vector<vector<Point2f> > imagePoints[2];
        vector<vector<Point3f> > objectPoints;
        Size imageSize;

        int i, j, k, nimages = (int)imagelist. size() / 2;

        imagePoints[0]. resize(nimages);
        imagePoints[1]. resize(nimages);
        vector<string> goodImageList;

        for (i = j = 0; i < nimages; i++)
        {
                for (k = 0; k < 2; k++)
                {
                        const string& filename = imagelist[i * 2 + k];
                        Mat img = imread(filename, 0);
                        if (img. empty())
                                break;
                        if (imageSize == Size())
                                imageSize = img. size();
                        else if (img. size() != imageSize)
                        {
                                cout << "The image " << filename << " has the size different from the
first image size. Skipping the pair\n";
                                break;
                        }
                        bool found = false;
                        vector<Point2f>& corners = imagePoints[k][j];
                        //for( int scale = 1; scale <= maxScale; scale++ )
                        for (int scale = 1; scale <= maxScale; scale++)
                        {

                                Mat timg;
                                if (scale == 1)
                                        timg = img;
                                else
                                        resize(img, timg, Size(), scale, scale);
                                found = findChessboardCorners(timg, boardSize, corners,
                                        CALIB_CB_ADAPTIVE_THRESH | CALIB_CB_NORMALIZE_
IMAGE);

                                //found = findChessboardCorners(timg, boardSize, corners,
                                //CALIB_CB_FAST_CHECK | CALIB_CB_NORMALIZE_IMAGE);
                                if (found)
```

```
                        {
                                if ( scale > 1)
                                {
                                        Mat cornersMat( corners) ;
                                        cornersMat  *  =  1. / scale;
                                }
                                break;
                        }
                }
                if ( displayCorners)
                {
                        cout << filename << endl;
                        Mat cimg, cimg1;
                        cvtColor( img, cimg, COLOR_GRAY2BGR) ;
                        drawChessboardCorners( cimg, boardSize, corners, found) ;
                        double sf = 640. / MAX( img. rows, img. cols) ;
                        resize( cimg, cimg1, Size( ) , sf, sf) ;
                        imshow( "corners" , cimg1) ;
                        char c = ( char)waitKey( 500) ;
                        if ( c == 27 || c == 'q' || c == 'Q') //退出键
                                exit( -1) ;
                }
                else
                        putchar('. ') ;
                if ( !found)
                        break;
                cornerSubPix( img, corners, Size( 11, 11) , Size( -1, -1) ,
                        TermCriteria( TermCriteria: : COUNT + TermCriteria: : EPS,
                        30, 0. 01) ) ;
        }
        if ( k == 2)
        {
                goodImageList. push_back( imagelist[ i  *  2] ) ;
                goodImageList. push_back( imagelist[ i  *  2 + 1] ) ;
                j++;
        }
}
cout << j << " pairs have been successfully detected. \n" ;
nimages = j;
if ( nimages < 2)
{
        cout << "Error: too little pairs to run the calibration\n" ;
        return;
}

imagePoints[ 0] . resize( nimages) ;
imagePoints[ 1] . resize( nimages) ;
objectPoints. resize( nimages) ;

for ( i = 0; i < nimages; i++)
{
        for ( j = 0; j < boardSize. height; j++)
```

```
                for ( k = 0; k < boardSize. width; k++)
                        objectPoints[ i ]. push_back( Point3f( k * squareSize, j * squareSize, 0) ) ;
        }

        cout << "Running stereo calibration ... \n" ;

        Mat cameraMatrix[ 2 ], distCoeffs[ 2 ] ;
        cameraMatrix[ 0 ] = initCameraMatrix2D( objectPoints, imagePoints[ 0 ], imageSize, 0) ;
        cameraMatrix[ 1 ] = initCameraMatrix2D( objectPoints, imagePoints[ 1 ], imageSize, 0) ;
        Mat R, T, E, F;

        double rms = stereoCalibrate( objectPoints, imagePoints[ 0 ], imagePoints[ 1 ],
                cameraMatrix[ 0 ], distCoeffs[ 0 ],
                cameraMatrix[ 1 ], distCoeffs[ 1 ],
                imageSize, R, T, E, F,
                CALIB_FIX_ASPECT_RATIO +
                CALIB_ZERO_TANGENT_DIST +
                CALIB_USE_INTRINSIC_GUESS +
                CALIB_SAME_FOCAL_LENGTH +
                CALIB_RATIONAL_MODEL +
                CALIB_FIX_K3 + CALIB_FIX_K4 + CALIB_FIX_K5,
                TermCriteria( TermCriteria∶∶COUNT + TermCriteria∶∶EPS, 100, 1e-5) ) ;
        cout << "done with RMS error=" << rms << endl;

        // 标定质量检查
        // 由于基本矩阵包含所有输出信息,
        // 所以通过极线约束 m2^t * F * m1 = 0 来评价标定结果
        double err = 0;
        int npoints = 0;
        vector<Vec3f> lines[ 2 ] ;
        for ( i = 0; i < nimages; i++)
        {
                int npt = ( int) imagePoints[ 0 ][ i ]. size( ) ;
                Mat imgpt[ 2 ] ;
                for ( k = 0; k < 2; k++)
                {
                        imgpt[ k ] = Mat( imagePoints[ k ][ i ] ) ;
                        undistortPoints( imgpt[ k ], imgpt[ k ], cameraMatrix[ k ], distCoeffs[ k ], Mat( ),
cameraMatrix[ k ] ) ;
                        computeCorrespondEpilines( imgpt[ k ], k + 1, F, lines[ k ] ) ;
                }
                for ( j = 0; j < npt; j++)
                {
                        double errij = fabs( imagePoints[ 0 ][ i ][ j ]. x * lines[ 1 ][ j ][ 0 ] +
                                imagePoints[ 0 ][ i ][ j ]. y * lines[ 1 ][ j ][ 1 ] + lines[ 1 ][ j ][ 2 ] ) +
                                fabs( imagePoints[ 1 ][ i ][ j ]. x * lines[ 0 ][ j ][ 0 ] +
                                imagePoints[ 1 ][ i ][ j ]. y * lines[ 0 ][ j ][ 1 ] + lines[ 0 ][ j ][ 2 ] ) ;
                        err += errij;
                }
                npoints += npt;
        }
        cout << "average epipolar err = " << err / npoints << endl;
```

```cpp
// 保存本征参数
FileStorage fs("./data3/intrinsics.yml", FileStorage::WRITE);
if (fs.isOpened())
{
        fs << "M1" << cameraMatrix[0] << "D1" << distCoeffs[0] <<
                "M2" << cameraMatrix[1] << "D2" << distCoeffs[1];
        fs.release();
}
else
        cout << "Error: can not save the intrinsic parameters\n";

Mat R1, R2, P1, P2, Q;
Rect validRoi[2];

stereoRectify(cameraMatrix[0], distCoeffs[0],
        cameraMatrix[1], distCoeffs[1],
        imageSize, R, T, R1, R2, P1, P2, Q,
        CALIB_ZERO_DISPARITY, 1, imageSize, &validRoi[0], &validRoi[1]);

fs.open("./data3/extrinsics.yml", FileStorage::WRITE);
if (fs.isOpened())
{
        fs << "R" << R << "T" << T << "R1" << R1 << "R2" << R2 << "P1" << P1 << "
P2" << P2 << "Q" << Q;
        fs.release();
}
else
        cout << "Error: can not save the extrinsic parameters\n";

// OpenCV 能处理左右或上下形式的相机组
bool isVerticalStereo = fabs(P2.at<double>(1, 3)) > fabs(P2.at<double>(0, 3));

// 计算和显示校正图像
if (!showRectified)
        return;

Mat rmap[2][2];
// BOUGUET 校正方法
if (useCalibrated)
{
        // 已经计算
}
// HARTLEY 方法
else
        // 利用每个相机的内参直接从基本矩阵计算校正变换结果
{
        vector<Point2f> allimgpt[2];
        for (k = 0; k < 2; k++)
        {
                for (i = 0; i < nimages; i++)
                        std::copy(imagePoints[k][i].begin(), imagePoints[k][i].end(),
back_inserter(allimgpt[k]));
```

```
                    }
                    F = findFundamentalMat(Mat(allimgpt[0]), Mat(allimgpt[1]), FM_8POINT, 0, 0);
                    Mat H1, H2;
                    stereoRectifyUncalibrated(Mat(allimgpt[0]), Mat(allimgpt[1]), F, imageSize, H1,
H2, 3);

                    R1 = cameraMatrix[0].inv() * H1 * cameraMatrix[0];
                    R2 = cameraMatrix[1].inv() * H2 * cameraMatrix[1];
                    P1 = cameraMatrix[0];
                    P2 = cameraMatrix[1];
            }

        //预计算 cv::remap()
        initUndistortRectifyMap(cameraMatrix[0], distCoeffs[0], R1, P1, imageSize, CV_16SC2,
rmap[0][0], rmap[0][1]);
        initUndistortRectifyMap(cameraMatrix[1], distCoeffs[1], R2, P2, imageSize, CV_16SC2,
rmap[1][0], rmap[1][1]);

        Mat canvas;
        double sf;
        int w, h;
        if (!isVerticalStereo)
        {
                sf = 600. / MAX(imageSize.width, imageSize.height);
                w = cvRound(imageSize.width * sf);
                h = cvRound(imageSize.height * sf);
                canvas.create(h, w * 2, CV_8UC3);
        }
        else
        {
                sf = 300. / MAX(imageSize.width, imageSize.height);
                w = cvRound(imageSize.width * sf);
                h = cvRound(imageSize.height * sf);
                canvas.create(h * 2, w, CV_8UC3);
        }

        for (i = 0; i < nimages; i++)
        {
                for (k = 0; k < 2; k++)
                {
                        Mat img = imread(goodImageList[i * 2 + k], 0), rimg, cimg;
                        remap(img, rimg, rmap[k][0], rmap[k][1], INTER_LINEAR);
                        cvtColor(rimg, cimg, COLOR_GRAY2BGR);
                        Mat canvasPart = !isVerticalStereo ? canvas(Rect(w * k, 0, w, h)) : canvas
(Rect(0, h * k, w, h));
                        resize(cimg, canvasPart, canvasPart.size(), 0, 0, INTER_AREA);
                        if (useCalibrated)
                        {
                                Rect vroi(cvRound(validRoi[k].x * sf), cvRound(validRoi[k].y * sf),
                                        cvRound(validRoi[k].width * sf), cvRound(validRoi[k].height
* sf));
```

```cpp
                        rectangle(canvasPart, vroi, Scalar(0, 0, 255), 3, 8);
                }
        }

        if ( !isVerticalStereo)
        for (j = 0; j < canvas.rows; j += 16)
                line(canvas, Point(0, j), Point(canvas.cols, j), Scalar(0, 255, 0), 1, 8);
        else
        for (j = 0; j < canvas.cols; j += 16)
                line(canvas, Point(j, 0), Point(j, canvas.rows), Scalar(0, 255, 0), 1, 8);
        imshow("rectified", canvas);
        char c = (char)waitKey();
        if (c == 27 || c == 'q' || c == 'Q')
                break;
    }
}


static bool readStringList(const string& filename, vector<string>& l)
{
        l.resize(0);
        FileStorage fs(filename, FileStorage::READ);
        if ( !fs.isOpened())
                return false;
        FileNode n = fs.getFirstTopLevelNode();
        if (n.type() != FileNode::SEQ)
                return false;
        FileNodeIterator it = n.begin(), it_end = n.end();
        for ( ; it != it_end; ++it)
                l.push_back((string) * it);
        return true;
}


int main(int argc, char ** argv)
{
        Size boardSize;
        string imagelistfn;
        bool showRectified;
        cv::CommandLineParser parser(argc, argv, "{w|11|}{h|8|}{nr||}{help||}{@input|./da-
ta3/stereo_calib.xml|}");
        if (parser.has("help"))
                return print_help();
        showRectified = ! parser.has("nr");
        imagelistfn = parser.get<string>("@input");
        boardSize.width = parser.get<int>("w");
        boardSize.height = parser.get<int>("h");
        if ( !parser.check())
        {
                parser.printErrors();
```

```
                return 1;
        }
        vector<string> imagelist;
        bool ok = readStringList(imagelistfn, imagelist);
        if (!ok || imagelist.empty())
        {
                cout << "can not open " << imagelistfn << " or the string list is empty" << endl;
                return print_help();
        }

        StereoCalib(imagelist, boardSize, true, true, showRectified);
        return 0;
}
```

4.4　圆形板标定方法

4.4.1　单相机标定

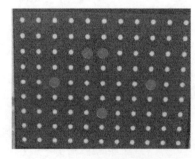

图 4-12　标定用模板

本节采用的标定板由 11×9 个圆形平面图样组成，如图 4-12 所示。对标定板图样进行采集，如图 4-13 所示，获得 5 张不同姿态的标定板图像，然后取出每个圆圈上的点，计算其中心位置，最后对得到的中心点进行排序。将这些提取出的中心点作为参考点，利用张正友标定法进行标定，计算出旋转矩阵 R 和平移向量 T。

图 4-13　从 5 个不同方位采集到的标定图像

由于相机外参数对应于不同的标定模板在相机坐标系中的位置的描述，因此这 5 幅标定模板都存在着各自的旋转矩阵 R 和平移向量 T，相机外参数的 5 次实验数据见表 4-1。

表 4-1　相机外参数的 5 次实验数据

次　数	旋转矩阵 R	平移向量 T
1	$\begin{pmatrix} 0.0189 & 0.9979 & -0.06 \\ 0.9798 & -0.0291 & -0.1881 \\ -0.1792 & -0.0521 & -0.9794 \end{pmatrix}$	$\begin{pmatrix} -63.5577 \\ -59.3456 \\ 52.4769 \end{pmatrix}$
2	$\begin{pmatrix} 0.0198 & 0.9735 & -0.0547 \\ 0.9768 & -0.0301 & -0.1934 \\ -0.1879 & -0.0387 & -0.9738 \end{pmatrix}$	$\begin{pmatrix} -69.1435 \\ -44.5478 \\ 513.4564 \end{pmatrix}$

次 数	旋转矩阵 R	平移向量 T
3	$\begin{pmatrix} 0.0265 & 0.9964 & 0.0479 \\ 0.9763 & -0.0147 & -0.1679 \\ -0.167 & 0.0478 & -0.9765 \end{pmatrix}$	$\begin{pmatrix} -91.1251 \\ -41.1564 \\ 516.1475 \end{pmatrix}$
4	$\begin{pmatrix} 0.0324 & 0.9765 & 0.0497 \\ 0.9765 & -0.0248 & -0.1796 \\ 0.9476 & 0.05344 & -0.9765 \end{pmatrix}$	$\begin{pmatrix} -84.4754 \\ -61.1567 \\ 519.1471 \end{pmatrix}$
5	$\begin{pmatrix} 0.0243 & 0.9786 & 0.0347 \\ 0.9762 & -0.0089 & -0.2489 \\ -0.2347 & 0.0468 & -0.9871 \end{pmatrix}$	$\begin{pmatrix} -76.1464 \\ -45.1234 \\ 534.1795 \end{pmatrix}$

通过对相机外参数进行的 5 次标定实验，可获得左右相机的标定参数，计算两个相机之间的空间坐标关系，即一个相机相对于另外一个相机的旋转矩阵 R 和平移向量 T，因而得到理想的标定精度，这种方法可应用于实际检测系统中双目视觉传感器的现场标定。另外，此标定方法对靶标姿态并没有严格的要求，简化了标定过程，降低了标定强度和对标定环境的要求。

然而，标定实验中难免会产生一些误差，包括角点提取产生的误差和系统本身造成的误差。其中，在进行角点提取时，要求模板的平面要绝对平整，但在实际实验过程中很难保证这一点，这会导致镜头拍摄的图像有一些轻微偏差，将其引入计算过程会造成计算误差。另外，采用基于张正友标定的相机标定优化算法与实验室具体的标定系统结合时，会导致系统的误差。

4.4.2 立体相机标定

本节采用两个分辨率均为 1280×1024 的高速相机对圆形标定板进行 5 次不同角度的拍摄，拍摄期间保证图像每次都落在两个相机的图像平面内，其拍摄的图像如图 4-14 所示。

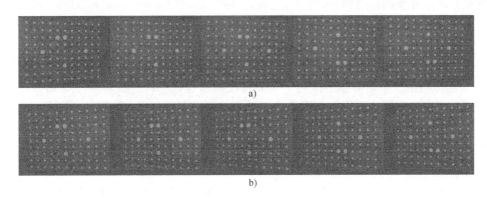

a)

b)

图 4-14　圆形标定板不同角度的图像示例

a）一号相机从 5 个方向获得的圆形标定板图像　b）二号相机从 5 个方向获得的圆形标定板图像

为了探索出一种合适的边缘提取方法，对获得的图像分别进行了四种边缘提取方法的实验。以一号相机、第一幅图像为例，对 Prewitt 算子、Sobel 算子和 Roberts 算子设置相同的阈值，对 Canny 算子也设置合适的阈值后，四种边缘提取方法的实验结果如图 4-15 所示。

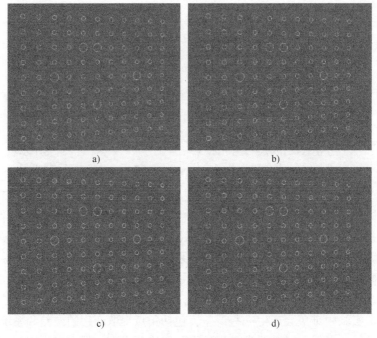

a)   b)

c)   d)

图 4-15   四种边缘提取方法的实验结果

a) Prewitt 算子   b) Sobel 算子   c) Roberts 算子   d) Canny 算子

从图 4-15 中可以看到，四种算子在边缘提取的结果上并无太大差异，但是 Canny 算子自身是根据双阈值来对图像边缘进行提取的，其首先根据强阈值进行边缘点初定位，然后使用弱阈值按照初定位边缘点进行逐个像素点跟踪，所以能将一个连续的边缘完整地提取出来。它对噪声、光照等影响因素具有较好的抗干扰能力，因此，为了使本节内容在多种环境下均具有较好的适用性，笔者选用了 Canny 算子对圆形标定板进行边缘提取。经过多次实验，设置 Canny 算子的高阈值 canny_high_th 为 0.3，低阈值 canny_low_th 为 0.6 时，既可完整地保留图像边缘，又可有效滤除噪声等干扰信息。图 4-14 的边缘提取结果如图 4-16 所示。

对获得的边缘图像进行椭圆拟合，而后得到 99 个圆的圆心坐标。为了确保每幅图像的 99 个圆心坐标均按照一定的顺序排列，本节将在拍摄过程中经过旋转和平移对获得的图像进行逆操作，逆操作的依据为每个图像坐标系的旋转和平移参数，依照这些参数将每幅图像都矫正为设定的角度，而后再对圆心坐标进行排序，排序以 5 个大的方位圆为依据。由于圆心个数较多，此处不再罗列圆心的具体坐标值。两个相机获得的标定图像排序结果如图 4-17 所示。

两个相机的内参数 $(\alpha, \beta, \gamma, u_0, v_0)$ 分别为 (3000，3000，0，640，512) 和 (3000，3000，1，640，512)。

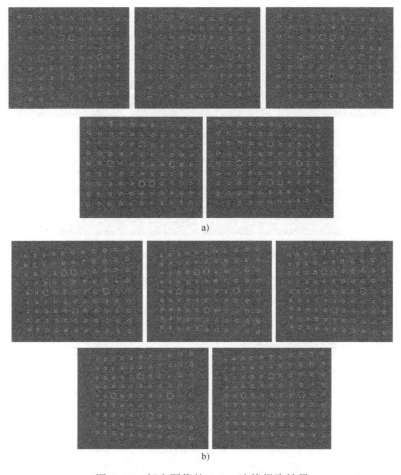

图 4-16　标定图像的 Canny 边缘提取结果

a）一号相机获得图像的 Canny 边缘提取结果　b）二号相机获得图像的 Canny 边缘提取结果

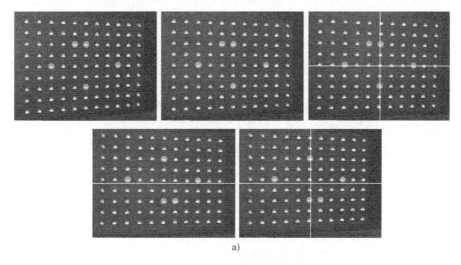

图 4-17　标定图像的排序结果

a）一号相机获得图像的排序结果

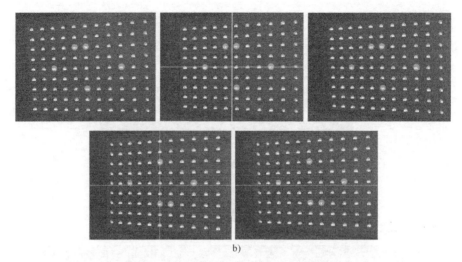

b)

图 4-17 标定图像的排序结果（续）

b）二号相机获得图像的排序结果

4.5 单相机与光源系统标定

4.5.1 背景

三维重建方法已广泛应用于工业检测、逆向工程、人体扫描、文物保护、服装鞋帽等多个领域，对自由曲面的检测具有速度快、精度高的优势。在主动三维测量技术中，结构光三维测量技术发展最为迅速，尤其是相位测量轮廓术（Phase Measuring Profilometry，PMP）。PMP 也被称为相移测量轮廓术（Phase Shifting Profilometry，PSP），是目前三维测量产品中常用的测量方法。相位测量方法是向被测物体上投射固定周期的按照三角函数（正弦或者余弦）规律变化的光亮度图像，此图像经过大于 3 步的均匀相移（最好为 4~6 步），向物体投射 4~6 次光亮度图像，最终完成一个周期的相位移动。物体上面的每个点，经过相移图像的投射后，在图像中会分别获得几个不同的亮度值。该值经过解相运算会获得唯一的相位值。如果能够获得相机及投影光源的几何位置信息，就可以利用所获得的相位值及相关的几何位置信息获得被测场景的三维坐标信息。相机及投影光源标定系统的任务就是获取相机以及投影光源相关几何参数的方法。通过已有标定方法除了获得相机以及投影光源的内参数（主要包括焦距、相面中心、畸变参数等）和外参数（主要包括旋转矩阵和平移矩阵）外，还必须标定出一些其他的参数信息。

1）投影光源与相机之间的距离 D。

2）相机与参考平面的距离 L。

3）投影光源投射的正弦或者余弦信号波的频率 f_0。

4）图像在 X 轴方向相邻像素点的距离值 R_x。

5）图像在 Y 轴方向相邻像素点的距离值 R_y。

清华大学机械工程系先进成形制造教育部重点实验室韦争亮等给出了一种单相机单投影

仪三维测量系统标定技术，该方法依靠具有黑底白色圆点图案的单平面标定块，采用 Tsai 两步法及非线性优化完成相机标定。他们通过双方向解相实现标志点在投影平面上的反向成像，把投影仪作为虚拟相机采用同样的方法进行标定。Tsai 两步法建立在空间坐标点为非共面坐标点的基础之上，因此该方法必须构造空间非共面的坐标信息点，仅仅依靠一幅平面标记点信息无法精确完成参数标定工作。该方法采用基于伪随机彩色条纹序列展开的时空域编码和 3 步相移法来进行投影光源的解相，在解相过程中，相移的步数越多，解相精度越高。3 步相移法的解相精度远远低于 6 步相移法的解相精度，因此，用低精度的相位信息进行投影光源的标定势必会影响投影光源的标定精度。该方法没有给出 D、L、f_0、R_x 和 R_y 的标定方法。

华中科技大学李中伟博士在博士论文《基于数字光栅投影的结构光三维测量技术与系统研究》中也给出一种相机和投影光源的标定方法，该方法首先对相机的参数进行标定，然后再通过投影光源投射 4 步相移的外差多频图像，以获得投影光源的相关标定参数。采用 4 步相移进行相位解相时的精度，也不如 6 步相移的解相精度高，因此无法保证投影光源的标定精度。该方法没有实现相机和投影光源信息的同步标定，对后续其他参数的运算带来一定的困难，也没有给出 D、L、f_0、R_x 和 R_y 的标定方法。

张松博士以及意大利 E. Zappa 博士等多位学者也曾经对相机以及投影光源的标定进行过相关的研究，但是目前所有的标定方法中都只介绍了如何获得相机以及投影机的内部参数和外部参数信息，并没有给出如何获得在三维重建系统中所需的五个重要参数的标定方法。

为了更好地提高三维重建系统的精度，本节给出了一种相机和投影光源同步标定方法，在获得相机以及投影光源内部和外部参数的同时，可以获得三维重建中五个最重要的参数 D、L、f_0、R_x 和 R_y。

4.5.2 原理与方法

本节所提供的相机与投影光源的标定方式是建立在相移光栅原理基础之上的，相移光栅的原理是向被测物体投射周期变化的正弦或者余弦函数波，经过 3 步以上（最好是 4~8 步）的相移，通过采集到的相移光栅信息，解算出该点所对应的相位信息。从光源投射的正弦波形的变化规律为

$$I(x) = \sin\left(2\pi \times \left(\frac{j}{PW} + \frac{i}{N}\right)\right) \tag{4-21}$$

式中，$I(x)$ 为投射光强度；j 为周期因子，其值为 0~PW；PW 为正弦或者余弦波的周期长度；i 为步长因子，其值为 0~N；N 为相移的步数。

设相位值 $\theta = \frac{2\pi \times j}{PW}$，相移量 $\delta = \frac{2\pi \times i}{N}$，则式（4-21）可以表示为

$$I(x) = \sin(\theta + \delta) \tag{4-22}$$

在实际测量中，由于背景光的影响，实际采集到的光亮度为

$$I_r(x) = a + b\sin(\theta + \delta) \tag{4-23}$$

式中，a 为背景光亮度；b 为亮度调制参数。

相移光栅的步数对解相精度有较大的影响，通常来讲，相移步数越多，解相精度越高，也就是说，3 步相移的解相精度最低。但是相移步数增加，会增加光源投射时间、相机采集时间和运算时间，因此 6 步相移是目前既节约投射和计算时间，又具有较高解相精度的相移方式。

假设在 6 步相移过程中，对于图像中的某一点 (x,y)，相机采集到的光亮度分别为 $I_{r1}(x,y)$、$I_{r2}(x,y)$、$I_{r3}(x,y)$、$I_{r4}(x,y)$、$I_{r5}(x,y)$、$I_{r6}(x,y)$，那么该点的实际相位为

$$\theta_r(x,y) = \tan^{-1}\left[\frac{\sum_{i=1}^{6} I_{ri}(x,y) \times \cos\left(\frac{2\pi \times 5}{6}\right)}{\sum_{i=1}^{6} I_{ri}(x,y) \times \sin\left(\frac{2\pi \times 5}{6}\right)} \right] \qquad (4\text{-}24)$$

在同步标定过程中，首先需要将相机与投影光源的位置固定，并确保在标定结束后、三维测量时，此位置不会被改变。将事先加工好的标定靶标放置在与被测物体相近的位置，使标定靶标能够被相机拍摄完全，且投影光源能够投射的光信号能够覆盖标定靶标所在的位置。调整好相机以及投影光源的焦距，使之处于最佳状态。本节所选用的标定靶标含有 99 个圆形，9 行 11 列，中间的几个大圆用来进行靶标的方向确认。将标定靶标放置于被测场景之内，投影光源向被测靶标投射一系列光信息，通过相机采集被测场景的一系列图像。其中，投影光源投射的图案必须是可以在全场范围内能进行正确解码的相移图案，如外差多频图案、多频率光栅图案、格雷码（Gray Code）加相移光栅图案等。由于格雷码编码方式简单又快速，因此本节选用格雷码加相移光栅的投影方式。图 4-18 为投影光源没有投射相移光栅时相机采集到的图像与圆心提取结果；图 4-19 为投影光源投射纵向的格雷码和 6 步相移光栅时的一系列图像；图 4-20 为投影光源投射横向的格雷码和 6 步相移光栅时的一系列图像。

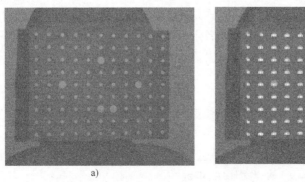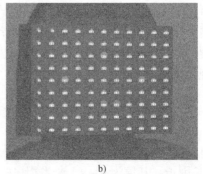

a)　　　　　　　　　　　　　　　　b)

图 4-18　未投影相移光栅时的标定图（左）与处理结果（右）

经过圆心提取得到的圆心排列信息如图 4-18b 所示，每个圆的圆心坐标记为 (x_{ci}, y_{ci})，$(i=0,1,2,\cdots,98)$。

通过格雷码解码和相移光栅解码方法，图 4-19 的一系列图像可以获得每个圆心 (x_{ci}, y_{ci}) 所对应的纵向相位信息 $\theta_{r\text{-}V}(x_{ci}, y_{ci})$，图 4-20 的一系列图像可以获得每个圆心 (x_{ci}, y_{ci}) 所

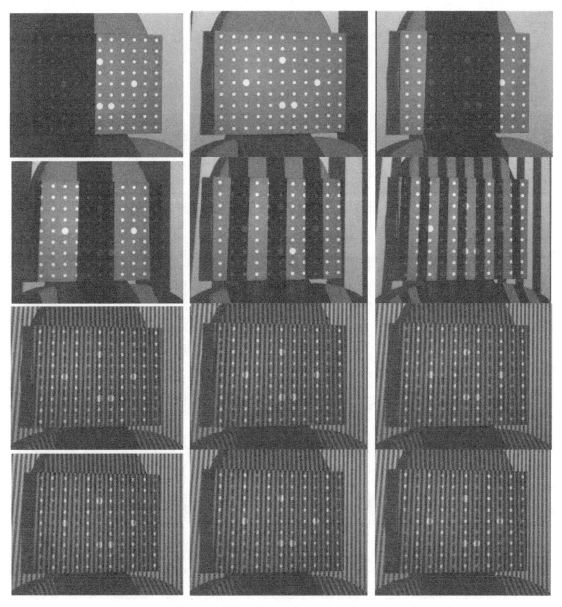

图 4-19　投影光源投射纵向格雷码和 6 步相移光栅时的一系列图像

对应的横向相位信息 $\theta_{r-H}(x_{ci}, y_{ci})$。

假设投射光源的分辨率为 $L_R \times L_C$，纵向格雷码的编码值最大为 N_v，则图像中每个点的相位值所对应的投影机横向坐标为

$$x_{pi} = \frac{\theta_{r-V}(x_{ci}, y_{ci}) \times L_R}{2\pi N_v} \qquad (4-25)$$

假设横向格雷码的编码值大为 N_h，则图像中每个点的相位值所对应的投影机纵向坐标为

$$y_{pi} = \frac{\theta_{r-H}(x_{ci}, y_{ci}) \times L_C}{2\pi N_h} \qquad (4-26)$$

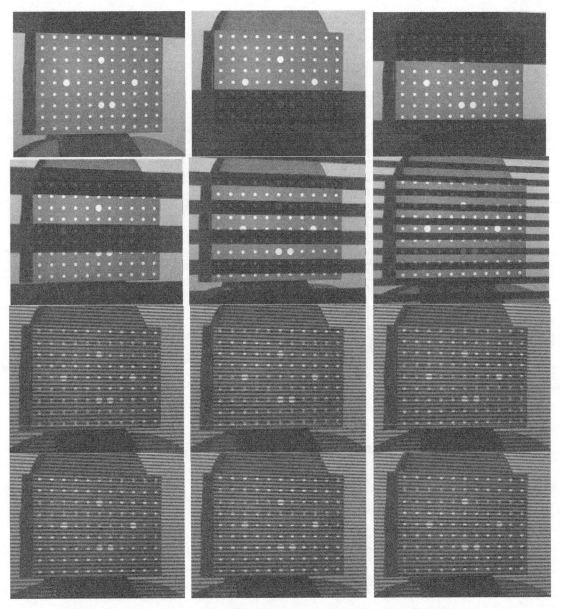

图 4-20　为投影光源投射横向格雷码和 6 步相移光栅时的一系列图像

相机坐标系中的点 (x_c, y_c, z_c) 与世界坐标系（物空间坐标系）中的每个点 (x_w, y_w, z_w) 存在如下关系：

$$\begin{pmatrix} x_c \\ y_c \\ z_c \end{pmatrix} = \boldsymbol{R}_c \cdot \begin{pmatrix} x_w \\ y_w \\ z_w \end{pmatrix} + \boldsymbol{T}_c \tag{4-27}$$

$\begin{pmatrix} x_c \\ y_c \\ z_c \end{pmatrix}$ 矩阵由相机采集到的 99 个圆在图像坐标系中的圆心构成，即

$$\begin{pmatrix} \boldsymbol{x}_c \\ \boldsymbol{y}_c \\ \boldsymbol{z}_c \end{pmatrix} = \begin{pmatrix} x_{c0} & x_{c1} & \cdots & x_{ci} & \cdots & x_{cn} \\ y_{c0} & y_{c1} & \cdots & y_{ci} & \cdots & y_{cn} \\ 1 & 1 & \cdots & 1 & \cdots & 1 \end{pmatrix}, \quad n = 98 \tag{4-28}$$

$\begin{pmatrix} \boldsymbol{x}_w \\ \boldsymbol{y}_w \\ \boldsymbol{z}_w \end{pmatrix}$ 矩阵由世界坐标系的 99 个圆心的世界坐标组成，即

$$\begin{pmatrix} \boldsymbol{x}_w \\ \boldsymbol{y}_w \\ \boldsymbol{z}_w \end{pmatrix} = \begin{pmatrix} x_{w0} & x_{w1} & \cdots & x_{wi} & \cdots & x_{wn} \\ y_{w0} & y_{w1} & \cdots & y_{wi} & \cdots & y_{wn} \\ z_{w0} & z_{w1} & \cdots & z_{wi} & \cdots & z_{wn} \end{pmatrix}, \quad n = 98 \tag{4-29}$$

旋转矩阵 $\boldsymbol{R}_c$ 和平移矩阵 $\boldsymbol{T}_c$ 分别为

$$\boldsymbol{R}_c = \begin{pmatrix} r_{c1} & r_{c2} & r_{c3} \\ r_{c4} & r_{c5} & r_{c6} \\ r_{c7} & r_{c8} & r_{c9} \end{pmatrix} \quad \boldsymbol{T}_c = \begin{pmatrix} t_{cx} \\ t_{cy} \\ t_{cz} \end{pmatrix} \tag{4-30}$$

投影光源坐标系中的 (x_p, y_p, z_p) 与世界坐标系中的点 (x_w, y_w, z_w) 存在如下关系：

$$\begin{pmatrix} x_p \\ y_p \\ z_p \end{pmatrix} = \boldsymbol{R}_p \cdot \begin{pmatrix} x_w \\ y_w \\ z_w \end{pmatrix} + \boldsymbol{T}_p \tag{4-31}$$

$\begin{pmatrix} \boldsymbol{x}_p \\ \boldsymbol{y}_p \\ \boldsymbol{z}_p \end{pmatrix}$ 矩阵由投影光源投射到 99 个圆心处的相位值反算出来的横向坐标值 x_{pi} 和纵向坐标值 y_{pi} 构成，即

$$\begin{pmatrix} \boldsymbol{x}_p \\ \boldsymbol{y}_p \\ \boldsymbol{z}_p \end{pmatrix} = \begin{pmatrix} x_{p0} & x_{p1} & \cdots & x_{pi} & \cdots & x_{pn} \\ y_{p0} & y_{p1} & \cdots & y_{pi} & \cdots & y_{pn} \\ 1 & 1 & \cdots & 1 & \cdots & 1 \end{pmatrix}, \quad n = 98 \tag{4-32}$$

由于相机和投影光源是同时被标定的，所以在投影光源坐标系中，物空间的坐标值与相机坐标系中的值是相同的。旋转矩阵 $\boldsymbol{R}_p$ 和平移矩阵 $\boldsymbol{T}_p$ 分别为

$$\boldsymbol{R}_p = \begin{pmatrix} r_{p1} & r_{p2} & r_{p3} \\ r_{p4} & r_{p5} & r_{p6} \\ r_{p7} & r_{p8} & r_{p9} \end{pmatrix} \quad \boldsymbol{T}_p = \begin{pmatrix} t_{px} \\ t_{py} \\ t_{pz} \end{pmatrix} \tag{4-33}$$

利用张正友提出的相机标定方法，可以根据标定靶标在不同位置已经解算出来的相机坐标系中的坐标、投影光源坐标系中的坐标以及物空间中的坐标，同时进行相机和投影光源的标定。张正友标定方法可以获得相机的焦距、像面中心、畸变参数以及旋转矩阵和平移向量

等信息。在基于单个相机和单个投影光源的三维重建模式中，无需考虑相机的焦距、像面中心等参数。在实际测量时，需要标定的参数有：投影光源与相机之间的距离 D、相机与参考平面的距离 L、投影光源投射的正弦或者余弦信号波的频率 f_0、图像在 X 轴方向相邻像素点的距离值 R_x、图像在 Y 轴方向相邻像素点的距离值 R_y。

关于投影光源与相机之间距离 D 的标定，由于相机和投影光源是同时标定的，所以可以根据相机标定参数和投影光源的标定参数进行计算，令 $\begin{pmatrix} x_w \\ y_w \\ z_w \end{pmatrix} = \begin{pmatrix} 0 \\ 0 \\ 0 \end{pmatrix}$，则 $\begin{pmatrix} x_c \\ y_c \\ z_c \end{pmatrix} = \begin{pmatrix} t_{cx} \\ t_{cy} \\ t_{cz} \end{pmatrix}$，

$\begin{pmatrix} x_p \\ y_p \\ z_p \end{pmatrix} = \begin{pmatrix} t_{px} \\ t_{py} \\ t_{pz} \end{pmatrix}$，那么距离 D 可由下式确定：

$$D = \sqrt{(t_{cx} - t_{px})^2 + (t_{cy} - t_{py})^2 + (t_{cz} - t_{pz})^2} \tag{4-34}$$

关于相机与参考平面的距离 L 的标定，本节将标定靶标的最后一个位置作为参考平面的位置，即在标定靶标的最后一个位置，当相机采集完毕没有相移光栅以及含有所有相移光栅的图像之后，将加工好的参考平面放置于标定靶标平面之上，然后通过相机采集参考平面的相移图像。假设参考平面的厚度为 D_R，由于最后一个标定位置的平移向量中 t_{cz} 为相机坐标系到标定靶标之间的直线距离，因此相机与参考平面的距离 L 可由下式确定：

$$L = t_{cx} - D_R \tag{4-35}$$

关于投影光源投射的正弦或者余弦信号波的频率 f_0 的标定，可通过靶标上面横向距离最远的两个圆心的距离等参数进行标定。以本节对标定靶标所进行的编号为例，从图 4-18b 可以看出，0 号与 90 号、1 号与 91 号、2 号与 92 号……8 号与 98 号均为横向距离最远的圆心点，并且这些横向距离最远点的距离值相同，记为 D_{big-H}。为了求得一个更加准确的 f_0，本节以 8 组距离最大的圆心点所求得的 f_0 值的平均值为标定后的值，即

$$f_0 = \cfrac{1}{\sum\limits_{i=0}^{8} \cfrac{D_{big-H}}{9 \times \sqrt{(x_{pi} - x_{p(i+90)})^2 + (y_{pi} - y_{p(i+90)})^2}} \times PW} \tag{4-36}$$

式中，PW 为正弦或者余弦波的周期长度。

关于图像在 X 轴方向相邻像素点的距离值 R_x 的标定，与 f_0 的标定相似，由下式确定：

$$R_x = \cfrac{1}{\sum\limits_{i=0}^{8} \cfrac{D_{big-H}}{9 \times |x_{ci} - x_{c(i+90)}|}} \tag{4-37}$$

关于图像在 Y 轴方向相邻像素点的距离值 R_y 的标定，以本节的靶标和本节的序号编码方式为例，0 号和 8 号、9 号和 17 号、18 号和 26 号……90 和 98 号为纵向距离最大的圆，假设纵向距离最大值记为 D_{big-V}，则 R_y 由下式确定：

$$R_y = \cfrac{1}{\sum\limits_{i=0}^{8} \cfrac{D_{big-V}}{9 \times |y_{c(i \times 9)} - y_{c((i+1) \times 9-1)}|}} \tag{4-38}$$

标定出 D、L、f_0、R_x 和 R_y 等参数信息之后，就可以利用下式计算被测空间图像上任意点 (x, y) 对应的三维坐标点 (X, Y, Z)：

$$\begin{cases} X = x \times R_x \\ Y = y \times R_y \\ Z = \dfrac{\theta(x,y) \times L}{2\pi f_0 D + \theta(x,y)} \end{cases} \tag{4-39}$$

综上所述，本节所设计的单个相机和单个投影光源同步标定方法流程图如图 4-21 所示。

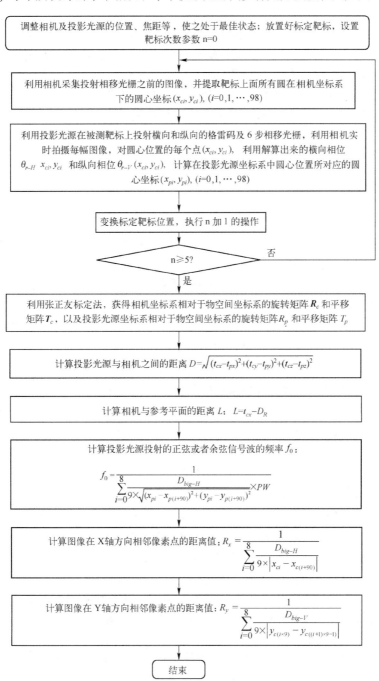

图 4-21　单个相机和单个投影光源同步标定方法流程图

本节与其他标定方法的最大区别是：在投影光源的标定中，使用了格雷码加 6 步相移的标定方法，解相精度高于已有的标定方法；给出了三维重建所需的五个参数 D、L、f_0、R_x 和 R_y 的标定方法；另外，本节的标定方法可以实现相机和投影光源的同步标定。

4.6 案例——显微测量标定

在显微视觉系统中，由于它由很多透镜搭建而成，各个透镜本身、透镜与透镜之间都存在一定的光学畸变，所以在显微系统的标定过程中不能直接套用现有宏观的相机标定方法。根据显微系统的光路特点，本实验采用了西安交通大学胡浩提出的显微立体视觉小尺度测量系统的标定方法。首先不考虑相机畸变，使用透视投影模型即线性模型对显微系统进行标定；然后使用所得到的标定结果计算所有标定点的投影误差，并使用样条曲面函数来拟合投影误差，得到显微系统的畸变校正场，根据畸变校正场对显微系统进行畸变校正；最后使用光束平差法对标定结果进行优化。

4.6.1 显微标定模型

1. 投影模型

理想投影成像几何模型为透视投影，根据投影模型及投影公式，若空间点 P 在相机成像平面的投影点坐标为 p，则其投影公式可简化为

$$p = M_1 M_2 P \tag{4-40}$$

其中相机内参矩阵 M_1 可表示为

$$M_1 = \begin{pmatrix} a_x & 0 & u_0 & 0 \\ 0 & a_y & v_0 & 0 \\ 0 & 0 & 1 & 0 \end{pmatrix} \tag{4-41}$$

其中，a_x 和 a_y 是水平与垂直方向的焦距长度，u_0 和 v_0 为光轴和像平面的交点处水平方向和垂直方向的坐标。

相机外参 M_2 由以下矩阵构成

$$M_2 = \begin{bmatrix} R & t \\ 0^T & 1 \end{bmatrix} \tag{4-42}$$

其中，R 是旋转矩阵，t 是平移向量。

相对于宏观系统的畸变，要描述显微成像系统的畸变，需要采用更复杂的函数来表示，但是这样将大大增加标定过程的计算复杂度，难以保证相机标定结果的有效性，因此，下面将采用非参数化畸变模型，使用一种基于样条函数的畸变校正方法。该方法首先基于理想透视投影模型来标定显微立体成像系统；然后根据上一步标定的结果来求解出标定板上所有点的投影误差；最后，用样条曲面函数来拟合投影误差，从而建立出显微系统的畸变校正场。畸变的样条曲面利用两条 B-样条曲线进行拟合，其数学公式为

$$D_s(x,y) = \Big(\sum_{i=0}^{n_i} \sum_{j=0}^{n_j} \alpha_{i,j} N_{i,p}(x) N_{j,p}(y), \sum_{i=0}^{n_i} \sum_{j=0}^{n_j} \beta_{i,j} N_{i,p}(x) N_{j,p}(y) \Big)^T \tag{4-43}$$

式中，$n_i = m_i - p - 1$；$n_j = m_j - p - 1$；$m_i + 1$ 和 $m_j + 1$ 分别为 x 方向和 y 方向的样条节点数；p 是 B-样条次数；$\alpha_{i,j}$，$\beta_{i,j}$ 是样条曲面的 $(n_i+1) \times (n_i+1)$ 个样条系数；$N_{i,p}$ 和 $N_{j,p}$ 分别是样条曲面

x 方向和 y 方向的基础函数。

畸变模型用 D 表示，则实际投影点坐标为

$$p' = D(p) \tag{4-44}$$

则完整的显微立体视觉模型计算过程如图 4-22 所示，其数学表达为

$$p' = D(M_1 M_2 P) \tag{4-45}$$

2. 光束平差优化

理想情况下，图像像素坐标系中的点与对应世界坐标系中的点重投影到图像像素坐标系后为同一点。但实际过程中由于各种因素的干扰，使得计算所得到的点和真实的点存在偏差，针对这一问题，可以利用光束平差算法来对重投影误差进行非线性优化，以便得到更精确的标定参数。

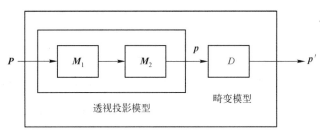

图 4-22 显微立体视觉模型计算过程

由式（4-52）可知，$M_1 M_2 P = D^{-1}(p)$，优化目标函数为

$$\min_{P_i, M_1, M_2^j, D} \sum_i \sum_j \parallel \varepsilon_i^j \parallel_2^2 \tag{4-46}$$

式中，$\varepsilon_i^j = M_1 M_2^j P_i - D^{-1}(p_i^j)$，表示将标定板的第 i 个点投影至第 j 个像平面上的重投影误差。可使用最小二乘法来求解式（4-53）。

4.6.2 相机标定实验

1. 标定图像的采集

采用自行搭建的双目显微系统从 11 个不同的角度采集 11 组标定板图像。采用的标定图像为 Camera Calibration Toolbox for matlab（网址为 http://www.vision.caltech.edu/bouguetj/calib_doc/#examples）下载的标准 9×7 棋盘格图像，并按原来大小的 1.5% 打印，每个小方格的规格为 0.45 mm×0.45 mm，如图 4-23 所示。

2. 初始标定结果

在不考虑相机畸变的条件下对相机进行标定，其结果见表 4-2，数值单位为像素。

表 4-2 左右相机的初始标定结果

参　　数	左　相　机	右　相　机
a_x	7332.17047	7335.14572
a_y	7250.37628	7265.57793
(u_0, v_0)	(639.50000, 511.50000)	(621.50000, 505.50000)

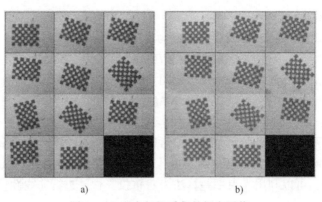

图 4-23 左右相机采集的标定图像

a) 左相机采集的图像　b) 右相机采集的图像

3. 畸变校正

使用样条曲面函数拟合初始标定结果的投影误差，建立显微系统的畸变校正场，进行畸变校正。畸变校正场如图 4-24 所示，图像中心的位置畸变最小，四边角的畸变最大，最大变化为 8 个像素。根据畸变校正场对显微立体模型进行完善。

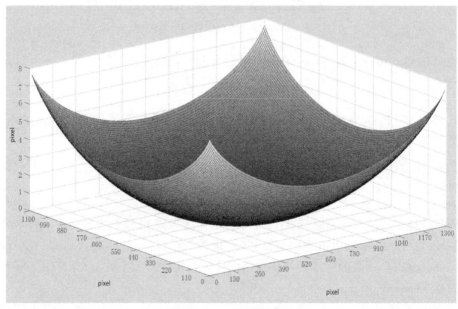

图 4-24　畸变校正场

4. 参数优化

对得到的完整显微立体模型中所有参数使用光束平差法进行优化，经过优化后的标定结果见表 4-3，并采用重投影精度评价方法来对标定结果进行评价，具体评价方法为：利用标定得到的相机参数将世界坐标系中的点投影到图像像素坐标系下，并计算其对于实际像素坐标的均方差。重投影误差计算公式为

$$E = \frac{1}{N}\sum_{i=1}^{N} \| E_i \| = \frac{1}{N}\sum_{i=1}^{N} \sqrt{(x_i' - x_i)^2 + (y_i' - y_i)^2} \tag{4-47}$$

式中，(x_i', y_i') 为第 i 个投影点坐标；(x_i, y_i) 为第 i 个点的图像坐标；E_i 为第 i 对点重投影误差。

表 4-3　左右相机优化后标定结果

参　　数	左　相　机	右　相　机
a_x	7327.00154	7328.22347
a_y	7244.15377	7257.15742
(u_0, v_0)	(636.50000, 508.50000)	(620.50000, 503.50000)
重投影误差	0.5215	0.5204

右相机相对于左相机的旋转矩阵 $\boldsymbol{R}$ 和平移向量 $\boldsymbol{t}$ 分别为

$$\boldsymbol{R} = \begin{pmatrix} 0.9987 & 0.0025 & 0.0123 \\ -0.0578 & 0.9993 & 0.0024 \\ -0.0274 & -0.0133 & 0.9995 \end{pmatrix}$$

$$\boldsymbol{t} = (-72.2716 \quad 0.1735 \quad -0.8892)$$

4.7　案例——机器人手眼标定

机器视觉可以应用在很多领域，例如工业生产线产品的检测、太空空间站的检修等，机器视觉几乎可以应用在所有需要人类视觉的领域。应用在工业和太空方面时，机器视觉经常和机械臂结合。在和机械臂结合应用的时候，机器视觉所用的相机通常被称为"眼"，机械臂的法兰盘，即末端执行器，通常被称为"手"。眼和手的位置不一样，手眼标定过程也不一样。手眼的关系一般有两种，一种是将相机安装在生产线的上游位置，用来采集产品的图像信息，而机械臂安装在生产线旁边有足够工作空间的位置，另外一种是将机械臂固定，然后将相机安装在机械臂的末端。第二种方式比较灵活，相机可以跟随机械臂的移动而移动，视野范围更大。对于抓取任务，要让机械臂运动到指定位置对目标进行抓取，就要获得目标的位置信息并发送给机械臂。通过相机标定，就可以获得目标在相机坐标下的位置信息，如果确定了相机和机械臂之间的转换关系，就可以得到目标在机械臂坐标系中的位置信息，那么机械臂就可以移动到指定位置对目标进行抓取。

4.7.1　机械臂坐标系

DH 模型是对机械臂进行建模的一种非常有效的简单方法，适用于任何机械臂模型，而不必考虑机械臂的结构顺序和复杂程度，无论是全旋转的链式机械臂或者任何由关节和连杆组合而成的机械臂都能使用。DH 模型是 Denavit 和 Hartenberg 在 1955 年提出的，现在已经广泛应用在机械臂的研究中。该模型可以用来表示任何坐标变换，例如直角坐标、球坐标、圆柱坐标以及欧拉角坐标等。

在使用 DH 表示法对机械臂建模时，必须给每个关节建立一个参考坐标系，图 4-25 所示为实验用机械臂各个关节的参考坐标系示意图。通常对于各个关节都只建立 z 轴和 x 轴，不需要给出 y 轴，z 轴和 x 轴确定以后，

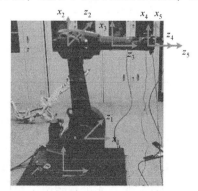

图 4-25　机械臂各个关节轴的坐标系

可以通过右手法则确定出唯一的 y 轴。给各个关节轴建立参考坐标系的过程如下。

1）首先要确定关节的 z 轴。对于实验中所用的 ABB 机械臂，由于各个关节是旋转的，所以通过右手法则确定 z 轴方向。通过右手法则——确定关节的 z 轴方向。由于 ABB 机械臂关节是旋转的，所以关节变量是绕 z 轴旋转的角度 θ。

2）确定关节的 x 轴。x_n 方向沿 z_n 和 z_{n-1} 之间的公垂线方向。z_n 和 z_{n-1} 之间的最短公垂线为连杆的长度 a_n。如果 z_n 和 z_{n-1} 是平行的，那么就可以随便挑选一个公垂线作为 x 轴，这样做就可以简化模型。如果两个相邻关节的 z 轴，z_n 和 z_{n-1} 是相交的，那它们之间就没有公垂线，这种情况可以选取这两条 z 轴叉积的方向作为 x 轴，也就是两条 z 轴所确定平面的法线方向。

3）确定关节的 y 轴。关节的 y 轴可以通过右手法则确定。

4）关节距离 d_n 定义为两个相邻关节的 x 轴，x_n 和 x_{n-1} 之间的最短距离，即最短的公垂线长度。

5）相邻连杆的扭角 α_n 定义为沿着 x_n 从 z_{n-1} 到 z_n 的转角。

绕 z 轴的旋转角 θ、两个相邻 x 轴的公垂线距离 d、两个相邻 z 轴的公垂线长度 a、两个相邻 z 轴之间的角度 α 称为 DH 模型的参数。有了这 4 个参数，就可以通过一些简单的平移和旋转将一个关节的参考坐标系变换到下一个关节的参考坐标系。如果要从坐标系 x_{n-1}-z_{n-1} 变换到坐标系 x_n-z_n，通常可以通过以下步骤实现。

1）将 x_{n-1} 绕 z_{n-1} 轴旋转 θ_n，使得 x_{n-1} 和 x_n 共面，即平行。

2）平移 d_n，使得 x_{n-1} 和 x_n 共线。

3）平移 a_n，使得 x_{n-1} 和 x_n 的原点重合。这样两个坐标系的原点为同一个点。

4）将 z_{n-1} 轴绕 x_n 轴旋转 α_n 使得 z_{n-1} 和 z_n 轴重合。

经过这 4 步之后，坐标系 $Ox_{n-1}z_{n-1}$ 和坐标系 Ox_nz_n 完全相同。表 4-4 所示按照上述步骤得到的 ABB 机械臂的 DH 模型参数。

表 4-4　ABB 机械臂的 DH 参数

#	θ	d	a	$\alpha/°$
1	θ_1	d_1	a_1	-90
2	θ_2	0	a_2	0
3	θ_3	0	0	-90
4	θ_4	d_4	0	90
5	θ_5	0	0	-90
6	θ_6	d_6	0	0

表 4-4 中，$d_1 = 486.5$ mm，$d_4 = 600$ mm，$d_5 = 65$ mm，$a_1 = 475$ mm，$a_2 = 150$ mm。

对于六自由度机械臂，在各个相邻关节之间严格按照上述步骤进行操作就可以将前一个关节坐标系变换到下一个坐标系。重复以上步骤，就可以实现一系列相邻坐标系之间的转换，从机械臂的基座到第一个关节、第二个关节……、直到机械臂的末端法兰盘。采用这种方式的好处是，无论是哪两个相邻关节之间的转换，采用的都是相同的步骤。

将上述相邻关节坐标系之间的转换步骤用矩阵表示出来：

$$A_n = Rot(z, \theta_n) \, Trans(0,0,d_n) \, Trans(a_n,0,0) \, Rot(x, \alpha_n)$$

$$= \begin{pmatrix} \cos\theta_n & -\sin\theta_n & 0 & 0 \\ \sin\theta & \cos\theta_n & 0 & 0 \\ 0 & 0 & 1 & 0 \\ 0 & 0 & 0 & 1 \end{pmatrix} \begin{pmatrix} 1 & 0 & 0 & 0 \\ 0 & 1 & 0 & 0 \\ 0 & 0 & 1 & d_n \\ 0 & 0 & 0 & 1 \end{pmatrix} \begin{pmatrix} 1 & 0 & 0 & a_n \\ 0 & 1 & 0 & 0 \\ 0 & 0 & 1 & 0 \\ 0 & 0 & 0 & 1 \end{pmatrix} \begin{pmatrix} 1 & 0 & 0 & 0 \\ 0 & \cos\alpha_n & -\sin\alpha_n & 0 \\ 0 & \sin\alpha_n & \cos\alpha_n & 0 \\ 0 & 0 & 0 & 1 \end{pmatrix}$$

$$= \begin{pmatrix} \cos\theta_n & -\sin\theta_n\cos\alpha_n & \sin\theta_n\sin\alpha_n & a_n\cos\theta_n \\ \sin\theta_n & \cos\theta_n\cos\alpha_n & -\cos\theta_n\sin\alpha_n & a_n\sin\theta_n \\ 0 & \sin\alpha_n & \cos\alpha_n & d_n \\ 0 & 0 & 0 & 1 \end{pmatrix} \tag{4-48}$$

4.7.2 手眼标定

手眼标定是为了获得安装在机械臂末端的相机坐标系和机械臂坐标系之间的转换关系，本节具体是获得相机和机械臂工具坐标系之间的关系。机械臂手眼标定中各个坐标系的关系如图 4-26 所示。

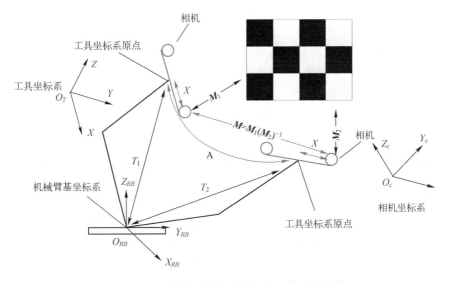

图 4-26　机械臂手眼标定中各个坐标系的关系

图 4-26 中，$M_i(i=1,2)$ 是靶标坐标系到相机坐标系的转换矩阵，即相机的外参数，通过上一节的相机标定可以得到。图 4-26 所示为机械臂移动前后各个坐标系之间的转换关系。假设左相机坐标系为 $O_{c1}X_{c1}Y_{c1}Z_{c1}$，右相机坐标系为 $O_{c2}X_{c2}Y_{c2}Z_{c2}$，机械臂的基坐标系为 $O_{RB}X_{RB}Y_{RB}Z_{RB}$，机械臂的工具坐标系为 O_TXYZ，则机械臂移动前后的相机坐标系分别为 C_{c1} 和 C_{c2}，机械臂的工具坐标系分别为 C_{T1} 和 C_{T2}。通过机械臂自带的参数可以计算出机械臂移动前后两个工具坐标系之间的转换矩阵 A。

设空间中的某一点在上述坐标系 C_{c1}、C_{c2}、C_{T1}、C_{T2} 下的坐标分别为 P_{c1}、P_{c2}、P_{T1}、P_{T2}，可以得到

$$\begin{cases} \boldsymbol{P}_{c1} = \boldsymbol{MP}_{c2} \\ \boldsymbol{P}_{c1} = \boldsymbol{XP}_{T1} \\ \boldsymbol{P}_{T1} = \boldsymbol{AP}_{T2} \\ \boldsymbol{P}_{c2} = \boldsymbol{XP}_{T2} \end{cases} \tag{4-49}$$

式中，$\boldsymbol{M} = \boldsymbol{M}_1 \boldsymbol{M}_2^{-1}$。

由式（4-49）可得

$$\boldsymbol{MX} = \boldsymbol{XA} \tag{4-50}$$

式中，$\boldsymbol{X}$ 是所求的手眼转换矩阵。

$\boldsymbol{A}$、$\boldsymbol{M}$、$\boldsymbol{X}$ 转换矩阵都由旋转矩阵和平移向量组成。如：$\boldsymbol{A} = \begin{pmatrix} \boldsymbol{R}_A & \boldsymbol{t}_A \\ 0^{\mathrm{T}} & 1 \end{pmatrix}$。因此式（4-50）可以展开为

$$\begin{pmatrix} \boldsymbol{R}_M & \boldsymbol{t}_M \\ 0^{\mathrm{T}} & 1 \end{pmatrix} \begin{pmatrix} \boldsymbol{R} & \boldsymbol{t} \\ 0^{\mathrm{T}} & 1 \end{pmatrix} = \begin{pmatrix} \boldsymbol{R} & \boldsymbol{t} \\ 0^{\mathrm{T}} & 1 \end{pmatrix} \begin{pmatrix} \boldsymbol{R}_A & \boldsymbol{t}_A \\ 0^{\mathrm{T}} & 1 \end{pmatrix} \tag{4-51}$$

展开式（4-51）可得

$$\boldsymbol{R}_M \boldsymbol{R} = \boldsymbol{R} \boldsymbol{R}_A \tag{4-52}$$

$$\boldsymbol{R}_M \boldsymbol{t} + \boldsymbol{t}_M = \boldsymbol{R} \boldsymbol{t}_A + \boldsymbol{t} \tag{4-53}$$

为了求解 $\boldsymbol{R}$ 和 $\boldsymbol{t}$，实验中需要将机械臂移动两次，获得三个机械臂末端的位置坐标，从而得到两组求解手眼关系的方程。

$$\boldsymbol{R}_{Ma} \boldsymbol{R} = \boldsymbol{R} \boldsymbol{R}_{Aa} \tag{4-54}$$

$$\boldsymbol{R}_{Ma} \boldsymbol{t} + \boldsymbol{t}_{Ma} = \boldsymbol{R} \boldsymbol{t}_{Aa} + \boldsymbol{t} \tag{4-55}$$

$$\boldsymbol{R}_{Mb} \boldsymbol{R} = \boldsymbol{R} \boldsymbol{R}_{Ab} \tag{4-56}$$

$$\boldsymbol{R}_{Mb} \boldsymbol{t} + \boldsymbol{t}_{Mb} = \boldsymbol{R} \boldsymbol{t}_{Ab} + \boldsymbol{t} \tag{4-57}$$

首先可以计算得到以下结果。

$$\boldsymbol{R}_{Ma} = \begin{pmatrix} 0.99583846 & -0.089552239 & 0.016875481 \\ 0.090738237 & 0.99154156 & -0.092801616 \\ -0.0084215067 & 0.093945935 & 0.99554169 \end{pmatrix}$$

$$\boldsymbol{t}_{Ma} = \begin{pmatrix} 36.826141 \\ 42.261574 \\ -49.172455 \end{pmatrix}$$

$$\boldsymbol{R}_{Mb} = \begin{pmatrix} 0.9889034 & 0.1443152 & -0.035259202 \\ -0.14671013 & 0.98602057 & -0.078987941 \\ 0.023366159 & 0.083284877 & 0.99625194 \end{pmatrix}$$

$$\boldsymbol{t}_{Mb} = \begin{pmatrix} -54.586231 \\ 50.884262 \\ -39.425415 \end{pmatrix}$$

$$\boldsymbol{R}_{Aa} = \begin{pmatrix} 0.99133486 & -0.093062676 & 0.093053162 \\ 0.09198036 & 0.99559844 & 0.016643042 \\ -0.094172962 & -0.0079108905 & 0.99556571 \end{pmatrix}$$

$$\boldsymbol{t}_{Aa} = \begin{pmatrix} -12.661774 \\ 36.317032 \\ -41.119473 \end{pmatrix}$$

$$\boldsymbol{R}_{Ab} = \begin{pmatrix} 0.98631424 & 0.14280519 & 0.081910968 \\ -0.14025119 & 0.98937786 & -0.037845731 \\ -0.0865884 & 0.025801003 & 0.9958986 \end{pmatrix}$$

$$\boldsymbol{t}_{Ab} = \begin{pmatrix} -24.257311 \\ -52.687683 \\ -36.737068 \end{pmatrix}$$

将以上所得数据代入式（4-54）~（4-57）可以求得

$$\boldsymbol{R} = \begin{pmatrix} 0.7555 & -0.7379 & -0.0922 \\ 0.7155 & 0.6957 & -0.0942 \\ 0.0895 & -0.0595 & 0.9989 \end{pmatrix} \tag{4-58}$$

$$\boldsymbol{t} = \begin{pmatrix} 75.3901 \\ 57.9498 \\ -92.9087 \end{pmatrix} \tag{4-59}$$

求出 $\boldsymbol{R}$ 和 $\boldsymbol{t}$ 就知道了手眼转换矩阵 $\boldsymbol{X}$，之后通过式（4-60）就可从相机坐标系转换到机械臂坐标系。

$$\boldsymbol{P}_{RB} = \boldsymbol{TXP}_C \tag{4-60}$$

式中，$\boldsymbol{P}_{RB}$ 为物体在机械臂坐标系下的坐标；$\boldsymbol{P}_C$ 为物体在左相机坐标系下的坐标，$\boldsymbol{T}$ 为工具坐标系到机械臂坐标系的转换矩阵（可通过机械臂工具坐标系标定求得）。

4.8 习题

1. 推导世界坐标系与图像像素坐标系之间的转换关系。
2. Tsai 两步标定法与张正友标定法的区别是什么？
3. 相机标定实现的主要步骤是什么？
4. 世界坐标系与相机坐标系之间转换的旋转矩阵和平移矩阵代表什么？
5. 为什么要进行机器人手眼标定？如何实现机器人手眼标定？
6. 基于网络摄像头或者工业相机设计与实现基于张正友标定法的相机标定。

第 5 章　Shape from X

麻省理工学院（MIT）的 Roberts 通过从数字图像中提取立方体、楔形体和棱柱体等简单规则多面体的三维结构，并对物体的形状和空间关系进行描述，把二维图像分析推广到了复杂的三维场景，标志着立体视觉技术的诞生。之后，其研究范围从边缘、角点等特征的提取，线条、平面、曲面等几何要素的分析，一直扩展到对图像明暗、纹理、运动和成像几何等进行分析，并建立起各种数据结构和推理规则。Shape from X 技术是三维重建的重要方式之一。

5.1　Shape from X 技术

机器视觉领域中，从单目二维图像恢复三维信息的技术可以归纳为 Shape from X 技术。其中，X 可以是光度立体（stereo）、运动（motion）、纹理（texture）和阴影（shading）。光度立体方法和运动方法从多幅图像进行恢复，而纹理、轮廓和阴影方法从单幅图像进行恢复。它们的分类如图 5-1 所示。

$$
\text{Shape from X}
\begin{cases}
\text{多幅图像}
\begin{cases}
\text{光度立体方法} \\
\text{从运动求取结构}
\end{cases} \\
\text{单幅图像}
\begin{cases}
\text{从阴影恢复形状} \\
\text{从纹理与表面朝向恢复形状}
\end{cases}
\end{cases}
$$

图 5-1　根据三维线索进行形貌恢复的分类

光度立体方法（Shape from Photometric Stereo）需要变换光源的位置，采集至少两幅图像，硬件结构复杂、昂贵，不适合应用到工业现场的在线检测领域；从运动求取结构的方法（Shape from Motion，SFM），是利用目标在相机前的运动来获得场景中多个目标间的相互位置关系，需要多幅图像，对于静态的场景和不易变动的物体，不方便进行正确的三维形貌恢复，适用性不够广泛，也不能应用到在线检测领域；纹理与表面朝向恢复方法（Shape from Texture），只能针对形状和纹理规则的物体，不具有普遍性；从阴影恢复形状的方法（Shape from Shading，SFS），利用单幅图像中留下的阴影线索来获得物体的形状信息，因其操作简单而适用范围较广。

下面分别详细介绍这些技术。

（1）光度立体

光度立体是从一系列不同光照条件下采集的图像中恢复场景中目标表面朝向（即梯度 (p,q)）的方法。光度立体技术由 Woodham 在 20 世纪 80 年代提出，目前得到了许多有意义的研究和应用。

假设目标物体表面反射系数为 ρ，引入三个光源方向的单位矢量 S_j。

$$
S_j = \frac{(-p_j, -q_j, 1)^{\mathrm{T}}}{\sqrt{1 + p_j^2 + q_j^2}}, j = 1, 2, 3 \tag{5-1}
$$

那么照度为 $E_j = \rho(\boldsymbol{S}_j \cdot \boldsymbol{N})$，$j = 1, 2, 3$。

其中，$\boldsymbol{N}$ 为表面法线的单位矢量。

$$N = \frac{(-p, -q, 1)^{\mathrm{T}}}{\sqrt{1 + p^2 + q^2}} \tag{5-2}$$

将照度表示为矩阵方式：$\boldsymbol{E} = \rho \boldsymbol{SN}$，其中，矩阵 $\boldsymbol{S}$ 的行就是光源方向矢量 $\boldsymbol{S}_1$、$\boldsymbol{S}_2$、$\boldsymbol{S}_3$，而矢量 $\boldsymbol{E}$ 的元素就是三个亮度测量值。若 $\boldsymbol{S}$ 非奇异，则可以得出表面反射系数及表面梯度的值。

此方法需要改变光照条件，因此相对来说硬件设计复杂、操作不便。

（2）从运动求取结构

当目标在相机前运动或相机在一个固定的环境中运动时，所获得的图像变化可用来恢复相机和目标间的相对运动以及场景中多个目标间的相互关系。相机与场景目标间有相对运动时所观察到的亮度模式运动称为光流（optical flow，或 image flow）。光流表达了图像的变化，它包含了目标运动的信息，可用来确定观察者相对目标的运动情况，并且可以根据光流解得表面朝向。

从运动求取结构适用于被测对象处于运动状态的情况，对于不易变动的物体不具有适用性，且因运动造成采集图像数量较多，数据处理较复杂，所以不易应用到工业现场的在线检测领域。

（3）从纹理中恢复

结构法纹理描述的思想认为：纹理是由纹理元组成的，纹理元可看作一个区域里具有重复性和不变性的视觉基元。这种重复性是指在一定分辨率下，基元在不同的位置和方向反复出现；不变性是指组成同一基元的像素有一些基本相同的特性。

根据纹理单元可以确定表面朝向，从而恢复出相应的三维表面。利用物体表面的纹理确定其朝向要满足一定条件。在获取图像的透视投影过程中，原始的纹理结构有可能发生变化，这种变化随纹理所在表面朝向的不同而不同，因而带有物体表面朝向的信息。纹理变化主要分为三类，即纹理元尺寸变化、纹理元形状变化、纹理元之间的关系变化。

纹理恢复方法对物体表面信息的要求严苛，精度低，而且适用性窄，实际应用较少。

（4）从阴影恢复形状

20 世纪末，由 Horn 等人提出从阴影（明暗）恢复形貌的方法，其原理是利用成像表面亮度的变化，解析出物体表面的矢量信息，从而转换为表面深度信息。该方法在理想光照条件下，即满足朗伯体（Lambertian）反射模型的状态下，可以从单幅图像重现 180°范围的三维形貌，测量方式简单，无须进行标定与校准。

但是现实的光源及图像采集系统无法满足朗伯体模型，因此需要根据采集图像的特点引入一些附加条件。目前，很多视觉研究机构都在研究如何引入恰当的附加条件，使得三维恢复效果更好。如美国中佛罗里达大学机器视觉研究实验室近年来一直在进行 SFS 方法的研究，并对特制的简单形状人造物体实现了三维恢复，但是尚未研究形状复杂且表面粗糙的物体；美国纽约大学计算机科学系利用雷达采集的单幅地形图像进行山川、河流及峡谷的形貌恢复，但是恢复精度还有待提高。在国内，西北工业大学曾经对 SFS 方法进行过相关的调研，认为这是一种比较简便的方法，但仍存在一些亟待解决的问题，如对具有分型特性的自然景物表面的三维恢复效果较差，求解范函极值问题时容易陷入局部极小点等；汕头大学也曾进行过相关研究，但不能摆脱特征点方法的限制，操作复杂；哈尔滨工业大学现代焊接生产技术国家重点实验室利用线性化 SFS 方法对焊点图像进行三维恢复，但是应用面狭窄，没有得到很好的扩展；大连理工大学对 SFS 算法也有一定的研究，对几种光照模型进行了分析，但是实验只限于典型球面的三维重构，精度也有待提高。

5.2　光度立体

光度立体（Photometric Stereo）是从一系列在相同观察视角但不同光照条件下采集的图像恢复物体表面朝向的方法。一个三维目标成像后得到的图像亮度取决于许多因素，包括目标本身的形状、发射特性、在空间的姿态、目标与图像采集系统的相对位置等。光度立体方法的特点是实现简单，但需要控制光照，因此它常用于照明条件比较容易控制或照明条件确定的环境中。

5.2.1　典型算法介绍

（1）四光源光度立体方法

在同一位置获取四个不同方向光源下的四幅图像。对于纯反射表面，只用三幅图像就可以得到物体表面的法向量和表面反射系数，但对于带高光的表面，可以做如下假设：在镜面反射区域外可以认为物体表面属性近似为漫反射，对于高光区域里的像素，只需要一开始排除掉高光区域里的四个像素中最接近高光的那个像素，接着从剩余的三个像素中恢复出局部表面向量。此方法不需要提前标定，算法实用性好、容易实现。

（2）基于 T-S 模型的非标定光度立体方法

T-S 模型光度立体方法只需要基于单光源得到的图像但不需要知道光源方向；不需要任何有关反射模型；解决了在漫反射模型下的凸凹二义性问题；所得到的结果更精确，可以适用于很大范围的具有各种表面的数据重建。

（3）基于实例的光度立体算法

这种方法假设有相同表面方向的点在所成的图像中对应的像素具有相同或者相近的亮度值。这样，物体的法向量就可以根据已知一种或几种相似属性的参考物体像素点信息推断出来。该方法具有如下特征：物体的双向反射分布函数、照明和形状可能没有先验知识，可以用于具有任意数量的远距离光源或者面光源的情形下；不需要标定相机和光源环境；把不同属性的表面分割出来；算法容易实现，应用范围广，而且对于一些很有挑战性的领域恢复效果还是比较令人满意的。

给定两幅在不同光照条件下得到的图像，则对成像物体上各点的表面朝向都可得到唯一解。

设

$$R_{1(p,q)} = \sqrt{\frac{1+p_1 p+q_1 q}{r_1}} \text{ 和 } R_{2(p,q)} = \sqrt{\frac{1+p_2 p+q_2 q}{r_2}} \quad (5-3)$$

其中，$r_1 = \sqrt{1+p_1^2+q_1^2}$ 和 $r_2 = \sqrt{1+p_2^2+q_2^2}$ 可求得梯度分量 p 和 q。

实际应用中常使用三个或更多的照明光源，这不仅可以使方程线性化，还可提高精度和增加可求解的表面朝向范围。另外，新增加的图像还可帮助恢复表面反射系数。

5.2.2　典型算法实现

对于多光源光度立体方法，做如下假设：①相机和光源都远离物体表面，这样观察方向和照明方向都可看作常数；②任何三个照明向量都不在同一平面，任何镜面反射方向都不在其余照明的阴影下；③光源是白色光源。

选择的系统坐标如图 5-2 所示，其中 z 坐标轴与相机方向一致，选择图像平面为 xy 平面。这样，表面方程表示为 $z=S(x,y)$，对于表面上的每一点，其梯度 $p=\dfrac{\partial S}{\partial x},q=\dfrac{\partial S}{\partial y}$，标准法向量为：$\boldsymbol{n}=\dfrac{1}{\sqrt{p^2+q^2+1}}(p,q,-1)^{\mathrm{T}}$。

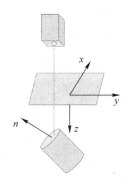

图 5-2　系统坐标

所得像素亮度方程为

$$I_0^k=\rho(L^k\cdot\boldsymbol{n})\quad k=1,2,3 \tag{5-4}$$

式中，I_0^k 为图像亮度；L^k 为第 k 个光源对应的光源向量。

其矩阵表示方式为

$$\boldsymbol{I}_0=\rho(\boldsymbol{L}\cdot\boldsymbol{n}),\boldsymbol{I}_0=(I_0^1,I_0^2,I_0^3),L=(L^1,L^2,L^3)^{\mathrm{T}} \tag{5-5}$$

可得

$$\boldsymbol{L}^{-1}\boldsymbol{I}_0=\rho\boldsymbol{n} \tag{5-6}$$

则单位方向为

$$\boldsymbol{n}=\frac{\boldsymbol{L}^{-1}\boldsymbol{I}_0}{\parallel\boldsymbol{L}^{-1}\boldsymbol{I}_0\parallel} \tag{5-7}$$

对于超过三个光源的情况，通过确定矩阵的伪逆得到最小二乘法意义下的解

$$\boldsymbol{n}=\frac{(\boldsymbol{L}^{\mathrm{T}}\boldsymbol{L})^{-1}\boldsymbol{L}^{\mathrm{T}}\boldsymbol{I}_0}{\parallel(\boldsymbol{L}^{\mathrm{T}}\boldsymbol{L})^{-1}\boldsymbol{L}^{\mathrm{T}}\boldsymbol{I}_0\parallel} \tag{5-8}$$

5.2.3　算法实例

光度立体视觉已经被广泛研究和应用，目前有很多公开的光度立体视觉算法程序。图 5-3 和 5-4 为猫头鹰和岩石的光度立体三维重建结果。图 5-5 为采用程序实现的光度立体三维重建结果，其中 5-5a 为拟合探测圆，5-5b 为确定的光方向，5-5c 为法向量，5-5d 为深度图。

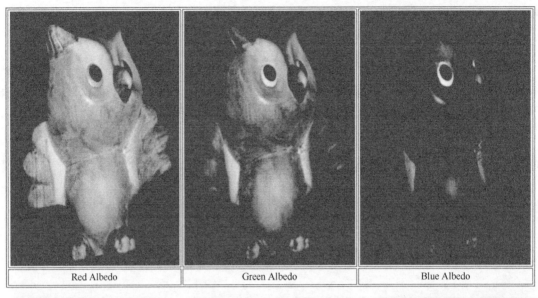

Red Albedo   Green Albedo   Blue Albedo

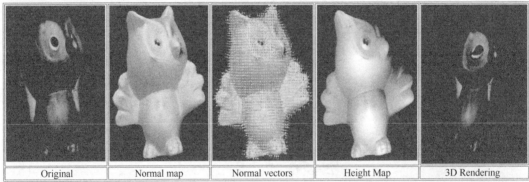

Original   Normal map   Normal vectors   Height Map   3D Rendering

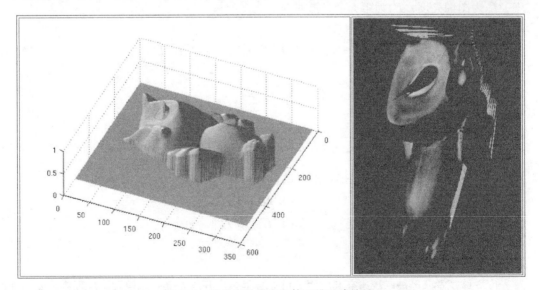

图 5-3 猫头鹰的光度立体三维重建结果

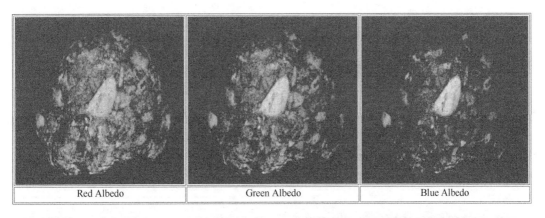

| Red Albedo | Green Albedo | Blue Albedo |

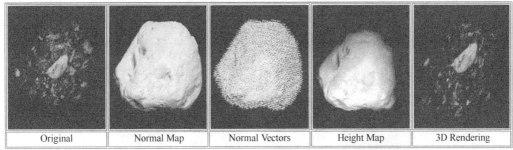

| Original | Normal Map | Normal Vectors | Height Map | 3D Rendering |

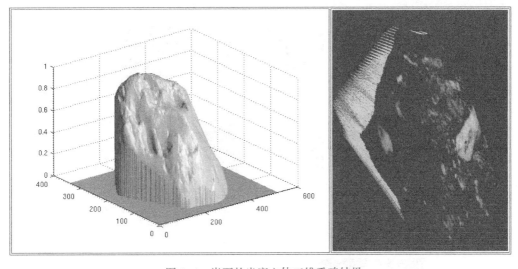

图 5-4　岩石的光度立体三维重建结果

a)

图 5-5　光度立体三维重建结果

a) 拟合探测圆

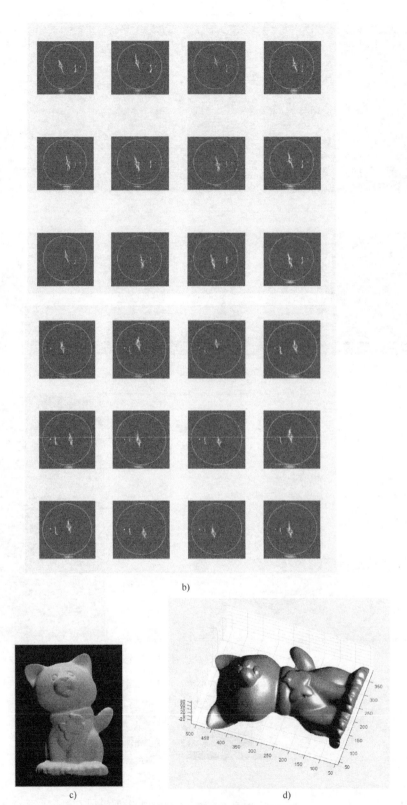

b)

c)

d)

图 5-5 光度立体三维重建结果（续）

b）确定的光方向　c）法向量　d）深度图

5.3 从阴影恢复形状

5.3.1 SFS 问题的起源

计算机的图像中含有各种信息，如灰度、轮廓、纹理、特征点等。在人眼的形状识别系统中，图像的明暗发挥着非常重要的作用。此外，人眼还融合了图像中的轮廓提取技术、物体像元特征以及对物体的先验知识等信息。19 世纪 70 年代，MIT 的 Horn 等人首先提出了从单幅图像恢复物体形状的问题，即 SFS 问题。

理想的 SFS 问题是基于朗伯体光照模型的，即进行了如下假设。

1）光源为无限远处的点光源，或者均匀照明的平行光。

2）成像几何关系为正交投影。

3）物体表面为理想散射表面。从所有方向观察，它都是同样的亮度，并且完全反射所有入射光。

在朗伯体假设下，物体表面点的图像亮度 E 仅由该点光源入射角的余弦决定。但是即使在满足朗伯体反射模型且已知光源方向的前提下，若将形状表示成表面法向量，那么就会得到一个含有三个未知量 n_x、n_y、n_z 的线性方程；若表示成表面梯度，则会得到一个含有两个未知量 p、q 的非线性方程。

采集图像的灰度与四个因素有关，如图 5-6 所示。

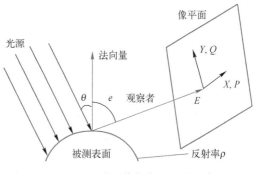

图 5-6 影响图像灰度的四个因素

1）物体可见表面的几何形状。

2）光源的入射强度和方向。

3）观察者相对物体的方位和距离。

4）物体表面的反射特性。

假设沿观察者方向的视线与成像的 *XY* 平面垂直相交，设梯度坐标系 PQ 与像平面坐标系 *EXY* 重合。设光源的强度为 $I(x,y)$，光源向量为 $(p_i,q_i,-1)$，物体表面法向量为 $(p,q,-1)$，角度 θ 为光源矢量与表面法向量的夹角，则法向量 N 的反射强度可表示为

$$E(x,y)=I(x,y)\rho\cos\theta \qquad (5-9)$$

在内积空间中，任意两个非零向量 x 与 y 的夹角 α 的余弦为

$$\cos\alpha=\frac{x\cdot y}{|x|\,|y|} \qquad (5-10)$$

那么入射光与表面法向量夹角 θ 的余弦可表示为

$$\cos\theta=\frac{(p\cdot p_i+q\cdot q_i+1)}{\sqrt{p^2+q^2+1}\,\cdot\,\sqrt{p_i^2+q_i^2+1}} \qquad (5-11)$$

则图像灰度可以表示为

$$E(x,y) = I(x,y)\rho \frac{(p \cdot p_i + q \cdot q_i + 1)}{\sqrt{p^2 + q^2 + 1} \cdot \sqrt{p_i^2 + q_i^2 + 1}} \tag{5-12}$$

根据式（5-11）可知，当光源入射方向(p_i, q_i)与物体表面法向量方向(p, q)相同时，两者夹角θ的余弦函数取值为1，根据公式（5-12）可知此时获得的图像灰度$E(x,y)$值最大，即该点为图像亮度最大值点。由此可以得到一个重要结论：图像中最亮点的表面法向量指向光源方向。

在$E(x,y)$、$I(x,y)$、ρ、(p_i, q_i)已知的情况下，式（5-12）为含有两个未知量p, q的非线性方程。如果不引入附加约束，SFS问题就是一个病态的问题，没有唯一解。

5.3.2 SFS问题的解决方案

为了解决SFS问题中待求参数比方程个数多的问题，必须引入其他的约束条件，如亮度约束、光滑性约束、可积性约束、亮度梯度约束、单位法向量约束等。各约束的能量函数表达如下所述。

亮度约束：假设反射函数的亮度R与实际摄得的图像亮度I相等。即

$$\iint_{\Omega} (I - R)^2 \mathrm{d}x\mathrm{d}y = 0 \tag{5-13}$$

光滑性约束：假设物体表面是光滑的，那么相邻点法向量方向接近。

$$\iint_{\Omega} (p_x^2 + p_y^2 + q_x^2 + q_y^2) \mathrm{d}x\mathrm{d}y = 0 \text{ 或者} \iint_{\Omega} (\| N_x \|^2 + \| N_y \|^2) \mathrm{d}x\mathrm{d}y = 0 \tag{5-14}$$

可积性约束：要求$Z = f(x,y)$的两个两阶混合偏导数相等，即$\frac{\partial^2 Z}{\partial x \partial y} = \frac{\partial^2 Z}{\partial y \partial x}$。

可积性约束可以描述为

$$\iint_{\Omega} (p_y - q_x)^2 \mathrm{d}x\mathrm{d}y = 0 \text{ 或者} \iint_{\Omega} ((Z_x - p)^2 + (Z_y - q)^2) \mathrm{d}x\mathrm{d}y = 0 \tag{5-15}$$

式中，Z_x和Z_y分别为Z关于x和y的偏导数。

亮度梯度约束：亮度约束是保证理论亮度与实际摄得亮度尽量接近，而亮度梯度约束对理论亮度及实际亮度分别求 x 方向和 y 方向导数，即恢复图像的亮度梯度值与输入图像的亮度梯度值相等，即

$$\iint_{\Omega} ((R_x - I_x)^2 + (R_y - I_y)^2) \mathrm{d}x\mathrm{d}y = 0 \tag{5-16}$$

单位法向量约束：令恢复表面的法向量为单位向量，即

$$\iint_{\Omega} (\| N \|^2 - 1) \mathrm{d}x\mathrm{d}y = 0 \tag{5-17}$$

将约束方程写入能量函数。由于封闭边缘处的梯度值至少有一项是无穷大，为了保证收敛性，一般要为封闭边缘处的形状设定初值。

常用的SFS技术可以分为四类：最小值方法（Minimization）、演化方法（Propagation）、局部分析法（Local）和线性化方法（Linear）。

5.3.3 最小值方法

最小值方法即最小化能量函数。根据多元函数极值法中条件极值的求解方法，Horn 等人将光滑性、可积性约束引入能量方程，利用拉格朗日乘数法构造辅助函数，即

$$\psi(Z,p,q) = \iint\limits_{\Omega} (I(x,y) - R(p,q))^2 \mathrm{d}x\mathrm{d}y + \lambda \ (Z_x - p)^2 + (Z_y - q)^2) \mathrm{d}x\mathrm{d}y + \mu(p_x^2 + p_y^2 + q_x^2 + q_y^2) \mathrm{d}x\mathrm{d}y \tag{5-18}$$

式中，λ 和 μ 均为拉格朗日乘子。

对上述泛函求变分，得到极值存在的必要条件为偏微分方程组成立，即

$$\begin{cases} \lambda \ \nabla^2 p = -(I-R)R_p - \mu(Z_x - p) \\ \lambda \ \nabla^2 q = -(I-R)R_q - \mu(Z_y - q) \\ \qquad \nabla^2 Z = p_x + q_x \end{cases} \tag{5-19}$$

式中，∇^2 为拉普拉斯算子（也可以用符号 Δ 表示）。应用交错网格方法将 p，q，Z，p_x，p_y，Z_x，Z_y，以及 ∇^2 算子离散化，得到离散方程组，再使用高斯-赛德尔迭代方法，同时求得物体表面梯度和表面高度的网格点值。

此方法是最早使用的 SFS 方法，需要输入灰度图及初始边线图，还需要输入 λ 及 **E** 值，操作比较复杂。

5.3.4 演化方法

Horn 等人提出的特征线法本质上就是一种演化方法。如果已知特征线上起始点的表面高度和表面朝向，那么图像中沿特征线的所有表面高度和朝向都可以计算。在奇点（图像中灰度值最大点）周围以球形逼近法构造初始表面曲线。在相邻特征线没有交叉的情况下，特征线不断向外演化，特征线的方向作为亮度梯度方向。如果相邻特征线间隔较远，则为了得到更详细的形状图，可以采用内插值法获得新的特征线。

Rouy 和 Tourin 提出一种基于 Hamilton-Jacobi-Bellman 等式和粘性解理论获得唯一解的 SFS 方法，通过动态规划建立粘性解与最优控制解之间的联系，而且可以提供连续光滑表面存在的条件。

Oliensis 采用从奇点开始恢复形状的方法来取代从封闭边缘开始的方法。基于此方法，Dupuis 和 Oliensis 通过数值方法确定了最优 SFS 方法。Bichsel 和 Pentland 简化了 Dupuis 和 Oliensis 的方法，采用最小下山法，可以将 SFS 的收敛控制在 10 次迭代以内。

类似于 Horn 和 Dupuis-Oliensis 方法，Kimmel 和 Bruckstein 从初始的封闭曲线通过等高线恢复表面形状。该方法使用图线奇点区域的封闭曲线作为起点，运用微分几何、流体动力学、数值分析等方法，实现了非光滑表面的恢复。

Bichsel 和 Pentland 给定图像奇点处的深度值，然后从 8 个独立的方向找出远离光源的所有点。由于图像中亮度最小的区域在多个方向的斜率接近于零（除了与照明方向窄角的情况），所以图像首先旋转，使得光源方向在图像上的投影与 8 个方向中的某一个一致。高度计算完毕后，再将图像反转回原来的位置，即可得到原位置上与图像点所对应的表面点高度。

5.3.5 局部分析法

局部分析法通过对物体表面进行局部形状假设来获得表面形状。

Pentland局部分析法在假设物体表面任意点局部都是球形的情况下，通过亮度及其一阶和二阶导数恢复形状信息。Lee和Rosenfeld也是在局部球形假设的前提下，通过亮度的一阶导数在光源坐标系中计算物体表面倾角和偏角的。

在局部球形假设的前提下，首先在光源坐标系中计算物体表面倾角和偏角，然后再将其转换到图像坐标系。

如果表面反射均匀，并且反射图可以表示为：$I = \rho N \cdot S$，那么图像中最亮点的表面法向量指向光源方向，而且，倾角的余弦可以通过亮度的比率及反射系数 ρ 获得。

Lee-Rosenfeld方法的主体实现过程为：首先找到图像中的奇点，通过图像坐标系的旋转使得图像的 x 轴与光源方向在图像平面上的投影一致。

旋转矩阵 R 为

$$R = \begin{pmatrix} \cos(\varphi)\cos(\theta) & \cos(\varphi)\sin(\theta) & -\sin(\varphi) \\ -\sin(\theta) & \cos(\theta) & 0 \\ \sin(\varphi)\cos(\theta) & \sin(\varphi)\sin(\theta) & \cos(\varphi) \end{pmatrix} \tag{5-20}$$

在该坐标系下计算表面点的倾角和偏角，然后再将所得结果转换至原图像坐标系即可。该方法是对 Pentland 方法的改进，省去了二阶导数的求解，可以有效预防噪声。

5.3.6 线性化方法

线性化方法通过对反射图进行线性化将非线性问题简化为线性问题。该方法是在反射函数中低阶项占主导作用的假设下实现的。

1. Pentland 法

Pentland 以表面梯度 (p, q) 为变量来对反射函数线性化。反射函数可以表示为

$$I(x, y) = R(p, q) = \frac{\cos\varphi_s + p\cos\theta_s\sin\varphi_s + q\sin\theta_s\sin\varphi_s}{\sqrt{1 + p^2 + q^2}} \tag{5-21}$$

式中，φ_s、θ_s 分别为光源的倾角和偏角。在 (p_0, q_0) 点进行泰勒级数展开，得到

$$I(x, y) = R(p_0, q_0) + (p - p_0)\frac{\partial R}{\partial p}(p_0, q_0) + (q - q_0)\frac{\partial R}{\partial q}(p_0, q_0) \tag{5-22}$$

对于朗伯体反射模型，$p_0 = q_0 = 0$，所以反射函数简化为

$$I(x, y) = \cos\varphi_s + p\cos\theta_s\sin\varphi_s + q\sin\theta_s\sin\varphi_s \tag{5-23}$$

对式（5-23）两边进行傅里叶变换，根据傅里叶变换的微分性质可知

$$\frac{\partial}{\partial x}Z(x, y) \leftrightarrow F_Z(w_1, w_2)(-iw_1) \tag{5-24}$$

$$\frac{\partial}{\partial y}Z(x, y) \leftrightarrow F_Z(w_1, w_2)(-iw_2) \tag{5-25}$$

式中，F_Z 为 $Z(x, y)$ 的傅里叶变换，(ω_1, ω_2) 为与 (p, q) 对应的傅里叶变量。由此，反射函数转换为傅里叶变换形式为

$$F_I = F_Z(w_1, w_2)(-iw_1)\cos\theta_s\sin\varphi_s + F_Z(w_1, w_2)(-iw_2)\sin\theta_s\sin\varphi_s \tag{5-26}$$

式中，F_I 为图像亮度的傅里叶变换。从式（5-26）计算得到 F_Z 后，再通过傅里叶反变换即可得到高度值。

线性化方法不需要迭代，是个闭环解决方案，但是当反射函数中的非线性项比较大时，此法的误差比较大。

2. Tsai-Shah 法

Tsai 和 Shah 对于漫反射表面和光滑表面都做了一定的研究。他们为了线性化反射函数中的高度值 Z，采用有限差分方法离散 p、q，将发射函数表示为

$$R(p_{i,j}, q_{i,j}) = \frac{-s_x p_{i,j} - s_y q_{i,j} + s_z}{\sqrt{1 + p_{i,j}^2 + q_{i,j}^2}} \tag{5-27}$$

使用雅可比迭代法将所有点的 $Z(x_i, y_j)^0 = 0$，得到如下公式。

$$0 = f(Z(x_i, y_j)) \approx f(Z(x_i, y_j)^{n-1}) + (Z(x_i, y_j) - Z(x_i, y_j)^{n-1})\frac{\mathrm{d}}{\mathrm{d}Z(x_i, y_j)}f(Z(x_i, y_j)^{n-1})$$
$$\tag{5-28}$$

在雅可比迭代中，第 n 层的深度可以表示为

$$Z(x_i, y_j) = Z(x_i, y_j)^n = Z(x_i, y_j)^{n-1} + \frac{-f(Z(x_i, y_j)^{n-1})}{\dfrac{\mathrm{d}}{\mathrm{d}Z(x_i, y_j)}f(Z(x_i, y_j)^{n-1})} \tag{5-29}$$

其中

$$\frac{\mathrm{d}}{\mathrm{d}Z(x_i, y_j)}f(Z(x_i, y_j)^{n-1}) = -1 * \left(\frac{(p_s + q_s)}{\sqrt{p^2 + q^2 + 1}\sqrt{p_s^2 + q_s^2 + 1}} - \frac{(p+q)(pp_s + qq_s + 1)}{\sqrt{(p^2 + q^2 + 1)^3}\sqrt{p_s^2 + q_s^2 + 1}}\right)$$
$$\tag{5-30}$$

Tsai-Shah 方法不需要矩阵翻转，是一个简单有效的方法，但是对于图像中存在阴影效果的图形不适用。

3. Tsai-Shah 法和 Pentland 法的比较

Pentland 以表面梯度 (p, q) 为变量来对反射函数进行线性化，然后对反射函数进行泰勒级数展开，再通过傅里叶变换和反傅里叶变换得到高度。Tsai 和 Shah 将 (p, q) 表示为高度 Z 的离散逼近形式。Tsai-Shah 法的优势在于以下几个方面。

1）对 Z 进行线性化优于对 (p, q) 进行线性化。

2）当光源方向与观察方向相近时，梯度 (p, q) 的二次项将在反射函数中占据很大比重。Pentland 方法使用傅里叶变换时，p^2 和 q^2 会产生双重作用。Tsai-Shah 法没有使用傅里叶变换，所以没有频率的双重效果。

3）时间短，不需要傅里叶变换和反傅里叶变换。

图 5-7 所示为球形物体图片的三维恢复效果比对。直接由物体灰度恢复物体三维形状的技术目前尚未在精度上获得较大突破，因为描述这一物理问题的图像光照度方程的理论和算法还不太成熟，其数值解法经常不稳定，而且对物体表面的均匀性和连续性因素非常敏感，光照模型与理想模型仍存在差距。

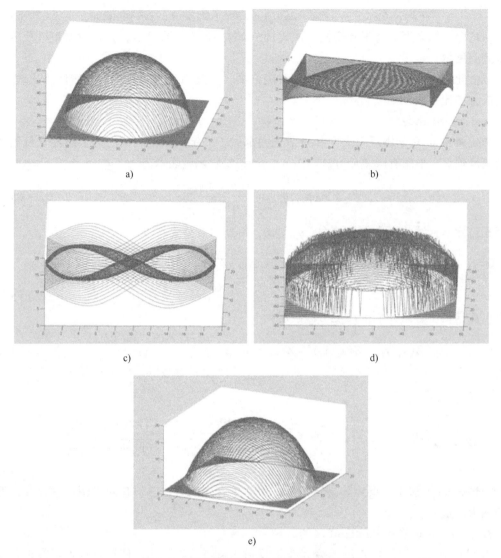

图 5-7　球形物体图片的三维恢复效果比对

a）Bichsel-Pentland（演化方法）　b）最小值方法　c）Pentland 方法，效果很差（线性化方法）
d）Tsai-Shah 方法，效果不好（线性化方法）　e）Lee-Rosenfeld 方法（局部分析法）。

5.4　从运动求取结构

在光度立体视觉中，通过移动光源来揭示景物各表面的朝向。如果是固定光源，那么改变景物的位姿也有可能将不同的景物表面展现出来。景物的位姿变化可通过景物的运动来实现，即通过运动恢复景物结构。从运动求取结构（Structure From Motion，SFM）的目标是能够利用两个场景或两个以上场景恢复相机运动和场景结构，自动完成相机追踪与运动匹配。从运动求取结构可以分为两类，一类是从光流与运动场确定出物体形状，另一类是从运动产生的多视图图像恢复出形状。

5.4.1 光流与运动场

运动可用运动场描述，运动场由图像中每个点的运动矢量构成。当目标在相机前运动或相机在一个固定的环境中运动时，都有可能获得对应的图像变化，这些变化可用来恢复相机和目标间的相对运动以及景物中多个目标间的相互关系。

光流分析研究图像灰度在时间上的变化与背景中物体的结构和运动的关系。视觉心理学认为人与被观察物体发生相对运动时，被观察物体表面带光学特征部位的移动给人提供了运动及结构信息。当相机与景物目标间有相对运动时所观察到的亮度模式运动称为光流。光流表达了图像的变化，它包含了目标运动的信息，可用来确定观察者相对目标的运动情况。此外，光流还含有丰富的景物三维结构信息。因此，在机器视觉中，光流对目标识别、跟踪、机器人导航及形状信息恢复都有重要作用。光流有三个要素：①运动，这是光流形成的必要条件；②带光学特性的部位，它能携带信息；③成像投影，它能被观察到。

光流与运动场虽有密切关系但又不完全对应。景物中的目标运动导致图像中的亮度模式运动，而亮度模式的可见运动产生光流。在理想情况下光流与运动场相对应，但实际中也有不对应的时候。如图 5-8a 所示，考虑光源固定的情况下有一个均匀反射特性的圆球在相机前旋转。此时球面图像各处有亮度的空间变化，但这个空间变化并不随球的转动而改变，因此图像灰度并不随时间发生变化。这种情况

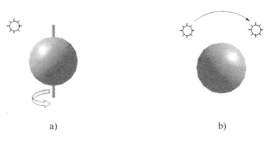

图 5-8　旋转球体光流与运动场
a) 光流等于零，但运动场不等于零
b) 光流等于零，但运动场为零

下运动场不为零，但光流到处为零。考虑固定的圆球受到运动光源照射的情况，此时图像中各处的灰度将会随光源运动而产生由于光照条件改变所导致的变化。这种情况下光流不为零，但圆球的运动场处处为零，如图 5-8b 所示。图 5-9 所示为旋转圆柱体的光流与运动场，这种情况下光流与运动场也不一样。

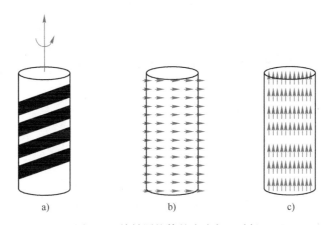

图 5-9　旋转圆柱体的光流与运动场
a) 旋转的圆柱体　b) 运动场　c) 光流

运动分析借助光流描述图像变化并推算物体结构和运动，第一步是以二维光流表达图像的变化，第二步是根据光流计算结果推算运动物体的三维结构和相对于观察者的运动。

图 5-10 所示为三维运动场与二维光流的关系。设物体上一点 P_o 相对于相机具有速度 v_o，从而在图像平面上对应的投影点 P_i 具有速度 v_i。在时间间隔 t 时，点 P_o 运动了 $v_o t$，图像点 P_i 运动了 u_{it}。

$$v_o = \frac{\mathrm{d}r_o}{\mathrm{d}t}, \quad v_i = \frac{\mathrm{d}r_i}{\mathrm{d}t} \qquad (5-31)$$

其中，r_o 和 r_i 之间的关系为

$$\frac{1}{f}r_i = \frac{1}{z}r_o \qquad (5-32)$$

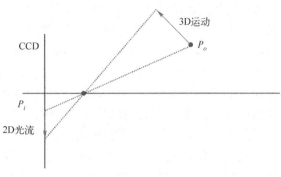

图 5-10　三维运动场与二维光流的关系

式中，f 为镜头焦距，z 为镜头中心到目标的距离。对式（5-32）求导可得到赋予每个像素的速度矢量，而这些矢量构成运动场。

设 $I(x,y,t)$ 是图像点 (x,y) 在时刻 t 的亮度，$u(x,y)$ 和 $v(x,y)$ 是该点光流的 x 和 y 分量，假定点在 $t+\delta t$ 时运动到 $(x+\delta x, y+\delta y)$ 时，亮度保持不变，其中 $\delta x = u\delta t$，$\delta y = v\delta t$ 即

$$I(x+u\delta t, y+v\delta t, t) = I(x,y,t) \qquad (5-33)$$

将式（5-33）的左边用泰勒级数展开可得

$$I(x,y,t) + \delta x \frac{\partial I}{\partial x} + \delta y \frac{\partial I}{\partial y} + \delta t \frac{\partial I}{\partial t} + e = I(x,y,t) \qquad (5-34)$$

式中，e 是关于 δx 和 δy 的二阶和二阶以上的项。

式（5-34）两边相互抵消，并除以 δt，取极限，得到

$$\frac{\partial I}{\partial x}\frac{\mathrm{d}x}{\mathrm{d}t} + \frac{\partial I}{\partial y}\frac{\mathrm{d}y}{\mathrm{d}t} + \frac{\partial I}{\partial t} = 0 \qquad (5-35)$$

设 $I_x = \frac{\partial I}{\partial x}$，$I_y = \frac{\partial I}{\partial y}$，$I_t = \frac{\partial I}{\partial t}$，$u = \frac{\mathrm{d}x}{\mathrm{d}t}$，$v = \frac{\mathrm{d}y}{\mathrm{d}t}$，可得

$$I_x u + I_y v + I_t = 0 \qquad (5-36)$$

此方程为光流约束方程。

Horn 与 Schunck 提出了一个基于正则化的框架估计光流。它同时最小化所有光流向量，而不是独立计算每个运动。为了约束该问题，在原来每个像素误差度量里加入了平滑约束项，即光流微分平方惩罚。

根据光流约束方程，光流误差为

$$e^2 = \iint (I_x u + I_y v + I_t)^2 \mathrm{d}x\mathrm{d}y \qquad (5-37)$$

对于光滑变化的光流，其速度分量平方和积分为

$$s^2 = \iint \left[\left(\frac{\partial u}{\partial x}\right)^2 + \left(\frac{\partial u}{\partial y}\right)^2 + \left(\frac{\partial v}{\partial x}\right)^2 + \left(\frac{\partial v}{\partial y}\right)^2 \right] \mathrm{d}x\mathrm{d}y \qquad (5-38)$$

将两项组合起来，有

$$E = e^2 + \lambda s^2 \qquad (5-39)$$

式中，λ 为加权参数，如果图像噪声大，λ 可取大。

从光流确定形状的过程在数学上并非轻而易举，读者可参考相关文献。Clocksin 给出了从光流到形状的完整推导过程，进而描述了从已知的光流抽取边缘信息的方法。

5.4.2 多视图求取结构

SFM 是一个具有重要意义而且应用十分广泛的研究领域，其与视觉 SLAM（即时定位与地图构建）有着很大的联系。MATLAB 官方以及 OpenCV 都提供了 SFM 的工具箱或代码，当然还有很多优秀算法代码或软件与测试数据库，如 http://www.di.ens.fr/pmvs/，http://vision.middlebury.edu/mview/eval/。SFM 恢复三维信息主要步骤包括：①特征点提取和特征点匹配；②计算本征矩阵，求取选择和平移矩阵；③利用旋转和平移矩阵及特征点计算三维信息。图 5-11~图 5-15 为采用 MATLAB 官方工具箱实现的从两视图恢复三维形状的结果。图 5-16 和图 5-17 为采用 MATLAB 官方工具箱实现的从多视图恢复三维形状的结果。

图 5-11　采集的两视图图像

图 5-12　校正结果

图 5-13　图像特征点

图 5-14　图像特征点剔除

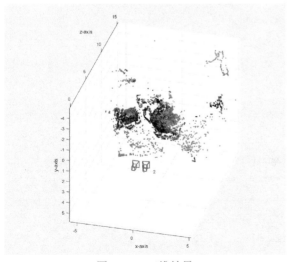

图 5-15　三维结果

图 5-16　多视图图像序列

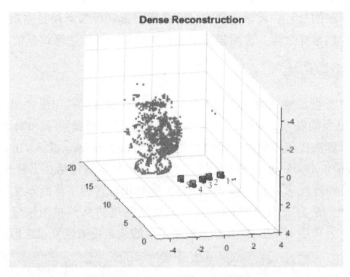

图 5-17　多视图重建结果

两视图 SFM 的实现代码如下。

```
clc
clear all;
close all;

imageDir = fullfile(toolboxdir('vision'),
'visiondata','upToScaleReconstructionImages');
images =imageDatastore(imageDir);
I1 =readimage(images,1);
I2 =readimage(images,2);
figure
imshowpair(I1,I2,'montage');
title('Original Images');

% Load precomputed camera parameters
load upToScaleReconstructionCameraParameters. mat

I1 =undistortImage(I1,cameraParams);
I2 =undistortImage(I2,cameraParams);
figure
imshowpair(I1,I2,'montage');
title('Undistorted Images');

% Detect feature points
imagePoints1 =detectMinEigenFeatures(rgb2gray(I1),'MinQuality',0. 1);

% Visualize detected points
figure
imshow(I1,'InitialMagnification',50);
title('150 Strongest Corners from the First Image');
hold on
plot(selectStrongest(imagePoints1,150));
```

```matlab
% Create the point tracker
tracker = vision.PointTracker('MaxBidirectionalError',1,'NumPyramidLevels',5);

% Initialize the point tracker
imagePoints1 = imagePoints1.Location;
initialize(tracker,imagePoints1,I1);

% Track the points
[imagePoints2,validIdx] = step(tracker,I2);
matchedPoints1 = imagePoints1(validIdx,:);
matchedPoints2 = imagePoints2(validIdx,:);

% Visualize correspondences
figure
showMatchedFeatures(I1,I2,matchedPoints1,matchedPoints2);
title('Tracked Features');

% Estimate the fundamental matrix
[E,epipolarInliers] = estimateEssentialMatrix(...
    matchedPoints1,matchedPoints2,cameraParams,'Confidence',99.99);

% Findepipolar inliers
inlierPoints1 = matchedPoints1(epipolarInliers,:);
inlierPoints2 = matchedPoints2(epipolarInliers,:);

% Display inlier matches
figure
showMatchedFeatures(I1,I2,inlierPoints1,inlierPoints2);
title('Epipolar Inliers');

[orient,loc] = relativeCameraPose(E,cameraParams,inlierPoints1,inlierPoints2);

% Detect dense feature points.  Use an ROI to exclude points close to the
% image edges.
roi = [30,30,size(I1,2) - 30,size(I1,1) - 30];
imagePoints1 = detectMinEigenFeatures(rgb2gray(I1),'ROI',roi,...
    'MinQuality',0.001);

% Create the point tracker
tracker = vision.PointTracker('MaxBidirectionalError',1,'NumPyramidLevels',5);

% Initialize the point tracker
imagePoints1 = imagePoints1.Location;
initialize(tracker,imagePoints1,I1);

% Track the points
[imagePoints2,validIdx] = step(tracker,I2);
matchedPoints1 = imagePoints1(validIdx,:);
matchedPoints2 = imagePoints2(validIdx,:);

% Compute the camera matrices for each position of the camera
```

```matlab
% The first camera is at the origin looking along the Z-axis. Thus, its
% rotation matrix is identity, and its translation vector is 0.
camMatrix1 = cameraMatrix(cameraParams, eye(3), [0 0 0]);

% Computeextrinsics of the second camera
[R,t] = cameraPoseToExtrinsics(orient, loc);
camMatrix2 = cameraMatrix(cameraParams, R, t);

% Compute the 3-D points
points3D = triangulate(matchedPoints1, matchedPoints2, camMatrix1, camMatrix2);

% Get the color of each reconstructed point
numPixels = size(I1,1) * size(I1,2);
allColors = reshape(I1, [numPixels, 3]);
colorIdx = sub2ind([size(I1,1), size(I1,2)], round(matchedPoints1(:,2)),...
    round(matchedPoints1(:,1)));
color = allColors(colorIdx, :);

% Create the point cloud
ptCloud = pointCloud(points3D, 'Color', color);

% Visualize the camera locations and orientations
cameraSize = 0.3;
figure
plotCamera('Size', cameraSize, 'Color', 'r', 'Label', '1', 'Opacity', 0);
hold on
grid on
plotCamera('Location', loc, 'Orientation', orient, 'Size', cameraSize,...
    'Color', 'b', 'Label', '2', 'Opacity', 0);

% Visualize the point cloud
pcshow(ptCloud, 'VerticalAxis', 'y', 'VerticalAxisDir', 'down',...
    'MarkerSize', 45);

% Rotate and zoom the plot
camorbit(0, -30);
camzoom(1.5);

% Label the axes
xlabel('x-axis');
ylabel('y-axis');
zlabel('z-axis')

title('Up to Scale Reconstruction of the Scene');
```

Structure from motion （多视图）：

```matlab
clc
clear all
close all

% Use |imageDatastore| to get a list of all image file names in a
% directory.
```

```
imageDir = fullfile(toolboxdir('vision'),'visiondata',...
    'structureFromMotion');
imds = imageDatastore(imageDir);

% Display the images.
figure
montage(imds.Files,'Size',[3,2]);

% Convert the images to grayscale.
images = cell(1,numel(imds.Files));
for i = 1:numel(imds.Files)
    I =readimage(imds,i);
    images{i} = rgb2gray(I);
end

title('Input Image Sequence');

load(fullfile(imageDir,'cameraParams.mat'));

% Undistort the first image.
I =undistortImage(images{1},cameraParams);

% Detect features. Increasing 'NumOctaves' helps detect large-scale
% features in high-resolution images. Use an ROI to eliminate spurious
% features around the edges of the image.
border = 50;
roi = [border,border,size(I,2)- 2 * border,size(I,1)- 2 * border];
prevPoints    = detectSURFFeatures(I,'NumOctaves',8,'ROI',roi);

% Extract features. Using 'Upright' features improves matching,as long as
% the camera motion involves little or no in-plane rotation.
prevFeatures = extractFeatures(I,prevPoints,'Upright',true);

% Create an emptyviewSet object to manage the data associated with each
% view.
vSet = viewSet;

% Add the first view. Place the camera associated with the first view
% and the origin,oriented along the Z-axis.
viewId = 1;
vSet = addView(vSet,viewId,'Points',prevPoints,'Orientation',...
    eye(3,'like',prevPoints.Location),'Location',...
    zeros(1,3,'like',prevPoints.Location));

for i = 2:numel(images)
    % Undistort the current image.
    I =undistortImage(images{i},cameraParams);

    % Detect,extract and match features.
    currPoints    = detectSURFFeatures(I,'NumOctaves',8,'ROI',roi);
    currFeatures = extractFeatures(I,currPoints,'Upright',true);
    indexPairs = matchFeatures(prevFeatures,currFeatures,...
```

```
                 'MaxRatio',.7,'Unique',   true);

    % Select matched points.
    matchedPoints1 =prevPoints(indexPairs(:,1));
    matchedPoints2 =currPoints(indexPairs(:,2));

    % Estimate the camera pose of current view relative to the previous view.
    % The pose is computed up to scale,meaning that the distance between
    % the cameras in the previous view and the current view is set to 1.
    % This will be corrected by the bundle adjustment.
    [relativeOrient,relativeLoc,inlierIdx] = helperEstimateRelativePose(...
        matchedPoints1,matchedPoints2,cameraParams);

    % Add the current view to the view set.
    vSet = addView(vSet,i,'Points',currPoints);

    % Store the point matches between the previous and the current views.
    vSet = addConnection(vSet,i-1,i,'Matches',indexPairs(inlierIdx,:));

    % Get the table containing the previous camera pose.
    prevPose = poses(vSet,i-1);
    prevOrientation = prevPose.Orientation{1};
    prevLocation      = prevPose.Location{1};

    % Compute the current camera pose in the global coordinate system
    % relative to the first view.
    orientation =relativeOrient * prevOrientation;
    location=prevLocation + relativeLoc * prevOrientation;
    vSet = updateView(vSet,i,'Orientation',orientation,...
        'Location',location);

    % Find point tracks across all views.
    tracks =findTracks(vSet);

    % Get the table containing camera poses for all views.
    camPoses = poses(vSet);

    % Triangulate initial locations for the 3-D world points.
    xyzPoints = triangulateMultiview(tracks,camPoses,cameraParams);

    % Refine the 3-D world points and camera poses.
    [xyzPoints,camPoses,reprojectionErrors] = bundleAdjustment(xyzPoints,...
        tracks,camPoses,cameraParams,'FixedViewId',1,...
        'PointsUndistorted',true);

    % Store the refined camera poses.
    vSet = updateView(vSet,camPoses);

    prevFeatures = currFeatures;
    prevPoints = currPoints;
end
```

```matlab
% Display camera poses.
camPoses = poses(vSet);
figure;
plotCamera(camPoses,'Size',0.2);
hold on

% Exclude noisy 3-D points.
goodIdx = (reprojectionErrors < 5);
xyzPoints = xyzPoints(goodIdx,:);

% Display the 3-D points.
pcshow(xyzPoints,'VerticalAxis','y','VerticalAxisDir','down',...
    'MarkerSize',45);
grid on
hold off

% Specify the viewing volume.
loc1 =camPoses.Location{1};
xlim([loc1(1)-5,loc1(1)+4]);
ylim([loc1(2)-5,loc1(2)+4]);
zlim([loc1(3)-1,loc1(3)+20]);
camorbit(0,-30);

title('Refined Camera Poses');

% Read and undistort the first image
I =undistortImage(images{1},cameraParams);

% Detect corners in the first image.
prevPoints = detectMinEigenFeatures(I,'MinQuality',0.001);

% Create the point tracker object to track the points across views.
tracker =vision.PointTracker('MaxBidirectionalError',1,'NumPyramidLevels',6);

% Initialize the point tracker.
prevPoints = prevPoints.Location;
initialize(tracker,prevPoints,I);

% Store the dense points in the view set.
vSet = updateConnection(vSet,1,2,'Matches',zeros(0,2));
vSet = updateView(vSet,1,'Points',prevPoints);

% Track the points across all views.
for i = 2:numel(images)
    % Read and undistort the current image.
    I =undistortImage(images{i},cameraParams);

    % Track the points.
    [currPoints,validIdx] = step(tracker,I);

    % Clear the old matches between the points.
    if i < numel(images)
```

```
                    vSet = updateConnection(vSet,i,i+1,'Matches',zeros(0,2));
            end
            vSet = updateView(vSet,i,'Points',currPoints);

            % Store the point matches in the view set.
            matches =repmat((1:size(prevPoints,1))',[1,2]);
            matches = matches(validIdx,:);
            vSet = updateConnection(vSet,i-1,i,'Matches',matches);
    end

    % Find point tracks across all views.
    tracks =findTracks(vSet);

    % Find point tracks across all views.
    camPoses = poses(vSet);

    % Triangulate initial locations for the 3-D world points.
    xyzPoints = triangulateMultiview(tracks,camPoses,...
            cameraParams);

    % Refine the 3-D world points and camera poses.
    [xyzPoints,camPoses,reprojectionErrors] = bundleAdjustment(...
            xyzPoints,tracks,camPoses,cameraParams,'FixedViewId',1,...
            'PointsUndistorted',true);

    % Display the refined camera poses.
    figure;
    plotCamera(camPoses,'Size',0.2);
    hold on

    % Exclude noisy 3-D world points.
    goodIdx = (reprojectionErrors < 5);

    % Display the dense 3-D world points.
    pcshow(xyzPoints(goodIdx,:),'VerticalAxis','y','VerticalAxisDir','down',...
            'MarkerSize',45);
    grid on
    hold off

    % Specify the viewing volume.
    loc1 =camPoses.Location{1};
    xlim([loc1(1)-5,loc1(1)+4]);
    ylim([loc1(2)-5,loc1(2)+4]);
    zlim([loc1(3)-1,loc1(3)+20]);
    camorbit(0,-30);

    title('Dense Reconstruction');
```

5.5　从纹理中恢复形状

　　利用物体表面上的纹理可以确定表面朝向，进而恢复表面形状。复杂的纹理可看作由一些简单的纹理基元以某种规律重复排列组合而成。利用物体表面的纹理确定其朝向要考虑成像过程的影响，具体与景物纹理和图像纹理间的联系有关。在获取图像的过程中，原始景物上的纹理结构有可能在图像上发生变化，这种变化可能随纹理所在表面朝向的不同而不同，因而带有物体表面朝向的三维信息。

5.5.1 从纹理恢复形状的三种方法

常用的纹理恢复三维方法主要有三类。

（1）利用纹理基元尺寸的变化

在透视投影中存在着近大远小的规律，所以位置不同的纹理基元在投影后尺寸会产生不同的变化。这在观察铺了地板或地砖的方向时很明显。根据纹理基元投影尺寸变化率的极大值可以把纹理基元所在平面的朝向确定下来。这个极大值的方向就是纹理梯度的方向。设图像平面与纸面重合，视线从纸中出来，则纹理梯度的方向取决于纹理基元绕相机轴线选择的角度，而纹理梯度的数值给出纹理基元相对视线倾斜的倾斜程度。借助于相机安装、放置的几何信息可将纹理基元及所在平面的朝向确定下来。

（2）利用纹理基元形状的变化

物体表面纹理基元的形状在透视投影和正交投影成像后有可能发生一定的变化，如果已经知道纹理单元的原始形状，也可从纹理基元形状的变化推算出表面的朝向。平面的朝向是由两个角度（相对于相机轴线的角度和相对于视线倾斜的角度）所决定的，对给定的原始纹理基元，根据其成像后的变化结果可确定出这两个角度。

（3）利用纹理基元之间空间关系的变化

如果纹理是由有规律的纹理元栅格组成的，则可通过计算其消失点来恢复表面朝向信息。消失点是相交线段集合中各线段的交点。对于一个透射图，平面上的消失点是无穷远处纹理基元以一定方向投影到图像平面形成的，或者说是平行线在无穷远处的汇聚点。

纹理基元尺寸、形状或相互关系的变化都可看作投影产生的纹理畸变，这种畸变里含有原始三维世界的空间信息。以上三种方法的前提都是对原始纹理基元的尺寸、形状或相关关系有一定的先验知识，所以都是根据已知模式的畸变来重构三维物体。形状畸变的情况主要与两个因素有关：①观察者与物体之间的距离，它影响纹理基元畸变后的大小；②物体表面的法线与视线之间的夹角。

5.5.2 纹理模式假设

在由纹理恢复表面朝向的过程中，常常需要对纹理模式有一定的假设。

（1）各向同性假设

各向同性假设认为对于各向同性的纹理，在纹理平面发现一个纹理基元的概率与该纹理基元的朝向无关。换句话说，对各向同性纹理的概率模型不需要考虑纹理平面上坐标系统的朝向。

（2）均匀性假设

图像中纹理的均匀性指无论在图像中的任何位置选取一个窗口的纹理，它都与在其他位置选取窗口的纹理一致。更严格地说，一个像素值的概率分布只取决于该像素邻域的性质，而与像素自身的空间坐标无关。根据均匀性假设，如果采集了图像中一个窗口的纹理作为样本，则可根据样本的性质为窗口外的纹理建立模型。

5.6 案例——从阴影恢复形状

5.6.1 三维缺陷自动检测

缺陷检测技术是提高产品质量的有利保证，对于减少或避免因缺陷引起的意外事故也有积极的作用。本节的缺陷检测技术关心的是物体三维全貌的检测，并不是抽取部分检测点或者部分检测面的局部检测。本方法因设备简单、安装容易的优点，可应用到工业现场，如在磁性材料工件加工过程中，工件的缺陷必须及时检测并剔除。工业现场可以建立自动三维缺陷检测生产线，如图 5-18 所示。

为了避免工厂内部的杂散光（如电弧焊光等）使测量图像产生噪声，可以在适当的检测部位用黑布围成一个暗室，在此暗室实现工件的三维缺陷检测。若发现检测图像仍然存在部分噪声，可采用图像处理技术，如图像平滑、线性变换等对图像进行预处理，最大程度地滤除噪声。

在检测之前，先调整好相机状态、光源和软件参数，通过送料机构将工件逐个送到流水线上，当工件到达 CCD 图像采集范围内时，通过位置检测开关通知主程序"工件已到"，主程序开始采集工件图像，并对采集的图像进行三维形貌恢复，判断每个点的表面厚度是否与理想厚度存在较大偏差，进而判断是否存在缺陷，然后决定是否要通知分选机构分选。若不分选，则由翻转机构翻面后进行反面的检测。反面的检测和正面类似，如果有缺陷则进行分选，否则送入无缺陷工件盒中。

图 5-19 所示为单幅磁性材料工件图。利用本节所述三维形貌恢复方法对其进行恢复的结果如图 5-20 所示。工件的平面尺寸及高度尺寸均已获得。图 5-19 共有 128×128 个像素，其外形尺寸为 20 mm×20 mm×2 mm，所恢复的三维图像将 X、Y 方向尺寸分别划分为 128 等分，那么 X 和 Y 方向的分辨率均为

$$20 \text{ mm}/128 = 0.16 \text{ mm}$$

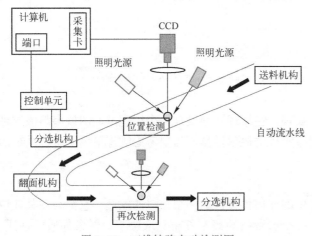

图 5-18　三维缺陷自动检测图

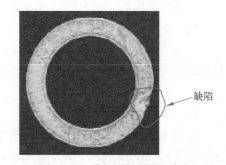

图 5-19　单幅磁性材料工件图

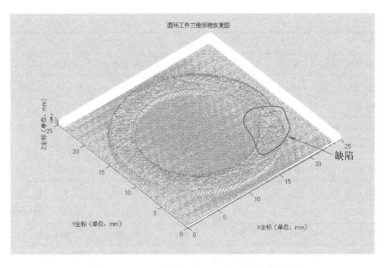

图 5-20　磁性材料工件三维形貌恢复结果

XY 平面分辨率为

$$(20\ \text{mm} \times 20\ \text{mm})/(128 \times 128) = 0.02\ \text{mm}^2$$

Z 方向的分辨率由灰度级别决定，本实例所采用的图像系统灰度等级为 256 级，则 Z 方向的分辨率为

$$2\ \text{mm}/256 = 0.008\ \text{mm}$$

图 5-19 中共有 128×128 个测点，从三维形貌恢复图中可以清晰分辨缺陷的位置及形状，并可准确确定缺陷的位置和高度。截取缺陷处 80 个测点的三维数据，见表 5-1。这 80 个测点为 10 行 8 列，X 坐标的变化范围为 15.625~16.719 mm，Y 坐标的变化范围为 6.250~7.656 mm。Z 坐标的测值通过三维恢复方法得到。从表 5-1 可以清楚地看到每个测点的深度信息，此处的深度信息与标准深度信息 2 mm 差别很大，最小深度仅为 0.186 mm，并按行呈现逐步下降的趋势，是明显的缺陷。按照相似的方法，通过判断测点深度与标准深度的差别，可以识别每个工件是否存在深度缺陷。

表 5-1　部分缺陷位置的三维数据

序号		测值（单位：X：mm, Y：mm, Z：0.1 mm）							
1	X	15.625	15.781	15.938	16.094	16.250	16.406	16.563	16.719
	Y	6.250	6.250	6.250	6.250	6.250	6.250	6.250	6.250
	Z	16.822	15.701	16.262	15.14	12.056	14.953	11.121	1.869
2	X	15.625	15.781	15.938	16.094	16.25	16.406	16.563	16.719
	Y	6.406	6.406	6.406	6.406	6.406	6.406	6.406	6.406
	Z	14.019	14.393	17.664	17.009	13.925	12.71	12.075	3.178
3	X	15.625	15.781	15.938	16.094	16.250	16.406	16.563	16.719
	Y	6.563	6.563	6.563	6.563	6.563	6.563	6.563	6.563
	Z	18.692	17.757	15.047	13.738	12.71	14.299	11.869	2.091

序号		测值（单位：X：mm，Y：mm，Z：0.1mm）							
4	X	15.625	15.781	15.938	16.094	16.250	16.406	16.563	16.719
	Y	6.719	6.719	6.719	6.719	6.719	6.719	6.719	6.719
	Z	18.692	15.047	13.084	13.832	17.850	17.850	14.323	7.654
5	X	15.625	15.781	15.938	16.094	16.250	16.406	16.563	16.719
	Y	6.875	6.875	6.875	6.875	6.875	6.875	6.875	6.875
	Z	8.972	17.664	14.86	10.935	10.935	9.4393	12.336	9.333
6	X	15.625	15.781	15.938	16.094	16.250	16.406	16.563	16.719
	Y	7.031	7.031	7.031	7.031	7.031	7.031	7.031	7.031
	Z	9.813	17.757	10.561	9.439	11.682	12.991	15.514	15.981
7	X	15.625	15.781	15.938	16.094	16.250	16.406	16.563	16.719
	Y	7.188	7.188	7.188	7.188	7.188	7.188	7.188	7.188
	Z	19.252	18.411	14.299	18.692	17.009	19.346	17.383	4.579
8	X	15.625	15.781	15.938	16.094	16.250	16.406	16.563	16.719
	Y	7.344	7.344	7.344	7.344	7.344	7.344	7.344	7.344
	Z	19.439	19.626	19.252	19.159	17.757	19.72	17.477	3.925
9	X	15.625	15.781	15.938	16.094	16.250	16.406	16.563	16.719
	Y	7.500	7.500	7.500	7.500	7.500	7.500	7.500	7.500
	Z	19.533	19.533	19.72	18.318	11.776	12.991	12.523	4.589
10	X	15.625	15.781	15.938	16.094	16.250	16.406	16.563	16.719
	Y	7.656	7.656	7.656	7.656	7.656	7.656	7.656	7.656
	Z	18.505	19.346	15.140	17.290	19.533	7.757	8.911	6.065

5.6.2 气泡大小的自动检测

单幅化学反应器的照片如图 5-21 所示，该图由 512×512 个像素构成。在图中选取四个气泡，分别标号 1~4，气泡处的颜色与其他地方存在较大差别，它们的三维恢复图像如图 5-22 所示。从恢复图像中可以清晰地看到所选四个气泡的位置及形状，从深度信息中可以判断气泡的大小，从 X、Y 坐标中可以判断气泡的分布及位置关系。气泡 1 的部分数据见表 5-2 共 8×8 组数据，其中 X 坐标的变化范围为 2.99~3.34 mm，Y 坐标的变化范围为 18.12~18.47 mm。Z 坐标的值通过前文所述的三维恢复方法得到。分析 Z 坐标的值，介于 12.00~13.52 mm 之间的值为与气泡相关的深度尺寸。从深度信息的横纵坐标分布可以看出，气泡的

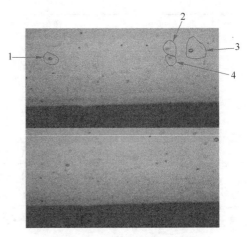

图 5-21　单幅化学反应器照片

形状并非圆形，而是一个不规则的自由曲面。

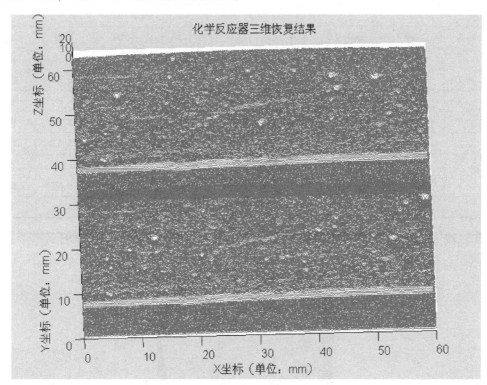

图 5-22　化学反应器三维形貌恢复结果

表 5-2　气泡 1 的三维数据

序号	测值（单位：X：mm，Y：mm，Z：mm）							
1	X	2.99	3.04	3.09	3.14	3.19	3.24	3.29	3.34
	Y	18.12	18.12	18.12	18.12	18.12	18.12	18.12	18.12
	Z	19.02	19.08	19.05	12.03	12.07	19.09	19.01	19.04
2	X	2.99	3.04	3.09	3.14	3.19	3.24	3.29	3.34
	Y	18.17	18.17	18.17	18.17	18.17	18.17	18.17	18.17
	Z	19.01	19.02	13.11	12.05	12.07	12.00	18.99	18.56
3	X	2.99	3.04	3.09	3.14	3.19	3.24	3.29	3.34
	Y	18.22	18.22	18.22	18.22	18.22	18.22	18.22	18.22
	Z	19.00	17.23	12.33	12.56	12.44	18.66	18.99	19.00
4	X	2.99	3.04	3.09	3.14	3.19	3.24	3.29	3.34
	Y	18.27	18.27	18.27	18.27	18.27	18.27	18.27	18.27
	Z	19.00	17.89	12.00	19.00	12.08	12.03	19.22	19.04
5	X	2.99	3.04	3.09	3.14	3.19	3.24	3.29	3.34
	Y	18.32	18.32	18.32	18.32	18.32	18.32	18.32	18.32
	Z	18.64	12.33	12.46	19.02	18.67	12.82	12.77	19.01

序号		测值（单位：X：mm，Y：mm，Z：mm）							
6	X	2.99	3.04	3.09	3.14	3.19	3.24	3.29	3.34
	Y	18.37	18.37	18.37	18.37	18.37	18.37	18.37	18.37
	Z	19.62	12.36	13.01	18.23	19.05	12.47	12.56	19.20
7	X	2.99	3.04	3.09	3.14	3.19	3.24	3.29	3.34
	Y	18.42	18.42	18.42	18.42	18.42	18.42	18.42	18.42
	Z	19.02	12.56	13.00	12.85	13.28	12.03	18.33	19.08
8	X	2.99	3.04	3.09	3.14	3.19	3.24	3.29	3.34
	Y	18.47	18.47	18.47	18.47	18.47	18.47	18.47	18.47
	Z	19.03	18.22	17.39	12.26	13.52	17.66	18.54	19.00

图 5-23~图 5-28 是采用 SFS 对青椒、计算机转换头、自恢复保险丝的三维形貌恢复结果。

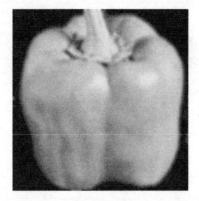

图 5-23　单幅青椒照片

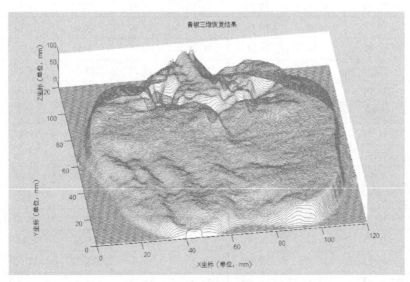

图 5-24　青椒三维形貌恢复结果

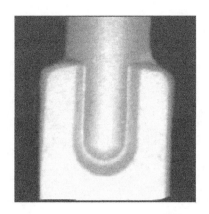

图 5-25　计算机转换头单幅图像

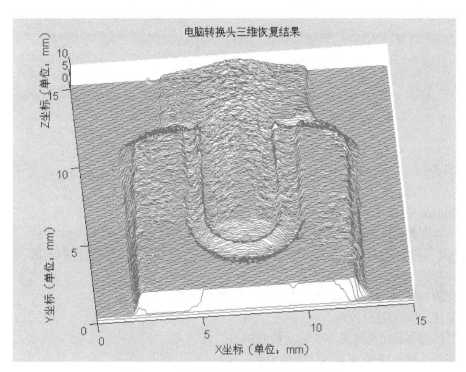

图 5-26　计算机转换头三维形貌恢复结果

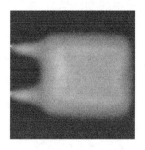

图 5-27　自恢复保险丝单幅图片

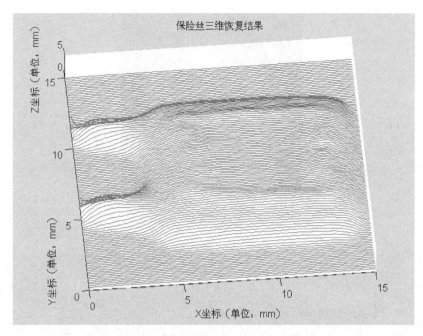

图 5-28 自恢复保险丝三维形貌恢复结果

5.7 习题

1. "Shape From X" 中的 "X" 代表什么？

2. 单幅图像实际上是从三维场景到二维场景的投影所得，丢失了深度信息。但是，从单幅图中又可以恢复出三维信息，比如使用 SFS 方法。这两点之间似乎存在矛盾，对此如何理解？

3. 比较一下 SFS 方法与光度立体视觉方法的优缺点。

4. 简述 SFM 方法的原理。

5. 另外列举几个光流不等于运动场的例子。

6. 查阅文献调研 SFM 与 SLAM 的关系。

7. 结合本章介绍的从多视图恢复形状的方法，试用相机从不同位置拍摄图像，以这些图像为基础数据，从运动恢复出场景中的物体信息。

第6章　双目立体视觉

机器视觉是通过相机采集的二维图像信息来认知三维环境信息的能力，这种能力不仅使机器能感知三维环境中物体的几何信息（如形状、位置、运动姿态等），而且能进一步对它们进行描述、存储、识别与理解。20世纪80年代初，Marr首次将图像处理、心理物理学、神经生理学和临床精神病学的研究成果从信息处理的角度进行概括，创立了视觉计算理论框架，对立体视觉技术的发展产生了极大的推动作用。获取空间三维场景的距离信息是机器视觉研究中最基础的内容之一。双目立体视觉（Binocular Stereo Vision）是机器视觉的一种重要形式，是机器视觉的关键技术之一。双目立体视觉仿真生物视觉系统的原理，利用双相机从不同的角度，甚至不同的时空获取同一三维场景的两幅数字图像，通过立体匹配计算两幅图像像素间的位置偏差（即视差），来获取该三维场景的三维几何信息与深度信息，并重建该场景的三维形状与位置。标定、视差提取（图像配准）是双目立体视觉的重要环节。

6.1　双目立体视觉原理

6.1.1　双目立体视觉测深原理

利用双目立体视觉获取物体的深度信息和确定物体的位置信息都是通过三角测量法来实现，如图6-1所示。

首先计算出目标在左、右相机坐标系中的坐标 (x_{c1}, y_{c1}, z_{c1}) 和 (x_{c2}, y_{c2}, z_{c2})，然后利用两个相机之间的关系进行求解。在理想情况下，左右两个相机应该是处于同一水平面、平行向前的位置。但是现实环境中的装配工艺和相机生产工艺很难保证这一点，因此计算出两个相机之间的关系，即旋转矩阵 $\boldsymbol{R}$ 和平移矩阵 $\boldsymbol{T}$，是保证最后求解出来的三维坐标精度的关键步骤。

假设世界坐标系为 $OX_wY_wZ_w$，目标在世界坐标系中的坐标为 (x_w, y_w, z_w)；左相机坐标系为 $O_{c1}X_{c1}Y_{c1}Z_{c1}$，目标在左相机坐标系中的坐标为 (x_{c1}, y_{c1}, z_{c1})；

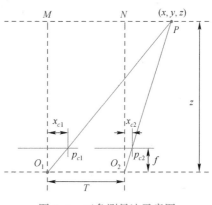

图6-1　三角测量法示意图

右相机坐标系为 $O_{c2}X_{c2}Y_{c2}Z_{c2}$，目标在右相机坐标系中的坐标为 (x_{c2}, y_{c2}, z_{c2})；左、右相机的外参数分别为 $\boldsymbol{R}_{c1}$、$\boldsymbol{T}_{c1}$ 和 $\boldsymbol{R}_{c2}$、$\boldsymbol{T}_{c2}$。那么左右相机坐标系下的目标坐标与世界坐标系下的目标坐标之间的关系为

$$\begin{cases} \begin{pmatrix} x_{c1} \\ y_{c1} \\ z_{c1} \end{pmatrix} = R_{c1} \begin{pmatrix} x_w \\ y_w \\ z_w \end{pmatrix} + T_{c1} \\ \begin{pmatrix} x_{c2} \\ y_{c2} \\ z_{c2} \end{pmatrix} = R_{c2} \begin{pmatrix} x_w \\ y_w \\ z_w \end{pmatrix} + T_{c2} \end{cases} \tag{6-1}$$

即

$$\begin{pmatrix} x_{c2} \\ y_{c2} \\ z_{c2} \end{pmatrix} = R \begin{pmatrix} x_{c1} \\ y_{c1} \\ z_{c1} \end{pmatrix} + T \tag{6-2}$$

式中 $R = R_{c2} R_{c1}^{-1}$，$T = T_{c2} - R_{c2} R_{c1}^{-1} T_{c1}$。

获得两个相机之间的转换关系（R，T）之后，就可以通过三角测量法求解目标的三维坐标。

由相似三角形 $\Delta p_{c1} P p_{c2} \sim \Delta O_1 P O_2$ 可得

$$\frac{T - (x_{c1} - x_{c2})}{z - f} = \frac{T}{z} \tag{6-3}$$

推导可得

$$z = \frac{fT}{x_{c1} - x_{c2}} \tag{6-4}$$

如果知道目标的图像坐标和相机的内外参数矩阵，就可以通过下式获得目标相对于相机的三维坐标。

$$\begin{pmatrix} X \\ Y \\ Z \\ W \end{pmatrix} = Q \begin{pmatrix} x \\ y \\ d \\ 1 \end{pmatrix} = \begin{pmatrix} x - c_x \\ y - c_y \\ f \\ \dfrac{-d + c_x - c_x'}{T_x} \end{pmatrix} \tag{6-5}$$

式中，Q 为重投影矩阵，$Q = \begin{pmatrix} 1 & 0 & 0 & -c_x \\ 0 & 1 & 0 & -c_y \\ 0 & 0 & 0 & f \\ 0 & 0 & -1/T_x & (c_x - c_x')T_x \end{pmatrix}$。

在 Q 中，c_x' 为主点在右相机图像中的 x 坐标值，T_x 为两相机之间的平移矩阵，其他参数是左相机的内参数。

6.1.2 极线约束

图 6-2 中，空间点 P 在左右相机成像平面中的对应点分别为 P_l 和 P_r；左右相机光心 O_l、O_r 和空间点 P 构成极平面 π；极平面 π 与左右相机平面 π_l 和 π_r 的交线 $e_l P_l$ 和 $e_r P_r$ 为 P 点所对应的左右极线，光心连线 $O_l O_r$ 与左右相机平面 π_l 和 π_r 的交点即为左右极点，并且

射线 O_lP 上的所有点在左相机平面 π_l 上的投影均为 P_l；同时这些点都将被约束在左右极线 e_lP_l 和 e_rP_r 上。所以空间点 P 在左相机平面上进行投影得到投影点 P_l 后，将会在右相机平面 P_r 上存在无数个点与其对应，但是这些对应点都被约束在所对应的右极线上，即对应点的搜索策略应当是在对应极线上进行搜索而不是在图像的全局范围内搜索，这样就大大降低了搜索次数，提高了搜索效率。

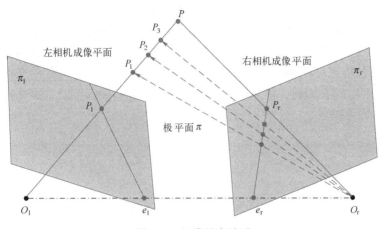

图 6-2　极线约束关系

双目相机的空间投影方程为

$$\begin{cases} s_l\boldsymbol{p}_l = \boldsymbol{M}_l\boldsymbol{X}_w = (\boldsymbol{M}_{l1} \quad m_l)\boldsymbol{X}_w \\ s_r\boldsymbol{p}_r = \boldsymbol{M}_r\boldsymbol{X}_w = (\boldsymbol{M}_{r1} \quad m_r)\boldsymbol{X}_w \end{cases} \tag{6-6}$$

式中，s_l 和 s_r 为比例因子；$\boldsymbol{p}_l$ 和 $\boldsymbol{p}_r$ 分别为 P 在左右相机平面中的齐次坐标；$\boldsymbol{M}_l$ 和 $\boldsymbol{M}_r$ 分别为左右相机的投影矩阵；$\boldsymbol{X}_w$ 为 P 点在世界坐标系下的齐次坐标。

由式（6-6）消去 $\boldsymbol{X}_w$ 可得

$$s_r\boldsymbol{p}_r - s_l\boldsymbol{M}_{r1}\boldsymbol{M}_{l1}^{-1}\boldsymbol{p}_l = m_r - \boldsymbol{M}_{r1}\boldsymbol{M}_{l1}^{-1}m_l \tag{6-7}$$

消去比例因子 s_l 和 s_r 可得到关于 $\boldsymbol{p}_l$ 和 $\boldsymbol{p}_r$ 的约束方程，即

$$\boldsymbol{p}_r^{\mathrm{T}}\,[m]_\times\boldsymbol{M}_{r1}\boldsymbol{M}_{l1}^{-1}\boldsymbol{p}_l = 0 \tag{6-8}$$

式中，$[m]_\times$ 为 $\boldsymbol{m}$ 的反对称矩阵，令 $\boldsymbol{F} = [m]_\times\boldsymbol{M}_{r1}\boldsymbol{M}_{l1}^{-1}$，则由公式（6-8）可以推出

$$\boldsymbol{p}_r^{\mathrm{T}}\boldsymbol{F}\boldsymbol{p}_l = 0 \tag{6-9}$$

在已知双目系统的内外参数 $\boldsymbol{A}_1$、$\boldsymbol{A}_r$ 和旋转平移参数 $\boldsymbol{R}$、$\boldsymbol{T}$ 时，$\boldsymbol{F}$ 可表示为

$$\boldsymbol{F} = \boldsymbol{A}_r^{-1}\boldsymbol{S}\boldsymbol{R}\boldsymbol{A}_l^{-1} \tag{6-10}$$

式中，$\boldsymbol{S}$ 为反对称矩阵，并由平移向量构成。

$$\boldsymbol{S} = \begin{pmatrix} 0 & -t_z & t_y \\ t_z & 0 & -t_x \\ -t_y & t_x & 0 \end{pmatrix} \tag{6-11}$$

基本矩阵包括了极线约束过程中的参数，这有效地约束了空间中的对应点，提高了搜索效率与匹配精度。在左右相机平面中找到空间点 P 的对应位置后，根据双目视觉原理即可得到点 P 在空间中的实际坐标，从而实现从相机平面到三维世界的立体重构。

6.2 双目立体视觉系统

6.2.1 双目立体视觉系统分析

双目立体视觉系统由左右两部相机组成。如图 6-3 所示，图中分别以下标 l 和 r 标注左、右相机的相应参数。世界空间中的一点 $A(X,Y,Z)$ 在左右相机的成像面 C_l 和 C_r 上的像点分别为 $a_l(u_l,v_l)$ 和 $a_r(u_r,v_r)$，这两个像点称为"共轭点"。如果已知这两个共轭像点，分别做它们与各自相机光心 O_l 和 O_r 的连线，即投影线 a_lO_l 和 a_rO_r，它们的交点即为世界空间中的对象点 $A(X,Y,Z)$。因此，如果确定了像点 $a_l(u_l,v_l)$ 和 $a_r(u_r,v_r)$，那么世界空间中的对象点 $A(X,Y,Z)$ 即可确定。

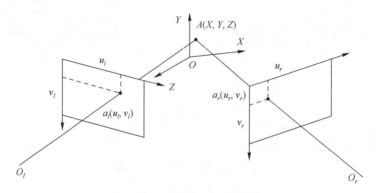

图 6-3　立体视觉的基本原理

6.2.2 双目立体视觉：平行光轴的系统结构

在平行光轴的立体视觉系统中（如图 6-4 所示），左右两台相机的焦距及其他内参数均相等，光轴与相机的成像平面垂直，两台相机的 X 轴重合，Y 轴相互平行，因此将左相机沿其 X 轴平移一段距离 b（称为基线距）后与右相机重合。由空间点 A 及左右两相机的光心 O_l 和 O_r 确定的对极平面分别与左右成像平面 C_l 和 C_r 的交线 p_l、p_r 为共轭极线对，它们分别与各自成像平面的坐标轴 u_l、u_r 平行且共线。在这种理想的结构形式中，左右相机配置的几何关系最为简单，极线已具有很好的性质，为寻找对象点 A 左右成像平面上投影点 a_l 和 a_r 之间的匹配关系提供了非常便利的条件。

左右图像坐标系的原点在相机光轴与平面的交点 O_l 和 O_r 处。空间中某点 $A(X,Y,Z)$ 在左图像和右图像中的相应坐标分别为 $a_l(u_l,v_l)$ 和 $a_r(u_r,v_r)$。假定两相机的图像在同一个平面上，则点 A 图像坐标的 Y 坐标相同，即 $v_l=v_r$。由三角几何关系可得

$$u_l=f\frac{X}{Z} \tag{6-12}$$

$$u_r=f\frac{(X-b)}{Z} \tag{6-13}$$

$$v=v_l=v_r=f\frac{Y}{Z} \tag{6-14}$$

式中，(X,Y,Z)为点 A 在左相机坐标系中的坐标，b 为基线距，f 为两个相机的焦距。

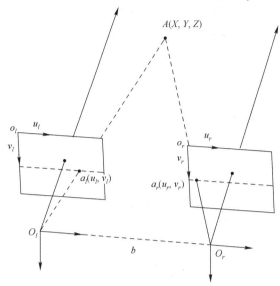

图 6-4　平行光轴的立体视觉系统示意图

视差定义为某一点在两幅图像中相应点的位置差

$$d = u_l - u_r = \frac{fb}{Z} \tag{6-15}$$

由此可计算出空间中某点 A 在左相机坐标系中的坐标为

$$X = \frac{bu_l}{d}$$

$$Y = \frac{bv}{d}$$

$$Z = \frac{bf}{d} \tag{6-16}$$

因此，只要能够找到空间中某点在左右两个相机成像平面上的相应点，并且通过相机标定获得相机的内外参数，就可以确定这个点的三维坐标。

6.2.3　双目立体视觉的精度分析

在进行双目视觉系统标定以及应用该系统进行测量时，要确保相机的内参数（比如焦距）和两个相机的相对位置关系不会发生变化，如果任何一项发生变化，则需要重新对双目立体视觉系统进行标定。

视觉系统的安装方法会影响测量结果的精度。测量的精度可表示为

$$\Delta Z = \frac{Z^2}{f \times b} \times \Delta d \tag{6-17}$$

式中，ΔZ 表示测量得出的被测点与立体视觉系统之间距离的误差；Z 指被测点与立体视觉系统的绝对距离；f 指相机的焦距；b 表示双目立体视觉系统的基线距；Δd 表示被测点的视差误差。

如果 b 和 Z 之间的比值过大，立体图像之间的交叠区域将非常小，这样就不能得到足够的物体表面信息。b/Z 可以取的最大值取决于物体的表面特征。一般情况下，如果物体高度变化不明显，b/Z 可以取得大一些；如果物体表面高度变化明显，则 b/Z 的值要小一些。在任何情况下，都要确保立体图像对之间的交叠区域足够大并且两个相机大约对齐，也就是说每个相机绕光轴旋转的角度不能太大。

6.3 双目标定和立体匹配

6.3.1 双目立体视觉坐标系

相机的参数对目标的识别、定位精度有很大的影响，相机标定就是为了求出相机的内外参数。

为了确定相机的内参数，需要知道相机的成像芯片所构成的图像平面坐标系和相机采集的图像像素坐标系之间的关系，如图 6-5 所示。

图 6-5 中 O 为相机光轴和成像芯片的交点；O_0 为像素坐标系的中心，则图像平面坐标系和像素坐标系的转换公式为

$$\begin{cases} u = c_x + \dfrac{x}{\mathrm{d}x} \\ v = c_y + \dfrac{y}{\mathrm{d}y} \end{cases} \qquad (6\text{-}18)$$

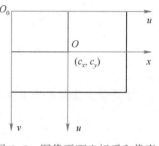

图 6-5 图像平面坐标系和像素坐标系之间的关系示意图

式中，(x, y) 为图像平面坐标系下任意一点的坐标，(u, v) 是图像平面坐标系下任意一点对应的像素坐标，$\mathrm{d}x$ 和 $\mathrm{d}y$ 是像素的实际大小。

相机的外参数是指相机坐标系和世界坐标系之间的关系，如图 6-6 所示。

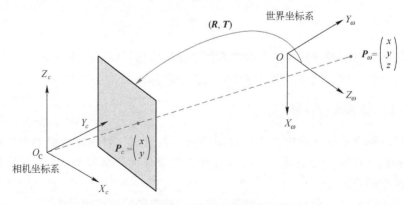

图 6-6 相机坐标系和世界坐标系之间的关系

利用双目视觉获取物体的深度信息和人眼确定物体位置的原理类似，都使用了三角法，如图 6-1 所示。首先分别计算出目标在左右相机坐标系中的坐标 (x_{c1}, y_{c1}, z_{c1}) 和 (x_{c2}, y_{c2}, z_{c2})，然后利用两个相机之间的关系进行求解。在理想情况下，左右两个相机应该是处于同一水平面、平行向前的位置关系，但是现实环境中的装配工艺和相机生产工艺很难保证这一

点，因此计算出两个相机之间的关系，即旋转矩阵 $\boldsymbol{R}$ 和平移矩阵 $\boldsymbol{T}$ 是保证最后求解出来的三维坐标精度的关键步骤。

6.3.2 双目立体视觉标定

相机内参数的标定和单目视觉系统标定一致，双目立体视觉系统的标定主要是指相机的内参数标定后确定视觉系统的结构参数 $\boldsymbol{R}$ 和 $\boldsymbol{T}$（即两个相机之间的位置关系，$\boldsymbol{R}$ 和 $\boldsymbol{T}$ 分别为旋转矩阵和平移向量）。一般方法是采用标准的三维或三维精密靶标，通过相机图像坐标与三维世界坐标的对应关系求得这些参数。具体的标定过程如下。

1）将标定板放在一个适当的位置，使它在两个相机中均可以完全成像。通过标定确定两个相机的内外参数（$\boldsymbol{R}_1$、$\boldsymbol{T}_1$ 与 $\boldsymbol{R}_2$、$\boldsymbol{T}_2$），则 $\boldsymbol{R}_1$、$\boldsymbol{T}_1$ 表示左相机与世界坐标系的相对位置，$\boldsymbol{R}_2$、$\boldsymbol{T}_2$ 表示右相机与世界坐标系的相对位置。

2）假定空间中任意一点在世界坐标系、左相机坐标系和右相机坐标系下的非齐次坐标分别为 $\boldsymbol{X}_\omega$、$\boldsymbol{X}_1$、$\boldsymbol{X}_2$，则

$$
\begin{aligned}
\boldsymbol{X}_1 &= \boldsymbol{R}_1 \boldsymbol{X}_\omega + \boldsymbol{T}_1 \\
\boldsymbol{X}_2 &= \boldsymbol{R}_2 \boldsymbol{X}_\omega + \boldsymbol{T}_2
\end{aligned} \tag{6-19}
$$

消去 $\boldsymbol{X}_\omega$ 得到
$$\boldsymbol{X}_2 = \boldsymbol{R}_2 \boldsymbol{R}_1^{-1} \boldsymbol{X}_1 + \boldsymbol{T}_2 - \boldsymbol{R}_2 \boldsymbol{R}_1^{-1} \boldsymbol{T}_1$$

两个相机之间的位置关系 $\boldsymbol{R}$、$\boldsymbol{T}$ 可表示为

$$
\begin{cases}
\boldsymbol{R} = \boldsymbol{R}_2 \boldsymbol{R}_1^{-1} \\
\boldsymbol{T} = \boldsymbol{T}_2 - \boldsymbol{R}_2 \boldsymbol{R}_1^{-1} \boldsymbol{T}_1
\end{cases} \tag{6-20}
$$

6.3.3 双目立体视觉中的对应点匹配

1. 关键技术

立体匹配的过程主要涉及以下几方面的技术：首先需要确定匹配基元，匹配基元是匹配的最小单位，其选择直接关系到匹配的效果和精度；其次需要依据一定的匹配原则来执行匹配操作，匹配原则指匹配过程中设立的约束条件，其目的在于简化匹配过程、减小系统计算量；然后需要制定相关的搜索策略，合理的搜索策略可以限制解空间的大小，从而进一步降低匹配过程中存在的匹配歧义现象，提高搜索速度；最后利用相似性测度来描述匹配基元之间的相似程度，相似性测度同时也描述了计算的代价，因此也被称为代价函数。

（1）匹配基元

匹配基元是匹配的最小单位。在立体匹配流程中，首先要进行匹配基元的选择，该步骤也是整个流程中最重要的。匹配基元的选择决定了选择哪一种特征、哪些信息来进行立体匹配，除此以外，也决定了匹配过程对图像和场景中哪些特征敏感和感兴趣。匹配基元的合理选择和应用大大简化了相似性度量过程所需要付出的代价，对立体匹配的计算复杂度有直接影响。在立体匹配过程中，匹配基元可选用的特征类型十分广泛，常用的有图像像素的灰度特征、图像结构特征、图像高级特征等。其中，结构特征又可细分为边缘特征、角点特征等。作为一种全局性特征，统计特征是对图像中一个区域的测量和评估，而高级特征是图像中一些高层次的结构化特征。

某种程度上，匹配基元的选择就是匹配特征类型的选择，匹配特征类型的合适与否将直

接影响匹配算法的性能好坏，因而，如何选择匹配特征类型就显得至关重要。选择的匹配特征类型应当不受光照、阴影、场景反射光等因素的影响，并且能够表示场景的本质属性。所以基元的稳定性与敏感性是选择匹配基元的主要考量因素。

1）稳定性：针对显微立体匹配系统中存在着不同程度的光度学畸变和几何学畸变的情况，所选的匹配基元必须不受这些畸变干扰，能够准确可靠地对标志点的位置进行检测，即匹配基元的稳定性。

2）敏感性：匹配基元是基于特征的匹配单位，为降低特征匹配过程中的错误发生概率，应使不同位置的标志特征具有显著差异，即匹配基元的灵敏性。

除上述两个主要因素外，所选的匹配基元还应当具备在大视差范围情况下的适用性、检测便利性以及定位准确的基本性能。

（2）匹配操作

由双目立体视觉系统原理可以看出双目立体视觉建立在对应点的视差基础之上，因此左右图像中各点的匹配关系成为双目立体视觉技术的一个极其重要的问题。然而，对于实际的立体图像对，求解对应问题极富挑战性，可以说是双目立体视觉中最困难的一步。为了增加匹配结果的准确性以及提高匹配算法的速度，在匹配过程中通常会加入下列几种约束。

1）极线约束：在此约束下，匹配点已经位于两幅图像中相应的极线上。该方法的基本原理是：对于同一场景不同角度的两幅图像而言，已知其中一幅图像上的某一特征点，分析其对应点的特征，然后在另外一幅图像中找出该点。而外极限约束是以成像几何原理为依据的，其根据一幅图像中的特征点必定在另一幅图像中的对应外极线上来搜索图像的对应点，该方法是一种一维搜索方法。

2）唯一性约束：两幅图像中对应的匹配点应该有且仅有一个。

3）视差连续性约束：除了被遮挡区域和视差不连续区域外，视差的变化都是平滑的。物体的表面一般都是光滑的，将光滑表面投影到各图像上时其灰度值也应是连续的，并且其视差也是连续的。例如，物体同一表面上相邻的两点，其深度值的差异不会很大，因而其视差也不会有很大偏差，而在物体两平面交接处，位于交接线两侧平面上的两个距离很近的点，尽管其视差值差异很小，但两者的深度差较大，此时连续性约束便不再成立。

4）顺序一致性约束：位于一幅图像极线上的系列点，在另一幅图像中极线上有相同的顺序。图像匹配的方法有基于图像灰度（区域）的匹配、基于图像特征的匹配和基于解释的匹配或者多种方法结合的匹配。

5）相容性约束：指对应的特征具有相同属性，该约束随所选特征及特征属性的不同而不同。

匹配算法就是在两幅图像的匹配基元之间建立对应关系的过程，它是双目立体视觉系统的关键。实际上，任何机器视觉系统都包含一个作为其核心的匹配算法，因而对于匹配算法的研究是极为重要的。匹配算法一般包括两大类：基于灰度的算法和基于特征的算法。

基于灰度的算法是指图像处理中的区域相关方法（Area-Correlation Technique），它是解决对应问题的一个最直观、最简单的方法。在一幅图像中以一点为中心选定一区域（窗口），在另一幅图像中寻找与该区域相关系数最大的区域，找到的区域中心被认为是原来区域中心的对应点。这种算法计算量大，但可以得到整幅图像的视差图。该算法对噪声很敏感，且计算量与窗口大小有关，因而可能匹配的范围较大，误对应可能性大，不适于灰度分布均匀的图像，而适用于灰度分布很复杂的图像，如自然景物等。区域相关匹配方法包含基于窗口的匹配、基于相位的匹配、基于三角剖分的匹配和基于变换的匹配等。当然，除了以上局部方法，稠密的匹配算法还包括全局优化方法。其中，比较著名的有动态规划方法和基于分割的方法。

基于特征的双目立体视觉对应算法，通过建立所选基元的对应关系，旨在获取一个稀疏深度图，如果需要则再经过内插等方法可以得到整幅深度图。这一类算法因各自采用的匹配基元不同而不同。总体来说，该类匹配算法都是建立在匹配基元之间的相似性度量基础上的。

（3）搜索策略

在立体匹配过程中可以通过选用一些策略来提高匹配算法的性能，这些策略叫作搜索策略。比如互补策略在特征匹配中能够对视差稀疏性进行改善，而在区域匹配中又能够提高对辐射畸变和仿射畸变匹配的稳定性。常用的匹配策略可分为全局最优搜索策略和分层匹配策略。

1）全局最优搜索策略：在局部匹配过程中，获得的匹配结果有时会受到局部极值困扰，在局部区域获得最佳匹配性能，但该结果并不能使得全局最优。为避免这种现象，全局最优搜索策略采用了全局性的约束条件，利用全局的优化理论方法来估计视差，建立全局能量函数，并使得全局能量函数最小化来得到视差。相比局部立体匹配，全局搜索策略得到的视差图结果更加清晰准确，但是其算法复杂度较高，运行时间长。目前，基于全局最优的搜索方法主要有动态规划算法、图割法、模拟退火、置信传播等。

2）分层匹配策略：分层匹配策略是目前立体匹配算法中比较常用的一种搜索策略。这类算法将低分辨率处理与高分辨率处理相结合，在获得全局性结构信息的同时，又通过高分辨率分析来捕捉目标表面的局部细节信息，最后，将局部信息与全局信息相融合，在此基础上生成的视差图具有全局一致性。该类算法主要有分层随机规划算法、并行多层松弛算法、自适应尺度选择匹配算法等。

（4）相似性测度

相似性测度或代价函数是衡量相似程度高低的指标，在立体匹配过程中有重要作用。其计算的复杂度关系到匹配的效率，对整个算法的性能有着重要影响。在双目立体匹配过程中，对于其中一幅图像中的某个点，通常根据邻域相似性来确定其在另外一幅图像中的匹配点，这里的邻域被称为窗口。其过程是通过计算和比较兴趣点在目标图像中视差范围内的每个视差值所对应相似性函数来决定最佳匹配点，再根据最佳匹配点，计算出对应点视差。常用相似性测度函数主要有绝对差（Sum of Absolute Difference，SAD）、平方差（Sum of Square Difference，SSD）、归一化平方差（Normalized Sum of Square Difference，NSSD）、互相关函数（Cross Correlation，CC）、归一化互相关函数（Normalized Cross Correlation，NCC）等。下面分别对上述几种相似性测度函数及其归一化相似性测度函数进行介绍。

设左右相机的图像函数分别为$f_l(x,y)$和$f_r(x,y)$，窗口大小为$(2W+1)$。

SAD 相似性测度函数和其视差函数为

$$\begin{cases} C_{sad}(x,y,d) = \sum_{(i,j)\in W} |f_l(x+i+d,y+j) - f_r(x+i,y+j)| \\ d_{sad}(x,y) = \arg\min_d C_{sad}(x,y,d) \end{cases} \quad (6\text{-}21)$$

式中，d 为视差；W 为图像窗口区域。

NSAD 相似性测度函数和其视差函数为

$$\begin{cases} C_{nsad}(x,y,d) = \dfrac{\displaystyle\sum_{(i,j)\in W} |f_l(x+i+d,y+j) - f_r(x+i,y+j)|}{\displaystyle\sum_{(i,j)\in W} f_l(x+i+d,y+j) \sum_{(i,j)\in W} f_r(x+i,y+j)} \\ d_{nsad}(x,y) = \arg\min_d C_{nsad}(x,y,d) \end{cases} \tag{6-22}$$

SSD 相似性测度函数和其视差函数为

$$\begin{cases} C_{ssd}(x,y,d) = \displaystyle\sum_{(i,j)\in W} [f_l(x+i+d,y+j) - f_r(x+i,y+j)]^2 \\ d_{ssd}(x,y) = \arg\min_d C_{ssd}(x,y,d) \end{cases} \tag{6-23}$$

NSSD 相似性测度函数和其视差函数为

$$\begin{cases} C_{nssd}(x,y,d) = \dfrac{\displaystyle\sum_{(i,j)\in W} [f_l(x+i+d,y+j) - f_r(x+i,y+j)]^2}{\displaystyle\sum_{(i,j)\in W} f_l(x+i+d,y+j)^2 \sum_{(i,j)\in W} f_r(x+i,y+j)^2} \\ d_{nssd}(x,y) = \arg\min_d C_{nssd}(x,y,d) \end{cases} \tag{6-24}$$

CC 相似性测度函数及其视差函数为

$$\begin{cases} C_{cc}(x,y,d) = \dfrac{1}{(2m+1)(2n+1)} \displaystyle\sum_{(i,j)\in W} f_l(x+i+d,y+j) f_r(x+i,y+j) \\ d_{cc}(x,y) = \arg\min_d C_{cc}(x,y,d) \end{cases} \tag{6-25}$$

NCC 相似性测度函数及其视差函数为

$$C_{cc}(x,y,d)$$

$$= \frac{\dfrac{1}{(2m+1)(2n+1)} \displaystyle\sum_{(i,j)\in W} (f_l(x+i+d,y+j) - u_l(x+d,y))(f_r(x+i,y+j) - u_r(x,y))}{\delta_l(x+d,y)\,\delta_r(x,y)}$$

$$= \frac{\dfrac{1}{(2m+1)(2n+1)} \displaystyle\sum_{(i,j)\in W} (f_l(x+i+d,y+j) - u_l(x+d,y))(f_r(x+i,y+j) - u_r(x,y))}{\sqrt{\displaystyle\sum_{(i,j)\in W} (f_l(x+i+d,y+j) - u_l(x+d,y))^2} \sqrt{\displaystyle\sum_{(i,j)\in W} (f_r(x+i,y+j) - u_r(x,y))^2}}$$

$$d_{ncc}(x,y) = \arg\max_d C_{ncc}(x,y,d) \tag{6-26}$$

2. 匹配算法

（1）基于区域的匹配算法

基于区域的匹配方法通过改变图像对的尺度或将图像对划分为许多具有相同尺寸的子窗口来确定对应的区域。该方法以参照图中待匹配的点为中心选定一个小区域，并以中心像素点邻域像素的分布特征来表征该点的特征，然后在对照图当中寻找一个像素，同样按照上述方法确定其邻域像素分布特征，若该点的特征与参照图中待匹配点的特征满足相似性准则时，则认为该点为对应的匹配点。该过程的数学描述如下。

设左右图像对分别为 $f_l(x, y)$ 和 $f_r(x, y)$，窗口大小为（2W+1），P_l 和 P_r 分别为左右图像中的像素点，$\mathbf{R}(P_l)$ 为 $f_l(x, y)$ 中与 P_l 相关的区域，$\psi(u, v)$ 为像素值 u、v 的相关函数。

对每个区域 $d = (d_1, d_2)^{\mathrm{T}}$，计算其相似性测度值为

$$C(d) = \sum_{l=-W}^{W} \sum_{k=-W}^{W} \psi(I_l(x+k, y+l), I_r(x+k-d_1, y+l-d_2)) \tag{6-27}$$

P_l 的视差是在 $\mathbf{R}(P_l)$ 中使得 $C(d)$ 为最大的矢量 d。

$$\bar{d} = \arg \max_{d \in \mathbf{R}} C(d) \tag{6-28}$$

式（6-28）输出结果为 $f_l(x, y)$ 中每个像素点的视差数组，即视差图。

基于区域的匹配过程中主要涉及两个问题：适当选取 W 和 $\mathbf{R}$ 及匹配过程的相关准则。W 和 $\mathbf{R}$ 的选取对区域匹配的运算速度与匹配精度有重要影响。W 过大，窗口中会包含视差变化较大的点，在边缘处易出现误匹配点，同时也会影响计算量；W 过小，窗口包含的灰度信息较少，会导致匹配准确性降低。$\mathbf{R}$ 一般选取为最大视差范围内对应外极线上点的相关区域。相关准则选取对立体匹配非常重要，影响着整个算法的性能。

基于区域匹配算法可获得场景的致密视差图，其适用于以下立体视觉环境：场景中物体表面为漫反射；光源可以视为无穷远处的点光源；图像对间的辐射畸变和几何畸变很小。但是，由于该匹配方法是建立在像素邻域分布特征基础上的，所以计算量较大。

（2）基于特征的匹配算法

基于特征的匹配算法基本原理如下：首先分别对参照图和对照图进行特征提取，并计算图像特征的距离，使得特征距离最小的点即为要求的特征点，然后根据对应特征点得到视差。为了强调空间景物的结构信息，特征匹配方法应当有选择地对可表示景物自身特性的特征进行选取，从而有效避免存在于立体匹配中的歧义性问题。在基于特征匹配的算法中特征的选择非常重要。匹配特征应该对应景物的特定特征，尽量避免产生误匹配。常用的特征包括角点、边缘、闭合区域、直线段等。

角点特征在模式识别及机器视觉领域应用非常广泛。角点检测的算法也非常多。基于角点特征的立体匹配算法是通过建立图像对中角点特征间的关系以找出其中的同名角点，并以同名角点为依据来建立图像中角点的匹配关系的。

直线段特征也是特征提取方法中常用的一种，通过霍夫变换即可获得图像的直线段特征。霍夫变换使得原图像中直线或曲线上的所有点集中变换到变换空间的某一点位置，形成峰值，从而用变换空间中的峰值检测代替原始图像中的直线或曲线检测过程。采用直线段特征进行特征匹配的难点在于对应特征点之间的关系建立，常用的方法是以直线段的顶点位置和斜率构造直方图，并寻找直方图聚集束来完成直线段匹配。

在立体视觉问题上，基于特征匹配的方法在很多方面都表现出了较好的鲁棒性。该方法不依赖于图像灰度，因而抗干扰性更好，除此以外还具有计算速度较快、易于处理视差不连续问题的优点。但是，基于特征的匹配算法也存在以下缺点。

1）特征提取和特征定位的结果对匹配结果有直接影响。

2）相比基于区域的匹配算法，该算法计算量小，但只能获得部分特征点视差；要想获得稠密的视差，必须通过插值，但插值过程比较复杂。

（3）基于相位的匹配算法

基于相位的匹配方法是一种基于多尺度空间的频域分析方法，这种方法采用局部带通滤波器组提取图像对中的相位差信息，并以此作为视差信息进行匹配。该方法可获得稠密视差。相位能反映图像信号中的结构信息，且可以减少光照强度影响，适用于屋脊型边缘和阶跃型边缘检测。基于相位的匹配算法以"图像对中对应点的局部相位相等"这个假设为理论前提。该算法对图像的高频噪声抑制效果很好，但是，当假设在局部位置不成立时，会产生相位奇异，即因带通信号幅值过低导致的算法失效。当带通滤波器波长产生变化时，该算法的收敛范围也会随之改变，匹配精度随视差范围增大而下降。

基于相位的匹配算法步骤如下。

1）输入立体图像对。

2）由滤波器组来获取图像尺度谱。

3）选取相位区域。

4）计算实际相位差和理想相位差。

5）构造合适的匹配测度函数。

6）计算对应点的视差。

前面介绍了三类常用的立体匹配方法。下面从多个方面对三种匹配方法的性能进行比较，见表6-1。

表6-1　三种匹配方法的性能比较

性质　方法	基于区域的匹配方法	基于特征的匹配方法	基于相位的匹配方法
适用的图像类型	图像视点差距不大、高纹理性的图像	特征比较丰富的图像	满足局部相位相等假设、显微奇点较少的图像
噪声敏感度	对光照强度等因素造成的变化非常敏感	对光照强度等因素造成的变化不敏感，鲁棒性较好	可抑制高频噪声及畸变影响，但在相位奇点处，对各种扰动很敏感
计算时间	计算相关性用时较长	较快	相位一致性和相位卷绕计算用时较多
匹配结果	精度一般	精度较高	精度较高
视差	稠密视差	稀疏视差	稠密视差
实现难度	实现难度容易	实现难度较大	实现难度大

6.4　案例——双目立体视觉实现深度测量

6.4.1　相机标定

（1）相机标定板制作

制作棋盘格：参照棋盘格布局在计算机上画出 7 列 10 行(25 mm×25 mm)的棋盘格，并打印出来粘贴到板上，如图6-7所示。

图 6-7 制作棋盘格

（2）采集标定板图像

改变标定板的姿态和距离，拍摄不同状态下的标定图像 10~20 幅（见图 6-8）。本实验中以左右相机分别拍摄 12 幅为例。

（3）标定步骤

第一步：运行 calib_gui 标定程序，对左相机进行标定，选择"Standrad"。

第二步：单击"Image names"，输入已经拍摄好的左相机的 12 幅图片的通配模式（图 6-9）。

图 6-8 采集图像

图 6-9 加载图像

第三步：MATLAB 加载左相机所有标定图片后，单击 Extract grid corners，在图片上选择四个拐点，按照左上→右上→右下→左下的顺序选择，重复 12 次（见图 6-10）。

第四步：单击 Calibration，标定并查看标定结果，命令行会显示内参数和畸变系数。

第五步：单击 Save，在目录中保存标定的结果，将"Calib_Results. mat"改成"Calib_Results_left. mat"。

第六步：单击 Comp. Extrinsic 计算外参数。

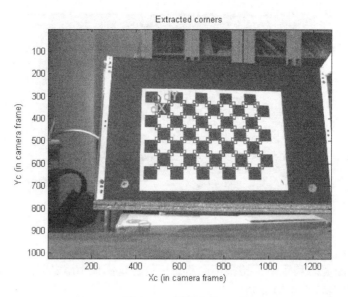

图 6-10　提取角点

第七步：重复第一步 ~ 第六步，对右相机进行标定，将右相机标定结果 "Calib_Results. mat" 改成 "Calib_Results_right. mat"。

第八步：运行双目校正程序 stereo_gui，计算双目校正参数。

第九步：单击 Load left and right calibration files，保留默认输入即可得到相机的内外参数（如果想得到优化结果，单击 Run stereo calibration 即可）

6.4.2　实验图片采集和矫正

1）分别利用左右相机拍摄图像（见图 6-11），存成 ImageLeft 和 ImageRight，在此为空间中的圆进行编号，左为圆 1，中为圆 2，右为圆 3。

图 6-11　左右相机拍摄的图像

2）将拍摄的左右图像进行校正后存为 frameLeftRectTestL. bmp 和 frameRightRectTestL. bmp（见图 6-12）。

图 6-12 校正后的左右相机图像

6.4.3 圆心坐标提取

1) 利用 MATLAB 选择感兴趣的区域。
2) 在 MATLAB 中把图像二值化，如图 6-13 所示。
3) 利用质心法提取空间中圆的圆心，如图 6-14 所示。

图 6-13 二值化后的图像

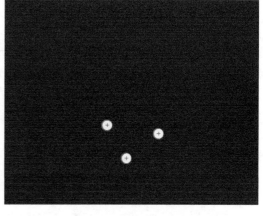

图 6-14 提取圆心图像

4) 输出圆心坐标。

左图像圆心坐标为

| X: | 705.34 | 812.09 | 960.49 |
| Y: | 638.02 | 803.98 | 678.38 |

右图像圆心坐标为

| X: | 535.60 | 638.80 | 807.80 |
| Y: | 642. | 94809.18 | 683.52 |

6.4.4 视差和深度计算

视差计算公式为

$$Z=f\frac{b}{x_2-x_1}=f\frac{b}{\Delta x}$$

利用实验中得到的空间中三个圆的圆心进行深度计算，通过标定结果可得到基线距 $b=$ 84 mm，焦距 $f=$ 8.4 mm，则视差和深度为

$$Z_1=f\frac{b}{x_2-x_1}=f\frac{b}{\Delta x}=8.4\frac{80\times1000}{(705.3423-535.6033)\times5.3}\text{ mm}=746.9811\text{ mm}$$

$$Z_2=f\frac{b}{x_2-x_1}=f\frac{b}{\Delta x}=8.4\frac{80\times1000}{(812.0863-638.8039)\times5.3}\text{ mm}=731.7099\text{ mm}$$

$$Z_3=f\frac{b}{x_2-x_1}=f\frac{b}{\Delta x}=8.4\frac{80\times1000}{(960.4914-807.8038)\times5.3}\text{ mm}=830.4044\text{ mm}$$

$$\Delta Z_1=Z_3-Z_1=830.4044\text{ mm}-746.9811\text{ mm}=83.4233\text{ mm}$$

$$\Delta Z_2=Z_3-Z_2=830.4044\text{ mm}-731.7099\text{ mm}=98.6945\text{ mm}$$

$$\Delta Z_3=Z_1-Z_2=746.9811\text{ mm}-731.7099\text{ mm}=15.2712\text{ mm}$$

得到圆 1 与圆 3 的深度差为 84.4233 mm，圆 2 与圆 3 的深度差为 98.6945 mm，圆 1 与圆 2 的深度差为 15.2712 mm（注：视差 Δx 以像素为单位，转化成 mm 需要乘以像元大小 5.3 um）

6.4.5 计算三维坐标并输出三维空间位置

利用函数 function $[\text{XL},\text{XR}]$ = stereo_triangulation(xL,xR,om,T,fc_left,cc_left,kc_left,alpha_c_left,fc_right,cc_right,kc_right,alpha_c_right) 将标定得到的内外参数输入 MATLAB 命令行中，再调用函数即可得到空间点的三维坐标。

```
om = [ -0.00482;-0.02941;0.00065]
T = [82.39387;0.34319;0.33234]
fc_left=[1603.00143;1612.94997]
cc_left = [ 639.50000;511.50000 ]
alpha_c_left = [ 0.00000 ]
kc_left = [ -0.19261; 2.16421;0.00191;-0.00529;0.00000 ]
fc_right = [ 1606.64648;1614.65114 ]
cc_right = [ 639.50000;511.50000 ]
alpha_c_right = [ 0.00000 ]
kc_right = [ 0.06352;-0.70468; 0.00899; -0.01186; 0.00000 ]
```

$\text{XL}_1 = [\,1.0e+003 *\ -0.0446 \quad -0.0839 \quad -1.0829\,]$

$\text{XR}_1 = [\,1.0e+003 * 0.0697 \quad -0.0888 \quad -1.0829\,]$

$\text{XL}_2 = [\,1.0e+003 *\ -0.1131 \quad -0.1883 \quad -1.0429\,]$

$\text{XR}_2 = [\,1.0e+003 * 0.0001 \quad -0.1930 \quad -1.0445\,]$

$\text{XL}_3 = [\,1.0e+003 *\ -0.2491 \quad -0.1272 \quad -1.2348\,]$

$\text{XR}_3 = [\,1.0e+003 * -0.1302 \quad -0.1330 \quad -1.2407\,]$

画出三维空间中各个点的位置，如图 6-15 所示。

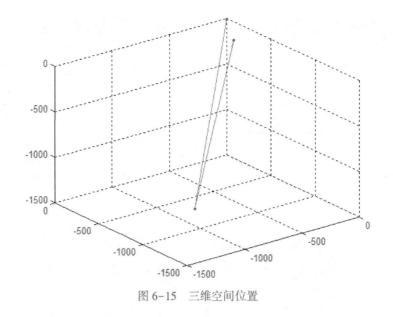

图 6-15   三维空间位置

6.5   案例——双目立体视觉三维测量

双目立体视觉三维测量系统包括硬件和软件两部分，如图 6-16 所示。硬件部分主要有相机、棋盘格、数据线和计算机；软件部分包括相机标定、立体匹配和三维重建。

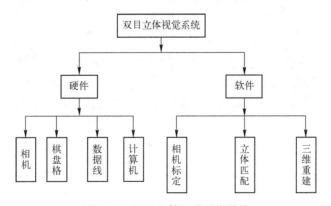

图 6-16   双目立体视觉系统结构

6.5.1   相机标定

在相机标定的实验过程中，使用两部相机对棋盘格进行拍摄，总共采集了 12 对图像。具体过程如下。

1）制作棋盘格：参照棋盘格的布局在计算机上画出 10×7 的棋盘格，并打印出来粘贴在一块板上，如图 6-17 所示。

2）用两台相机（见图 6-18）拍摄棋盘格：将棋盘格摆出各种姿态，同时用相机进行拍摄，根据算法的需要拍摄了左右各 12 幅不同的图像，如图 6-19 和图 6-20 所示。

图 6-17 双目立体用棋盘格

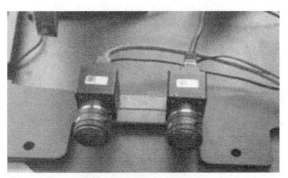

图 6-18 双目立体相机

图 6-19 左相机采集图像

3）标定相机参数：利用 MATLAB 相机标定工具箱进行角点提取、图像重投影、误差分析等，求出相机的内外参数，利用非线性优化对标定结果进行优化。相机内外参数见表 6-2，表中 θ 为欧拉角（由旋转矩阵可以得出）。

表 6-2 相机内外参数

参 数	标定优化前	标定优化后
a	1268.54	1268.63
b	1265.47	1265.56
c	0.0001	0.0069
u	345.56	344.43
v	286.67	283.58
θ	(0.533 −0.675 0.675)	(0.547 −0.678 0.668)
T	(−175.56 2.46 −10.78)	(−175.76 2.48 −11.35)

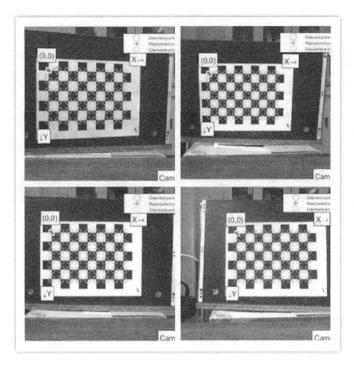

图 6-20　右相机采集图像

6.5.2　立体匹配

根据标定好的相机采集人像，得到人像的双目图像对，紧接着对起初的图像对进行校正，参考图像和匹配图像如图 6-21 和图 6-22 所示。

图 6-21　参考图像

图 6-22　匹配图像

获得匹配点之后，采用视差函数求得视差图，如图 6-23 所示。图 6-23 中各个区域的不同灰度值反映了双目图像对的视差信息，从实验得出的视差图可以看出视差图较为平滑，而且不同物体之间的视差也比较明显。图 6-24 为左右两图像合成在一张图中的效果，如果戴上红蓝立体眼镜，就可感觉到图 6-24 中的立体场景。

图 6-23　视差图　　　　　　　　　　　　图 6-24　实际人像图

6.5.3　三维重建

在视差与标定的基础上，进一步得到人像的三维重建结果，如图 6-25 所示。图 6-25 中实际的人像与相机距离为 4.30 m，通过重建得出的实验结果是人像与相机的距离为 4.03 m。

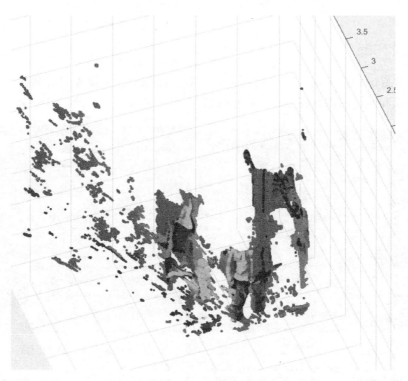

图 6-25　三维深度图

6.6 习题

1. 双目立体视觉的原理是什么？
2. 为什么说双目立体重建中点匹配是关键环节？
3. 双目相机标定的目的是什么？
4. 对双目相机采集的图像进行校正的目的是什么？
5. 获取视差的两类方法是什么？
6. 在两相机平行放置条件下推导视差与深度的关系。
7. 视差获取采用的相似性测度函数有哪些？它们之间的区别是什么？
8. 双目立体视觉重建结果的精度受哪些因素影响？
9. 用一个相机拍摄一幅图像，然后水平移动相机再拍摄一幅图，采用灰度匹配方法或者特征点来获取视差图与深度图，分析其中的移动距离大小对视差图的影响。

第7章 结构光三维视觉

光学三维测量在工业自动检测、产品质量控制、逆向设计、生物医学、虚拟现实、文物复制、人体测量等众多领域中具有广泛应用。随着计算机技术、数字图像获取设备和光学器件的发展，光学三维测量具有快速、高精度、非接触等优点，在三维测量中占有重要位置。光学三维测量技术按照成像照明方式的不同通常可分为被动三维测量和主动三维测量两大类。本章所介绍的条纹投影结构光和线结构光三维形貌测量方法属于主动三维测量方法。条纹投影结构光采用投射装置向被测物体投射正弦结构光，并拍摄经被测物体表面调制而发生变形的结构光图像，然后从携带被测物体三维形貌信息的图像中计算出被测物体的三维形貌数据。相位提取与相位展开是条纹投影三维测量的两个关键环节。条纹投影三维测量方法发展迅猛，其包括傅里叶变换轮廓术（Fourier Transform Profilometry，FTP）、相移测量轮廓术（Phase Shifting Profilometry，PSP）、彩色编码条纹投影法（Color-coded Fringe Projection，CFP）等。

7.1 条纹投影结构光三维形貌测量方法

7.1.1 傅里叶变换法

1983 年 Takeda 和 Mutoh 将傅里叶变换用于三维物体形貌测量，并提出了傅里叶变换法三维测量技术，该方法在信息光学中有着极为重要的地位。傅里叶变换方法将快速傅里叶变换用于结构光三维形貌测量，可由一幅光栅条纹图像，经过快速傅里叶变换→滤波→傅里叶逆变换，计算出被测物体的高度信息。该方法摒弃了参考光栅，大大降低了对光学装置的要求，适合自动测量。此外傅里叶变换法可以直接测量光栅的相位，具有较高的灵敏度，且受图像灰度抖动的影响较小，重复性好，但也存在一些不足。

1）需要进行傅里叶变换和傅里叶逆变换，计算量大、耗时多，不宜用于在线测量。

2）被测物体不能过陡，且要求被测物体的边缘与基准平面有良好的过渡，以使投影光栅在物体边缘相位连续。若被测物体边缘上翘，则物体边缘的相位产生突变，在进行傅里叶变换时会引起频谱拓延，造成频谱混乱，计算出的高度会出现突变。

傅里叶变换法自从 20 世纪 80 年代用于光栅投影三维测量以来，得到了深入的研究，随着信号处理理论的进步，发展出了一些应用于条纹分析的新方法，如窗口傅里叶变换法、小波分析法、基于经验模态分解与希尔伯特变换法等。这些方法共同的特点是用单幅光栅条纹图像进行相位求解，大大降低了对光学设备的要求。

7.1.2 相移法

相移法的基本思想是通过有一定相位差的多幅光栅条纹图像计算图像中每个像素的相位

值，然后根据相位值计算物体的高度信息。此方法至少需要三幅光栅条纹图像才能进行相位计算，拍摄速度较慢，同时需要保证被测物体在拍摄过程中是静止不动的，因而它更适合于静态物体的三维测量。通常来讲，测量过程中使用的光栅图像数目越多，三维重建的精度越高。

在条纹投影轮廓术（Fringe Projection Profilometry，FPP）的条纹分析中，相移法主要包括两步相移、三步相移、四步相移和六步相移等。

将一个正弦分布的光场投射到被测物体表面，从成像系统获取的变形条纹图像可表示为

$$I(x,y) = A(x,y) + B(x,y)\cos\left[2\pi f_0 x + \varphi(x,y) + \delta(x,y)\right] \tag{7-1}$$

式中，$I(x,y)$ 表示相机接收到的光强值；$A(x,y)$ 和 $B(x,y)$ 表示图像的光强对比调制项，也代表着光强的振幅；f_0 为条纹的频率；$\varphi(x,y)$ 为待计算的相对相位值，是物体表面的形状函数；$\delta(x,y)$ 为图像的相位移值；相位 $\varphi(x,y) + \delta(x,y)$ 包含了物体面形状 $h(x,y)$ 的信息。

$A(x,y)$、$B(x,y)$ 和 $\varphi(x,y)$ 为三个未知量，因此要计算出 $\varphi(x,y)$，至少需要三幅图像。若采用 N 步相移算法，相邻条纹图之间的相移量则为 $2\pi/N$，通过解算可得光栅图像的相位主值通式

$$\varphi(x,y) + 2\pi f_0 x = \tan^{-1}\left[\frac{\sum\limits_{n=1}^{N-1} I_n(x,y)\sin\left(\dfrac{2n\pi}{N}\right)}{\sum\limits_{n=1}^{N-1} I_n(x,y)\cos\left(\dfrac{2n\pi}{N}\right)}\right] \tag{7-2}$$

使每次相移量分别为 0、$2\pi/3$、$4\pi/3$ 则会得到三步相移公式，即

$$I_1(x,y) = A(x,y) + B(x,y)\cos(\varphi(x,y) + 2\pi f_0 x + 0) \tag{7-3}$$

$$I_2(x,y) = A(x,y) + B(x,y)\cos(\varphi(x,y) + 2\pi f_0 x + 2\pi/3) \tag{7-4}$$

$$I_3(x,y) = A(x,y) + B(x,y)\cos(\varphi(x,y) + 2\pi f_0 x + 4\pi/3) \tag{7-5}$$

同理 $\varphi(x,y)$ 可表示为

$$\varphi(x,y) + 2\pi f_0 x = \tan^{-1}\left[\frac{I_2(x,y) - I_3(x,y)}{2I_1(x,y) - I_2(x,y) - I_3(x,y)}\right] \tag{7-6}$$

四步相移是 FPP 条纹分析中一种常用的方法。图 7-1 给出了四步相移提取条纹图像的过程。在四步相移中，依次具有相移量为 0、$\pi/2$、π 和 $3\pi/2$ 的四幅投影条纹图 $I_1(x,y)$、$I_2(x,y)$、$I_3(x,y)$ 和 $I_4(x,y)$，可分别表示为

$$I_1(x,y) = A(x,y) + B(x,y)\cos(\varphi(x,y) + 2\pi f_0 x) \tag{7-7}$$

$$I_2(x,y) = A(x,y) + B(x,y)\cos(\varphi(x,y) + 2\pi f_0 x + \pi/2) \tag{7-8}$$

$$I_3(x,y) = A(x,y) + B(x,y)\cos(\varphi(x,y) + 2\pi f_0 x + \pi) \tag{7-9}$$

$$I_4(x,y) = A(x,y) + B(x,y)\cos(\varphi(x,y) + 2\pi f_0 x + 3\pi/2) \tag{7-10}$$

式中，$2\pi f_0 x$ 为载频项，f_0 为载频频率，则利用式（7-7）～式（7-10）可得到相位为

$$\varphi(x,y) + 2\pi f_0 x = \tan^{-1}\left(\frac{I_4(x,y) - I_2(x,y)}{I_1(x,y) - I_3(x,y)}\right) \tag{7-11}$$

若 N 取 6，如图 7-2 所示，使每次相移量分别为 0、$2\pi/6$、$4\pi/6$、π、$8\pi/6$、$10\pi/6$，则 $\varphi(x,y)$ 可表示为

$$\varphi(x,y)+2\pi f_0 x = \tan^{-1}\left(\frac{I_3(x,y)-I_5(x,y)}{I_4(x,y)-I_1(x,y)+I_3(x,y)-I_5(x,y)}\right) \qquad (7-12)$$

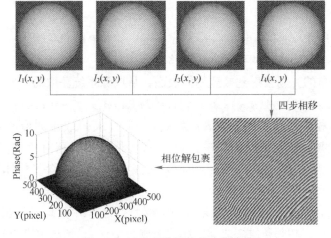

图 7-1 四步相移提取相位示意图

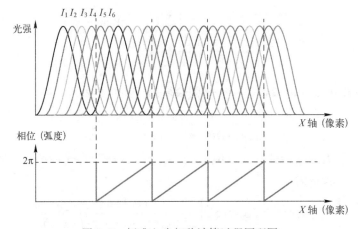

图 7-2 标准六步相移计算过程原理图

图 7-3～图 7-5 展示了用四步相移法测量塑料盒三维形貌的过程：首先通过投影仪投射相移条纹图到被测物体，用相机采集不同相移条件下的变形条纹图（见图 7-3）；然后通过四步相移法提取包裹相位（见图 7-4），进一步进行解包裹和去载频得到解包裹相位（见图 7-5）。

MATLAB 中的实现代码如下。

```
clc;
clear all
clf
X1 = imread('a. bmp');
X2 = imread('b. bmp');
X3 = imread('c. bmp');
X4 = imread('d. bmp');
I1 = imresize(X1,[512 512]);
```

```
I2 = imresize( X2, [ 512 512 ] ) ;
I3 = imresize( X3, [ 512 512 ] ) ;
I4 = imresize( X4, [ 512 512 ] ) ;

[ M N ] = size( I1 ) ;
I1 = double( I1 ) ;
I2 = double( I2 ) ;
I3 = double( I3 ) ;
I4 = double( I4 ) ;
for i = 1 : M
    for j = 1 : N
        phase( i,j ) = atan2( I2( i,j ) -I4( i,j ) ,I1( i,j ) -I3( i,j ) ) ;
    end
end

figure( 5 ) ;
imshow( mat2gray( phase ) ) ;
figure( 6 ) ;
imshow( phase, [ ] ) ;

Q = unwrap( unwrap( phase )')';
figure( 7 ) ;
imshow( Q, [ ] ) ;

xstart = 1 ;
ystart = 1 ;
xend = 512 ;
yend = 512 ;
x1 = 25 ;x2 = xend-25 ; y1 = 25 ; y2 = yend-25 ;
imageS1 = Q ;
XX = xstart : 1 : xend ;
YY = ystart : 1 : yend ;
[ XI,YI ] = meshgrid( XX,YY ) ;

NZ = 8 ;
P = ones( size( imageS1 ) ) ;
P( y1 : y2,x1 : x2 ) = 0 ;
ROI = ( P = =1 ) ;
%Zernike fitting
[ S,lfm, Zpol ] = ZernikeFitting( XI, YI, imageS1, ROI, NZ ) ;
purePhase2 = imageS1-lfm ;

figure ; mesh( -purePhase2 )
figure ; mesh( -purePhase2( 30 : end-30,30 : end-30 ) )
xlabel( 'X( pixel )','fontsize',16,'FontWeight','bold' )
ylabel( 'Y( pixel )','fontsize',16,'FontWeight','bold' )
zlabel( 'Phase( rad )','fontsize',16,'FontWeight','bold' )
h = gca ;
set( h,'fontsize',16,'FontWeight','bold' )
```

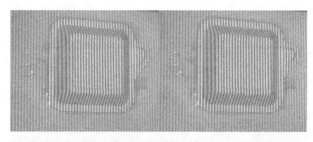

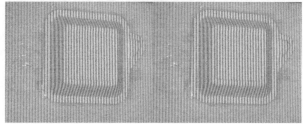

图 7-3　四步相移条纹图

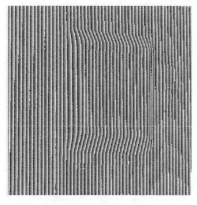

图 7-4　四步相移提取包裹相位图

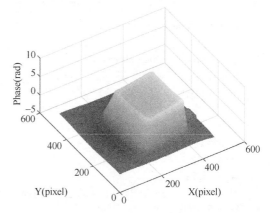

图 7-5　解包裹相位图

1. 相移法的精度

相移法采用多幅条纹图像解出相位，具有精度高、受背景环境和材料特性影响低的优点。相移法的精度主要和两方面的因素有关，即相移光栅的数目和光栅的投影质量。在三步相移、四步相移和五步相移中，常用的是 90°的四步相移法，该方法能够消除检测器的偶次谐波，并且有较高的精度，而且 90°相移在光学机械结构上较容易实现且精度较高。为了减少四步相移的误差，Schwider 等提出两种改进方法，分别是将其中一幅相移光栅重复测量两次，以及采用两组相位数据平均。总体来看，相移光栅的数目一方面关系到结果的精度，另一方面采集的图像数量影响测量的速度，还有相移结构的机械实现等问题，在实际应用中应仔细考虑。

除了相移次数外，光栅的投影质量也是相移法的关键因素。光栅投影法要求光栅场满足标准的正弦分布，这是相移法的基础条件，也是决定整个视觉系统精度的关键环节之一。

在实际测量中，变形光栅条纹图像会受到投影仪和相机 γ 非线性影响呈现非正弦性，这种误差来源于投影光栅。硬件的 γ 非线性成为相位测量轮廓术中相位误差的一个主要来源，如何消除非线性误差也成为相位测量轮廓术研究的一个热点。为了克服由 γ 非线性引起的相位误差，许等人采用二次多项式最小二乘拟合的方法近似输出条纹光强分布，实现包裹相位波动误差的补偿，减小投影仪非线性导致的系统测量误差；周等人建立了环境光和相位误差之间的关系模型，使得相位误差明显减小，但是该种方法需要投射全白和全黑图案到均匀平面白板上以确定变形条纹图像的平均灰度和调制度，在一些工业生产现场，此种方法是不实用的；雷等人提出使用多频反相位误差法补偿相位的非线性误差，投影仪将两套初相位相差 π/4 的相移光栅条纹图像投射到物体表面，将两套光栅条纹图像的包裹相位取平均值，可以达到抑制 γ 非线性误差的目的。

同时，光栅的投影质量也是相移法的关键因素。传统的投影系统由光学系统组成，其装置相对来说比较复杂并且难以实现，要想获得良好的投影效果需要很高的设备成本。近年来，随着投影技术的发展，数字投影仪被广泛地应用在光栅投影系统中，其中最常用的是数字光学处理器（Digital Lighting Process，DLP）投影仪。DLP 的数字微镜元件（Digital Micro-mirror Device，DMD）单元可以方便地实现自适应测量，大大提高了光栅投影系统的应用范围。例如将 LCD 投影仪用于影栅云纹法，方便地实现了相移步长实时调整功能，提高了动态测量的精度。利用投影仪投影出一组等间距、正交的网格结构光，对物体表面进行三维重建，从而提高重建速度。利用 DLP 投影仪，将两幅具有 π 相位差的条纹叠加为一帧复合光栅，实现了傅里叶变换轮廓术的高速测量。根据被测物体的表面颜色、亮度自适应调节投影光栅的灰度设置，大大增强了光栅投影法对不同色彩的物体以及物体表面阴暗区域的适应性。根据环境、被测物体的不同调整光栅的编码模式，构建了能够快速适应不同环境的实时自适应光栅投影系统。

使用 DLP 数字投影技术还有一个非常好的优势，就是在控制条纹相移的过程中不依赖机械结构，能够通过内部的编码实现条纹相移，并且相移步长可控，这大大提高了条纹投影的精度和方便性。

2. 相移法的速度

相移法的速度主要由相位的解相过程决定，假设将光栅沿垂直参考面光栅条纹方向在一个周期内移动 N 次，每次移动 λ_0/N 的距离，这样就能够得到 N 个相移光栅场，采集到 N 幅相移图，计算公式为

$$I_{Bi}(m,n) = I'(m,n) + I''(m,n)\cos(\theta_B(m,n) + 2\pi i/N), i = 1, 2, \cdots, N \qquad (7\text{-}13)$$

由式（7-13）可反解得到相位

$$\theta_B(m,n) = \tan^{-1}\Big(\sum_{i=1}^{N} I_{Ai}\sin(2\pi i/N) / \sum_{i=1}^{N} I_{Bi}\cos(2\pi i/N)\Big) \qquad (7\text{-}14)$$

由于在求解过程中涉及反正切函数的求解，Zhang Song 等针对这个问题，用查表法求取了相移法公式中反正切函数值，进一步提高了公式求解的速度。

同时又由于反正切函数的值域关系，由相移法公式得到的相位与真实值之间还存在 $2k\pi$ 的差异，还要经过解相位的过程求出 k 才能得到完整的相位值。解相位的效果关系到相移法结果的速度和精度，是相位方法一直以来的研究点。

解相位主要有空域和时域两种方法。前者仅通过由移相法得到的相位主值图，根据主值图的连续性、2π 跳跃等特性进行解包，如枝切法、基于统计滤波的解包法等。这类方法仅依赖于相位主值图而无需别的附加信息，所以对光栅投影设备没有过多的要求，只需要投影出基本相移光栅即可，但是由于没有额外的相位信息，在对表面形状较复杂的物体进行测量时，常出现"拉线""丢包"等问题。而时域解相位法，如灰阶码法、H-S 时间相位重建

法、复合编码法、双频投影相位解包法等，其基本思想是按时间序列投影足够多的不同频率条纹图，这样就有了充足的编码信息来确定整个相位场中各像素所处的条纹级次，解出全场的相位。这类方法的适用性广泛，对复杂表面的解相位效果较好，但是需要在基本相移光栅条纹外，投影更多的条纹图，增加了投影光栅的数量，对设备的要求较高，测量的速度也相应受到影响。因此，如何能够既快速地解相位，又有足够的编码信息，以提供可靠的解相位结果，是提高相位法测量系统性能的关键问题之一。

在各类解相位方法中，都要兼顾速度和质量这两个方面。时域上不同频率的光栅条纹图越多，可以用来进行解相位的信息就越丰富，解相位的可靠性就越高，但同时光栅数量的增加会不可避免地降低测量速度和质量。而如果减少光栅数量，则会使测量速度变快、系统效率上升，但出现误判的可能性也会相应增加，导致质量下降。

3. 多频外差的基本原理

通过相位移算法计算出的相位主值 $\varphi(x,y)$ 在一个相位周期内是唯一的，但在整个测量空间内存在多个光栅条纹，$\varphi(x,y)$ 呈锯齿状分布，这会使得相位在周期间不具有唯一性，为了使解相过程为单点唯一解相，引入多频外差原理。多频外差原理主要是将两种不同频率的相位函数 $\varphi_a(x,y)$ 和 $\varphi_b(x,y)$ 进行叠加从而得到一种频率更低的相位函数 $\varphi_c(x,y)$，整个过程如图 7-6 所示。

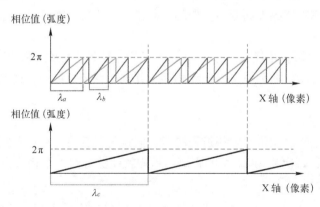

图 7-6　相位叠加原理图

根据多频外差原理，$\varphi_c(x,y)$ 所对应的频率为

$$\lambda_c = \left| \frac{\lambda_a \lambda_b}{\lambda_a - \lambda_b} \right| \tag{7-15}$$

Song 等人的研究选择频率为 1/16、1/18 和 1/21 的条纹图像向被测物体表面进行投射，三种不同频率的条纹图像所对应的相位函数分别为 $\varphi_1(x,y)$、$\varphi_2(x,y)$ 和 $\varphi_3(x,y)$，叠加得到等效频率 λ_{12} 和 λ_{23}，对应的相位函数为 $\varphi_{12}(x,y)$ 和 $\varphi_{23}(x,y)$，再叠加得到等效频率 λ_{123}，对应的相位函数为 $\varphi_{123}(x,y)$，计算公式为

$$\lambda_{12} = \left| \frac{\lambda_1 \lambda_2}{\lambda_1 - \lambda_2} \right|, \quad \lambda_{23} = \left| \frac{\lambda_2 \lambda_3}{\lambda_2 - \lambda_3} \right|, \quad \lambda_{123} = \left| \frac{\lambda_{12} \lambda_{23}}{\lambda_{12} - \lambda_{23}} \right| \tag{7-16}$$

所对应的相位函数 $\varphi_{12}(x,y)$、$\varphi_{23}(x,y)$ 和 $\varphi_{123}(x,y)$ 为

$$\varphi_{12} = \frac{\sin\varphi_2(x,y)\cos\varphi_1(x,y) - \sin\varphi_1(x,y)\cos\varphi_2(x,y)}{\cos\varphi_2(x,y)\cos\varphi_1(x,y) + \sin\varphi_2(x,y)\sin\varphi_1(x,y)} \tag{7-17}$$

$$\varphi_{23} = \frac{\sin\varphi_3(x,y)\cos\varphi_2(x,y) - \sin\varphi_2(x,y)\cos\varphi_3(x,y)}{\cos\varphi_3(x,y)\cos\varphi_2(x,y) + \sin\varphi_3(x,y)\sin\varphi_2(x,y)} \qquad (7-18)$$

$$\varphi_{123} = \frac{\sin\varphi_{12}(x,y)\cos\varphi_{23}(x,y) - \sin\varphi_{23}(x,y)\cos\varphi_{12}(x,y)}{\cos\varphi_{12}(x,y)\cos\varphi_{23}(x,y) + \sin\varphi_{12}(x,y)\sin\varphi_{23}(x,y)} \qquad (7-19)$$

式（7-17）～式（7-19）的计算过程如图 7-7 所示，图 7-7 中的第一行图像分别为相位为 $\varphi_1(x,y)$、$\varphi_2(x,y)$ 和 $\varphi_3(x,y)$ 的三种高频条纹图像，从图中可以看出这样的条纹图像中包含着多个条纹周期。将第一行的图像进行两两叠加，叠加计算方法见式（7-17）和式（7-18），叠加完成后得到图 7-7 中第二行的条纹图像，从此行图像中可看出条纹频率已被降低，条纹周期相应变长。将第二行的两幅条纹图像按照式（7-19）的计算方法进一步叠加得到图 7-7 中第三行所示的条纹图像，此时的条纹频率已被降至最低，整幅图像中只包含一个条纹周期。

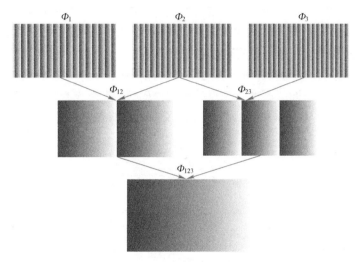

图 7-7　相位叠加过程示意图

当得到叠加相位后，即可对相位进行展开计算，由 φ_{123}、φ_{12} 和 φ_1 计算得出 φ_1 的绝对相位 φ'_1，具体过程参见学者 Song 提出的展开计算方法。最终获得绝对相位 φ'_1 为

$$\varphi'_1(x,y) = 2\pi M(x,y) + \varphi_1(x,y) \qquad (7-20)$$

式中，$M(x,y)$ 依据 φ_{123}、φ_{12}、φ_1 的取值情况进行相应取值：

1）当 $\varphi_1(x,y) \neq 2\pi$、$\varphi_{12}(x,y) \neq 2\pi$、$\varphi_{123}(x,y) \neq 2\pi$ 时，$M(x,y)$ 表达式为①；

2）当 $\varphi_1(x,y) \neq 2\pi$ 或 $\varphi_{12}(x,y) \neq 2\pi$，且 $\varphi_{123}(x,y) \neq 2\pi$ 时，$M(x,y)$ 表达式为②；

3）当 $\varphi_1(x,y) \neq 2\pi$、$\varphi_{12}(x,y) \neq 2\pi$、$\varphi_{123}(x,y) = 2\pi$ 时，$M(x,y)$ 表达式为③。

$$M(x,y) = \begin{cases} \varphi_1(x,y) + 2\pi \left(\mathrm{INT}\left(\dfrac{\varphi_{123}(x,y)}{2\pi} \cdot \dfrac{\lambda_{123}}{\lambda_{12}} \right) \cdot \dfrac{\lambda_{12}}{\lambda_1} + \mathrm{INT}\left(\dfrac{\varphi_{123}(x,y)}{2\pi} \cdot \dfrac{\lambda_{12}}{\lambda_1} \right) \right) \cdots\cdots\cdots & ① \\[4mm] \varphi_1(x,y) + 2\pi \left(\mathrm{INT}\left(\dfrac{\varphi_{123}(x,y)}{2\pi} \cdot \dfrac{\lambda_{123}}{\lambda_{12}} \right) \cdot \dfrac{\lambda_{12}}{\lambda_1} + \mathrm{INT}\left(\dfrac{\varphi_{123}(x,y)}{2\pi} \cdot \dfrac{\lambda_{12}}{\lambda_1} \right) - 1 \right) \cdots\cdots & ② \\[4mm] \varphi_1(x,y) + 2\pi \left(\mathrm{INT}\left(\dfrac{\varphi_{123}(x,y)}{2\pi} \cdot \dfrac{\lambda_{123}}{\lambda_{12}} - 1 \right) \cdot \dfrac{\lambda_{12}}{\lambda_1} + \mathrm{INT}\left(\dfrac{\varphi_{123}(x,y)}{2\pi} \cdot \dfrac{\lambda_{12}}{\lambda_1} \right) - 1 \right) \cdots & ③ \end{cases}$$

$$(7-21)$$

式中，INT( )为取整函数。

7.2 条纹投影轮廓术

7.2.1 基本原理

条纹投影轮廓术是近年来十分受欢迎的一种非接触、快速和高精度的三维形貌测量方法，是众多三维形貌测量方法中最具有应用前景的一类方法。其原理为将光栅条纹（如矩形条纹和正弦条纹）投影到被测物体表面，由于受到被测物体高度调制而发生变形，条纹的变形包含了物体高度的信息，通过采集变形的条纹进行分析就能得到最终的高度分布。

图7-8a为条纹投影示意图，投影仪投射出的正弦条纹照射到物体，由于受物体表面高度的调制，条纹发生畸变，相机采集畸变的条纹进而获取物体的高度信息。图7-8b为典型的条纹投影测量系统光路图。被测物体放在参考面XY上（Y轴垂直于纸面），O_p 和 O_c 分别是投影仪发出光源的镜头中心位置和相机采集图像的光心位置，d 为两个光心的距离，两光心连线与参考面平行，l 为投影仪与参考平面之间的距离，P 是被测物体表面轮廓的任意位置点，该点距离参考平面的高度是该点的高度。B 点是投影光心与 P 点的反向延长线在参考平面 R 上的交点，点 A 是采集光心与 P 点的反向延长线在参考平面上的交点。

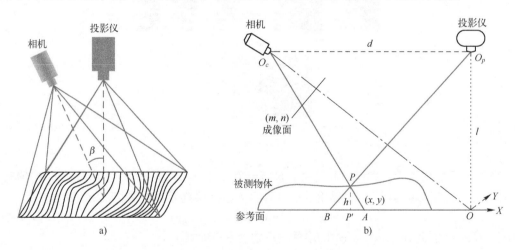

图7-8 条纹投影示意图和条纹投影测量系统光路图

假设光束 O_pB 投射到参考面上的 B 点，放入物体后光束投射到物体表面的 P 点。从相机获得的图像中可以看到，由于物体高度的变化，即受到物体表面形状的调制，使得光束从 B 点移到新的位置 A 点。由 B 点到 A 点的位移携带了 P 点的高度信息 h。根据系统光路中的三角关系，可以由 B 点到 A 点的位移计算高度信息 h。假设 B 点到 A 点在 X 方向的位移为 $s(x, y)$，那么可以这样认为：参考面上 B 点的条纹移动到参考面上的 A 点，相当于原来 B 点的条纹相位改变后 $\varphi(x, y)$ 变成了 A 点的条纹，由此得到 $\varphi(x, y)$ 与 $s(x, y)$ 的关系为

$$s(x, y) = \frac{\varphi(x, y)}{2\pi f_0} \tag{7-22}$$

式中，$\varphi(x,y)$ 对应线段 BA，f_0 是参考面正弦条纹的频率。

由两个相似三角形 $\Delta O_c O_p P$ 和 ΔABP，有

$$\frac{d}{AB} = \frac{l - h(x,y)}{h(x,y)} \tag{7-23}$$

进一步简化为

$$h(x,y) = \frac{l \dfrac{AB}{d}}{\dfrac{d+AB}{d}} \tag{7-24}$$

将式（7-22）代入式（7-24），得到被测物体表面高度的计算公式

$$h(x,y) = \frac{lp\varphi(x,y)}{2\pi d + p\varphi(x,y)} \tag{7-25}$$

式中，$p = 1/f_0$ 为条纹周期。

式（7-25）是高度与相位的转换公式，也就是说如果知道相位 $\varphi(x,y)$，进一步通过式（7-25）就可以得到高度信息。

若投影到参考面上的光栅为正弦光栅，则原始和变形光栅图像上的均匀光栅灰度函数可分别表示为

$$I_B(x,y) = I'(x,y) + I''(x,y)\cos(\varphi_B(x,y)) \tag{7-26}$$
$$I_A(x,y) = r(x,y)\left[I'(x,y) + I''(x,y)\cos(\varphi_A(x,y))\right] \tag{7-27}$$

式中，$\varphi_B(x,y)$ 和 $\varphi_A(x,y)$ 为原始和变形光栅条纹对应的相位；$I'(x,y)$ 为条纹光强的背景值；$I''(x,y)$ 为调制强度；$r(x,y)$ 表示物体表面的非均匀反射率。

通过相位提取技术从 I_A 和 I_B 得到 $\varphi_A - \varphi_B$，由于 $\varphi(x,y) = \varphi_A - \varphi_B$，最终获得高度 $h(x,y)$。

7.2.2 DLP 技术

DLP（数字光学处理器）是目前最先进的数字投影关键技术，其技术核心是 DMD（数字微镜元件）芯片，是由 Larry Hornback 博士于 1977 年发明的。最开始这项研究主要是为了开发印刷技术的成像机制，先以模拟技术开发微型机械控制，1981 年才改用数字式的控制技术，正式命名为"Digital Micro-mirror Device"，并开始分成印刷技术与数字成像两个方向来研究。1991 年，德州仪器决定将数字成像的开发独立成一个事业部，并于 1996 年开发出第一个数字图像产品，1997 年正式终止印刷技术的研发，全力推进数字图像的研发。

由于数字投影仪具有诸多优良的性质，数字投影仪逐渐取代了物理光栅，广泛应用在光栅投影三维测量中。数字投影仪通过直接控制投影面上的投影像素单元，如 LCD 的液晶单元和 DLP 的数字微镜元件，可以方便地产生高精度条纹图像，极大地降低了条纹投影三维形貌测量中的开发成本和提高了开发速度。

图 7-9 为基于 DMD 芯片的 DLP 投影系统。光源发出的光线通过光学系统（透镜、色轮和分色棱镜等）照射到 DMD 投影面上，DMD 上的微型镜片利用照射的光线产生反射光束，形成空间的投影。

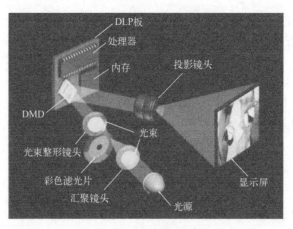

图 7-9　DLP 投影仪原理

在 DLP 投影仪中，图像是由光学半导体元件 DMD 产生的，DMD 是投影仪的核心器件。DMD 芯片看起来很小，被封装在金属与玻璃内部，但是它由数十万乃至上百万个微镜所组成。在 DMD 中，投影像素单元是一个微小的反射镜片，每个镜片可以通过倾斜来调整反射光线的强弱。DMD 芯片的成像原理就是利用这些微小的镜子将光朝镜头反射成为亮点，或将光朝其他方向反射成为暗点。每个镜子下面都有微型机械装置，由电子信号控制转向的角度，透射图像的明暗就由这个角度来决定。在数字驱动信号的控制下，这些微镜片能够迅速改变角度。当接收到相应信号，微镜片就会倾斜 10°，从而使入射光的反射方向发生改变，投影状态的微镜片示为"开"。如果微镜片处于非投影状态，则示为"关"，并倾斜-10°。"开"状态下被反射出去的入射光通过投影透镜将影像投影到屏幕上，像素对应的屏幕点光线为白色；而"关"状态下反射在微镜片上的入射光被光吸收器吸收，像素对应的屏幕点光线为黑色。微镜片在两种状态间转换的频率是可以变化的，从而使得 DMD 反射出的光线呈现出黑与白之间的各种灰度。

7.3　条纹投影中的条纹相位提取方法

在过去的 30 多年，相关科技工作者已经提出了多种条纹背景去除与相位提取方法（相位提取很大程度上取决于背景去除）。其中广泛使用的方法有傅里叶变换法、窗口傅里叶变换法（窗傅里叶脊方法），连续小波变换法以及经验模态分解（Empirical Mode Decomposition，EMD）法。本节主要介绍傅里叶变换法、窗口傅里叶变换法、二维连续小波变换法、二维经验模态分解（BEMD）法、形态学操作经验模态分解（MOBEMD）法。

7.3.1　傅里叶变换法

在条纹投影测量中，CCD 采集到的条纹图 $I(x,y)$ 可表示为

$$I(x,y) = I_a(x,y) + I_b(x,y)\cos(\varphi(x,y) + 2\pi f_0 x) \tag{7-28}$$

式中，$I_a(x,y)$ 为背景；$I_b(x,y)$ 和 $\varphi(x,y)$ 分别为调制部分和相位部分；f_0 为载频频率。式（7-28）写成复数形式为

$$I(x,y) = I_a(x,y) + I_c(x,y)\exp(j2\pi f_0 x) + I_c^*(x,y)\exp(-j2\pi f_0 x) \tag{7-29}$$

式中，$I_c(x,y) = \dfrac{I_b(x,y)}{2}\exp(j(\varphi(x,y)))$；$I_c^*(x,y)$ 为 $I_c(x,y)$ 的复共轭。

条纹的傅里叶变换谱包含三部分：

$$\hat{I}(v_x,v_y) = A(v_x,v_y) + C(v_x-f_0,v_y) + C^*(v_x+f_0,v_y) \tag{7-30}$$

式中，$A(\ )$、$C(\ )$ 和 $C^*(\ )$ 分别为 $I_a(x,y)$、$I_c(x,y)$ 和 $I_c^*(x,y)$ 的傅里叶变换谱。

图 7-10 给出了在一维情况下傅里叶变换方法提取相位的原理。

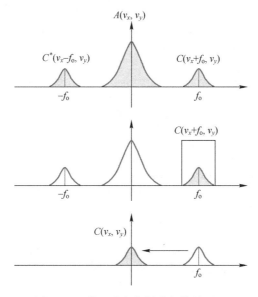

图 7-10　傅里叶变换提取相位的原理

通过滤除其他成分可获得 $C(v_x-f_0,v_y)$，然后通过对其进行傅里叶逆变换可得到

$$
\begin{aligned}
I_c(x,y)\exp(j2\pi f_0 x) &= \frac{I_b(x,y)}{2}\exp(j(\varphi(x,y)+2\pi f_0 x)) \\
&= F^{-1}\{C(v_x-f_0,v_y)\}
\end{aligned} \tag{7-31}
$$

式中，F^{-1} 代表傅里叶逆变换。

通过成分 $I_c(x,y)\exp(j2\pi f_0 x)$，进而可得到包裹相位

$$\varphi(x,y)+2\pi f_0 x = \tan^{-1}\left[\frac{\mathrm{Im}\{I_c(x,y)\exp(j2\pi f_0 x)\}}{\mathrm{Re}\{I_c(x,y)\exp(j2\pi f_0 x)\}}\right] \tag{7-32}$$

式中，$\mathrm{Re}\{\ \}$ 和 $\mathrm{Im}\{\ \}$ 分别代表实部和虚部。

为了去除载频项 $2\pi f_0 x$，在得到 $C(v_x-f_0,v_y)$ 后，将其平移到中心点得到 $C(v_x,v_y)$，然后对其进行傅里叶变换可得到

$$I_c(x,y) = \frac{I_b(x,y)}{2}\exp(j(\varphi(x,y))) = F^{-1}\{C(v_x,v_y)\} \tag{7-33}$$

通过得到的成分 $I_c(x,y)$，可得到包裹的相位

$$\varphi(x,y) = \tan^{-1}\left[\frac{\mathrm{Im}\{I_c(x,y)\}}{\mathrm{Re}\{I_c(x,y)\}}\right] \tag{7-34}$$

7.3.2 窗傅里叶脊法

二维信号的窗傅里叶脊是指其经过窗傅里叶变换之后在频谱 $SF(u,v,\xi,\eta)$ 上，同一 (u,v) 值中 $SF(u,v,\xi,\eta)$ 绝对值最大的点。该点对应的频率 (ξ,η) 被近似认为是信号的瞬时频。

窗傅里叶脊的局部频率 w_x、w_y 和相位表示为

$$(w_x(u,v),w_y(u,v))=\arg\max_{\xi,\eta}|SF(u,v,\xi,\eta)| \tag{7-35}$$

$$\varphi(u,v)=\tan^{-1}\left[\frac{\mathrm{Im}(SF(u,v,w_x(u,v),w_y(u,v)))}{\mathrm{Re}(SF(u,v,w_x(u,v),w_y(u,v)))}\right] \tag{7-36}$$

窗傅里叶脊法的实现代码如下。

```
function g=wft2f(type,f,sigmax,wxl,wxi,wxh,sigmay,wyl,wyi,wyh,thr)
%This function and all the input and output arebasicly the same as
%in the function "wft2" shown in the OLEN paper.
%Only the realization of convolution isslighly different.
%Fouriertransfomrs are used to realize conv2.
%wft2fcomsumes about 75% of wft2s time, and much less than wft2.
%However, wft2f uses more memory than wft2s.
%further, sigma is changed tosigmax and sigmay so that the parameter
%setting can be more general
%------------------------------------------------------------------
%type:   'wff' or 'wfr'
%f:      2D input signal, (1) exponential field from phase-shifting technique
%          and digital holography; (2)carrier fringe from carrier technique,
%          (3) it can also be a closed fringe pattern
%sigmax: window size along x, recomended value:10
%wxl:    low bound of freuqency in x
%wxi:    increasement of wx;
%wxh:    high bound of frequency in x
%sigmay: window size along y, recomended value:10
%wyl:    low bound of freuqency in y
%wyi:    increasement of wx
%wyh:    high bound of frequency in y
%thr:    threshold for 'wff', not needed for 'wfr', recomended
%          value:3 * standard deviation of noise
%g:      For 'wff', g.filtered is 2D filtered signal, for phase-shifting and
%          carrier technique, use "phase=angle(g)" to get the phase map;
%          for closed fringe, use "h=real(g.filtered)" to get smoothed
%          fringe pattern. wxi<=1/sigmax and wyi<=1/sigmay are required.
%          For 'wfr', g is a structure, ridge value, wx, wy and phase are
%instored as g.r,g.wx,g.wy and g.phase.
%wxi and wyi are set according to required frequency resolution
%interesting:fft2 0f 297 * 297 is much faster than 296 * 296 and
%298 * 298
%------------------------------------------------------------------
%Example:  g=wft2f('wff',f,10,-0.5,0.1,0.5,10,-0.5,0.1,0.5,6);
%          g=wft2f('wfr',f,10,-0.5,0.1,0.5,10,-0.5,0.1,0.5);
%------------------------------------------------------------------
%References:
%[1]Windowed Fourier transform for fringe pattern analysis,
```

```
%     Applied Optics, 43(13):2695-2702, 2004
%[2]Two-dimensional windowed Fourier transform for fringe pattern analysis:
%     principles, applications and implementations,
%     Optics and Lasers in Engineering, 45(2): 304-317, 2007.
%[3]Windowed Fourier transform for fringe pattern analysis:
%     theoretical analyses, Applied Optics, 47(29): 5408-5419, 2008
%[4]A windowed Fourier filtered and quality guided phase unwrapping
%     algorithm, Applied Optics, 47(29):5420-5428, 2008
%---------------------------------------------------------------------
%Last update: 27 Nov 2008
%Contact: mkmqian@ntu.edu.sg ( Dr QianKemao, Nanyang Technological Univ.)
%All Copyrights reserved.
%---------------------------------------------------------------------

%the purpose is to make the wff faster by choosing smaller window size
%which does not affect its accuracy.
if strcmp(type,'wff')
    %half window size along x, by default 2 * sigmax; window size: 2 * sx+1
sx=round(2 * sigmax);
    %half window size along y, by default 2 * sigmay; window size: 2 * sy+1
sy=round(2 * sigmay);
elseif strcmp(type,'wfr')
    %half window size along x, by default 3 * sigmax; window size: 2 * sx+1
sx=round(3 * sigmax);
    %half window size along y, by default 3 * sigmay; window size: 2 * sy+1
sy=round(3 * sigmay);
end

%图像大小
[m n]=size(f);
%扩展大小: size(A)+size(B)-1
mm=m+2 * sx;nn=n+2 * sy;
%扩展 f 为[mm nn]
f=fexpand(f,mm,nn);
%预计算 f 的频谱
Ff=fft2(f);
%窗口 meshgrid
[y x]=meshgrid(-sy:sy,-sx:sx);
%生成窗口 w0
w0=exp(-x. * x/2/sigmax/sigmax-y. * y/2/sigmay/sigmay);
%norm2 归一化
w0=w0/sqrt(sum(sum(w0. * w0)));

if strcmp(type,'wff')
    %保存结果
g. filtered=zeros(m,n);
    for wyt=wyl:wyi:wyh
        for wxt=wxl:wxi:wxh
            %WFT 基
            w=w0. * exp(j * wxt * x+j * wyt * y);
            %扩展 w 为[mm nn]
            w=fexpand(w,mm,nn);
```

203

```
        %w 频谱
        Fw = fft2(w);
        %WFT: conv2(f,w) = ifft2(Ff * Fw)
        sf = ifft2(Ff. * Fw);
        %获得所需大小的数据
        sf = sf(1+sx:m+sx,1+sy:n+sy);
        %频谱阈值处理
        sf = sf. * (abs(sf) >= thr);
        %扩展 sf 为[mm nn]
        sf = fexpand(sf,mm,nn);
        %IWFT: conv2(sf,w)
        gtemp = ifft2(fft2(sf). * Fw);
        %更新
        g. filtered = g. filtered+gtemp(1+sx:m+sx,1+sy:n+sy);
      end
    end
    %数据尺度变换
    g. filtered = g. filtered/4/pi/pi * wxi * wyi;
elseifstrcmp(type,'wfr')
    %存储 wx, wy, phase and ridge values
    g. wx = zeros(m,n); g. wy = zeros(m,n); g. phase = zeros(m,n); g. r = zeros(m,n);
    for wyt = wyl:wyi:wyh
      for wxt = wxl:wxi:wxh
        %WFT 基
        w = w0. * exp(j * wxt * x+j * wyt * y);
        %扩展 w 为[mm nn]
        w = fexpand(w,mm,nn);
        %w 频谱
        Fw = fft2(w);
        %WFT: conv2(f,w) = ifft2(Ff * Fw)
        sf = ifft2(Ff. * Fw);
        %数据裁剪
        sf = sf(1+sx:m+sx,1+sy:n+sy);
        %更新条件
        t = (abs(sf)>g. r);
        %更新 r
        g. r = g. r. * (1-t)+abs(sf). * t;
        %更新 wx
        g. wx = g. wx. * (1-t)+wxt * t;
        %更新 wy
        g. wy = g. wy. * (1-t)+wyt * t;
        %更新 phase
        g. phase = g. phase. * (1-t)+angle(sf). * t;
      end
    end
end

function f = fexpand(f,mm,nn)
%扩展 f 为[m n]
%this function can be realized bypadarray, but is slower

%f 大小
```

```
[ m n] = size( f) ;
%存储 f
f0 = f;
%生成更大的矩阵
f = zeros( mm,nn) ;
%复制原始大小的数据
f( 1:m,1:n) = f0;
```

7.3.3 二维连续小波变换法

一维和二维连续小波变换已经广泛应用于条纹相位提取。与一维连续小波变换相比，二维连续小波变换法效果更好，抗噪声能力更强。根据二维连续小波变换定义，$I(x)$ 的二维连续小波变换为

$$W(a,b,\theta) = a^{-2} \iint_{R^2} \psi^* (a^{-1} r_{-\theta}(x - b)) I(x) d^2 x \tag{7-37}$$

式中，W 代表小波系数，ψ^* 为小波函数的共轭，(x,y) 为空间坐标，a 为尺度参数，b 为平移参数，$r_{-\theta}$ 为旋转矩阵。

在对条纹图 $I(x)$ 进行二维连续小波变换后，位置 b 处的条纹相位可通过检测小波变换系数 $W(a,b,\theta)$ 的小波脊得到。二维连续变换的小波脊定义为

$$(a_{ridge}, \theta_{ridge}) = \arg \max_{a \in R_+, \theta \in [0,2\pi]} \left\{ \left| W(b,a,\theta) \right| \right\} \tag{7-38}$$

式（7-38）表示 $(a_{ridge}, \theta_{ridge})$ 取为使得 $|W(b,a,\theta)|$ 最大的 (a,θ)。记

$$W(b)_{ridge} = W(b,a_{ridge},\theta_{ridge}) \tag{7-39}$$

然后，在点 b 可以计算出

$$\varphi(b) + 2\pi f_0 x = \tan^{-1} \left[\frac{\text{Im}\{ W(b)_{ridge} \}}{\text{Re}\{ W(b)_{ridge} \}} \right] \tag{7-40}$$

式（7-38）~式（7-40）提供了值从 $-\pi$ 到 π 变换的相位，并具有 2π 不连续点。通过相位解包裹操作可进一步得到连续的相位，再通过去除载频项 $2\pi f_0 x$ 的操作可得到最终相位 $\varphi(b)$。

需要指出的是，二维连续小波变换提取相位所得的结果很大程度上和小波基的选取有关。目前，用于二维连续小波变换的小波基包含 Fan 小波基、Morlet 小波基、Paul 小波基、Shannon 小波基、Spline 小波基和 Mexcian hat 小波基等。其中 Fan 小波基、Morlet 小波基、Paul 小波基分别为

$$\psi_M(x,y) = \exp(ik_0(x\cos(\theta) + y\sin(\theta))) \exp\left(-\frac{1}{2}\sqrt{x^2+y^2}\right) \tag{7-41}$$

$$\psi_F(x,y) = \sum_{j=0}^{N_\theta-1} \exp(ik_0(x\cos(\theta_j) + y\sin(\theta_j))) \exp\left(-\frac{1}{2}\sqrt{x^2+y^2}\right) \tag{7-42}$$

$$\psi_{Paul}(x,y) = \frac{2^n n! \left(1 - i\frac{x^2+y^2}{2}\right)^{-(n+1)}}{2\pi\sqrt{\frac{(2n)!}{2}}} \tag{7-43}$$

式中，$k_0 = 5.336$；$n = 4$；θ 为旋转角度；N_θ 为旋转角度个数。

7.3.4　BEMD 法

一个信号包含若干个本征模态函数（Intrinsic Mode Function，IMF），EMD 则自适应地将信号中所含 IMF 按频率从高到低的顺序依次提取出来。它的基本思想是首先找出信号的极值，包括极大值和极小值，然后对这些极值点进行插值，来获得信号的上下包络线和均值包络线，最后利用筛选算法把本征模态函数一步一步分离出来，这样最终把信号分解为若干个经验模态分量和近似分量。

IMF 满足两个条件：函数在整个时间范围内，局部极值点和过零点的数目必须相等，或最多相差一个。在任意时刻点，局部最大值的包络和局部最小值的包络平均值必须为零。

对于给定二维信号 $s(x,y)$，EMD 实现过程如下。

1）找 $s(x,y)$ 的所有局部极大值点 M_l 和局部极小值点 m_l，$l=1,2,\cdots$。

2）采用插值算法分别得到局部极大值和局部极小值的包络面，即上包络面 $M(x,y)$ 和下包络面 $m(x,y)$。

3）计算 $s(x,y)$ 的局部均值 $e(x,y)=[M(x,y)+m(x,y)]/2$。

4）从 $s(x,y)$ 中减去局部均值 $e(x,y)$，得到 $h(x,y)=s(x,y)-e(x,y)$。

5）判断 $h(x,y)$ 是否满足筛选条件，如果不满足，就继续重复第 1~4 步，如果满足，就把 $h(x,y)$ 作为一个 IMF，记为 $c_1(x,y)$。

6）从 $s(x,y)$ 减去得到的 $h(x,y)$，得到剩余值序列 $r_1(x,y)=s(x,y)-h(x,y)$，重复以上 5 个步骤得到第 2 个、第 3 个直至第 n 个 IMF：$c_n(x,y)$。当满足一定的条件时，停止处理。

经过上述 6 个步骤，将信号分解成若干个 IMF 和一个余项 $r_n(x,y)$：$s(x,y)=\sum_{l=1}^{n}c_i(x,y)-r_n(x,y)$。经验模态分解存在模态混合问题，在同一模态函数里会有其他不同尺度的信号混杂，或者同一尺度的信号出现在不同本征模态函数里。

在采用 BEMD 分析条纹时，通常将分解层数选为 2 层或 3 层。其中在 2 层情况下，分解结果为一个 IMF 和一个余项，分别对应条纹中的条纹部分和背景部分。在 3 层情况下，分解结果为两个 IMF 和一个余项，分别对应条纹中的噪声部分、条纹部分和背景部分。

MOBEMD 用于克服二维 EMD 算法中的模态混合问题。其主要在两个方面进行了改进：筛选步骤中采用形态学操作检测条纹脊和条纹谷；IMF 包络面通过加强滑动平均算法实现，代替了传统的插值算法。另外，为了加速滑动平均算法的实现，采用二维卷积快速算法。图 7-11 为 MOBEMD 算法中脊估计和包络面估计的流程图。详细步骤如下：

1. 脊位置获取

1）对噪声条纹图像进行滤波预处理。

2）对滤波后的条纹图利用形态学函数进行开启处理，其中采用的形态学函数为一个半径为 2 个像素左右的圆盘形函数，取值仅为 0 或者 1。该函数对条纹图的作用特性为：条纹图中除凸曲面和狭窄曲面以外的曲面灰度值都会被该函数抑制。也就是说条纹脊附近的灰度值得到保持，而其余部分的灰度值受到抑制而变为 0 或趋向于 0，从而得到了形态学开启后的条纹灰度图。

3）对上一步中得到的条纹灰度图进行二值化处理，即把灰度得到保持的像素灰度值置

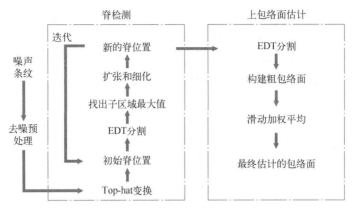

图 7-11　脊估计和包络面估计的流程图

为 1，而把被抑制的像素灰度值置为 0。通过二值化处理，条纹灰度图变为一系列沿脊线分布的黑白分明的条带图。通过形态学的进一步细化处理，这些条带可以被转化为具有单像素宽度的单值线，在此单值线图中可能残留一些孤立的点，这些点可以通过"去端"操作来消除。

4）将上一步中获取的单值线图作为初始脊位置图，并通过迭代方法来获取更加精确的脊位置图 $R_0(x,y)$。该迭代方法详细步骤如下。

① 设 $R(x,y)=R_0(x,y)$。

② 通过对 $R(x,y)$ 进行 EDT（欧几里得距离变换）操作，可以获得分割 $R(x,y)=\bigcup_{i=1}^{N} r_i$。$N$ 是 $R(x,y)$ 内单值点的总数。

③ 将每个子区域 r_i 中的局部极值点作为新的脊点位置，并表示为 $R_{max}(x,y)$。

④ 对 $R_{max}(x,y)$ 进行形态学拉伸，然后再细化，即可得到一张新的脊位置图 $R'(x,y)$。

⑤ 将 $R(x,y)$ 更新为 $R'(x,y)$，重复步骤①到④，直到相邻两次迭代结果的差异小于某一预设的阈值。相邻两次迭代的差异定义为 $D_{RR'}=\sum_y\sum_x[R(x,y)\oplus R'(x,y)]$，其中 "$\oplus$" 为异或运算符，经验阈值设为 10 个像素左右，一般经过 3 次迭代即可达到收敛要求。

2. 包络面估计

包络面估计包含两个主要步骤，即包络面的粗估算，以及通过加权滑动均值算法对其进行光滑细化。详细步骤如下。

1）先求出脊位置图 $R'(x,y)$ 的 EDT 变换 $D_{R'}(x,y)$。利用 $D_{R'}(x,y)$ 计算 $R'(x,y)$ 的分割 $R'(x,y)=\bigcup_{i=1}^{N} r'_i$，其中 N 是 $R'(x,y)$ 单值点的总数，而这些单值点也就是 $R'(x,y)$ 中的脊点，这样每个子区域中的像素点 (x,y) 就和该子区域内的脊点联系起来，而 N 个分段小平面就粗略构成了上包络面（下包络面构成同理）。

2）对步骤1）中获得的粗包络面通过加权滑动均值算法进行细化。

7.3.5　VMD 法

VMD（变分模态分解）属于新近提出的一种自适应信号分析方法，其建立在变分法和维纳滤波基础上，能自适应地将具有几种不同模态的信号进行分离，即能得到带限本征模态函数。首先，对于每一个本征模态 u_k，通过希尔伯特变换计算相应的解析信号获得单边频谱；然后，对每一个单边谱模态，通过混合一个中心频率 w_k 的指数调制项移动每一个频谱到"基带"；最后，通过解调信号的 H^1 高斯光滑性（梯度的 L^2 范数）估计带宽。综上所述，对于一维信号 f，通过变分模态分解分析构成如下约束变分问题：

$$\min_{u_k, w_k}\left\{\sum_k \left\|\partial_t \left[\left(\delta(t)+\frac{j}{\pi t}\right)*u_k(t)\right]e^{-jw_kt}\right\|_2^2\right\} \quad s.t. \quad \sum_k u_k = f \tag{7-44}$$

式中，$*$ 代表卷积，$\delta(t)$ 为狄拉克函数，∂_t 为关于时间 t 的偏导数。

对于二维解析信号 u_k，其频域可定义为

$$\hat{u}_{AS,k}(\vec{w})=\begin{cases} 2\hat{u}_k(\vec{w}), & \vec{w}\cdot\vec{w}_k>0 \\ \hat{u}_k(\vec{w}), & \vec{w}\cdot\vec{w}_k=0 \\ 0, & \vec{w}\cdot\vec{w}_k<0 \end{cases} \tag{7-45}$$

$$=(1+\text{sgn}(\vec{w}\cdot\vec{w}_k))\hat{u}_k(\vec{w})$$

式中，sgn 为门限函数；$\vec{w}$ 为二维解析信号的频率；$\vec{w}_k$ 为中心频率；$\hat{u}$ 代表 u 的傅里叶变换。

借助于二维解析信号的定义，二维变分模态分解的能量泛函为

$$\min_{u_k,\vec{w}_k}\left\{\sum_k \|\nabla[u_{AS,k}(x)e^{-j\langle\vec{w}_k,x\rangle}]\|_2^2\right\} \quad s.t. \quad \sum_k u_k = f \tag{7-46}$$

式中，$u_{AS,k}(x)$ 为解析信号；$\langle,\rangle$ 代表内积；∇ 代表梯度。

采用乘子交替方向法求解极小化问题。首先，求解关于 u_k 的极小化问题

$$\hat{u}_k^{n+1}=\arg\min_{\hat{u}_k}\{\alpha\|j(\vec{w}-\vec{w}_k)[(1+\text{sgn}(\vec{w}\cdot\vec{w}_k))\hat{u}_k(\vec{w})]\|_2^2$$

$$+\left\|\hat{f}(\vec{w})-\sum_k \hat{u}_i(\vec{w})+\frac{\hat{\lambda}(\vec{w})}{2}\right\|_2^2\} \tag{7-47}$$

式中，α 为正则化参数。

式（7-47）写成维纳滤波结果为

$$\hat{u}_k^{n+1}(\vec{w})=\left(\hat{f}(\vec{w})-\sum_{i\neq k}\hat{u}_i(\vec{w})+\frac{\hat{\lambda}(\vec{w})}{2}\right)\frac{1}{1+2\alpha|\vec{w}-\vec{w}_k|^2} \tag{7-48}$$

$$\forall\vec{w}\in\Omega_k:\Omega_k=\{\vec{w}|\vec{w}\cdot\vec{w}_k\geqslant 0\}$$

其次，求解关于 $\vec{w}$ 的极小化问题。

$$\vec{w}_k^{n+1}=\arg\min_{\vec{w}_k}\left\{\sum_k \|\nabla[u_{AS,k}(\vec{x})e^{-j\langle\vec{w}_k,\vec{x}\rangle}]\|_2^2\right\} \tag{7-49}$$

在频域内

$$\vec{w}_k^{n+1}=\arg\min_{\vec{w}_k}\{\alpha\|j(\vec{w}-\vec{w}_k)[(1+\text{sgn}(\vec{w}\cdot\vec{w}_k))\hat{u}_k(\vec{w})]\|_2^2\} \tag{7-50}$$

其解为

$$\vec{w}_k^{n+1} = \frac{\int_{\Omega_k} \vec{w} \mid \vec{u}_k(\vec{w}) \mid^2 \mathrm{d}\vec{w}}{\int_{\Omega_k} \mid \vec{u}_k(\vec{w}) \mid^2 \mathrm{d}\vec{w}} \tag{7-51}$$

经过若干次迭代，可实现能量泛函式（7-46）的极小化并得到各个模态成分。

通过极小化能量泛函（7-46）得到本征模态函数 u_k，从而有

$$\begin{cases} 背景部分 = u_1(x,y) \\ 条纹部分 = u_2(x,y) \\ 噪声部分 = u_3(x,y) \end{cases} \tag{7-52}$$

得到条纹 $u_2(x,y)$ 后，对其进行希尔伯特变换得到 $c(x,y)$，从而通过如下反正切函数获得包相位图

$$\varphi(x,y) + 2\pi f_0 x = \arctan\left[\frac{\mathrm{Im}\{c(x,y)\}}{\mathrm{Re}\{c(x,y)\}}\right] \tag{7-53}$$

式中，$\mathrm{Re}\{\}$ 与 $\mathrm{Im}\{\}$ 分别代表实部与虚部。

7.3.6 变分图像分解法

傅里叶变换、二维小波变换和经验模态分解属于频域或者时频分析的方法，它们是从频域的角度来分析 FPP 条纹的。通常，FPP 条纹背景被认为是缓慢变化的，即其傅里叶变换谱集中在零频点附近，而条纹部分由于受载频项的调制，其频谱会远离原点，这样背景部分和条纹部分在频域上就是分开的。在傅里叶变换方法中可以通过带通滤波滤除背景部分来保留条纹部分。

在空间域中，背景部分和条纹部分是混叠在一起的，如果不通过频域的方法分析是很难将其分开的。但是从描述 FPP 条纹的公式可以知道，投影条纹图可以写成 $a(x,y)$ 和 $b(x,y)\cos(\varphi(x,y)+2\pi fx)$ 两部分简单相加。可以认为，用两部分相加的方式来分析条纹图比从频域考虑更直观而且具有更简洁的形式。关键问题是在已经知道 $I(x,y)$ 的情况下，如何从式（7-28）中得到 $a(x,y)$ 和 $b(x,y)\cos(\varphi(x,y)+2\pi fx)$。由于已知条件为一个物理量，即 $I(x,y)$，而需要求得的量为两个，即 $a(x,y)$ 和 $b(x,y)\cos(\varphi(x,y)+2\pi fx)$，因此求解方程（7-28）是一个反问题和不适定问题。此反问题模型为

$$\inf_{(u,v)} \left\{ \| I-u-v \|_2^2 \right\} \tag{7-54}$$

求解反问题通常采用正则化的方法，即通过对变量施加先验约束来保证解的稳定性。借助于正则化理论，求解式（7-54）的正则化模型可表示为

$$\inf_{(u,v) \in X_1 \times X_2} \left\{ E(u,v) = E_1(u) + \lambda E_2(v) : I = u+v \right\} \tag{7-55}$$

式中，$u=a(x,y)$，$v=b(x,y)\cos(\varphi(x,y)+2\pi fx)$；$E_1(u)$ 和 $E_2(v)$ 代表对 u 和 v 进行先验约束的能量泛函，能量泛函和图像函数空间 X_1 和 X_2 相关联，λ 为正则化参数。

类似地，带噪声的 FPP 条纹图可表示为

$$I(x,y) = a(x,y) + b(x,y)\cos(\varphi(x,y)+2\pi fx) + \mathrm{NOISE} \tag{7-56}$$

借助正则化理论，求解式（7-56）的正则化模型可表示为

$$\inf_{(u,v,w) \in X_1 \times X_2 \times X_3} \left\{ E(u,v) = E_1(u) + \lambda E_2(v) + \delta E_3(w) : I = u+v+w \right\} \tag{7-57}$$

式中，$u=a(x,y)$，$v=b(x,y)\cos(\varphi(x,y)+2\pi fx)$；$w=NOISE$；$E_1(u)$、$E_2(v)$和$E_3(w)$分别代表对$u$、$v$和$w$进行先验约束的能量泛函，能量泛函和图像函数空间$X_1$、$X_2$和$X_3$相关联，$\lambda$和$\delta$为正则化参数。

以上从空间域的角度，借助正则化方法得出了用于 FPP 分析的变分图像分解模型，引入了变分图像分解这种新思想。接下来，把 FPP 条纹看成一种特殊的由卡通和纹理部分组成的自然图像，那么自然而然就可以把用于自然图像分析的变分图像分解用于 FPP 条纹分析中。

背景部分 $a(x,y)$ 是变换缓慢部分，可以看作卡通部分，另外，条纹部分 $b(x,y)\cos(\varphi(x,y)+2\pi fx)$ 具有纹理特征，可看作纹理部分，因此条纹图 $I(x,y)$ 可以看作包含卡通、纹理和噪声的自然图像，自然而然，用变分图像分解模型来表示条纹图是合理的。

令

$$u=a(x,y) \tag{7-58}$$

$$v=b(x,y)\cos(\varphi(x,y)+2\pi fx) \tag{7-59}$$

$$w=NOISE \tag{7-60}$$

$$f=I(x,y) \tag{7-61}$$

因此，用变分图像分解模型对 FPP 条纹图进行描述是非常直观的，因为变分图像分解模型建立在空间域，具有 $f=u+v+w$ 这种简洁的形式。而傅里叶变换的思想是将 FPP 条纹图变换到频域，从频域中分析三个部分的特性和进行滤波处理。此外，采用变分图像分解模型还具有其他优势，比如其可以借助已经建立的图像空间和变分图像分解模型，寻找适合描述 FPP 条纹分析的有效模型，如采用 TV-Hilbert-L^2 模型来描述 FPP 条纹图。

TV-Hilbert-L^2 模型为

$$(u,v,\xi)=\underset{\tilde{u},\tilde{v},\tilde{\xi}}{\operatorname{argmin}}\left\{\lambda\|\tilde{u}\|_{TV}+\mu\|\tilde{v}\|_{\tilde{\xi}}^2+\frac{1}{2}\|f-\tilde{u}-\tilde{v}\|_{L^2}^2,w=f-u-v\right\} \tag{7-62}$$

式中，$\|\tilde{u}\|_{TV}$ 为 $\tilde{u}$ 的全变分范数；$\|\tilde{v}\|_{\tilde{\xi}}$ 为 $\tilde{v}$ 的关于频率 $\tilde{\xi}$ 的自适应 Hilbert 范数；$\|f-\tilde{u}-\tilde{v}\|_{L^2}$ 为 $f-\tilde{u}-\tilde{v}$ 的 L^2 范数。各项的权重由参数 λ 和 μ 控制。

能量泛函的极小化可通过在迭代中分别极小化每个变量来实现，具体步骤为：

1）u 和 v 固定，极小化频率场

$$\xi=\underset{\tilde{\xi}\in C}{\operatorname{argmin}}\|\tilde{v}\|_{\tilde{\xi}}^2=\underset{\tilde{\xi}\in C}{\operatorname{argmin}}\|\Gamma(\tilde{\xi})\psi v\|_{L^2}^2 \tag{7-63}$$

式中，ψ 为傅里叶框架下的分解；$\Gamma(\tilde{\xi})$ 为与频率场 $\tilde{\xi}$ 有关的加权系数。

2）固定 ξ 和 v：令 $y=f-v$，极小化

$$u=\underset{\tilde{u}}{\operatorname{argmin}}\left\{\lambda\|\tilde{u}\|_{TV}+\frac{1}{2}\|y-\tilde{u}\|_{L^2}^2\right\} \tag{7-64}$$

方程（7-64）的解可由邻近点算法求得

$$u=prox_{\lambda J}(y) \tag{7-65}$$

式中，邻近点算符 $\lambda J=\lambda\|\tilde{u}\|_{TV}$ 可由迭代算法实现。通过迭代公式

$$p_{i,j}^{n+1}=\frac{p_{i,j}^n+\tau(\nabla(div(p^n)-y/\lambda))_{i,j}}{\max\{1,p^n+\tau|\nabla(div(p^n)-y/\lambda)|\}_{i,j}},\quad i=1,\cdots,M,j=1,\cdots,N \tag{7-66}$$

计算得到 $\lambda div(p^n)$ 后

$$u=y+\lambda div(p^{n+1}) \tag{7-67}$$

3) 固定 ξ 和 u：极小化

$$v=\underset{\widetilde{v}}{\mathrm{argmin}}\left\{\frac{1}{2}\parallel f-u-\widetilde{v}\parallel^{2}_{L^{2}}+\mu\parallel\Gamma(\xi)\psi v\parallel^{2}_{L^{2}}\right\} \tag{7-68}$$

方程（7-68）的梯度方程为

$$(2\mu\psi^{*}\Gamma^{2}\psi+I)v=(f-u) \tag{7-69}$$

由于 $(2\mu\psi^{*}\Gamma^{2}\psi+I)$ 为对称正定算符，v 可通过共轭梯度算法求出，或者由傅里叶变换求出。

TV-Hilbert-L^{2} 模型的数值优化算法为

  1. Initialization, $v=0$; $\xi=0$; $u=f$; f is the initial image;

  2. Iterations for each step n：

   2.1 $\xi=\underset{\widetilde{\xi}\in C}{\mathrm{argmin}}\parallel v^{n}\parallel^{2}_{\widetilde{\xi}}$

   2.2 $u^{(n+1)}=\mathrm{prox}_{\lambda J}(f-v^{n})$

   2.3 $v^{n+1}=\mathrm{gradconj}((2\mu\psi^{*}\Gamma^{2}\psi+I),(f-u^{(n+1)}))$

   2.4 *If* $n=N_{0}$; $f=u^{n+1}+v^{n+1}$

  3. Stop test：we stop if $n>N$

在 2.3 步骤中，gradconj 代表共轭梯度下降算法，在 2.4 步骤中，N_{0} 为迭代过程中的更新标志，初始值 f 被更新为 $f=u^{n+1}+v^{n+1}$。

在实际处理中，需要对 ∇u 进行离散化，其离散化形式为

$$(\nabla u)_{i,j}=((\nabla u)^{1}_{i,j},(\nabla u)^{2}_{i,j}) \tag{7-70}$$

式中，$(\nabla u)^{1}_{i,j}$ 和 $(\nabla u)^{2}_{i,j}$ 分别代表 x 方向和 y 方向偏导数的离散化形式

$$(\nabla u)^{1}_{i,j}=\begin{cases}u_{i+1,j}-u_{i,j},&i<M\\0,&i=M\end{cases} \tag{7-71}$$

和

$$(\nabla u)^{2}_{i,j}=\begin{cases}u_{i,j+1}-u_{i,j},&\mathrm{j}<N\\0,&\mathrm{j}=N\end{cases} \tag{7-72}$$

式中，M 和 N 为图像大小。

散度 $div(p)$ 的离散化形式为

$$(div(p))_{i,j}=\begin{cases}p^{1}_{i,j}-p^{1}_{i-1,j},&1<\mathrm{i}<M\\p^{1}_{i,j},&i=1\\-p^{1}_{i-1,j}&i=M\end{cases}$$
$$+\begin{cases}p^{2}_{i,j}-p^{2}_{i,j-1},&1<\mathrm{j}<N\\p^{2}_{i,j},&\mathrm{j}=1\\-p^{2}_{i,j-1}&\mathrm{j}=N\end{cases} \tag{7-73}$$

图 7-12a 为 512×512 像素的模拟条纹图，其模拟公式为

$$I(x,y)=a\cos\left(\frac{1}{16}\pi x+2\varphi(x,y)\right)+b\frac{d\varphi(x,y)}{dx}+\mathrm{NOISE} \tag{7-74}$$

式中，a 和 b 为常量，分别为 0.5 和 5；*NOISE* 代表方差为 0.2 的高斯噪声；$\varphi(x,y)$ 为 MATLAB 自带函数 PEAKS。图 7-12b 和 7-12c 分别为模拟的背景部分和条纹部分。

采用变分图像分解和 MOBEMD 对图 7-12a 进行处理。这里采用低通滤波（LP）和离散小波变换（DWT）进行预滤波。图 7-12d~图 7-12f 分别为 MOBEMD-LP、MOBEMD-DWT 和变分图像分解提取出的背景部分，图 7-12g~图 7-12i 为 MOBEMD-LP、MOBEMD-DWT 和变分图像分解提取出的条纹部分。采用 MOBEMD-LP、MOBEMD-DWT 和变分图像分解提取的背景部分信噪比为 31.0 dB、27.2 dB 和 31.6 dB，提取的条纹部分信噪比为 15.1 dB、14.5 dB 和 20.3 dB。

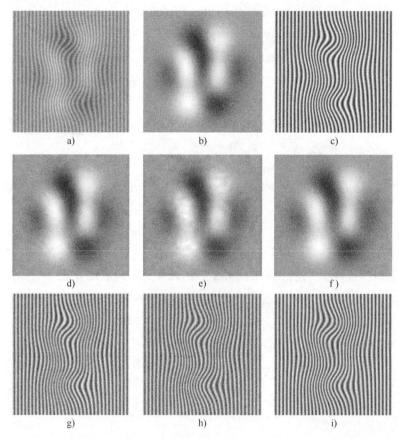

图 7-12　模拟图分解结果

接着对两个实验获得的 FPP 条纹图进行处理。图 7-13a 为女模特模型胸部投影条纹图，图 7-13b 为石膏人脸模型投影条纹图。图 7-13a 的处理结果如图 7-14 所示。其中，图 7-14a 和 7-14b 分别为采用 MOBEMD-LP 提取的背景部分和条纹部分，图 7-14c 和 7-14d 分别为采用 MOBEMD-DWT 提取的背景部分和条纹部分，图 7-14e 和 7-14f 分别为采用新方法提取的背景部分和条纹部分。图 7-13b 的处理结果如图 7-15 所示。其中，图 7-15a 和 7-15b 分别为采用 MOBEMD-LP 提取的背景部分和条纹部分，图 7-15c 和 7-15d 分别为采用 MOBEMD-DWT 提取的背景部分和条纹部分，图 7-15e 和 7-15f 分别为采用新方法提取的背景部分和条纹部分。

从图 7-12、图 7-14 和图 7-15 可以看出，本节介绍的方法具有更好的效果，分解的条纹部分具有更高的信噪比，对实验数据能给出更理想的分解结果。而且本节介绍的方法不需要预处理，能同时分离出背景部分、条纹部分和噪声部分。

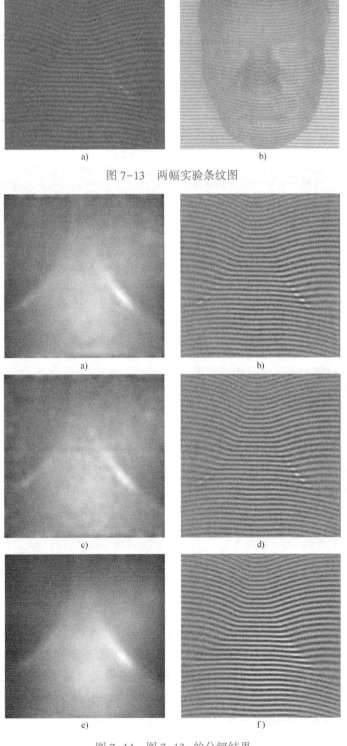

图 7-13　两幅实验条纹图

图 7-14　图 7-13a 的分解结果

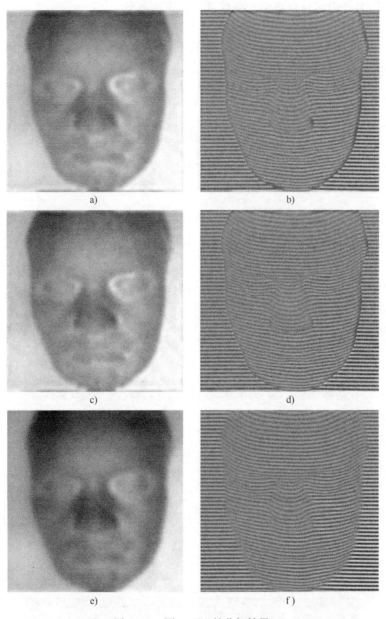

a)　　　　　　　　　　　b)

c)　　　　　　　　　　　d)

e)　　　　　　　　　　　f)

图 7-15　图 7-13b 的分解结果

　　本节介绍了基于变分图像分解 FPP 条纹图中背景部分的方法。通过变分图像分解，可以很自然地将 FPP 条纹图描述为背景部分、条纹部分和噪声部分之和的形式。该方法可以同时分离出背景部分、条纹部分和噪声部分。另外，不像其他基于时域的分析方法，本节介绍的方法不需要分解层数的选择。该方法建立在空间域，通过极小化能量泛函实现分解结果，有效地利用了变分法和偏微分方程的优点。

7.4 条纹投影三维测量

数字投影仪产生的投影条纹质量对测量结果有着非常重要的影响。研究人员从填充因子、速度、线性、效率和温漂等角度比较了 LCD、LCOS、FLCOS 和 DLP 这四种投影仪的性能，结果表明 DLP 投影仪性能最具优势。研究人员比较了 LCOS 投影仪和 DLP 投影仪产生的条纹图质量，并指出在聚焦的情况下，由于 LCOS 的 γ 效应较弱，并且不需要精密的同步，采用 LCOS 进行投影是更优的选择方案，而在离焦的情况下，由于 DLP 投影仪具有更高的对比度，采用 DLP 进行投影是更优的选择。为消除投影条纹的 γ 畸变，研究人员对条纹的 γ 畸变进行了研究，提出了多种校正方法。此外，数字投影仪在输出频率方面取得了较大的发展。传统的投影仪输出频率最高为 120Hz，导致相机采集系统的最大帧速不能超过 120 Hz，这限制了数字投影仪在高速测量方面的发展。然而，投影仪输出二进制图像的频率可达几 kHz，这为 FPP 在高速测量方面的应用提供了机会。近年来，二进制离焦技术使得投影仪条纹输出频率达到几 kHz。其原理为投影仪输出频率可达几 kHz 的二进制条纹图像，二进制条纹图像通过透镜模糊后相当于低通滤波，经过滤除高次谐波后的二进制条纹图像近似于连续正弦条纹，这样最终输出的正弦条纹频率就达到了几 kHz。

随着高精度数字投影仪、计算机技术、图像处理技术和条纹分析方法的不断发展，FPP 的应用范围不断扩大。Chen 等将 FPP 应用于口腔牙科的三维形貌测量，测量精度达到 25 μm。Genovese 等对受压状态下的血管壁变形进行了测量。Lilley 和 Hanafi 将 FPP 分别用于身体姿态和人体背部变形的检测。Hong 等融合 FPP 和立体视觉对电路板上的电子元件进行了监测。张启灿和苏显渝研制了高速 FPP 测量系统，并测得了鼓膜振动的情况，为回声特性研究和打击乐器的研制提供了有意义的参考。Cheng 等对自由飞行状态下蜻蜓翅膀的变形进行了高速测量。Zhou 等基于 FPP 提出了新的人脸表情重构方法。蒋明等对鲤鱼尾鳍瞬时三维形态进行了测量，真实再现了尾鳍复杂的三维运动过程。Zhang 等对活体兔子心脏完成动态三维成像，极大推动了该项技术在生物医学中的应用。Pablo 等将 FPP 用于流体实验力学，对自由液体表面的变形进行了测量。Luebberding 等用 FPP 对人类皮肤皱纹的整个发展过程进行了监测。Shi 以及 Nguyen 采用 FPP 和数字图像相关（DIC）两种技术相结合的方式对材料的形貌和变形同时进行了测量。Luis 等也采用 FPP 和 DIC 两种技术相结合的方式同时获取了变形物体的面内位移和离面位移。Zhang 等基于 FPP 技术对指纹、掌纹和手部的三维形貌及彩色纹理进行了测量。

近年来，基于相移技术的条纹分析得到了长足地发展。杨福俊提出了基于光强插值和导数法的两步相移测量方法，与传统四步相移相比，有效提高了测量速度。Zheng 和 Da 对两步相移中的 γ 畸变进行了校正。郑东亮和达飞鹏提出双三步、双四步和双五步相移，极大减少了测量误差。Fu 等提出了改进的四步相移方法，有效地减少了标准四步相移方法中存在的周期性误差。Gutiérrez-Garcí 提出了改进的八帧相移并用于半石化材料表面形貌的测量。左超采用双频三角脉冲宽度调制技术和相移方法，使测量速度达到 1250 帧/秒。Zhang 采用二进制离焦三频相移技术实现了 556Hz 的快速测量。左超等还采用价格低廉的普通投影仪进行改造，使其刷新速率可达 360Hz，并实现了 120Hz 的高速测量和显示。

相移法得到的相位都在$(-\pi, \pi]$，需要解包络得到连续的相位。相位展开算法包括空域展开和时域展开。传统的时域展开需要 6 到 10 帧得到展开后的相位。这需要高速投影仪和高速相机，并采用离焦投影技术实现快速测量。因此，对图像采集、传输及后续的处理有着严格的要求，通常只能实现高速记录离线重构。为减少投影仪帧数，一些研究人员通过引入额外相机，通过相机之间的内在约束来实现相位展开。Weise 等通过极限约束、光强平方差计算和置信度传播实现了立体相位展开，但该算法复杂，在遮挡区域内容易产生区域性相位求解错误。钟凯等通过预先约束轴向测量范围、极线约束和左右相机一致性检验实现了多视图约束相移相位展开，并取得了实时效果。左超提出了一种结合极线约束和散斑相关的实时三维测量方法，结合了信息嵌入法和多相机约束法的优点，它的特点是：无须额外的条纹，能够减小对运动的敏感度，提高测量效率；高频条纹的展开不受限制，从而提高测量精度；能够避免过于复杂的算法和过小的轴向测量范围限制，实现了快速实时的动态三维测量。

7.5 案例——基于条纹投影结构光三维扫描仪的牙模扫描

传统的义齿是由技师根据患者的颌骨形态靠经验手工制作出来的，由于精度无法达到要求，制作出来的义齿存在不可避免的误差，精度难以保障。齿列模型的测量和管理都非常麻烦和辛苦，所以，获取数字化三维牙模型的需求越来越迫切。使用三维扫描仪可快速得到样板的三维数据，根据客户需求直接在三维数字模型上修改设计，保证牙模的所有细节能够得到体现，简化传统设计流程，节省时间，提升设计效率。同时将扫描获得的数据全部进行分类保存，随时随地都能快速调用想要的数据，研究效率得到很大提高，使得所有的数据能够灵活应用于虚拟演示、运动模拟等各种各样的研究用途。

系统硬件部分主要包括计算机、相机、投影装置、转台。本节采用两台相机，通过按一定的角度转动牙模型进行拍照，从而实现对整个牙颌表面的覆盖，具体如图 7-16 所示。

基于双目立体视觉的牙模三维扫描实现软件是核心部分，主要包括相机标定、转台标定、图像采集、三维拼接及显示等几个步骤，其处理顺序如图 7-17 所示。

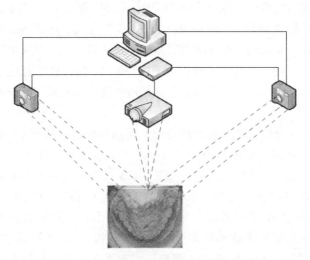

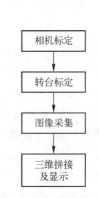

图 7-16　双目立体视觉采集系统示意图　　　　图 7-17　系统软件模块框图

相机标定的主要目的是把图像中的点与真实的物理世界联系起来，从而反映真实场景，即求解相机的内外参数。相机内参数指焦距、畸变系数。相机外参数主要表示相机之间的相对位置，用一个平移量和一个旋转量来表示。张正友的平面标定方法比较灵活，它需要借助含有规则标志点的平面标定板。它比两步法等要精度高，配置要求低，步骤相对简单，很多立体视觉标定都是以该理论为基础的。图 7-18 所示为相机标定过程。调整投影仪和相机使得定位圆的中心圆圆心、标定板的中心圆圆心、屏幕中心三心重合，两个摄像头用于从不同的方向捕捉至少五幅图像。

图 7-18　相机标定实验系统

为获得物体表面完整的三维点云信息，必须进行多视角测量和多视角点云拼合。本节使用单轴转台双目结构光三维扫描仪实现多视点云的自动拼合，如图 7-19 所示。标定球固定在转台的零刻度上，由电机控制器控制转台的旋转，在测量过程中旋转 60°。转台的标定过程具体如下。

1）将标定球固定在转台零刻度处，将步进电机触摸屏清零。

2）在 PMC100 控制器通电的情况下，直接点击触摸屏上的运行按钮，标定球沿旋转轴线旋转，测量六个不同角度。

3）生成三维数据，并对生成的三维点云进行噪声处理。

4）点云数据的中心从六个角度进行拟合，拟合结果如图 7-20 所示。

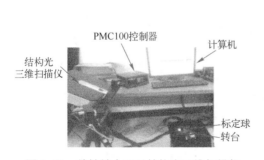

图 7-19　单轴转台双目结构光三维扫描仪

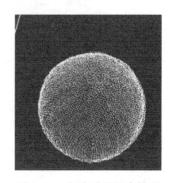

图 7-20　标定球的拟合结果

实验所使用的测量物体是一部分牙模。牙模包括牙龈部分和牙冠部分，与人体牙齿结构相近。该系统可以得到牙模型的一系列点云数据。由于牙模型的遮挡和视角问题，不能一次性获得牙模的完整三维信息。必须对牙模从不同视场角度进行图像采集，再通过配准技术进行拼接才能构成一个完整的三维数字化牙颌模型，所以，将不同角度的三维牙模点云数据进行点云精确配准不仅能得到完整的三维牙模型，更会直接影响最终的精度。通过研究和对比国内外相关的配准技术，本次实验分别从牙颌六个角度采集了六组图像并进行立体匹配，得到了各个视场角的三维点云数，其各个方向的三维点云数据如图 7-21 所示。

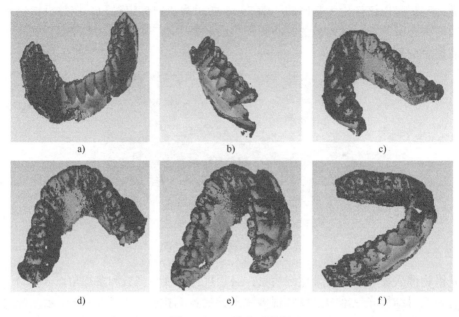

图 7-21　三维点云数据

a）正面图　b）逆时针 60°　c）逆时针 120°

d）逆时针 180°　e）逆时针 240°　f）逆时针 300°

通过拼接技术将得到的一组点云数据进行拼接得到完整的牙模，如图 7-22 所示。

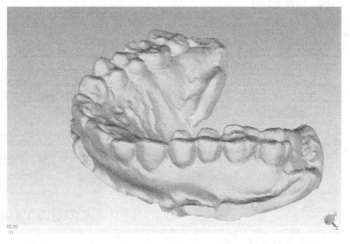

图 7-22　完整牙模

实验结果表明，该系统能够进行牙模的精确三维测量，可以提供牙模完整的三维扫描轮廓，能为牙科领域的应用提供帮助。

7.6 案例——线激光三维测量

7.6.1 线激光三维测量原理（激光三角法）

激光三角法测量按照入射光线和被测物法线之间的关系分为两种，第一种是直射式，第二种是斜射式。

1. 直射式

直射式激光三角测量的原理图如图 7-23 所示。

投射光斑的位置会发生改变，要使其无论距离远近都能在探测器光敏面清晰成像，需要搭建恒聚焦光路，则系统光学参数须满足 Scheimpflug 条件，即

$$a_0 \tan\alpha = b_0 \tan\beta \tag{7-75}$$

式中，a_0 为参考点处激光光斑到成像透镜物方主平面的距离；b_0 为光斑像到成像透镜像方主平面的距离；α 为成像透镜光轴与被测表面法线之间的夹角；β 为成像透镜光轴与 CCD 光敏面的夹角。

若被测表面位置在激光光轴方向移动的距离为 y，光斑像在探测器光敏面上的位置相应移动的距离为 x，则利用相似三角形各边的比例关系可得

$$y = \frac{a_0 x \sin\beta}{b_0 \sin\alpha - x \sin(\alpha+\beta)} \tag{7-76}$$

2. 斜射式

斜射式激光三角法测量原理如图 7-24 所示。同样，要使光斑在探测器光敏面上清晰成像，需要满足 Scheimpflug 条件，即

$$\tan(\theta_1+\theta_2) = (a/b)\tan\theta_3 \tag{7-77}$$

式中，θ_1 为激光光轴与被测表面法线的夹角；θ_2 为成像透镜光轴与被测表面法线的夹角；θ_3 为 CCD 光敏面与成像透镜光轴的夹角。

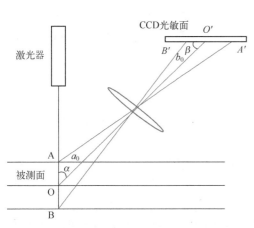

图 7-23 直射式激光三角法测量原理图

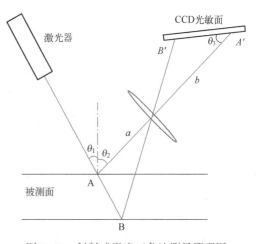

图 7-24 斜射式激光三角法测量原理图

被测表面在激光光轴方向的位移为

$$y = \frac{ax\sin\theta_3\cos\theta_1}{b\sin(\theta_1+\theta_2)-x\sin(\theta_1+\theta_2+\theta_3)} \qquad (7-78)$$

线激光在 1 秒钟内能够提供线条密度为 800 点、线宽为 16 mm、测量深度为 40 mm 的线数据。每秒钟该传感器可以传输 65000 个点，具有很高的检测密度，在精度方面同样达到了微米级别。线激光扩展性很强，得到的数据以 csv 格式保存，可以与其他软件进行信息交互，还可以搭配 GPS 以及外接数码相机进行使用，从而拓宽其应用领域。通过加入数码相机可以增加其彩色信息的采集，从而获得更加全面的目标物体信息。GPS 的应用促使激光扫描技术与现实生产过程中的应用结合更加紧密，在扩大激光扫描应用领域的同时促进了工业工程的发展。

7.6.2　系统设计与搭建

根据测量需求设计的系统结构图如图 7-25 所示，主要部分有线激光传感器、二维移动平台和平台支架。

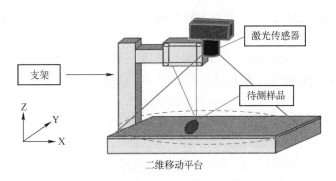

图 7-25　线激光管脚精密测量平台

1. 设计方案

根据移动目标的不同设计了两种方案，第一种方案是固定待测物品，第二种方案是固定线激光。

方案一：选择精度高于 0.02 mm 的运动装置，把线激光固定在运动装置上，在测量过程中待测物品固定，移动线激光测量物体一个面上的 z 轴方向数据信息。通过设计线激光的移动路线可以得到整个物体的一个完整面的高度信息。

方案二：选择精度高于 0.02 mm 的运动装置，把待测物品放在平的测量平台上，将承载待测物品的平台水平固定在运动装置上。在测量过程中线激光固定不动，移动待测物体来测量物体一个面的 Z 轴方向数据信息，通过设计平台的移动路线可以得到整个物体的一个完整面的高度信息。

理论上两种方案都是可行的，但是，如果将线激光进行移动会产生较大的误差。第一，运动装置运动时会有微小的振动，造成误差；第二，由于线激光是靠光学原理来进行测量的，移动线激光难免会造成所测量的位置光有微小的差异，从而造成系统的测量误差；第三，线激光相对来说体积比被测物体大，而且需要垂直放置，被测物体的体积小，而且水平放置，重心比线激光低，所以待测物体移动起来更加方便且不容易振动；第四，测量完一个面时需要对物体其他面进行测量，如果用线激光移动，则每次测量前都要对上次测量时线激光所产生的误差进行补偿。而第二种方案在测量过程中线激光固定，线激光所处的光线环境在整个测量过程中都是不变的，消除了因光线不同而造成的影响，同时线激光没有微小的振动，从而减小了测量误差。所以下面的过程采用的设计方案是第二种，即固定线激光，移动待测物体。

2. 系统搭建

该系统需要满足对不规则物体的测量要求。对于缝隙这种小尺寸的用传统方法难以测量的部分，可以采用线激光进行测量，通过线激光对待测物体进行扫描可以测量出一个面的高度信息，对于传统接触式测量方法无法测量到的信息，激光以其非接触的特性实现了这类情况下的测量。通过对线激光传感器进行选型，决定采用基恩士公司的 LJ-V7060 传感器，如图 7-26 所示。

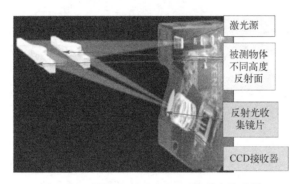

图 7-26　基恩士 LJ-V7060 型线激光传感器

该传感器可以通过编码器触发，在 1 秒内能够提供线条密度为 800 点、线宽为 16 mm、测量深度为 16 mm 的线数据；每秒钟可以传输 800000 个点，可以达到检测密度要求。可以根据二维图像引导运动机构带动激光传感器到待测位置，评价出缝隙均匀度，如图 7-27 所示。

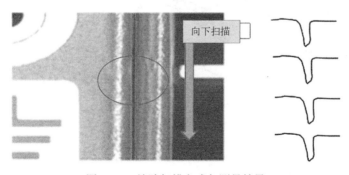

图 7-27　缝隙扫描方式与测量结果

线激光每次扫描都是得到一条线上的高度信息，可以很容易测出间隙、弧面、棱角等，再通过运动装置来移动物体，就能扫描物体一个面上全部的 Z 轴高度信息，这就实现了不规则部分的测量。

该系统还需要满足高精度、高效率要求。线激光对 z 轴高度的测量精度高于 0.02 mm，在 x 轴方向，对于所选用的线激光 800/16 mm，也就是每毫米 50 个点，精度约为 0.02 mm，对于运动装置，选用雅马哈 T4l 系列，它的反复定位精度达到了 0.02 mm，而如果选用编码器触发方式，它的电磁旋转编码器的分辨率为 16384 个脉冲每转，以编码器触发的精度远远高于 0.02 mm，对于二维运动平台选用的是二维云台，精度达到了 0.1 μm，这样运动装置与线激光相结合的总体精度理论上会达到 0.02 mm。线激光每秒触发频率可以高达 1 kHz，每行 800 点，每秒可以获得 80 万个点的数据，相对于传统的点激光效率高很多。基于激光的三维测量系统平台可以在满足对物体不规则部分测量的同时拥有较高的测量速度和精度。

基于激光的三维测量系统硬件安装主要有两大部分，一部分是线激光传感器的安装，另一部分是运动装置的安装。实物如图 7-28 所示。

图 7-28　安装实物图

线激光传感器安装前需要注意调整好传感头和目标物体的距离，使用螺栓对其进行固定，示例图如图 7-29 所示。

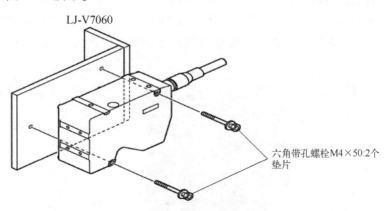

图 7-29　传感器安装图例

安装时尽量保证线激光是垂直的，如果是倾斜的，那么测量出来的一条线上高度相同的地方测量结果是不同的。虽然相对于基准面的高度是相同的，但是由于线激光的高度测量范围有限，只有垂直的时候才能更全面地测出物体的三维数据。其中，注意合理调整传感头和运动平台之间的距离，避免影响测量效果。

安装运动装置时要保证线激光与所测物体的距离在 6～8 cm 之间，因为在这个范围内线激光测量的高度信息是最准确的。其次，运动装置能运动的部分要在线激光的下方。

基于激光的三维测量系统软件设计需要用到基恩士 LJ-V7060 的动态链接库完成界面的

实现，软件流程图如图 7-30 所示。

TJPU 自动化激光三维测量系统软件部分分为两大模块，通信模块和功能模块。通信模块如图 7-31 所示。

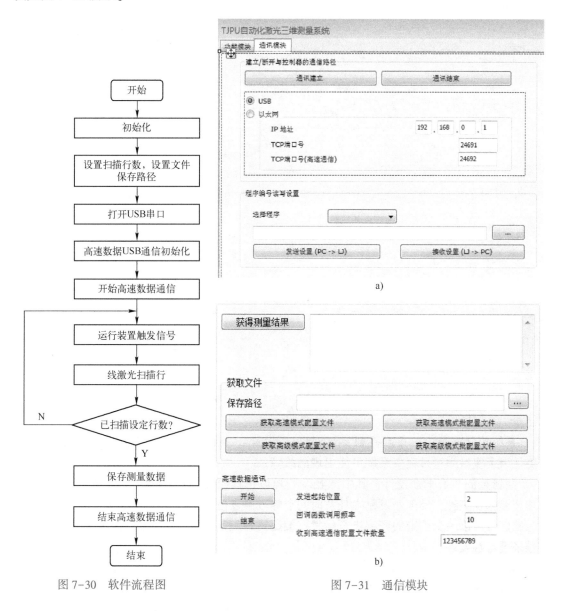

图 7-30 软件流程图　　　　　　　　　图 7-31 通信模块

通信设置里可以设置线激光控制器和上位机之间的通信方式，有 USB 通信和以太网通信两种。程序的读写模块可以选择下载的程序。测量结果可以在上位机上实时显示。

功能模块如图 7-32 所示。功能模块分为打开 DLL、通讯控制、系统控制、测量控制、功能模块更新和读设置、测量结果、存储关系、高速数据通信关系函数和设置/结果 9 个小模块。

"打开 DLL"分为"初始化""获得 VB 版本号""结束"三个控件。"通讯控制"分为"打开 USB""打开以太网""通信结束"三个控件，功能分别是 USB 通信使能、以太网通

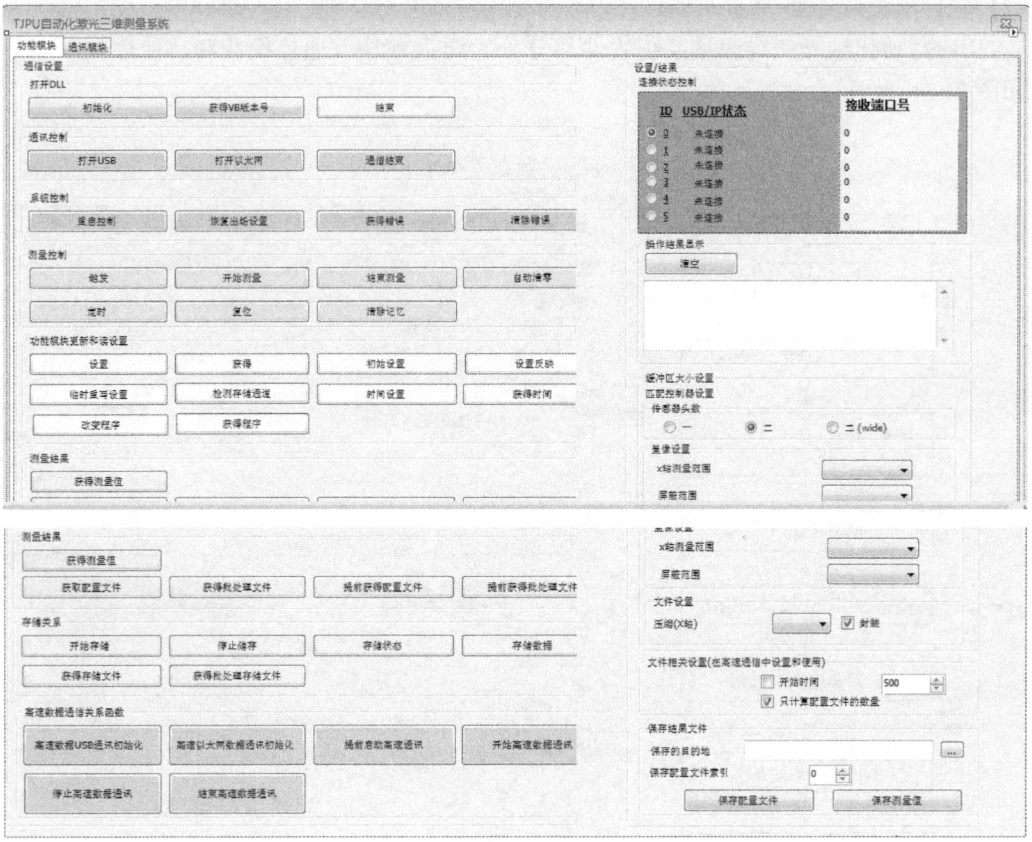

图 7-32　功能模块

信使能、结束通信。

　　"系统控制"分为"重启控制""恢复出厂设置""获得错误""消除错误"四个控件，主要是为了应对测量过程中系统可能出现的故障。

　　"测量控制"有七个控件，其中"触发"可以选择触发方式，分为外部触发、编码器触发和连续触发三种，外部触发是在任意时间点输入触发信号进行拍摄，连续触发是在软件给出触发信号后以一个固定的频率进行触发，编码器触发是通过外接编码器 AB 相发来的脉冲信号来进行触发。

　　"功能模块更新和读设置"是对时间、程序、读写等进行设置。"测量结果"可以获得测量值以及测量结果存放的文件。"存储关系"设置存储的开始/停止和存储状态。

　　"高速数据通信关系函数"是对高速数据通信的设置，可以设置 USB 和以太网高速数据传送，也可以控制数据传输的开始和停止，应注意的是在数据存储时不能停止数据传输通信。

　　"设置/结果"中显示每一步操作的结果，可以在此界面查看系统运行状态，如图 7-33 所示。

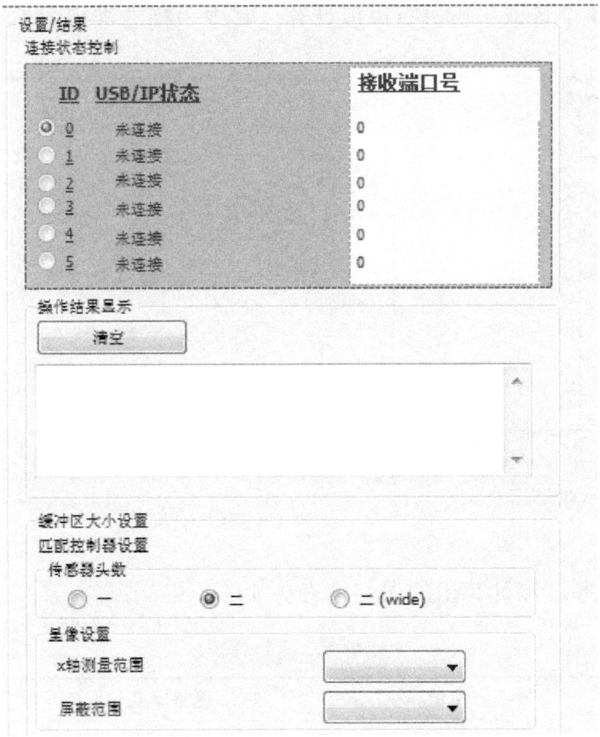

图 7-33 "设置/结果"界面

7.6.3 结果与分析

Y方向的误差是运动装置运动时产生的误差,与运动装置本身的特性有关。

选用的运动装置精度越高,Y方向的误差就会越小。

1. 标定

对于平台的测量精度标定,以标准的二级量块来对系统进行精度估算。1 mm二级量块误差为0.45 μm,这个精度高于前面预测的三维测量系统精度,所以可以把标准量块的值作为真值来对系统的误差进行评价。选用厚度为1.00 mm、1.01 mm、1.02 mm、1.03 mm、1.04 mm、1.05 mm、1.06 mm、1.07 mm、1.08 mm、1.09 mm、1.10 mm、1.20 mm、1.30 mm、1.40 mm、1.50 mm的15个二级量块来测量系统的误差。

(1) 不同标准块行厚度

线激光工作在编码器触发模式下,单击"轮廓",使用"轮廓"的高度测量功能,可以测出量块与其承载平台之间的距离,这就是量块的厚度。将采集到的csv文件取出一行在MATLAB中进行显示,程序如下:

```
z=importdata('C:\数据\量块\1.50.csv');
for j=1:800   //把无效的点视为0
        if(z(2000,j)<-20)
            z(2000,j)=0;
        end
end
plot(z(2000,500:1:650));
```

225

从 15 个二级量块中各取一行进行厚度计算，其中一幅二维行图如图 7-34 所示。

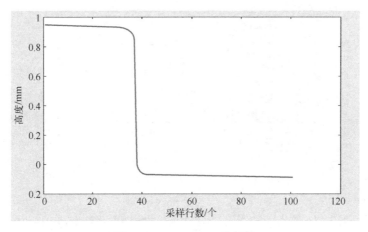

图 7-34　1.00 mm 二维行图

测量得到的量块厚度和计算出的误差见表 7-1。

表 7-1　误差分析

量块型号	真值/mm	测量厚度/mm	误差/mm
1	1	1.007	0.007
1.01	1.01	1.008	-0.002
1.02	1.02	1.015	-0.005
1.03	1.03	1.024	-0.006
1.04	1.04	1.032	-0.008
1.05	1.05	1.047	-0.003
1.06	1.06	1.059	-0.001
1.07	1.07	1.064	-0.006
1.08	1.08	1.071	-0.009
1.09	1.09	1.091	0.001
1.10	1.10	1.098	-0.002
1.20	1.20	1.208	0.008
1.30	1.30	1.293	-0.007
1.40	1.40	1.395	-0.005
1.50	1.50	1.493	-0.007

表 7-1 中，对 15 个量块一条线上的厚度计算得到的误差最大为 0.008 mm，最小为 -0.009 mm，取最大误差进行计算，激光在线测量的精度在 0.01 mm 以内。

（2）同一标准块行厚度

对同一个量块不同行进行误差计算，以 1.08 mm 的量块进行分析，首先在编码器触发模式下设计批处理 3000 点，对其进行厚度测量。三维显示图如图 7-35 所示。取 1000 行，计算出每行的平均误差，如图 7-36 所示。

从图 7-36 可以得出，每行的平均误差都小于 5 μm，而设计的三维测量系统目标精度是

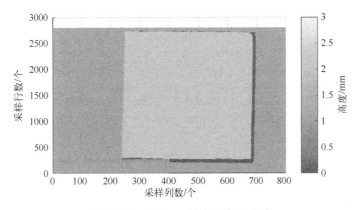

图 7-35　1.08 mm 量块三维显示图

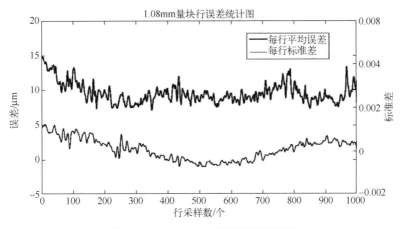

图 7-36　1.08 mm 量块行误差统计图

0.02 mm，所以线激光在 z 方向的精度是满足设计目标的。

（3）不同标准块面厚度

线激光工作在编码器触发模式下，批处理点数为 4000，单击"开始批处理"，分别测量 15 个二级量块，采集量块一个面的高度信息并求平均值，减去平台的高度得到量块的厚度。将得到的 csv 文件数据取出在 MATLAB 中进行显示。

首先将数据在 MATLAB 中打开，再把无效的点值设为-0.3，最后用 meshz 函数进行三维显示。

```
z = importdata('1. 50. csv');
for i = 1:4000
    for j = 1:800
        if z(i,j) < -800
            z(i,j) = -0.3;
        end
    end
end
[x,y] = meshgrid(1:800,1:4000);
meshz(x,y,z);
```

取第 300~620 列的 128 万个点，去掉无效值和被测物体的高度，对剩下的点取平均值，计算出承载台高度为 x1。

```
for i = 1:4000
    for j = 1:800
        if (z(i,j)<-0.2)||(z(i,j)>0.5)||(j<300)||(j>620)
            z(i,j) = 0;
        end
    end
end
k = sum(z(:));
b = (z~=0);
t = sum(b(:));
x1 = k/t;
```

取第 300~620 列的 128 万个点，去掉无效值和承载台的高度，对剩下的点取平均值，计算出二级量块上表面的平均高度 x2，量块厚度 tu = x2-x1。

```
z = importdata('C:\数据\量块\1.50.csv');
for i = 1:4000
    for j = 1:800
        if (z(i,j)<0.5)||(z(i,j)>2)||(j<300)||(j>620)
            z(i,j) = 0;
        end
    end
end
k = sum(z(:));
b = (z~=0);
t = sum(b(:));
x2 = k/t;
tu = x2-x1;
error = 1.50-tu;
```

从 15 个二级量块中取一面计算面厚度，其中一幅三维显示图如图 7-37 所示。

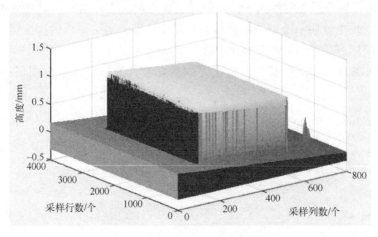

图 7-37　1.00 mm 三维显示图

由于采集数据时线激光安装有倾斜，所以计算平均高度差时选用了第 300～620 行的数据，这样就可以避免由于倾斜带来的计算误差。计算出的 15 个二级量块的厚度及误差见表 7-2。

表 7-2　面误差分析

量块型号	真值（mm）	测量厚度（mm）	误差（mm）
1	1	1.0085	0.0085
1.01	1.01	1.0022	0.0078
1.02	1.02	1.0236	0.0036
1.03	1.03	1.0412	0.0112
1.04	1.04	1.0458	0.0058
1.05	1.05	1.0607	0.0107
1.06	1.06	1.0704	0.0104
1.07	1.07	1.0847	0.0147
1.08	1.08	1.0914	0.0114
1.09	1.09	1.1010	0.0101
1.10	1.10	1.1100	0.0100
1.20	1.20	1.2074	0.0074
1.30	1.30	1.3102	0.0102
1.40	1.40	1.4133	0.0133
1.50	1.50	1.5076	0.0076

可见，对 15 个二级量块的测量误差最大为 0.0147mm，达到了精度高于 0.02mm 的目标。得到的平均误差约为 0.01mm，说明测量值平均比实际值高出 0.01mm，把 0.01mm 看成系统的固有误差，测量时需要减去该误差对测量值进行补偿，这样得到的结果更精确。

2. 物体测量

基于激光的三维测量系统主要对传统测量方式不能测量的不规则小物体进行测量，所以下面选用有间隙的工件、有弧面的六棱柱以及具有螺纹的螺钉进行测量效果检验。实物如图 7-38 所示。

（1）间隙测量

启动软件，单击"实时设定"，设置"触发模式"为"编码器触发"，"采样周期"为 500Hz，"批处理点数"为 4000 点。测量得到的点云数据用 MATLAB 显示，如图 7-39 所示。

选取其中一行对缝隙处进行显示，如图 7-40 所示。计算出 1000 行的缝隙宽度并显示，如图 7-41 所示。

（2）六棱柱测量

启动软件，单击"实时设定"，设置"触发模式"为"连续触发"，"采样周期"为 200Hz，如图 7-42 所示。

a)

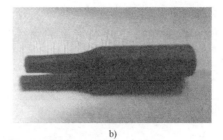
b)

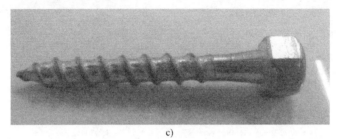
c)

图 7-38　测量实物图

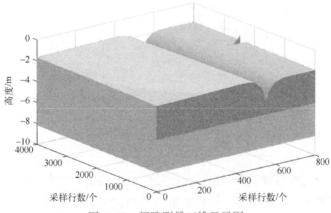

图 7-39　间隙测量三维显示图

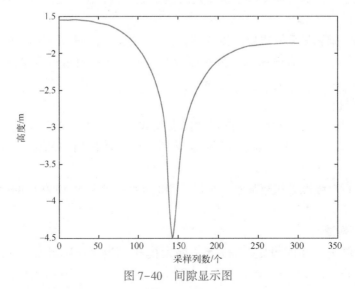

图 7-40　间隙显示图

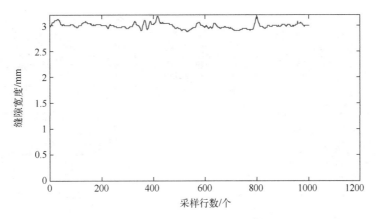

图 7-41　1000 行缝隙宽度显示

图 7-42　线激光拍摄设定

测量的六棱柱长约 3 cm，设置平台运动速度为 1 mm/s，扫描 200 次，在 x 方向的精度高于 0.005 mm，线激光精度为 0.02 mm。按逆时针翻动六棱柱，测出六个面的三维信息，其中一个面的三维显示如图 7-43 所示。

（3）螺钉的测量

启动软件，单击"实时设定"，设置"触发模式"为"连续触发"，"采样周期"为 100 Hz。测量的螺钉长约 5 cm，设置平台运动速度为 1 mm/s，扫描 100 次，相当于每 0.01 mm 扫描一次，在 x 方向的精度高于 0.01 mm，线激光精度为 0.02 mm，不会减小总体的精度。先设定运动平台路线，单击开始运动，然后点击线激光上位机开始批处理。扫描结束后一个面的三维点云显示如图 7-44 所示，局部图如图 7-45 所示。

以每 60° 为一个测量角度，逆时针转，测出六个面，将三维点云数据以 csv 格式进行保存，得到的部分三维点云数据如图 7-46 所示。

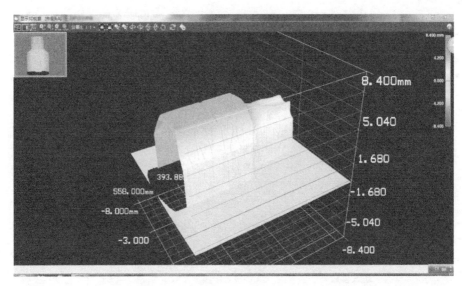

图 7-43　六棱柱一个面的三维显示图

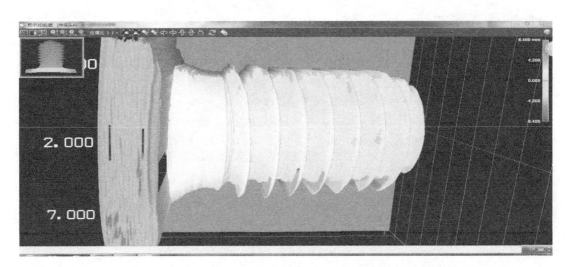

图 7-44　螺钉的三维显示图

图 7-45　螺钉的局部图

−7.775	−7.776	−7.776	−7.775	−7.774	−7.773	−7.772	−7.771
−7.774	−7.775	−7.776	−7.774	−7.773	−7.772	−7.771	−7.771
−7.		−7.775	−7.773	−7.772	−7.771	−7.77	−7.77
−7.	螺钉螺纹一角	−7.774	−7.772	−7.771	−7.77	−7.77	−7.77
−7.		−7.773	−7.772	−7.77	−7.769	−7.769	−7.769
−7.772	−7.		−7.771	−7.77	−7.769	−7.769	−7.769
−7.771	−7.772		−7.77	−7.769	−7.769	−7.768	−7.768
−7.771	−7.771	−7.77	−7.77	−7.769	−7.769	−7.768	−7.768
−7.77	−7.77	−7.769	−7.769	−7.769	−7.769	−7.768	−7.768
−7.77	−7.77	−7.769	−7.769	−7.769	−7.769	−7.768	−7.767
−7.77	−7.77	−7.769	−7.769	−7.769	−7.769	−7.768	−7.767
−7.77	−7.77	−7.769	−7.769	−7.769	−7.769	−7.768	−7.768
−7.77	−7.77	−7.769	−7.77	−7.77	−7.769	−7.768	−7.768
−7.77	−7.77	−7.77	−7.77	−7.77	−7.77	−7.769	−7.768
−7.77	−7.77	−7.77	−7.771	−7.77	−7.77	−7.769	−7.769

图 7-46　螺钉三维点云数据

3. 六棱柱三维模型重建

（1）数据转化

首先把得到的六棱柱测量 csv 文件转化成拼接软件 Geomagic Studio 所能识别的文件格式 txt。用 MATLAB 编写程序进行转化，程序如下：

```
screw1 = csvread('六棱柱\2.6.csv');
row = 6000;col = 800;
dat = fopen('C:\数据\六棱柱\2.6.txt','wt');
for i = 1:row
    for j = 1:col
        if(screw1(i,j) < −20)
            fprintf(dat,'\n');
        else
            fprintf(dat,'%5.2f %5.2f %5.2f\n',i * 0.005,j * 0.02,screw1(i,j));
        end
    end
end
fclose('all');
```

处理结果如图 7-47 所示。

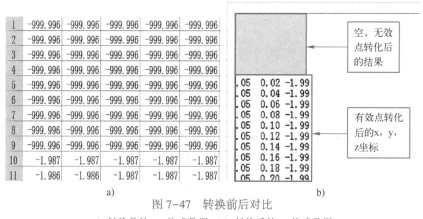

1	−999.996	−999.996	−999.996	−999.996	−999.996
2	−999.996	−999.996	−999.996	−999.996	−999.996
3	−999.996	−999.996	−999.996	−999.996	−999.996
4	−999.996	−999.996	−999.996	−999.996	−999.996
5	−999.996	−999.996	−999.996	−999.996	−999.996
6	−999.996	−999.996	−999.996	−999.996	−999.996
7	−999.996	−999.996	−999.996	−999.996	−999.996
8	−999.996	−999.996	−999.996	−999.996	−999.996
9	−999.996	−999.996	−999.996	−999.996	−999.996
10	−1.987	−1.987	−1.987	−1.987	−1.987
11	−1.986	−1.986	−1.987	−1.987	−1.987

空，无效点转化后的结果

有效点转化后的x，y，z坐标

a)　　　　　　　　　　　　b)

图 7-47　转换前后对比

a）转换前的 csv 格式数据　b）转换后的 txt 格式数据

选取的样本 csv 文件中，前 9 行的值-999.996 为无效点，转换时去除，从第 10 行开始，点的数据有效。定义第一行的 x 轴为 0，因为采样时每一行间隔 0.005 mm，所以第 10 行的 x 值为 0.05 mm。每行中有 800 个点，总长为 16 mm，所以相邻点的距离为 0.02 mm，第 10 行第一个数据转化后为（0.05，0.02，-1.99）。

（2）点云去噪

测量过程中存在很多干扰以及测量到的其他物体，三维重建前要对点云进行去噪。未经过去噪的图像如图 7-48 所示，点云去噪后的图像如图 7-49 所示。

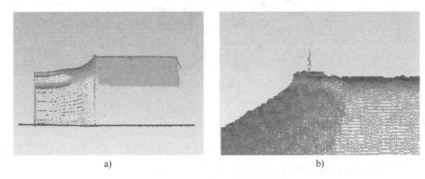

图 7-48 未经过去噪的图像
a）整体图像 b）局部放大图

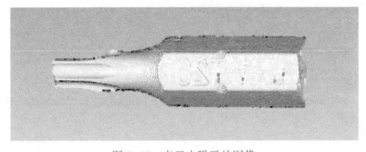

图 7-49 点云去噪后的图像

（3）点云拼接

用同样的方法对所有的面进行数据转换和去噪。通过 Geomagic Studio 进行拼接得到物体的三维模型，如图 7-50 所示。

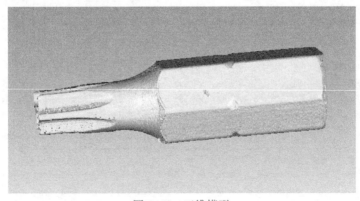

图 7-50 三维模型

7.7 习题

1. 条纹投影结构光三维测量的原理是什么？

2. 如何理解条纹投影结构光三维测量的相位？什么是相位提取？什么是相位展开？为什么需要相位展开？

3. 条纹投影结构光三维测量中，相移法与傅里叶变换相位提取方法的区别是什么？

4. 小波变换、窗傅里叶变换、傅里叶变换三种相位提取方法的区别是什么？

5. 描述多频外差测量原理。

6. 线结构光测量的原理与主要步骤是什么？

7. 下图为模拟的条纹投影图，设计从此条纹图中提取连续相位（即解包裹的相位）的方法。

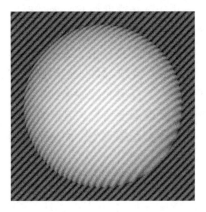

8. 调研相位展开算法有哪些，各自的特点是什么。

第8章 深度相机

8.1 三维测量原理

8.1.1 飞行时间法

飞行时间法（Time of Flight，TOF），即传感器发出经调制的光，如红外光，光遇物体后反射，传感器接收反射回来的光并计算光线发射和反射的时间差或相位差，通过探测光的飞行时间来换算得到被拍摄景物的距离，以产生深度信息。

TOF相机则是同时得到整幅图像的深度信息。如图8-1所示，TOF相机与普通机器视觉成像过程有类似之处，也是由光源、光学部件、传感器、控制电路以及处理电路等部分组成。与双目测量系统相比，其通过入、反射光探测来获取目标距离，而不需要通过左右立体像对匹配后，再经过三角测量法来获取深度信息。TOF技术采用主动光照射方式，但与条纹投影等主动光照射不同的是，其光源不是编码光，而是提供用于衡量入射光信号与反射光信号变化的光源。

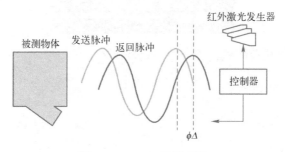

图8-1 TOF相机原理图

作为TOF相机的核心，TOF芯片每一个像元对入射光往返相机与物体之间的相位分别进行纪录。该传感器的结构与普通图像传感器类似，但更复杂，它包含两个或者更多的快门，用来在不同时间采集反射光线。照射单元和TOF传感器都需要高速信号控制，这样才能达到高的深度测量精度。比如，照射光与TOF传感器之间同步信号发生10 ps的偏移，就相当于1.5 mm的位移。所以如果要求空间距离分辨率为0.001 m（即能够区分空间相距0.001 m的两个点或两条线），则时间分辨率要达到$66×10^{-12}$ s。一般TOF相机测距精度为深度分辨率1 mm，若采用亚皮秒激光脉冲和高时间分辨率的电子器件，深度分辨率就可以达到亚毫米量级。

在TOF相机系统中，光速c已知，通过向被测物体连续不断地发送给定波长的红外光脉冲，同时捕获返回的红外光，利用光学快门计算光脉冲的往返相位差，则物体与相机之间

的距离计算方法为

$$d=c\frac{\Delta\varphi}{2\pi f}\qquad(8-1)$$

式中，$\Delta\varphi$ 为往返相位差；f 为给定红外光的频率。

用 TOF 法测量距离一般不超过 10 m，测量结果受被测物性质与外界光源影响，分辨率相对较低。根据调制方法的不同，TOF 法一般可以分为两种：脉冲调制（Pulsed Modulation）和连续波调制（Continuous Wave Modulation）。

8.1.2 结构光原理

除第 7 章介绍的条纹结构光三维测量方法外，结构光测量方法还包括散斑结构光法。光源投射散斑信息到物体表面，然后相机从物体表面的散斑图像恢复出深度信息。基于散斑方式的结构光三维测量包含基于三角法的散斑三维测量方式（比如通过双目互相关方式进行视差计算得到深度），以及光编码（Light Coding）方式。PrimeSense、微软 Kinect V1（第一代）等都使用光编码这种三维测量方式。光编码方式中，光源投射出的散斑会随着距离的变化变换不同的图案，直接在三维空间标记。

PrimeSense 编码技术如图 8-2 所示：每隔一定距离，取一个参考平面并记录相应的散斑图，测量时拍摄一幅场景散斑图并与一系列参考图像进行互相关处理，在空间中被测物体的位置参考图像与散斑图存在最大的相关值，通过这些相关值得到每个点的深度值。

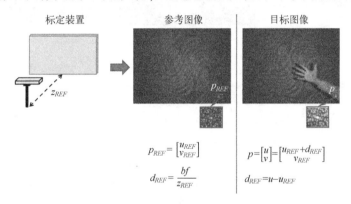

图 8-2　光编码原理图

8.2　深度相机

目前主流的深度相机厂商有 PMD、MESA、Optrima、微软、Basler、Ti 以及华硕等公司。其中，MESA 偏向科研领域，而 Optrima、微软的相机主要面向家庭、娱乐应用。图 8-3 所示为几种深度相机。Basler TOF 相机分辨率为 640×480，PMD Camcube 相机分辨率为 204×204，MESA 相机分辨率 176×144，Ti 公司的 TOF 产品分辨率为 320×240，3DV Systems 公司 Zcam 相机分辨率为 320×240，微软 Kinect（第二代）TOF 相机分辨率为 512×424，华硕 Xtion 空间分辨率为 640×480（既准确又可扩充的 640×480 深度分辨率），奥比中光结构光深度相机分辨率为 640×480。

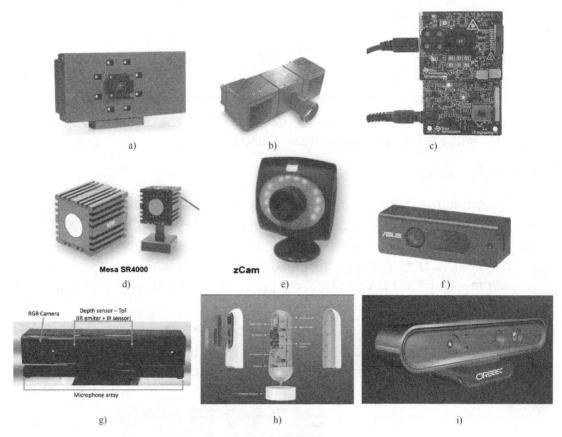

图 8-3　深度相机

a) Basler 公司 TOF 相机　b) PMD 公司 Camcube 2.0 深度相机　c) Ti 公司 TOF 相机　d) MESA TOF 深度相机
e) Zcam 深度相机　f) 华硕 Xtion 深度相机　g) 微软 Kinect 2 TOF 相机
h) PMD 新型 TOF　i) 奥比中光结构光深度相机

8.2.1　Kinect

Kinect 是由微软公司研制开发、应用于体感游戏的一个配件，它具有动作捕捉、语音识别、影像识别等功能。不仅在游戏领域，它在科研领域也有巨大的研究价值。Kinect 从推出至今，因为它的成本较低和性能较好等优点而被开发者和研究人员所关注。深度相机利用红外结构光原理或 TOF 原理，可以直接得到环境的颜色（RGB）信息，并测出深度（Depth）信息，即可以同时获得 RGB-D 信息。与单目、双目相机相比，深度相机不必费时计算深度，具有很大的性能优势，因此被广泛应用于虚拟现实、SLAM、三维重建等领域。随后在 2014 年，微软又推出了新产品 Kinect V2，不同于之前的 Kinect V1，Kinect V2 的 Depth 传感器采用的是 TOF 方式，其精准度及彩色图片和深度图片的分辨率等都得到了大幅度的提升，如图 8-4 所示。

（1）Kinect 相机的硬件结构

该相机本身就有彩色、深度与声音三种传感器。彩色（RGB）传感器用来采集彩色图片。3D 深度传感器则由两个镜头组成，分别为红外线发射器和 CMOS 相机，可用来获取深度数据。Kinect 的声音来自其自身配有的麦克风，4 个麦克风构成的阵列可以收集所在环境

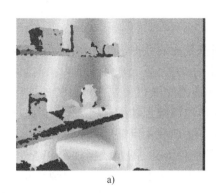 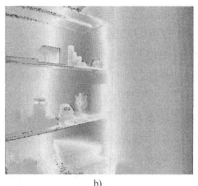

a)   b)

图 8-4   Kinect 数据
a) Kinect V1   b) Kinect V2

中的各种声音信息，同时在传感器内含有数字信号处理器（Digital Signal Processing，DSP），可以用来过滤背景噪声，强化声音接收时的清晰度，并且可以利用获取的声音完成语音识别和声音来源定位等操作。Kinect 还具有追焦技术，电动倾斜马达能够随着对焦物体的位置变动，自动进行相机校正及位姿调整，以确保获取到最佳观测结果。

（2）Kinect 相机的软件开发环境

微软起初研发出 Kinect 相机时，并不具备相应的开发包，而由于 Kinect 强大的功能和相对低廉的价格，广大研究者的非常关注，并为其开发了多款驱动，如：由 AlexP 开发的以 Windows 7 为平台的 CL NUI Platform，可以获得彩色摄像头、深度摄像头以及加速度传感器采集的相关数据，操作简单，便于应用；Hector Martin 开发的 OpenKinect/libfreenect，目标平台是 Linux 和 Mac，目前也已经可以成功移植到 Windows 平台上，不仅可以获得基础的数据，还可以完成骨骼数据提取等。

现今较为常用的开发工具包括非官方开源工具包 OpenNI（Open Natural Interface，开放自然交互）和由微软官方开发推出的 Kinect for Windows SDK Beta。

OpenNI 是一个可以使用多种编程语言、支持不同平台的框架，它提供的 API 可以使开发人员基于原始数据进行程序编写。OpenNI 并不是专为 Kinect 开发的，它除了可以获得 Kinect 相机的数据外，还可以得到与它相兼容的设备所产生的数据。OpenNI 的优点为：可以跨平台操作，支持许多设备，并且允许用于商业用途；功能较多，例如手势识别和目标跟踪等；可以自动完成深度图片数据和 RGB 图片数据的对齐校正，具有较好的全身跟踪功能及关节旋转角度计算功能。但它也存在一些缺点，如没有提供音频功能，不支持转动电机来进行倾角调整，不能自动完成 Kinect 安装和识别，安装的过程比较复杂等。

Kinect for Windows SDK Beta 是微软公司在 2011 年 6 月推出的开源驱动。它的目标平台为 Windows 7，其中包含相关的驱动程序、感测得到的大量原始数据、流程式开发接口、用户接口、安装文档以及可用以参考的示例程序。SDK 可让使用 C++、C#或 Visual Basic 语言搭配 Microsoft Visual Studio 2010 工具的程序开发工程师轻松使用。与非官方的 OpenNI 相比，SDK 可支持音频功能，具有转动电机调整倾角、全身和骨骼跟踪等功能。虽然 SDK 具有稳定的原始数据采集和预处理技术，提供了不错的骨骼和语音支持，但对于身体识别方面的功能，它没有提供局部识别和跟踪，同时 SDK 的开发只局限于 Kinect 和 Windows 7 平台，因此它仍有很多不足，待开发的功能还有很多。

（3）Kinect 相机的数据

机器人在运动过程中，通过处理 Kinect 相机获取的数据来感知周围环境。Kinect 的观测范围为 3~12 m，精度为 3 cm。其水平视场范围为 57°，垂直视场范围为 43°，倾斜电机可在垂直方向上进行±27°的转动。Kinect 的 RGB 传感器能够以最快 30 帧/秒的速度采集得到分辨率为 640×480 的彩色图像数据，所得到的彩色图像数据如图 8-5a 所示；深度传感器采用了结构光原理，红外线发射器发出结构光，红外线 CMOS 相机接收结构光，对其完成解码后就可以得到具有深度信息的 Depth 图像，所得到的 Depth 图像数据如图 8-5b 所示。对于图像的像素点 (u,v)，可以在彩色图像中得到 RGB 值，在 Depth 图像中得到空间点相对 Kinect 相机坐标系的深度值 z。由多阵列麦克风接收声声音，配合背景噪声过滤功能，Kinect 可以分析声音的来源，但是不能分析垂直方向，只能分辨水平方向的声音位置，同时也不能区分出声音来自 Kinect 的前方还是后方。

a)

b)

图 8-5　Kinect 采集的图像数据

a）彩色图像数据　b）Depth 图像数据

（4）基于 MATLAB 的 Kinect 彩色数据与深度数据获取

Image Acquisition 工具箱将 Kinect 传感器中的 RGB 传感器与深度传感器看作两个独立的传感器进行数据采集。

图 8-6 所示为基于 MATLAB 官方工具箱采集 Kinect 数据结果。程序代码来源于 https://ww2. mathworks. cn/help/imaq/examples/using-the-kinect-r-for-windows-r-from-image-acquisition-toolbox-tm. html。

图 8-6　MATLAB 读取 Kinect 数据

%为同步获取彩色与深度数据,必须采用手动触发而不是及时触发。由于开启 immediate triggering 触发时存在开销现象,当进行触发获取时默认(immediate triggering)触发需要具有延迟性质。

```
% Create the VIDEOINPUT objects for the two streams
colorVid = videoinput('kinect',1)
depthVid = videoinput('kinect',2)


% Set the triggering mode to 'manual'
triggerconfig([colorVid depthVid],'manual');


colorVid.FramesPerTrigger = 100;
depthVid.FramesPerTrigger = 100;


% Start the color and depth device.  This begins acquisition, but does not
% start logging of acquired data.
start([colorVid depthVid]);
% Trigger the devices to start logging of data.
trigger([colorVid depthVid]);
% Retrieve the acquired data
[colorFrameData,colorTimeData,colorMetaData] = getdata(colorVid);
[depthFrameData,depthTimeData,depthMetaData] = getdata(depthVid);
% Stop the devices
stop([colorVid depthVid]);


% Get the VIDEOSOURCE object from the depth device's VIDEOINPUT object.
depthSrc = getselectedsource(depthVid)


% Turn on skeletal tracking.
depthSrc.TrackingMode = 'Skeleton';


% Acquire 100 frames with tracking turned on.
% Remember to have a person in person in front of the
% Kinect for Windows to see valid tracking data.
colorVid.FramesPerTrigger = 100;
depthVid.FramesPerTrigger = 100;


start([colorVid depthVid]);
```

```
trigger([colorVid depthVid
```

```
% Retrieve the frames and check if any Skeletons are tracked
[frameDataColor] = getdata(colorVid);
[frameDataDepth, timeDataDepth, metaDataDepth] = getdata(depthVid);
```

```
% View skeletal data from depth metadata
metaDataDepth
```

```
% Pull out the 95th color frame
image =frameDataColor(:, :, :, 95);
```

```
% Find number of Skeletons tracked
nSkeleton = length(trackedSkeletons);
```

```
% Plot the skeleton
util_skeletonViewer(jointIndices, image, nSkeleton);
```

（5）3D 点云配准和拼接

基于 MATLAB 工具箱与深度数据获取，可实现点云的配准和拼接。配准和拼接流程如图 8-7 所示。程序代码见 https://ww2.mathworks.cn/help/vision/examples/3-d-point-cloud-registration-and-stitching.html。3D 点云配准和拼接结果如图 8-8 所示。

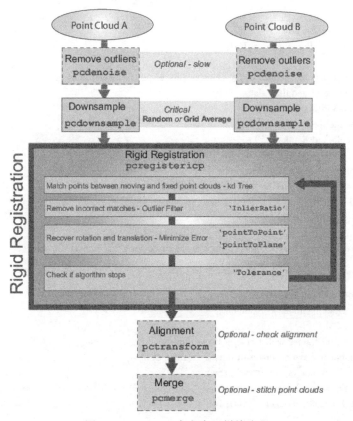

图 8-7　MATLAB 官方点云拼接流程

第一张图像

初始世界场景

第二张图像

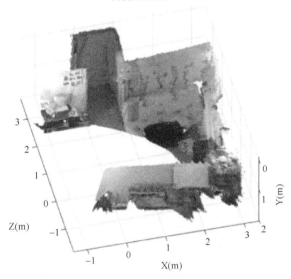

图 8-8　MATLAB 点云拼接结果

```
dataFile = fullfile(toolboxdir('vision'), 'visiondata', 'livingRoom. mat');
load(dataFile);

% Extract two consecutive point clouds and use the first point cloud as
% reference.
ptCloudRef = livingRoomData{1};
ptCloudCurrent = livingRoomData{2};

gridSize = 0. 1;
fixed =pcdownsample(ptCloudRef, 'gridAverage', gridSize);
moving =pcdownsample(ptCloudCurrent, 'gridAverage', gridSize);

% Note that thedownsampling step does not only speed up the registration,
% but can also improve the accuracy.
```

```
tform = pcregistericp(moving, fixed, 'Metric','pointToPlane','Extrapolate', true);
ptCloudAligned = pctransform(ptCloudCurrent,tform);
mergeSize = 0.015;
ptCloudScene = pcmerge(ptCloudRef, ptCloudAligned, mergeSize);

% Visualize the input images.
figure
subplot(2,2,1)
imshow(ptCloudRef. Color)
title('First input image')
drawnow

subplot(2,2,3)
imshow(ptCloudCurrent. Color)
title('Second input image')
drawnow

% Visualize the world scene.
subplot(2,2,[2,4])
pcshow(ptCloudScene, 'VerticalAxis','Y', 'VerticalAxisDir', 'Down')
title('Initial world scene')
xlabel('X (m)')
ylabel('Y (m)')
zlabel('Z (m)')
drawnow

% Store the transformation object that accumulates the transformation.
accumTform = tform;

figure
hAxes = pcshow(ptCloudScene, 'VerticalAxis','Y', 'VerticalAxisDir', 'Down');
title('Updated world scene')
% Set the axes property for faster rendering
hAxes. CameraViewAngleMode = 'auto';
hScatter = hAxes. Children;

for i = 3:length(livingRoomData)
    ptCloudCurrent = livingRoomData{i};

    % Use previous moving point cloud as reference.
    fixed = moving;
    moving =pcdownsample(ptCloudCurrent, 'gridAverage', gridSize);

    % Apply ICP registration.
    tform = pcregistericp(moving, fixed, 'Metric','pointToPlane','Extrapolate', true);

    % Transform the current point cloud to the reference coordinate system
    % defined by the first point cloud.
    accumTform = affine3d(tform. T * accumTform. T);
    ptCloudAligned = pctransform(ptCloudCurrent, accumTform);

    % Update the world scene.
```

```
        ptCloudScene = pcmerge(ptCloudScene, ptCloudAligned, mergeSize);

        % Visualize the world scene.
        hScatter. XData = ptCloudScene. Location( :,1);
        hScatter. YData = ptCloudScene. Location( :,2);
        hScatter. ZData = ptCloudScene. Location( :,3);
        hScatter. CData = ptCloudScene. Color;
        drawnow('limitrate')
    end

    % During the recording, the Kinect was pointing downward. To visualize the
    % result more easily, let's transform the data so that the ground plane is
    % parallel to the X-Z plane.
    angle = -pi/10;
    A = [1,0,0,0;...
        0, cos(angle), sin(angle), 0;...
        0, -sin(angle), cos(angle), 0;...
        0 0 0 1];
    ptCloudScene = pctransform(ptCloudScene, affine3d(A));
    pcshow (ptCloudScene, 'VerticalAxis','Y', 'VerticalAxisDir', 'Down', ...
            'Parent', hAxes)
    title('Updated world scene')
    xlabel('X (m)')
    ylabel('Y (m)')
    zlabel('Z (m)')
```

8.2.2 Intel RealSense

Intel 公司近几年陆续推出了基于编码结构光及双目与结构光混合的深度相机，如图 8-9 所示。Intel 公司最初开发了 RealSense F200 深度相机，随后又开发了 R200（见图 8-10）、SR300（见图 8-11）以及最新的 D400 系列，这些深度相机功能各不相同，使用场合也存在区别。F200 需要在 Windows 8 和 Windows 10 64 位处理器上运行，测量范围为 $0.2 \sim 1.2$ m。RealSense SR300 为短距离主动立体视觉测量，640×480 深度分辨率，工作距离为 $0.2 \sim 1.5$ m。SR300 支持 Windows 10 操作系统的第二代英特尔实感前置摄像头。与 F200 摄像头相似，SR300 使用编码光深技术，能在更小范围内创建高质量的 3D 深度视频流，因此更适合于 3D 人脸识别等领域。SR300 摄像头的组件包括红外激光投影系统、高速 VGA 红外摄像头和具备集成 ISP 的 200 万像素彩色摄像头。SR300 使用高速 VGA 深度模式替代了 F200 使用的本机 VGA 深度模式。

与 F200 相比，SR300 增加了新特性，并在以下几个方面做了很大改善。

1）支持新型手部追踪光标模式。

2）支持新型人物追踪模式。

3）增大了深度测量范围和横向测量速度。

4）改善了暗光拍摄的色彩质量，同时改善了 3D 扫描的 RGB 纹理。

5）改善了色彩与深度流的同步效果。

6）降低了功耗。

R200 深度相机为长距离主动立体视觉测量，VGA 分辨率，工作距离为 $0.4 \sim 2.8$ m，提

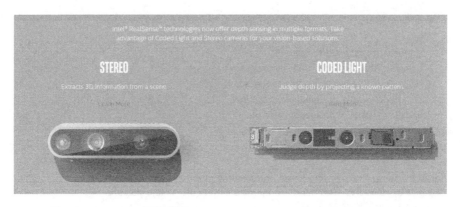

图 8-9　RealSense 两类相机（https://RealSense.intel.com/coded-light/）

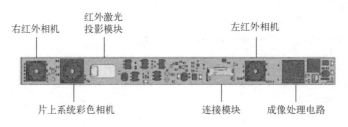

图 8-10　R200 摄像头

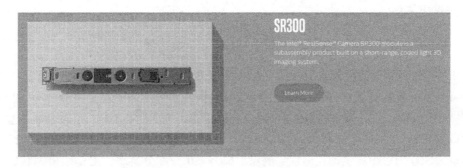

图 8-11　SR300 摄像头

供彩色图像、深度图像与红外图像三种类型数据。R200 包括 1 个红外投影系统、2 个红外相机和 1 个彩色相机。红外投影系统与红外相机提供主动视觉数据，用于立体匹配产生深度信息。

　　RealSense SR300 模块组结构如图 8-12 所示。图 8-13 为 RealSense SR300 数据流。SR300 能生成深度数据，其 IR 投影仪发射一组预定好的、空间频率增大的编码红外 Bar 样式图案。IR 相机采集编写的图案并通过 ASIC 处理生成最终深度数据。

　　RealSense 深度相机与其他类型相机类似，其不仅能提供深度数据，还能同时提供 2D 彩色图像数据，而且两种数据是经过配准的。图 8-14 所示为 RealSense 相机数据的深度数据与彩色图像数据。

　　RealSense 的开发环境有基于 Intel SDK 的开发环境（Intel RealSense 开发）（见图 8-15）和交叉平台库 libRealSense。其中，libRealSense 又分为两个版本（Intel RealSense™ SDK 2.0

和 Intel RealSense™ SDK)。libRealSense(RealSense™ SDK 2.0)适用于 RealSense D400 系列与 SR300 深度相机,而 libRealSense 适用于 RealSense F200、R200、SR300、LR200、ZR300 相机。

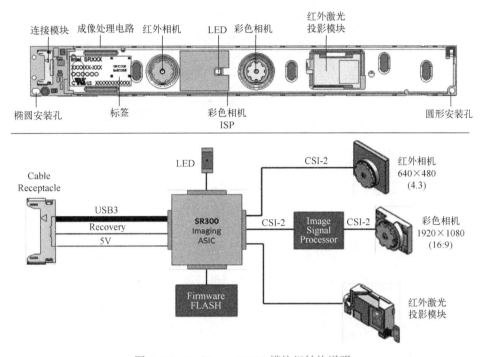

图 8-12　RealSense SR300 模块组结构说明

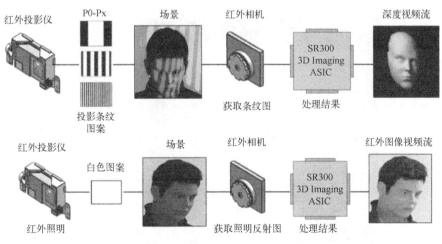

图 8-13　RealSense SR300 数据流

图 8-15 为基于 RealSense SDK 应用程序的数据采集结果。图 8-16 为基于 Intel SDK 开发的读取深度数据与彩色数据的界面,程序环境配置如图 8-17 所示。

a)

b)

图 8-14 RealSense 输出数据

a) 深度数据   b) 彩色图像数据

图 8-15 基于 RealSense SDK 应用程序的数据采集结果

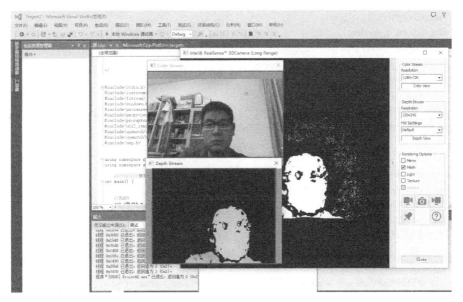

图 8-16　基于 RealSense SDK 开发的界面

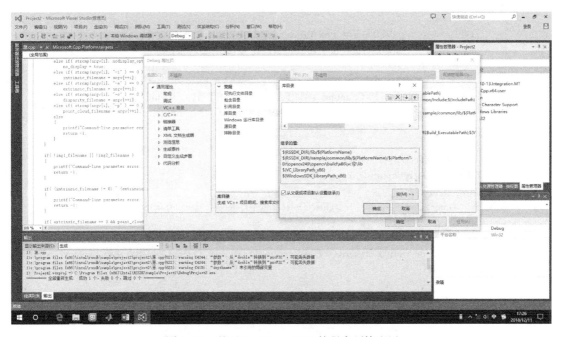

图 8-17　基于 RealSense SDK 的程序环境配置

基于 RealSense SDK 的数据采集程序如下。

```
#include<stdio. h>
#include<iostream>
#include<fstream>
#include<windows. h>
#include<pxcsensemanager. h>
#include<pxcprojection. h>
```

```cpp
#include<pxccapture. h>
#include<util_render. h>
#include<opencv2/core/core. hpp>
#include<opencv2/highgui/highgui. hpp>
#include<omp. h>

using namespace cv;
using namespace std;

int main( ) {
    int cWidth = 640;
    int cHeight = 480;
    int dWidth = 320;
    int dHeight = 240;
    double frame = 60;
    dWidth = 628; dHeight = 468; frame = 30;

    PXCSenseManager * sm = PXCSenseManager: :CreateInstance( ) ;

    PXCCaptureManager * cm = sm->QueryCaptureManager( ) ;


    UtilRender * renderDepth = new UtilRender( L" DEPTH_STREAM" ) ;
    UtilRender * renderColor = new UtilRender( L" COLOR_STREAM" ) ;


    sm->EnableStream( PXCCapture: :STREAM_TYPE_DEPTH, dWidth, dHeight, frame) ;
    sm->EnableStream( PXCCapture: :STREAM_TYPE_COLOR, cWidth, cHeight, frame) ;


    PXCVideoModule: :DataDesc desc = { } ;
    if ( cm->QueryCapture( ) )
    {
        cm->QueryCapture( )->QueryDeviceInfo( 0, &desc. deviceInfo) ;
    }
    else {
        desc. deviceInfo. streams = PXCCapture: :STREAM_TYPE_COLOR | PXCCapture: :STREAM
_TYPE_DEPTH;
    }
    sm->EnableStreams( &desc) ;


    if ( sm->Init( ) ! = PXC_STATUS_NO_ERROR)
    {
        wprintf_s( L" Unable to init the CPXCSenseManager\n" ) ;
        system( "pause" ) ;

        return 2;
    }

    //cout << " openopenopen" << endl;
```

```
PXCCaptureManager * g_captureManager = sm->QueryCaptureManager( ) ;
PXCCapture::Device * g_device = cm->QueryDevice( ) ;
//PXCProjection * projection = g_device->CreateProjection( ) ;
PXCCapture::Sample * sample;
PXCImage * colorIm, * depthIm;
PXCPointF32 * invUVmap = new PXCPointF32[ cWidth * cHeight] ;

PXCImage::ImageData depth_data, color_data, depth_test;
PXCImage::ImageInfo depth_information, color_information;


for ( int ij = 0; ij <600; ij++) {
    if ( sm->AcquireFrame( true) < PXC_STATUS_NO_ERROR) break;

    sample = sm->QuerySample( ) ;

    colorIm = sample->color;
    depthIm = sample->depth;
    if ( ! renderColor->RenderFrame( colorIm) ) break;
    if ( ! renderDepth->RenderFrame( depthIm) ) break;
    sm->ReleaseFrame( ) ;
}

const int total_frame = 1000;
double time[ total_frame] ;
double start=omp_get_wtime( ) ;
for ( int i = 0; i < total_frame; i++) {

    if ( sm->AcquireFrame( true) < PXC_STATUS_NO_ERROR) break;
    time[ i] = omp_get_wtime( ) -start;
    start = omp_get_wtime( ) ;
    sample = sm->QuerySample( ) ;

    colorIm = sample->color;
    depthIm = sample->depth;
    //start = omp_get_wtime( ) ;

    if ( colorIm->AcquireAccess( PXCImage::ACCESS_READ, PXCImage::PIXEL_FORMAT_
RGB24, &color_data) < PXC_STATUS_NO_ERROR)
            cout << "Unable to acquire color image" << endl;
    if ( depthIm->AcquireAccess( PXCImage::ACCESS_READ, &depth_data) < PXC_STATUS_
NO_ERROR)
            cout << "Unable to acquire depth image" << endl;
    if ( depthIm->AcquireAccess( PXCImage::ACCESS_READ, &depth_test) < PXC_STATUS_
NO_ERROR)
            cout << "Unable to acquire depth image" << endl;

    color_information = colorIm->QueryInfo( ) ;
    depth_information = depthIm->QueryInfo( ) ;
    ushort * dpixels = ( ushort * )depth_data. planes[ 0] ;
    //int dpitch = depth_information. width;
    int dpitch = depth_data. pitches[ 0] / sizeof( ushort) ;
```

251

```
//projection->QueryInvUVMap( depthIm, invUVmap) ;

        Mat color( Size( color_information. width, color_information. height), CV_8UC3, ( void * )
color_data. planes[0], color_data. pitches[0] / sizeof( uchar) ) ;
Mat depth( Size( depth_information. width, depth_information. height), CV_16UC1, ( void * ) depth_da-
ta. planes[0], depth_data. pitches[0] / sizeof( uchar) ) ;
Mat depthPtr( depth_information. height, depth_information. width, CV_8UC3) ;

#pragma omp parallel for num_threads(4)
        for ( int dy = 0; dy < ( int) depth_information. height; dy++)
        {

                Vec3b  * p = depthPtr. ptr<Vec3b>( dy) ;
                for ( int dx = 0; dx < ( int) depth_information. width; dx++)
                {
                    ushort d = dpixels[ dy * dpitch + dx] ;
                    p[ dx][0] = 10;
                    p[ dx][1] = d / 256;
                    p[ dx][2] = d % 256;


                }
        }


        char colorname[25] ;
        char depthname[25] ;
        char depthnameori[30] ;
        sprintf_s( colorname, sizeof( colorname), "data1\\color%d. bmp", i) ;
        IplImage colorIpl( color) ;
        double start3 = omp_get_wtime( ) ;
        cvSaveImage( colorname, &colorIpl) ;

        double stop3 = omp_get_wtime( ) ;
        sprintf_s( depthnameori, sizeof( depthnameori), "data1\\depthori%d. bmp", i) ;
        //IplImage depthIpl( depth2color) ;
        IplImage depthIp( depthPtr) ;
        cvSaveImage( depthnameori, &depthIp) ;


        //cout << stop3 - start3 << endl;

        /* 显示色彩和深度的视频流 */
        double start4 = omp_get_wtime( ) ;
        /* if ( ! renderColor->RenderFrame( colorIm) ) break;
        if ( ! renderDepth->RenderFrame( depthIm) ) break; */
        double stop4 = omp_get_wtime( ) ;
        //cout << stop4 - start4 << endl;

        /* 释放空间 */
        colorIm->ReleaseAccess( &color_data) ;
        depthIm->ReleaseAccess( &depth_data) ;
        depthIm->ReleaseAccess( &depth_test) ;
```

```
        sm->ReleaseFrame( ) ;
        double stop = omp_get_wtime( ) ;
        //cout << stop - start1 << ' ' << stop - start << endl ;
    }

    double stop = omp_get_wtime( ) ;
    //cout << stop -   start << endl ;

    ofstream f1 ;
    f1. open( " data1 \\ usedtime. txt" ) ;
    for ( int i = 0 ; i < total_frame ; i++) {
    f1 << time[ i ] << endl ;
    }
    delete[ ] invUVmap ;
    //if ( projection ) projection->Release( ) ;
    sm->Release( ) ;

    //system( " pause" ) ;
    return 0 ;

}
```

8.2.3 MESA SR4000 深度相机

SR4000 深度相机（见图 8-18）以视频帧率获取深度信息和幅度值，测量距离为 5 m。MESA Imaging 公司生产的相机原理为，由一个 CCD/CMOS 传感器和一个调幅波发射源对场景中每一点发射调幅波，并同时检测反射回来的调幅波，每个图像传感器分别测量原始波形和反射波形之间的飞行时间，得到所拍摄场景的深度信息和灰度信息。SR4000 可通过 USB 2.0 或者 Ethernet 连接电脑。SR4000 支持多种获取模式，包括 AM_Denoise ANF、AM_ SW_ ANF、AM_Median、AM_Confidence Map、AM_Short Range，从而可实现软件、硬件数据算法处理。MESA 提供了 C++接口

图 8-18　SR4000 深度相机

和驱动，用于二次开发，也提供了 MATLAB 接口，方便基于 MATLAB 的图像处理算法实现（MESA 提供的 MATLAB 接口一般在 C:\Program Files\MesaImaging\Swissranger\matlab\swissranger）。

图 8-19~图 8-22 为在不同场景下使用 MESA 相机采集的数据。可以看出，MESA 相机不仅能提供深度数据，还能提供光强度数据。为了更好地显示数据，图 8-23 显示了图 8-19~图 8-22 的场景测量环境。图 8-24 为基于 MESA SDK 的 MATLAB GUI 形式的采集结果，图 8-25 为基于 MESA SDK 的 MATLAB 代码形式的采集结果。

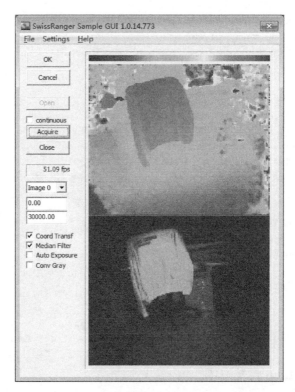

图 8-19　场景 1

图 8-20　场景 2

图 8-21　场景 3

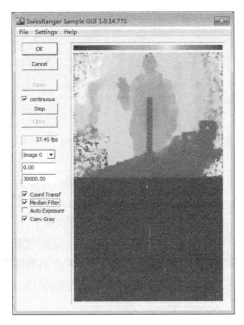

图 8-22　场景 4

图 8-23　场景测量环境

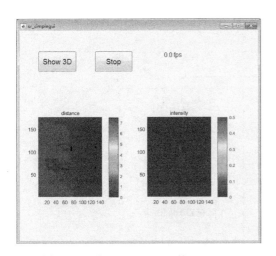

图 8-24　基于 MESA SDK 的 MATLAB
GUI 形式的采集结果

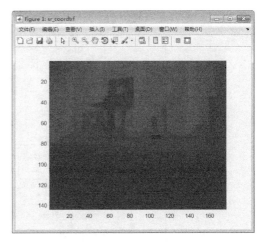

图 8-25　基于 MESA SDK 的 MATLAB
代码形式的采集结果

MESA SDK 的 MATLAB 代码形式的采集程序如下。

```
path(path,'C:\Program Files\MesaImaging\Swissranger\matlab\swissranger')
clc
clear all
close all

dev = sr_open;
sr_acquire(dev);
[res,x,y,z] = sr_coordtrf(dev);
hf = figure(1);set(hf,'name','sr_coordtrf');colormap(gca,[jet(127);[0 0 0]]);
```

```
hi = image('cdata', double(z'),'cdatamapping','scaled');
axisimage;set(gca,'YDir','reverse');
sr_close(dev);
```

8.3 案例——基于 Kinect 的 SLAM

8.3.1 RGB-D 视觉 SLAM 算法流程

移动机器人在未知环境下运动时，不仅需要确定自身在环境中的位置，同时还要进行环境地图创建，该过程被称为 SLAM（Simultaneous Localization and Mapping）。机器人解决 SLAM 的能力是实现其智能导航的先决条件。其中，机器人的定位是指在未知环境中运动时，机器人可以准确地判断出自己处在环境中的哪个地方；移动机器人的地图创建则是指机器人可以利用随身安置的各类传感器采集运动场景中的各类信息，如环境中的障碍物、路标、标志性建筑物等物体信息，并在机器人空间位置中对采集的信息进行精确描述，即完成环境建模。

RGB-D 视觉 SLAM 算法流程如图 8-26 所示，整个算法可分为前端和后端两大部分。

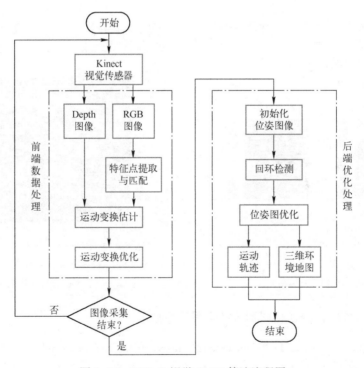

图 8-26 RGB-D 视觉 SLAM 算法流程图

算法前端主要进行数据处理，将 Kinect 采集到的彩色图像数据和 Depth 图像数据通过特征点提取与匹配，估计相邻两帧数据之间的相对运动变换，再进行运动变换的优化，最后即可获得优化后的运动变换关系。算法的后端主要是进行位姿优化。优化方法可以分为滤波器优化和非线性优化两大类，本文采用非线性优化法中的图优化方法进行位姿优化。首先根据前端算法获得的运动关系得到初始位姿图，然后采用闭环检测算法来有效减少位姿图中的误差，再采用基于图优化的方式完成位姿图的优化，最终可获得全局一致最优的移动机器人位姿图、轨迹及构建的 3D 点云环境地图。

8.3.2 RGB-D 视觉 SLAM 前端算法

RGB-D 视觉 SLAM 前端算法可分为数据采集、特征点提取与匹配、运动变换估计及优化四大步骤。

1. 特征点提取与匹配

Kinect 采集的彩色（RGB）图片数据首先就是要进行特征点的提取与匹配。它是整个算法的第一步，同时也是至关重要的一步，其精度直接影响着算法结果的准确性。特征点匹配越精确，算法的累积误差越小，得到的移动机器人轨迹及环境地图越接近真实结果。当前在视觉 SLAM 领域中常用的经典特征点提取算法一般有 SIFT、SURF、ORB 三种。

ORB（Oriented FAST and Rotated BRIEF）是一种快速的特征点提取和描述算法，它由 Rublee 等人在 2011 年提出。ORB 算法不同于 SIFT 和 SURF 算法的框架，它与后面两种方法相比，具有极快的运行速度，从而自提出后就赢得了众多研究学者的青睐。ORB 算法可分为特征点提取和描述两个部分。

ORB 算法采用改进的 FAST（Features From Accelerated Segment Test）算法来进行特征点的检测及提取，这种方法称为 OFAST（FAST Keypoint Orientation）。FAST 算法取得的特征点没有方向，并且不能保证尺度不变性，为了改进这些缺点，OFAST 采用构建尺度图像金字塔的方法，通过提取不同尺度下图像中的特征点来实现尺度变化的效果。

针对提取的特征点不具有明确方向的问题，OFAST 利用了 Rosin 提出的强度重心方法，使用重心来计算，以明确最终特征点的方向。这种方法的中心思路就是，首先把特征点的邻域看成一个 patch，然后计算这个 patch 的重心，最后把该重心与特征点连接起来，计算出该连线与横坐标轴之间的夹角，即为该特征点的方向。

定义特征点的邻域矩为

$$m_{pq} = \sum_{x,y} x^p y^q I(x,y) \tag{8-2}$$

式中，(x,y) 是图像 $I(x,y)$ 特征邻域内的点。

然后定义重心为

$$C = \left(\frac{m_{10}}{m_{00}}, \frac{m_{01}}{m_{00}} \right) \tag{8-3}$$

假设角点为 O，然后求取向量 $\boldsymbol{OC}$ 的方向，则可以得到特征点的方向为

$$\theta = \arctan2(m_{01}, m_{10}) \tag{8-4}$$

为了确保方法具有较高的旋转不变性，则需要把 x 和 y 的范围控制在 $[-r, r]$ 之间，r 为该特征点邻域的半径。

ORB 算法中采用了改进的 BRIEF（Binary Robust Independent Elementary Features）算法来进行特征描述，称为 rBRIEF（Rotation-Aware BRIEF）。rBRIEF 算法是在原 BRIEF 进行特征描述的基础上加入旋转因子的改进。BRIEF 算法的核心思想是在关键点的邻域空间 P 内以特定的模式选择 n 对像素点，把这 n 对像素点进行比较，则可得到二进制描述符。其定

义为

$$\tau(P;x,y) := \begin{cases} 1, P(x) < P(y) \\ 0, P(x) \geqslant P(y) \end{cases} \tag{8-5}$$

式中，$P(x)$ 代表的是在点 x 处的图片灰度值，然后就可以获得一个 n 位的二进制串

$$f_n(P) := \sum_{1 \leqslant i \leqslant n} 2^{i-1} \tau(P:x_i, y_i) \tag{8-6}$$

式中，x 和 y 的坐标分布是以特征点为中心的高斯分布。

BRIEF 算法用以上步骤得到的描述符受旋转的影响很大，当增大旋转角度时，利用 BRIEF 算法得到的匹配结果也会大幅度降低。

为了让 BRIEF 算法具有旋转不变性，则需要将特征点的邻域进行一个角度为 θ 的旋转，其中，θ 就是上一步得到的特征点方向角。假定原始的 BRIEF 算法在特征点 $S \times S$ 邻域内选取 N 对像素点集

$$D = \begin{pmatrix} x_1, x_2, \cdots, x_{2n} \\ y_1, y_2, \cdots, y_{2n} \end{pmatrix} \tag{8-7}$$

以角度 θ 旋转后，可得到包含方向的点对

$$D_\theta = R_\theta D \tag{8-8}$$

之后，在求取特征点描述符的时候，在 D_θ 中的像素集所在位置上比较点对的大小即可。

ORB 算法的主要特点有：为 FAST 算法的特征点提取过程增加了特征点的方向；利用具有方向信息的 BRIEF 算法对特征点描述符过程进行了更高速的计算；考虑到了 BRIEF 算法计算获得的特征点描述符的方差和相关性能；分析了一个基于学习的去除特征点关联性的方法，对得到的特征点最近邻点进行了优化。

2. 运动变换估计

随机采样一致性（Random Sample Consensus，RANSAC）是一种可以从样本数据中正确拟合数学模型的方法，包含去噪操作和保留有效值。Bolles 等在 1981 年提出了 RANSAC 算法，现在该算法仍被广泛应用于机器视觉领域，本书使用 RANSAC 算法在 RGB-D 视觉 SLAM 算法中进行运动变换估计。

RANSAC 算法是一种基于统计模型的用于剔除数据离群点的迭代算法。该算法的基本假设为：样本中包含正确数据（Inliers，可以被模型描述的数据），也包含异常数据（Outliers，远离正常范围、不适用于数学模型的数据），即包含在数据集中的噪声，在给定一组正确的数据时，一定具有相应的方法，可以求得符合这些数据的模型参数。图 8-27 所示为最典型的例子，将一组包含正确数据和异常数据的观测数据拟合成一条直线，其中，实线表示 RANSAC 算法拟合的结果，虚线表示最小二乘法（Least Square Method，LSM）拟合的结果。

RANSAC 算法可以在帧间匹配过程中应用，减少匹配图像特征时的误匹配，提高帧间匹配的准确度。具体步骤如下。

假设已知前后两帧数据 F_1、F_2，并得到了 n 对匹配的三维特征点集

$$\begin{cases} P = \{p_1, p_2, \cdots, p_n\} \in F_1 \\ Q = \{q_1, q_2, \cdots, q_n\} \in F_2 \end{cases} \quad P, Q \in R^3 \tag{8-9}$$

则可以求取旋转矩阵 $\boldsymbol{R}$ 和平移向量 $\boldsymbol{t}$，使其满足

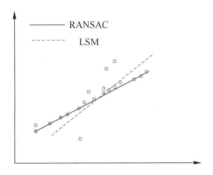

图 8-27 RANSAC 和 LSM 所拟合的直线

$$\forall i(i=1,2,\cdots,n),p_i=\boldsymbol{R}q_i+\boldsymbol{t} \tag{8-10}$$

式（8-10）即为运动变化参数与特征点集之间的关系。其中 $\boldsymbol{R}$ 是 3×3 的矩阵，$\boldsymbol{t}$ 是 3×1 的向量。最终可以得到运动变换矩阵

$$\boldsymbol{T}=\begin{pmatrix} \boldsymbol{R}_{3\times3} & \boldsymbol{t}_{3\times1} \\ 0_{1\times3} & \boldsymbol{I} \end{pmatrix} \tag{8-11}$$

3. 运动变换优化

在 RGB-D 视觉 SLAM 算法中，使用迭代最近点（Iterative Closest Point，ICP）方法对上一步得到的运动估计结果进行优化。1992 年，Besl 和 Mckay 提出了 ICP 算法，其实质是一种迭代算法，它的核心思想为：已知不同坐标系下的两个点云集，并得到两个点云集中一一对应的特征点，通过不断的迭代来求解两个点云集之间的变换矩阵，直到获得最终点云间的变化关系。ICP 算法的运算过程实际上就是通过最小化误差的方法来求解 $\boldsymbol{R}$ 和 $\boldsymbol{t}$，即

$$\min_{R,t}\sum_{i=1}^{N}\parallel p_i-(Rq_i+t)\parallel^2 \tag{8-12}$$

ICP 算法可以得到正确有效的运动变换的前提是两个点云集相差不大，否则容易陷入局部最小值，因此在 RGB-D 视觉 SLAM 算法中需要先利用 RANSAC 算法进行运动变换估计，得到一个初始运动，之后再通过 ICP 算法对初始的运动变换实施优化，进而获得更准确的运动变化结果。

8.3.3 RGB-D 视觉 SLAM 后端算法

在算法的前端，经过特征的提取与匹配、运动估计与优化过程，可以得到移动机器人在不同帧间的运动变换关系，从而可以得到初始的位姿图。但是，因为算法前端存在误差，因此得到的初始位姿存在偏差，并不能创建全局一致化地图，因此，在算法的后端通过闭环检测算法和图优化来解决上述问题，进而完成全局一致性地图的创建和移动机器人运动轨迹的生成。

1. 闭环检测算法

在视觉 SLAM 算法中，闭环检测尤为重要，当没有闭环检测时，整个 SLAM 过程就会退化成一个简单的视觉里程计。闭环检测的本质就是识别曾经到过的地方。最简单的闭环检测方法为连续帧间匹配，即把新得到的一帧数据与关键帧序列进行匹配。其中引入了一个关键帧结构。因为通过 Kinect 相机采集得到的图像帧之间有很多重复的数据，为了避免信息冗余，浪费计算时间，就将位移满足一个固定值时的数据帧定义为关键帧。之后的地图也是通过计算关键

帧构成的。然而如果在匹配过程中某一关键帧出现了错误，产生了误差，就会导致之后的位姿估计随时间发生偏移，因此这种渐近式的匹配方式存在着累积误差。当移动机器人走了一会儿又再次来到之前去过的地方时，累积误差会导致移动机器人在相同的地方得到位置不同，因此需要加入闭环检测。

闭环检测有两种思路：第一种是根据估算得到的移动机器人位置，检查是不是与之前某个位置临近；第二种是根据图片的影像，看它是不是和之前的数据帧相似。目前主流的方法多采取第二种思路，其本质上为模式识别问题。常用的方法有词袋模型（Bag-of-Words，BOW）方法。

BOW 方法通常在信息检索时用来描述文档。BOW 模型的基本思想为假设对于一个文档，不考虑它的单词顺序和语法、句法等因素，仅将其看作很多个单词的汇集，文档中出现词汇的概率具有独立性，与是不是出现其他词汇没有关系。也就是说，文档中任一位置的任何词汇与该文档的含义都是无关的。所谓的视觉词袋模型则是将 BOW 模型用图像来表示。为了描述一幅图像，可以把它作为一个文档，即很多的"视觉单词"的集合，因此，这些视觉单词之间没有顺序关联。

BOW 闭环检测方法可以理解为将从图像中提取的一个特征描述作为元素的词典。词典可以通过以下步骤在图像数据集中训练出来：首先从每幅图像中提取特征点和特征描述；然后将这些特征描述进行聚类，通过词频来描述图像，采用视觉词袋对图像的特征进行量化处理，建立词袋模型；最后生成词典树结构，用于之后的搜索。新来的图像则可以利用特征提取，以词袋中的单词将该图像描述成数值向量直方图，通过分类器完成分类，判断图像的类型。

但是，BOW 方法在实际应用中还存在很多缺点，例如每次应用于不同场景时，都要提前训练相匹配的词典，如果应用场景的特征较少或重复的特征太多都将影响最后的结果。

2. 半随机闭环检测

闭环检测算法的设计应该达到正确性高、效率高、实时性好、适用范围广等要求，设计和优化闭环检测方法是完成 SLAM 过程中至关重要的一步。此处的半随机闭环检测方法，即将新得到的一帧数据与在历史帧中按照一定间隔提取组成的关键帧序列中的关键帧进行比较。该方法通过改变关键帧序列中关键帧的提取方法，可以实现在保证匹配准确性的基础上，减少计算量，节省计算时间，保证实时性能。具体步骤为：首先需要在历史数据帧中每隔 t 帧数据提取一个关键帧，其中，t 值随运行过程中数据帧的变化而变化，共取 m 个关键帧，同时在历史帧序列的末尾提取 n 个关键帧，由这 $m+n$ 帧数据构成关键帧序列；当得到新的一帧图像数据时，需要将该帧数据与关键帧序列中的数据进行匹配。如果匹配结果符合保留条件，则将此帧数据保留；如果匹配结果符合丢弃条件，则将此帧数据丢弃。半随机闭环检测的流程图如图 8-28 所示。

其中，间隔帧数 t 的取值为

$$t = \text{INT}\left(\frac{F}{4i}\right) \quad i = 1, 2, \cdots, m \qquad (8-13)$$

式中，F 表示数据帧的总数，INT( ) 表示取整。

m、n 的取值通常根据经验而定，若取值太大将影响计算时间及算法的运行速度；如果取值太小，最终创建地图的精度将直接受到不成功闭环检测的影响。经过多次实验，m 和 n

取为 10~20 比较合适。

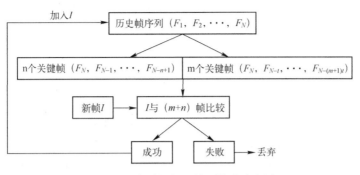

图 8-28 半随机闭环检测算法流程图

3. 图优化

图优化就是使用图模型对视觉 SLAM 中的优化问题进行建模的方法。在不同的时间内，移动机器人及其周围环境组成的系统是图模型中的节点，而模型中的边则表示系统的状态，即各节点间的约束关系。

图优化实质上仍然是一个求解优化的过程，而作为一个优化问题需要考虑三个重要的问题：目标函数、优化变量、优化约束。一个简单的优化问题可以描述为 $\min_x F(x)$，其中，x 为优化变量，而 $F(x)$ 表示优化函数。在视觉 SLAM 算法中，该方法主要是根据已有的观测数据，求得移动机器人的运动轨迹和地图。假设在 k 时刻，移动机器人在 x_k 位置上用视觉传感器进行了探测，获得了观测数据 z_k，传感器观测方程为

$$z_k = h(x_k) \tag{8-14}$$

在此过程中，误差是肯定存在的，z_k 不可能精确等于 $h(x_k)$，该误差为

$$e_k = z_k - h(x_k) \tag{8-15}$$

那么，以 x_k 为优化变量，$\min_x F_k(x_k) = \parallel e_k \parallel$ 为目标函数，就可以求得 x_k 的估计值，进而得到移动机器人的位置和所需的其他信息。

图优化是图形式的最优问题求解。图是由顶点（Vertex）和边（Edge）组成的一种结构。记一个图为 $G = \{V, E\}$，其中 V 表示顶点集，移动机器人的各姿态为图的顶点，其形式为

$$V_i = (x, y, z, q_x, q_y, q_z, q_w) = T_i = \begin{pmatrix} \boldsymbol{R}_{3 \times 3} & \boldsymbol{t}_{3 \times 1} \\ 0_{1 \times 3} & \boldsymbol{I} \end{pmatrix}_i \quad i = 1, 2, 3, \cdots \tag{8-16}$$

E 表示边集，边是指两个顶点之间的变换，形式为

$$E_{i,j} = T_{i,j} = \begin{pmatrix} R_{3 \times 3} \\ 0_{1 \times 3} \end{pmatrix}_{i,j} \quad i, j = 1, 2, 3, \cdots \tag{8-17}$$

图中的顶点代表优化变量，而边代表观测数据的描述。因为边可以连接一个或多个顶点，所以可以由观测方程的广义形式 $z_k = h(x_{k1}, x_{k2}, \cdots)$ 来表示，顶点的数目不受限制。优化示意图如图 8-29 所示（具体图形由帧间匹配的约束决定），其中，$x_i(i = 1, 2, 3, \cdots)$ 为优化图的顶点，$T_{i,j}(i, j = 1, 2, 3, \cdots)$ 为优化图的边。

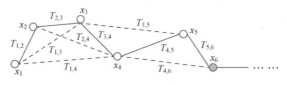

图 8-29　优化图

4. G2O 通用图优化

在本节中将介绍非常流行的图优化库 General Graph Optimization，简称 G2O，它在 2010 年的 ICRA 上被提出。G2O 的核里自带多种求解器、各种各样的顶点和边类型。通过自定义顶点和边，一个优化问题就可以表达成图，然后就可以用 G2O 来解决该问题。例如，实现过程很复杂的 Bundle Adjustment（光束平差）、ICP、数据拟合等都可以用 G2O 来解决。G2O 可以使问题变得相对容易，因此它也成为解决这类优化问题的通用模型框架。

G2O 是一个开源的 C++框架，在已知位姿的前提下实现后端基于图的优化，其框架图如图 8-30 所示。

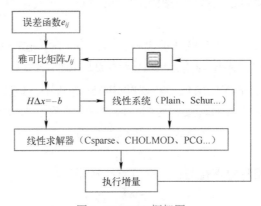

图 8-30　G2O 框架图

假设有一个 n 条边的图，其目标函数为

$$\min_x \sum_{k=1}^{n} e_k\,(x_k,z_k)^{\mathrm{T}}\boldsymbol{\Omega}_k e_k(x_k,z_k) \tag{8-18}$$

其中，在原理上，e_k 函数描述的是一个误差，用来作为优化变量 x_k 和 z_k 一致程度的度量。它越大表示 x_k 越不符合 z_k。要用平方的形式来表示目标函数，以确保目标函数为一个标量。信息矩阵 $\boldsymbol{\Omega}$ 是协方差矩阵的逆，是一个对称矩阵，它的每个元素 $\boldsymbol{\Omega}_{i,j}$ 作为 $e_{i,j}$ 的系数，可以看作对 $e_{i,j}$ 误差项相关性的一个估计。x_k 可代表一个、两个或者多个顶点，具体取决于边的实际类型。观测信息 z_k 是已知的，因此为了数学上的简洁，优化问题可以变为 n 条边求和的形式，即

$$\min F(x) = \sum_{k=1}^{n} e_k\,(x_k)^{\mathrm{T}}\boldsymbol{\Omega}_k e_k(x_k) \tag{8-19}$$

为了解决最优化问题，需要明确两个问题：初始点和迭代方向。对于第 k 条边，它的初始点为 $\tilde{x}_k$，并且给它一个 Δx 的增量，那么边的估计值就变为 $F_k(\tilde{x}_k+\Delta x)$，而误差值则从 $e_k(\tilde{x})$ 变为 $e_k(\tilde{x}_k+\Delta x)$，对误差项进行一阶展开得：

$$e_k(\tilde{x}_k+\Delta x) = e_k+J_k\Delta x \tag{8-20}$$

在公式（8-20）中的 J_k 是 e_k 关于 x_k 的导数，它是一个雅可比矩阵。于是，对于第 k 条边的目标函数项有式（8-21）：

$$F_k(\tilde{x}_k+\Delta x) = e_k(\tilde{x}_k+\Delta x)^T\Omega_k e_k(\tilde{x}_k+\Delta x) = C_k+2b_k\Delta x+\Delta x^T H_K\Delta x \tag{8-21}$$

因此，在 x_k 发生增量后，目标函数 F_k 项的变化值即为式（8-22）所示：

$$\Delta F_k = 2b_k\Delta x+\Delta x^T H_K\Delta x \tag{8-22}$$

为使这个增量变为极小值，则需要找到 Δx。所以直接令它对于 Δx 的导数为零，则有式（8-23）：

$$\frac{dF_k}{d\Delta x} = 2b_k\Delta x+2H_K\Delta x = 0 \Rightarrow H_K\Delta x = -b_k \tag{8-23}$$

所以归根结底，变计算简单的线性方程 $H\Delta x = -b$ 的问题。

综上所述，可以得到图优化的步骤为：第一步，选取图中所用节点与边的类型，得到它们的参数形式；第二步，将实际的节点和边加入图中；第三步，选取初值，进行迭代；第四步，在每一次的迭代中，求得与此时刻估计值相对应的雅可比和海塞矩阵；第五步，计算稀疏线性方程 $H_K\Delta x = -b_k$，获得梯度方向；第六步，继续用 GN 或 LM 进行迭代。如果迭代结束，返回优化值。

利用 G2O 对算法前端得到的机器人初始位姿进行优化处理后，极大地提升了机器人的定位准确度，即可得到全局一致性的移动机器人位姿，进而得到移动机器人运动的轨迹和重建的三维点云地图。

8.3.4 实验设计与结果分析

1. 实验平台

实验平台硬件为一台配置为四核 i3 处理器、内存为 4G 的联想笔记本，算法代码运行系统为 Ubuntu 12.04，算法通过 GCC 编译。

为了提高实验结果的可靠性，本实验中的视觉图形使用了 TUM 提供的数据集。TUM 的数据集带有标准的运动轨迹和一些比较工具，可以准确评估实验结果，更适合用来研究。例如，其中的标准测试数据集 FR1/room 数据包对改进前后的算法进行了实验评估。该数据集包含 1300 帧彩色和深度图像，以及与其对应的真值（Ground Truth）数据和标准的运动轨迹。实验场景为某室内场景，包含桌子、椅子、柜子、风扇、计算机、门窗、地面、天花板、墙面和人等。Ground Truth 数据是由一个外置高精尖运动捕捉设备检测得到的 Kinect 传感器的真实位姿信息。数据集中的图像为 360° 全方位图像，所以使用 FR1/room 数据包完成实验所得结果非常可靠，具有说服力。

2. 特征点提取与匹配算法比较

对三种特征点提取算法 SIFT、SURF、ORB 分别进行实验分析，通过对比实验结果找到速度快、鲁棒性能好且正确率高的方法。

实验相机的采样频率为 30 Hz，彩色图片和深度图片均为 640×480 的 PNG 格式，并且图像数据都经过预处理后得到了彩色图和深度图中像素坐标一一对应的关系。接下来，将结合三种不同的方法对同一组图片进行特征点提取与匹配实验，并通过分析实验结果来比较三种算法各方面的特性。

在数据包中随机选取两幅关键帧，分别用 SIFT、SURF、ORB 算法对其进行特征点提取与匹配，实验结果如图 8-31~图 8-33 所示。图 8-31 是 SIFT 算法的实验结果图，其中，图 8-31a 为特征点提取结果图，图 8-31b 为匹配结果图，图 8-31c 为 SIFT 结合 RANSAC 算法的实验结果。图 8-32 是 SURF 算法的实验结果，包括特征点提取图、匹配结果图和 SURF 结合 RANSAC 算法的实验结果图。图 8-33 是 ORB 算法的实验结果，也包括特征点提取图、匹配结果图和 ORB 与 RANSAC 算法相结合的实验结果图。

a)

b)

c)

图 8-31　SIFT 算法的实验结果

a）特征点提取结果　b）匹配结果　c）结合 RANSAC 算法得到的匹配

对比三种算法的特征点提取实验结果图可以发现，与 SIFT、SURF 算法相比，ORB 算法所需提取的特征点数量大大减少，该算法完成特征检测与匹配的速度比其他两种算法要快很多。通过分析图 8-31~图 8-33 的结果，总结得到三种算法在特征点提取与匹配方面的比较见表 8-1。表中数据更详细、全面地验证了，ORB 算法的计算速度最快，特征点提取个数较少，特征点的质量比较高，极大地缩短了算法所需的时间。因此，视觉 SLAM 的前端采用 ORB 算法来实现特征点的提取与匹配。

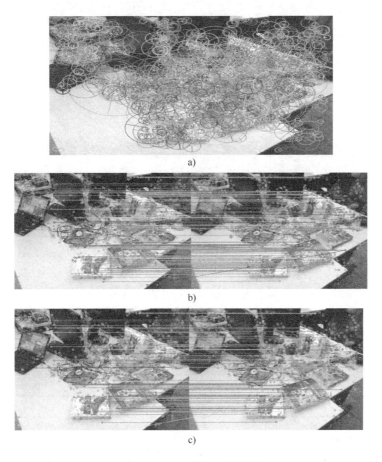

图 8-32　SURF 算法的实验结果

a）特征点提取结果　b）匹配结果　c）结合 RANSAC 算法得到的匹配

图 8-33　ORB 算法实验结果

a）特征点提取结果

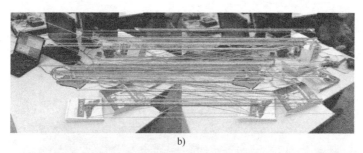

b)

c)

图 8-33　ORB 算法实验结果（续）

b）匹配结果　c）结合 RANSAC 算法得到的匹配

表 8-1　三种特征提取算法比较结果

算　　法	特征点个数	匹 配 个 数	Inliers 数	运行时间/s
SIFT	2019	157	104	1.19546
SURF	1905	162	93	0.54501
ORB	500	499	79	0.06054

3. 闭环检测实验设计

为了解决目前视觉 SLAM 算法中常用的闭环检测方法存在的各种问题，及评估半随机闭环检测算法的性能，本节将利用 FR1/room 数据包提供的彩色图和深度图数据，通过算法前端的数据处理（包括 ORB 方法的特征点提取与匹配，RANSAC 结合 ICP 算法进行的运动变换估计与优化）得到移动机器人运动的初始位姿图，随后在算法后端分别采用不同的闭环检测方法进行实验，从而验证半随机闭环检测方法的精度、速度等性能。

（1）精确度性能实验及结果分析

首先，将本算法的半随机闭环检测与最简单的近距离闭环检测算法进行比较。实验结果如图 8-34 所示，由图中可看出近距离闭环检测算法在运行到后半部分时，由于位姿间约束力度不足，出现了较大的偏差。半随机闭环检测算法的位姿图明显要比近距离闭环检测算法的位姿间约束力度要强，很好地避免了相应的误差，解决了程序运行中误差较大的问题。图 8-35 所示的位姿误差分析图也是一目了然，半随机闭环检测算法在各个方向上都更加接近真实值，减小了运动过程中的误差。最终生成的部分 3D 点云地图如图 8-36 所示。从图 8-36a 中可以看出，由于近距离闭环检测算法存在较大的误差，桌子出现了明显的叠加和不重合，而图 8-36b 中的地图准确性得到了明显的提高。

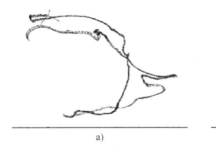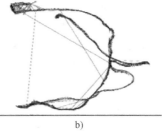

a)　　　　　　　　　　　　　　　　b)

图 8-34　G2O 位姿优化结果

a）近距离闭环检测方法　b）半随机闭环检测方法

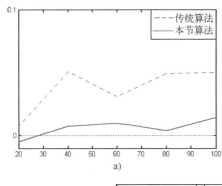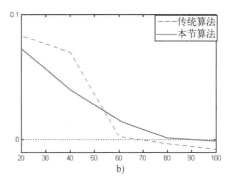

a)　　　　　　　　　　　　　　　　b)

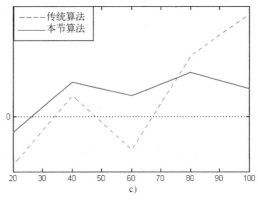

c)

图 8-35　位姿误差分析图

a）x 方向位移误差　b）y 方向位移误差　c）z 方向位移误差

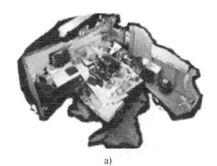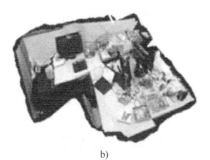

a)　　　　　　　　　　　　　　　　b)

图 8-36　部分 3D 点云地图

a）近距离闭环检测算法　b）半随机闭环检测算法

从上述实验结果可知，在算法程序复杂度相近，运行与计算所耗时间相差无几的情况下，与近距离闭环检测算法相比较，本节的半随机闭环检测算法在保证了运行速度的基础上，可同时减小误差，使位姿误差满足实验误差要求。

（2）实时性能实验及结果分析

为了验证本节算法的实时性能，下面将采用半随机闭环检测的 SLAM 算法与传统的 RGB-D 视觉 SLAM 算法进行比较。分别利用 tum 提供的数据集中的 FR1/room 和 FR1/360 数据包进行对比实验。改进 SLAM 算法和传统 SLAM 算法的数据对比结果见表 8-2，实验所得点云数据和轨迹分别如图 8-37 和图 8-38 所示。

表 8-2　改进算法与传统算法比较结果

数　据　包	帧　　数	长度/m	运行时间/s	
			传统算法	改进算法
FR1/360	756	5.82	178.41	30.68
FR1/room	1300	15.99	403.4	40

a)　　　　　　　　　　　　　　　　　　b)

图 8-37　部分 3D 点云地图

a）传统 RGB-D 视觉 SLAM 算法　b）改进 RGB-D 视觉 SLAM 方法

从表 8-2 中可以看出，由于数据处理过程复杂烦琐，传统的 RGB-D 视觉 SLAM 算法处理一帧数据平均用时为 0.2~0.3 s，因此不适用于长时间实时 SLAM 应用。改进后的 RGB-D 视觉 SLAM 算法用时为 0.03~0.04 s 可处理一帧数据，基本可以满足实时性要求。图 8-36 所示的部分 3D 点云地图中都可以清晰辨认出计算机、桌子、柜子、椅子、人及其他物体，与现实相符度很高，说明改进后的算法在提升了运算速度、保证了实时性能的同时，现实场景也得到了较好的重建。同时，将实验获得的运动轨迹与真实的运动轨迹进行对比，对比结果如图 8-38 所示，从图中可以看出，改进算法估计的运动轨迹与真实的运动轨迹相差较小。

上述实验证明，改进的 RGB-D 视觉 SLAM 算法大幅提升了运算速度，既能达到对短发实时性能的要求，同时也可以满足准确性的要求。

4. 实际环境测试实验

本节除了使用 tum 提供的数据集进行比较实验，对改进的方法进行性能分析之外，还要对在实际环境中运动的移动机器人进行运动过程分析，对改进后的 RGB-D 视觉 SLAM 算法性能，如准确性、计算速度等进行验证。

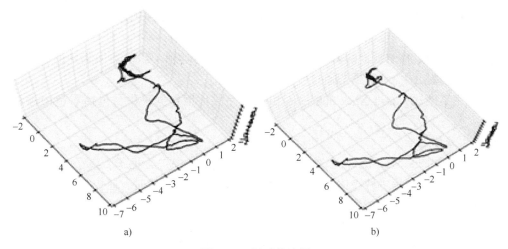

图 8-38　运动轨迹图

a）FR1/room 标准轨迹　b）改进算法得到的轨迹

（1）实验载体

本节实验采用的是笔者实验室自主研发的小型轮式移动机器人——智能车，如图 8-39 所示。

该款智能车的硬件系统包括处理器、图像模块、无线通信模块、电源模块、电机驱动模块、Kinect 相机以及其他车载设备，其硬件结构图如图 8-40 所示。

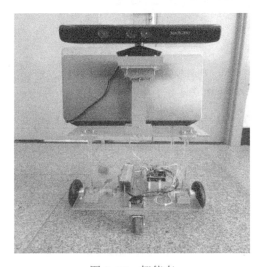

图 8-39　智能车

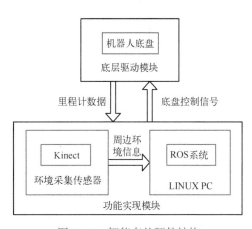

图 8-40　智能车的硬件结构

该智能车自重 3 kg，还可以额外承载 5 kg 的负重。其硬件构成具体如下。

1）机器人控制器选用全球最流行的开源硬件之一 Arduino，方便灵活、容易使用。Arduino 可以利用多种多样的传感器来感测周围环境，是一个优秀的硬件开发平台，更是硬件开发的趋势。

2）机器人的控制基于差速控制原理，包含两个 12 V DC 电机，每个电机装有高精度的霍尔编码器，用于测量机器人的里程计数据。

3）采用 12 V 高放电倍率锂电池进行供电，为整个机器人硬件设备提供电能，确保系统的稳定性和采集数据的准确性。

4）机器人通过控制板上的 RS232 接口与计算机进行通信，编码器采集到的里程计数据以及计算机处理后的命令数据都通过此接口进行传输。

5）使用了微软 Kinect Xbox 360 深度相机来完成环境数据采集，包括彩色图像和深度图像。

（2）实验场景

实验场景如图 8-41 所示，它是一个中型实验室，其中包含柜子、桌子、椅子、书架、计算机、窗户、窗帘等多种物体元素。实现定位与全局地图构建时，遥控智能车在实验室中运动，从门口出发，以 0.02 m/s 的速度、0.01 rad/s 的角速度匀速运行一周，共用时间 150 s。在小车运动过程中，使用自身携带的 Kinect 相机采集实验室的彩色图片数据和深度图片数据。运动全程分别得到 2750 帧彩色图片和相同数量的深度图片，数据序列中图像的分辨率为 640×480。随后对小车运动过程中得到的这些图片数据运用改进的 RGB-D 视觉 SLAM 算法进行处理，以得到移动轮式智能车的运动轨迹并完成周围环境 3D 点云地图的创建。

图 8-41　改进 SLAM 算法的实验场景

（3）实验结果

具体的实验结果如图 8-42 所示。图 8-42a 是改进算法的前端利用 ORB 算法进行特征点提取的结果，图 8-42b 为好的匹配（good-matches）结果，图 8-42c 为结合 RANSAC 算法得到的最终匹配结果，其中共检测到特征点 500 个，得到的匹配点为 31 对，结合 RANCAC 算法得到的 inliers 匹配为 30 对，匹配点对具有很高的精确性。图 8-43 为创建的部分实验室环境地图，图 8-44 为得到的智能车运动轨迹。

a)

图 8-42　ORB 改进 RGB-D 视觉 SLAM 实验结果

a) ORB 算法特征点提取结果

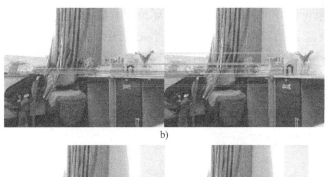

b)

c)

图 8-42　ORB 改进 RGB-D 视觉 SLAM 实验结果（续）

b）good-matches 结果　c）结合 RANSAC 算法得到的匹配

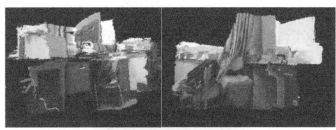

图 8-43　部分 3D 点云环境地图

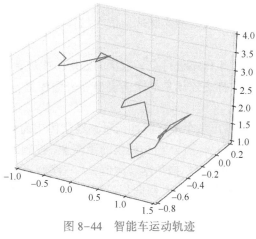

图 8-44　智能车运动轨迹

从上述实验结果可以看出，使用半随机闭环检测方法的改进 RGB-D 视觉 SLAM 算法可以很好地创建出 3D 点云的实验室环境地图，包括其中的桌子、椅子、计算机、书架、窗帘、绿植等物体都得到了很好的创建，可以有效避免运算过程中产生的累积误差。上述实验充分验证了改进后的 RGB-D 视觉 SLAM 算法中每个步骤都能同时满足准确性和实用性的要求。

8.4 案例——大场景三维重建

8.4.1 三维激光扫描

三维激光扫描又称为实景复制，是测绘领域继 GPS 技术之后的一次技术革命。它突破了传统的单点测量方法，具有高效率、高精度的独特优势。三维激光扫描技术能够提供物体表面的三维点云数据，因此可以用于获取高精度、高分辨率的数字模型。

三维激光扫描技术利用激光测距的原理，通过记录被测物体表面大量密集点的三维坐标、反射率和纹理等信息，可快速复建出被测目标的三维模型及线、面、体等各种图件数据。由于三维激光扫描系统可以密集地大量获取目标对象的数据点，因此相对于传统的单点测量，三维激光扫描技术也被称为从单点测量进化到面测量的革命性技术突破。该技术在文物保护、建筑、规划、土木工程、工厂改造、室内设计、建筑监测、交通事故处理、法律证据收集、灾害评估、船舶设计、数字城市、军事分析等领域也有很多的尝试、应用和探索。三维激光扫描系统包含数据采集的硬件部分和数据处理的软件部分。按照载体的不同，三维激光扫描系统可分为机载型、车载型、地面型和手持型几类。

三维激光扫描仪的主要构造是由一台高速精确的激光测距仪配上一组可以引导激光并以均匀角速度扫描的反射棱镜。激光测距仪主动发射激光，同时接受由自然物表面反射的信号从而可以进行测距，针对每一个扫描点可测得测站至扫描点的斜距，再配合扫描的水平和垂直方向角，可以得到每一扫描点与测站的空间相对坐标。如果测站的空间坐标是已知的，那么可以求得每一个扫描点的三维坐标。本节所用的三维激光扫描仪垂直方向以反射镜进行扫描，水平方向则以伺服电机转动仪器来完成水平 360° 扫描，从而获取到三维点云数据，其结构如图 8-45 所示。

工作过程如下。

1）激光发射器向扫描目标发射激光脉冲，依次扫描被测量区域，快速获取地面景观的空间坐标和反射光强。

2）利用系统配备的建模工作站进行点云数据的处理，生成地面景观的三维点云模型。

3）通过点云数据处理软件重建场景的网格模型和表面模型，并进行三维纹理映射以强化场景的真实感。

三维激光扫描仪发射器发出一个激光脉冲信号，经物体表面漫反射后，沿几乎相同的路径反向传回接收器，可以计算目标点 P 与扫描仪的距离 S，控制编码器同步测量每个激光脉冲的横向扫描角度观测值 α 和纵向扫描角度观测值 β。三维激光扫描测量一般使用仪器自定义坐标系。X 轴在横向扫描面内，Y 轴在横向扫描面内，与 X 轴垂直，Z 轴与横向扫描面垂直。获得 P 点的坐标，如图 8-46 所示。

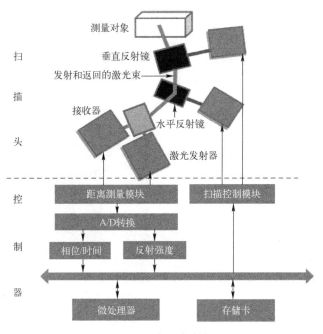

图 8-45　扫描仪结构

其计算公式为

$$X_P = S\cos\beta\cos\alpha \qquad (8-24)$$

$$Y_P = S\cos\beta\sin\alpha \qquad (8-25)$$

$$Z_P = S\sin\beta \qquad (8-26)$$

利用以上公式能获得 P 点在三维空间中的准确位置，并且由于激光不受可见光的影响，所以能保证测量过程中物体表面点的位置关系精确表达于坐标轴中，确保三维数据的准确性。由于该扫描仪自带 GPS 定位以及陀螺仪和加速度计，因而也能实时感知自身位置，保证测量数据位于同一坐标轴下，这样就省去了后期数据处理时坐标校准的过程，也提高了数据的精确程度。

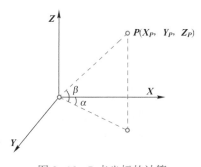

图 8-46　P 点坐标的计算

8.4.2　法如三维激光扫描仪的使用方法

本节以法如（FARO）三维激光扫描仪为例讲解扫描仪使用方法。由于法如三维激光扫描仪需要固定点扫描，所以需要一个三脚架作为支架。将法如三维激光扫描仪安装在三脚架上，利用扫描仪下方的卡槽进行安装。

1. 安装三脚架

展开并锁定三脚架的所有支脚。检查三脚架的调节装置是否已锁定，每个支架的长度是否相等。确保表面平稳，固定三脚架的支脚，并且将三脚架牢固地安装在其位置上。

2. 将扫描仪安装到三脚架

将快装系统的上半部分安装到扫描仪的底座上，务必拧紧螺钉。将快卸装置的另一边安装到三脚架上，确保安全固定，如图 8-47 所示。

3. 插入 SD 存储卡

打开 SD 存储卡插槽护盖。SD 卡可能在顶部左侧有一个保护性锁定开关，如图 8-48 所示。请确保这个锁定开关位于打开位置，允许写入 SD 卡。切勿在 SD 卡繁忙时将其从扫描仪中取出，否则可能会损坏数据。扫描仪上有图标在显示屏的状态栏中闪烁，指示当前 SD 卡正忙。

图 8-47　安装三维激光扫描仪

图 8-48　三维激光扫描仪插入 SD 存储卡

4. 扫描仪供电

（1）使用电池供电

打开扫描仪的电池舱，如图 8-49 所示。将电池类型标签朝上放置，使电池触点指向扫描仪，直线推入电池，直至固定件锁定到位。关上电池舱盖。请遵守激光扫描仪手册中描述的电池安全措施。只能在干燥且无尘的环境中向激光扫描仪插入电池或从中取出电池。

（2）使用外部电源单元供电

使用线缆扎带将电源单元连接到三脚架上（见图 8-50），这有助于防止损坏线缆接头。用扎带缠绕电源单元。将较小端插入插槽中并拉在一起。将电源连接到三脚架上。将电源单元的线缆连接到激光扫描仪的电源插口。应使用带有 90°弯接头的一端。确认电源插头的方向。如果按错误的方向强行插入插头，可能会损坏插头和扫描仪。

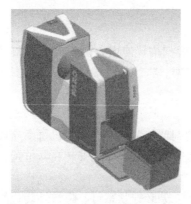

图 8-49　三维激光扫描仪装入电池

图 8-50　外部电源单元供电

274

在连接前，请查看类型标签上的输入电压。将 AC 电源线连接到电源装置和电源插座。激光扫描仪两侧上方的 LED 和扫描仪底座的 LED 开始呈蓝色亮起。

5. 接通扫描仪电源

按下"开/关"按钮，扫描仪 LED 将呈蓝色闪烁。当扫描仪准备就绪后，LED 会停止闪烁并呈蓝色常亮，控制器软件的主屏幕出现在集成触摸屏上（见图 8-51）。

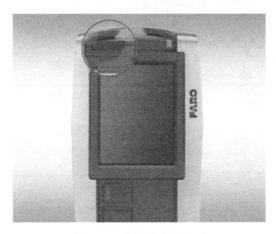

图 8-51　扫描仪电源接通

6. 设置扫描参数

扫描参数是 $Focus^{3D} \times 130$ 用于记录扫描数据的设置（见图 8-52），可通过两种方式设置。

1）选择扫描配置文件，该文件包含一组预定义的扫描参数。

2）逐个更改参数。

点击主屏幕上的"参数"按钮，即可选择扫描配置文件。

1）点击"选择配置文件"按钮，以选择一个预定义的扫描配置文件。

2）在列表中选择一个配置文件。所选文件会突出显示，并带有已选标记。扫描参数会根据所选文件的设置进行更改。若要查看所选文件的详细信息，请再次点击按钮。

扫描参数的含义如下。

1）分辨率和质量：按下该按钮可调整扫描分辨率和质量。分辨率是指扫描结果分辨率（单位是 MPts）。质量设置会影响扫描质量和扫描分辨率恒定时的扫描时间。提高质量会减少扫描中的噪声，但会延长扫描时间。

2）扫描范围：更改扫描区域，包含其水平、垂直的起始角度和终止角度。

3）选择传感器：启用或禁用内置传感器（GPS、罗盘、双轴补偿器（倾角仪）和高度计）的自动使用。这些信息对于 SCENE 软件中的后期扫描配准非常有用。

4）彩色扫描：开启或关闭捕获。彩色扫描如果开启，则扫描仪还将使用集成彩色照相机拍摄所扫描环境的彩色照片。这些照片将被用于 SCENE，以便为记录的扫描数据自动着色。

5）颜色设置：用于更改确定拍摄彩色照片曝光的测光模式。

6）扫描持续时间，扫描文件大小：预期扫描时间和扫描文件大小（MB）。注意，此处显示的值为近似值。

7）扫描大小（Pt）：水平和垂直点扫描的分辨率。

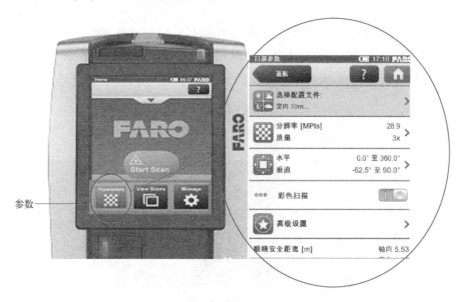

参数

图 8-52　配置文件选择

7. 开始扫描

遵守所有安全措施要求，并通过点击显示屏上的"开始扫描"按钮或扫描仪上的"启动/停止"按钮来开始扫描（见图 8-53）。扫描开始，激光打开。扫描仪会将扫描的数据保存到 SD 卡。只要扫描仪的激光打开，扫描仪的 LED 就会一直呈红色闪烁。在扫描过程中，扫描仪会顺时针旋转 180°。如果进行彩色扫描，则扫描仪会继续旋转至 360°以拍摄照片。

注意扫描仪将会转动，成像单元将高速旋转。确保扫描仪可以自由移动，并且没有物体或手指会触碰到成像单元。

可以使用显示屏上的"停止扫描"按钮或者扫描仪上的"开始/停止"按钮来中止扫描。在完成扫描和拍摄照片后，扫描仪会再旋转一整圈，以捕获倾角数据。在记录数据时请不要移动扫描仪。完成后，捕获扫描的预览图片会显示在屏幕上。

开始按钮　　　　　　　　停止按钮　　　　　　　　预览图片

图 8-53　扫描设置

要使用 SCENE 查看和处理扫描的数据，先从扫描仪中取出 SD 卡，将其插入计算机，然后启动 SCENE 并将扫描数据传输到本地驱动器。

8. 关闭扫描仪电源

关闭扫描仪，请点击"开/关"按钮，或控制器软件中的"管理"→"关闭"按钮。所有 LED 都将开始闪烁蓝光，在扫描仪完全关闭后，会停止闪烁，此时，先拔下 AC 电源线，然后断开电源线与扫描仪的连接，取出电池，并将设备妥善存放到保护盒中。

8.4.3　测量试验与结果

1. 被测对象

被测对象为天津工业大学的图书馆，如图 8-54 所示。

图 8-54　天津工业大学图书馆

2. 选择测量地点

图书馆相对来说是比较大的建筑物，选择测量的地点尤为重要，因为合适的测量位置可以减少测量次数，并且获得更多的信息。本次实验选取 6 个测量地点进行测量，如图 8-55 所示。

6个测量地点分布

测量点1 测量点2

测量点3 测量点4

测量点5 测量点6

图 8-55　6 个测量地点

3. 扫描

设置参数配置文件为室外远距离测量、6 次测量，得到的预览文件如图 8-56 所示。

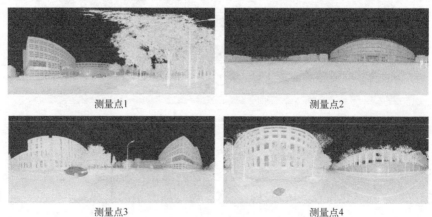

测量点1 测量点2

测量点3 测量点4

图 8-56　6 个测量地点预览图

测量点5 测量点6

图 8-56 6个测量地点预览图（续）

4. 数据导入

1）打开 SCENE 软件，如图 8-57 所示。

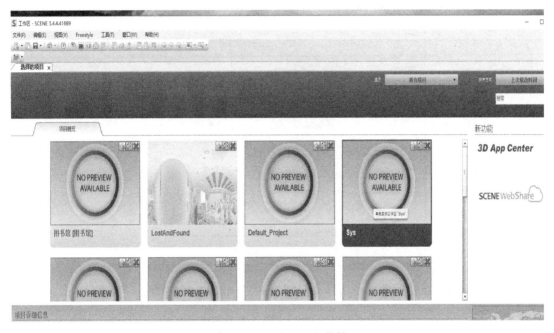

图 8-57 打开 SCENE 软件

2）新建一个项目，如图 8-58 所示。

图 8-58 新建项目

3）新建项目后选择工作路径，如图8-59所示。

图 8-59　选择工作路径

4）将需要处理的数据放到新建项目下，如图8-60所示。

图 8-60　放置处理数据

5）加载完成后在快捷菜单中选择"三维视图"，如图8-61所示。

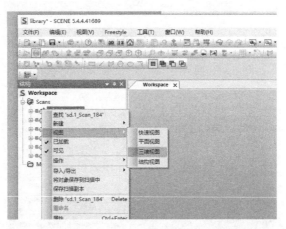

图 8-61　选择"三维视图"

6）着色。选中数据后在快捷菜单中选择"操作"→"颜色/图片"→"应用图片"进行着色，如图8-62所示。着色后得到6个地点的测量数据如图8-63所示。

图 8-62 选择"应用图片"

测量点1

测量点2

图 8-63 6个地点的测量数据

测量点3

测量点4

测量点5

图 8-63　6个地点的测量数据（续）

测量点6

图 8-63　6 个地点的测量数据（续）

5. 数据处理

（1）删除无用点云

单击黄色图标，选择点云，删除内部点云，如图 8-64 所示。

图 8-64　删除无用点云

（2）手动拼接

右击"Scans"后选择"视图"→"对应视图"，如图 8-65 所示。

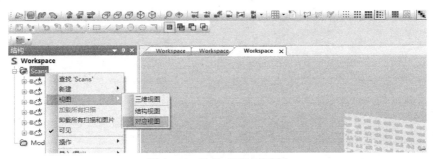

图 8-65　选择"对应视图"

1) 以测量点 2 测得的数据为基准，手动拼接测量点 3 得到的数据，如图 8-66 所示。

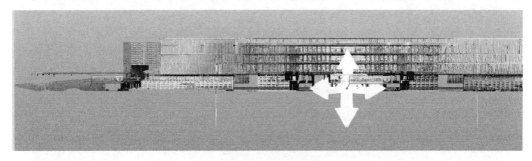

图 8-66 测量点 3 数据拼接

2) 以测量点 2 测得的数据为基准，手动拼接测量点 1 得到的数据，如图 8-67 所示。

图 8-67 测量点 1 数据拼接

3) 以测量点 1 测得的数据为基准，手动拼接测量点 4 得到的数据，如图 8-68 所示。

图 8-68 测量点 4 数据拼接

4) 以测量点 4 测得的数据为基准，手动拼接测量点 5 得到的数据，如图 8-69 所示。

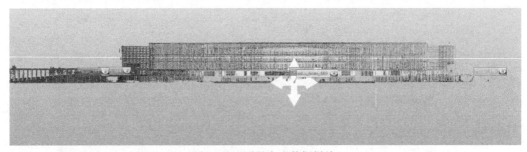

图 8-69 测量点 5 数据拼接

5）以测量点5测和测量点3测得的数据为基准，手动拼接测量点6得到的数据，如图8-70所示。

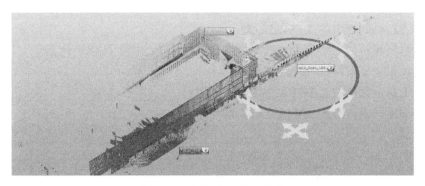

图 8-70　测量点 6 数据拼接

拼接完成后的效果图如图8-71所示，包括主视图、右视图和后视图。

主视图

右视图

后视图

图 8-71　最终效果图

8.5 习题

1. 叙述飞行时间相机的 3D 测量原理。
2. 飞行时间相机法三维测量与编码结构光三维测量的主要区别是什么？
3. 深度相机主要包括哪几个传感器？
4. 为什么深度相机的光源经常使用红外光源？
5. 使用深度相机作为 SLAM 研究的优点是什么？

第 9 章　机器学习基础

9.1　机器学习简介

AlphaGo 的胜利、无人驾驶技术的发展和计算机图片分类精度不断提高等，展示了人工智能的飞速发展。机器学习是人工智能的核心领域之一，也是推动人工智能发展的重要力量。机器学习是关于理解与研究学习的内在机制、建立能够通过学习自动提高自身水平的计算机程序的理论方法的学科。研究人员对人工智能有不同的定义，但对 Tom Mitchell 的机器学习定义普遍接受。Tom Mitchell 将机器学习定义为：对于某类任务 T 和性能度量 P，如果一个计算机程序在 T 上以 P 衡量的性能随着经验 E 而自我完善，那么称这个计算机程序在经验 E 中学习。

机器学习是一门交叉学科，涉及概率论、统计学、逼近论、凸分析、计算复杂性理论、心理学、脑科学、哲学和认知科学等，并从这些学科中吸收概念。机器学习的研究是根据生理学、认知科学等对人类学习机理的了解，来建立人类学习过程的计算模型或认识模型，发展各种学习理论和学习方法，研究通用的学习算法并进行理论上的分析，建立面向任务的具有特定应用的学习系统。

机器学习理论主要是设计和分析一些让计算机可以自动“学习”的算法。机器学习算法是一类从数据中自动分析获得规律，并利用规律对未知数据进行预测的算法。近年来机器学习在诸多应用领域得到成功的应用与发展，已广泛应用于数据挖掘、计算机视觉、自然语言处理、生物特征识别、搜索引擎、医学诊断、信用卡欺诈检测、证券市场分析、DNA 序列测序、语音和手写识别、战略游戏和机器人等领域。机器学习的发展和完善将进一步促进人工智能和整个科学技术的发展。

机器学习源自人工智能，所以更全面的机器学习发展历程可参考人工智能。以下为以神经网络为代表的机器学习发展历程中的标志性事件。

- Hebb 于 1949 年基于神经心理学的学习机制提出 Hebb 学习规则。Hebb 学习规则是一个无监督学习规则，其为神经网络的学习算法奠定了基础。
- 1950 年，阿兰·图灵提出了图灵测试来判定计算机是否智能。图灵测试认为，如果一台机器能够与人类展开对话（通过电传设备）而不能被辨别出机器身份，那么称这台机器具有智能。
- 1957 年，Rosenblatt 提出感知机模型，这是一种形式最简单的前馈神经网络，也是一种二元线性分类器。
- 1960 年，Widrow 首次提出 Delta 学习规则，用于感知器的训练。Delta 学习规则属于有监督学习。
- 1967 年出现了 KNN（K-近邻算法）算法。KNN 是一种用于分类和回归的非参数统计方法，是最简单的机器学习算法之一。

- 1969 年，Marvin Minsky 和 Seymour Papert 在《感知器（Perceptrons）》一书中，仔细分析了以感知器为代表的单层神经网络系统的功能及局限，证明感知器不能解决简单的异或（XOR）等线性不可分问题。

- 1986 年，Hinton 发明了适用于多层感知器（MLP）的误差反向传播（BP）算法，并采用 Sigmoid 函数进行非线性映射，有效解决了非线性分类和学习的问题。该方法引发了神经网络的第二次热潮。

- 1990 年，Schapire 提出了最初的 Boosting 集成学习算法。之后 Freund 提出了一种效率更高的 Boosting 算法。1995 年，Freund 和 Schapire 改进了 Boosting 算法，提出了 Ada-Boost 算法。另一个集成学习的代表方法是 Breiman 博士在 2001 年提出的随机森林方法。

- 1995 年，Corinna Cortes 和 Vapnik 提出支持向量机（SVM）。SVM 是基于统计学习理论的一种机器学习方法，能够利用所有的先验知识做凸优化选择，产生准确的理论和核模型，它在解决小样本、非线性及高维模式识别问题中表现出了许多特有的优势。

- 2006 年，Hinton 提出了深度学习算法。Hinton 和他的学生在顶尖学术刊物《Science》上发表了一篇文章《Reducing the Dimensionality of Data with Neural Networks》，开启了深度学习在学术界和工业界的浪潮。

- 2011 年，微软首次将深度学习（DNN）应用在语音识别中，取得了重大突破。微软研究院和 Google 机构分别采用 DNN 技术降低语音识别错误率 20%~30%，取得了语音识别领域的突破性进展。

- 2012 年，Hinton 等通过卷积神经网络在 ImageNet 图像识别比赛中取得突破性进展，其构建的 CNN 网络 AlexNet 首次采用了线性整流函数（ReLU），极大提高了收敛速度并解决了梯度消失问题，分类性能远远优于 SVM 方法，吸引了众多研究者。AlexNet 扩展了 LeNet 结构，添加 Dropout 层后减小了过拟合，并首次使用了 GPU 加速模型。

- 2013 年~2016 年，通过 ImageNet 图像识别比赛，深度神经网络模型不断被提出。在 2013 年，深度学习被麻省理工学院评为了年度十大科技突破之一。

- 2015 年，为纪念人工智能概念提出 60 周年，LeCun、Bengio 和 Hinton 推出了深度学习的联合综述。

- 2016 年 3 月，谷歌旗下 DeepMind 公司开发的 AlphaGo 与世界围棋冠军李世石进行围棋人机大赛，并以 4:1 比分获胜。

- 2017 年，Google AlphaGo 2 代与世界围棋冠军柯洁对战。历时四个多小时的比赛，最终执黑棋先行的柯洁以 1/4 子之差落败，由 AlphaGo 2 代取得第一胜。哈萨比斯称：“AlphaGo 2 代采用了 10 颗 TPU（Tensor Processing Units）在云上运行，是一个巨大提升。跟去年相比，本次对弈的新版 AlphaGo 计算量小了 10 倍，自我对弈能力更强，运行起来更简单、更好，功耗也更小。

- 2018 年 12 月初，DeepMind 公司又推出了 AlphaFold，用于从基因序列中预测蛋白质结构。其可根据基因代码预测出蛋白质的 3D 形状，并在蛋白质折叠竞赛 CASP（Critical Assessment of Structure Prediction）上取得了第一的成绩，准确地从 43 种蛋白质中预测出了 25 种蛋白质的结构。

9.2 机器学习的相关数学知识

9.2.1 矩阵运算

1. 矩阵的基本运算

记实矩阵 $A \in \mathbf{R}^{m \times n}$ 第 i 行第 j 列的元素为 A_{ij}。矩阵 A 的转置记为 A^{T}，矩阵的基本运算包括

$$(A+B)^{\mathrm{T}} = A^{\mathrm{T}} + B^{\mathrm{T}} \tag{9-1}$$

$$(AB)^{\mathrm{T}} = B^{\mathrm{T}} A^{\mathrm{T}} \tag{9-2}$$

对于方阵 A，它的迹 $\mathrm{tr}(A)$ 是主对角线上的元素之和，迹有如下性质：

$$\begin{aligned} \mathrm{tr}(A^{\mathrm{T}}) &= \mathrm{tr}(A) \\ \mathrm{tr}(A+B) &= \mathrm{tr}(A) + \mathrm{tr}(B) \\ \mathrm{tr}(AB) &= \mathrm{tr}(BA) \\ \mathrm{tr}(ABC) &= \mathrm{tr}(BCA) = \mathrm{tr}(CAB) \end{aligned} \tag{9-3}$$

N 阶方阵的行列式定义为

$$\det(A) = \sum_{\sigma \in S_n} par(\sigma) A_{1\sigma_1} A_{2\sigma_2} \cdots A_{n\sigma_n} \tag{9-4}$$

式中，S_n 为所有 n 阶排列的集合；$par(\sigma)$ 的值为 -1 或 $+1$，取决于 $\sigma = (\sigma_1, \sigma_2, \cdots, \sigma_n)$ 是奇排列还是偶排列，即其中出现降序的次数是奇数还是偶数。

矩阵 $A \in \mathbf{R}^{m \times n}$ 的 Frobenius 范数定义为

$$\| A \|_F = (\mathrm{tr}(A^{\mathrm{T}} A))^{1/2} = \Big(\sum_{i=1}^m \sum_{j=1}^n A_{ij}^2 \Big)^{1/2} \tag{9-5}$$

矩阵的 Frobenius 范数就是将矩阵拉长成向量后的 L_2 范数。

矩阵 $A \in \mathbf{R}^{m \times n}$ 的其他常用范数定义有

$$\| A \|_1 = \max \Big\{ \sum_{i=1}^n |A_{i1}|, \sum_{i=1}^n |A_{i2}| \cdots, \sum_{i=1}^n |A_{im}| \Big\} \tag{9-6}$$

$$\| A \|_2 = \max \{ \sigma(A) \}, \sigma(A) \text{为} A \text{ 的奇异值} \tag{9-7}$$

$$\| A \|_\infty = \max \Big\{ \sum_{j=1}^m |A_{1j}|, \sum_{j=1}^m |A_{2i}|, \cdots, \sum_{j=1}^m |A_{nj}| \Big\} \tag{9-8}$$

$$\| A \|_{1,2} = \sum_{i=1}^n \Big(\sum_{j=1}^m A_{ij}^2 \Big)^{\frac{1}{2}} \tag{9-9}$$

$$\| A \|_{2,1} = \Big(\sum_{i=1}^n \Big(\sum_{j=1}^m |A_{ij}| \Big)^2 \Big)^{\frac{1}{2}} \tag{9-10}$$

2. 导数

向量 a 相对于标量 x 的导数，以及 x 相对于 a 的导数都是向量，其第 i 个分量分别为

$$\begin{aligned} \Big(\frac{\partial a}{\partial x} \Big)_i &= \frac{\partial a_i}{\partial x} \\ \Big(\frac{\partial x}{\partial a} \Big)_i &= \frac{\partial x}{\partial a_i} \end{aligned} \tag{9-11}$$

向量和矩阵的导数满足乘法法则

$$\left(\frac{\partial x^{\mathrm{T}} a}{\partial x}\right) = \frac{\partial a^{\mathrm{T}} x}{\partial x} = a$$

$$\left(\frac{\partial AB}{\partial x}\right) = \frac{\partial A}{\partial x} B + A \frac{\partial B}{\partial x}$$

(9-12)

由 $A^{-1} A = I$ 和式（9-12）得，逆矩阵的导数可表示为

$$\frac{\partial A^{-1}}{\partial x} = -A^{-1} \frac{\partial A}{\partial x} A^{-1}$$

(9-13)

若求导的标量是矩阵 A 的元素，则有

$$\frac{\partial \mathrm{tr}(AB)}{\partial A_{ij}} = B_{ji}$$

$$\frac{\partial \mathrm{tr}(AB)}{\partial A} = B^{\mathrm{T}}$$

(9-14)

进而有

$$\frac{\partial \mathrm{tr}(A^{\mathrm{T}} B)}{\partial A} = B$$

$$\frac{\partial \mathrm{tr}(A)}{\partial A} = I$$

$$\frac{\partial \mathrm{tr}(ABA^{\mathrm{T}})}{\partial A} = A(B + B^{\mathrm{T}})$$

(9-15)

由此有

$$\frac{\partial \|A\|_F^2}{\partial A} = \frac{\partial \mathrm{tr}(AA^{\mathrm{T}})}{\partial A} = 2A$$

(9-16)

链式法则是计算复杂导数时的重要工具，简单地说，如果函数 f 是 g 和 h 的复合，也就是 $f(x) = g(h(x))$，则有

$$\frac{\partial f(x)}{\partial x} = \frac{\partial g(h(x))}{\partial h(x)} \frac{\partial h(x)}{\partial x}$$

(9-17)

再计算下面的式子，将 $Ax-b$ 看作一个整体可以简化计算。

$$\frac{\partial}{\partial x}(Ax-b)^{\mathrm{T}} W(Ax-b) = \frac{\partial (Ax-b)}{\partial x} 2W(Ax-b) = 2A^{\mathrm{T}} W(Ax-b)$$

(9-18)

当 W 为单位算子，时

$$\frac{\partial}{\partial x}(Ax-b)^{\mathrm{T}} W(Ax-b) = \frac{\partial}{\partial x} \|Ax-b\|^2 = 2A^{\mathrm{T}}(Ax-b)$$

(9-19)

令

$$\frac{\partial}{\partial x} \|Ax-b\|^2 = 0$$

(9-20)

从而得到

$$A^{\mathrm{T}} Ax = A^{\mathrm{T}} b$$

(9-21)

即得到了最小二乘对应的法方程。

3. 多元函数梯度、Hessian 矩阵、线性函数、二次函数

多元函数梯度：

$$\nabla f(\boldsymbol{x}) = (\partial f/\partial x_1, \partial f/\partial x_2, \cdots, \partial f/\partial x_n)^{\mathrm{T}} \in \mathbf{R}^n \tag{9-22}$$

Hessian 矩阵是一个自变量为向量的实值函数的二阶偏导数矩阵，如果 $f(x_1, x_2, \cdots, x_n)$ 所有二阶导数都存在，那么 f 的 Hessian 矩阵为

$$H(f) = \begin{pmatrix} \dfrac{\partial^2 f}{\partial x_1 \partial x_1} & \dfrac{\partial^2 f}{\partial x_1 \partial x_2} & \cdots & \dfrac{\partial^2 f}{\partial x_1 \partial x_n} \\[2mm] \dfrac{\partial^2 f}{\partial x_2 \partial x_1} & \dfrac{\partial^2 f}{\partial x_2 \partial x_2} & \cdots & \dfrac{\partial^2 f}{\partial x_2 \partial x_n} \\[2mm] \vdots & \vdots & & \vdots \\[2mm] \dfrac{\partial^2 f}{\partial x_n \partial x_1} & \dfrac{\partial^2 f}{\partial x_n \partial x_2} & \cdots & \dfrac{\partial^2 f}{\partial x_n \partial x_n} \end{pmatrix} \tag{9-23}$$

线性函数：

$$f(\boldsymbol{x}) = \boldsymbol{c}^{\mathrm{T}} x + b, \nabla f(\boldsymbol{x}) = \boldsymbol{c} \tag{9-24}$$

二次函数：

$$f(\boldsymbol{x}) = \frac{1}{2} \boldsymbol{x}^{\mathrm{T}} \boldsymbol{Q} \boldsymbol{x} + \boldsymbol{c}^{\mathrm{T}} x + b, \nabla f(\boldsymbol{x}) = \boldsymbol{Q} \boldsymbol{x} + \boldsymbol{c} \tag{9-25}$$

4. 泰勒级数

泰勒级数的定义：若函数 $f(x)$ 在点 x_0 的某一邻域内具有一阶到 $n+1$ 阶导数，则在该邻域内 $f(x)$ 的 n 阶泰勒公式为

$$f(x) = f(x_0) + f'(x_0)(x-x_0) + f''(x_0)(x-x_0)^2/2! + \cdots + f^{(n)}(x_0)(x-x_0)^n/n! + R_n(x) \tag{9-26}$$

式中，$R_n(x) = \dfrac{f^{(n+1)}(\xi)(x-x_0)^{n+1}}{(n+1)!}$ 为拉格朗日余项。

5. 奇异值分解

任意实矩阵 $\boldsymbol{A} \in \mathbf{R}^{m \times n}$ 都可分解为

$$\boldsymbol{A} = \boldsymbol{U} \sum \boldsymbol{V}^{\mathrm{T}} \tag{9-27}$$

式中，$\boldsymbol{U} \in \mathbf{R}^{m \times m}$ 是满足 $\boldsymbol{U}^{\mathrm{T}} \boldsymbol{U} = \boldsymbol{I}$ 的 m 阶酉矩阵；$\boldsymbol{V} \in \mathbf{R}^{n \times n}$ 是满足 $\boldsymbol{V}^{\mathrm{T}} \boldsymbol{V} = \boldsymbol{I}$ 的 n 阶酉矩阵；$\sum \in \mathbf{R}^{m \times n}$ 是 $m \times n$ 的矩阵，其中 $\left(\sum \right)_{ii} = \sigma_i$ 且其他位置的元素均为 0，σ_i 为非负实数且满足 $\sigma_1 \geqslant \sigma_2 \geqslant \cdots \geqslant 0$。式（9-27）中的分解称为奇异值分解，矩阵 $\boldsymbol{A}$ 的秩就等于非零奇异值的个数。

对低秩矩阵近似问题，即给定一个秩为 r 的矩阵 $\boldsymbol{A}$，求解器最优 k 秩近似矩阵：

$$\min_{\widetilde{\boldsymbol{A}} \in R^{m \times n}} \| \boldsymbol{A} - \widetilde{\boldsymbol{A}} \|_F \quad \text{s. t. } \mathrm{rank}(\widetilde{\boldsymbol{A}}) = k \tag{9-28}$$

其解为

$$\widetilde{\boldsymbol{A}} = \boldsymbol{U}_k \sum_k \boldsymbol{V}_k^{\mathrm{T}}$$

式中，$\boldsymbol{U}_k, \sum_k, \boldsymbol{V}_k$ 表示为前 k 个最大奇异值对应的 $\boldsymbol{U}, \sum, \boldsymbol{V}$。

6. Moore-Penros 伪逆

对于线性方程

$$Ax = y \tag{9-29}$$

等式两边左乘 A 的逆 B 后得到

$$x = By \tag{9-30}$$

当 A 为非方阵时，可能无法设计一个唯一的映射将 A 映射到 B，也就是 A 逆不存在。Moore-Penrose 伪逆定义为

$$A^+ = \lim_{\alpha \to 0}(A^T A + \alpha I)^{-1} A^T \tag{9-31}$$

伪逆的实际算法并没有基于这个定义，而是使用

$$A^+ = VD^+ U^T \tag{9-32}$$

式中，矩阵 U、D、V 是矩阵奇异值分解后得到的矩阵。对角阵 D 的伪逆 D^+ 是其非零元素取倒数之后再转置得到的。

当矩阵 A 的列数多于行数时，使用伪逆求解线性方程是众多可能解法中的一种。$x = A^+ y$ 是方程可行解中欧几里得范数 $\| x \|_2$ 最小的一个。

当矩阵 A 的行数多于列数时（可能无解），可通过求解伪逆所得 x 使得 $\| Ax - y \|_2$ 最小。

7. 最小二乘法

最小二乘法原理如下。

设有方程组

$$\begin{cases} a_{11}x_1 + a_{12}x_2 + \cdots + a_{1n}x_n = b_1 \\ a_{21}x_1 + a_{22}x_2 + \cdots + a_{2n}x_n = b_2 \\ \qquad\qquad\vdots \\ a_{m1}x_1 + a_{m2}x_2 + \cdots + a_{mn}x_n = b_m \end{cases} \tag{9-33}$$

转换成矩阵形式为 $Ax = b$。

在考虑求解式（9-33）中 x 值时，就是使得在方程中的偏差 $b_i - \sum\limits_{j=1}^{n} a_{ij}x_j$ 为最小值，即

$$\min F(x) = \sum_{i=1}^{m} \left(b_i - \sum_{j=1}^{n} a_{ij}x_j \right)^2 = \| b - Ax \|^2 \tag{9-34}$$

求解使得 F 函数得到最小值的解的问题即为最小二乘问题，这个解即为最小二乘解。

由于

$$\begin{aligned} \frac{\partial F}{\partial x_k} &= \sum_{i=1}^{m} 2\left(b_i - \sum_{j=1}^{n} a_{ij}x_j \right)(-a_{ik}) \\ &= -2\sum_{i=1}^{m} a_{ik}\left(b_i - \sum_{j=1}^{n} a_{ij}x_j \right) \end{aligned} \tag{9-35}$$

因此，式（9-34）的解为 F 函数的驻点，求最小二乘解则转换成求解方程

$$\sum_{i=1}^{m} a_{ik}\left(b_i - \sum_{j=1}^{n} a_{ij}x_j \right) = 0 \tag{9-36}$$

式（9-36）变形得

$$\sum_{i=1}^{m} a_{ik}\left(\sum_{j=1}^{n} a_{ij}x_j \right) = \sum_{j=1}^{n} \left(\sum_{i=1}^{m} a_{ik}a_{ij} \right)x_j = \sum_{j=1}^{n} a_k^T a_j x_j \tag{9-37}$$

$$\sum_{i=1}^{m} a_{ik}b_i = a_k^{\mathrm{T}}b \tag{9-38}$$

将式（9-38）化简为

$$\begin{cases} \sum_{j=1}^{n} a_1^{\mathrm{T}}a_j x_j = a_1^{\mathrm{T}}b \\ \sum_{j=1}^{n} a_2^{\mathrm{T}}a_j x_j = a_2^{\mathrm{T}}b \\ \qquad\vdots \\ \sum_{j=1}^{n} a_n^{\mathrm{T}}a_j x_j = a_n^{\mathrm{T}}b \end{cases} \tag{9-39}$$

用矩阵形式将式（9-39）表示为

$$A^{\mathrm{T}}Ax = A^{\mathrm{T}}b \tag{9-40}$$

这就转化成对一个 n 阶线性方程组进行求解，如果 A 为满秩，则 $A^{\mathrm{T}}A$ 为对称正定阵，那么就会存在唯一解，这个解就是所求的最小二乘解。

8. 线性相关和生成子空间

对于一组 m 维向量 $\{x_1, x_2, \cdots, x_n\}$，若方程

$$c_1 x_1 + c_2 x_2 + \cdots + c_n x_n = 0 \tag{9-41}$$

只有零解 $c_1 = c_2 = \cdots = c_n = 0$，则称这组向量为线性无关。

若能找到一组不全为零的系数 $c_1, c_2, \cdots, c_n$ 使得上述方程成立，则称 m 维向量 $\{x_1, x_2, \cdots, x_n\}$ 为线性相关。

形式上，一组向量的线性组合是指每个向量乘以对应标量系数之后的和，即 $\sum_i c_i v^i$。

一组向量的生成子空间（span）是原始向量线性组合后所能达到的点的集合。

确定 $Ax = b$ 是否有解，相当于确定向量 b 是否在 A 列向量的生成子空间中。这个特殊的生成子空间称为 A 的列空间或者 A 的值域。

9.2.2 优化

1. 拉格朗日乘子法

拉格朗日乘子法是一种寻找多元函数在一组约束下的极值的方法。通过引入拉格朗日乘子，可以将有 d 个变量与 k 个约束条件的优化问题转化成具有 $d+k$ 个变量的无约束优化问题进行求解。

先考虑具有一个等式约束的优化问题。假定 x 为 d 维向量，欲寻找 x 的某个取值 x^*，使目标函数 $f(x)$ 最小且同时满足 $g(x) = 0$ 的约束。从几何角度看，该问题的目标是在由方程 $g(x) = 0$ 确定的 $d-1$ 维曲面上寻找能使目标函数 $f(x)$ 最小化的点。

由此不难得到以下结论。

1）对于约束曲面上的任意点 x，该点的梯度 $\nabla g(x)$ 正交于约束曲面。

2）在最优点 x^*，目标函数的梯度 $\nabla f(x^*)$ 正交于约束曲面。

由此可知，在最优点 x^*，梯度 $\nabla g(x)$ 和 $\nabla f(x)$ 的方向必定相同或者相反，即存在 $\lambda \neq 0$ 使得

$$\nabla f(\boldsymbol{x}^*) + \lambda g(\boldsymbol{x}^*) = 0 \tag{9-42}$$

式中，λ 称为拉格朗日乘子。

定义拉格朗日函数

$$L(\boldsymbol{x}, \boldsymbol{\lambda}) = f(\boldsymbol{x}) + \lambda g(\boldsymbol{x}) \tag{9-43}$$

不难发现，将上述函数对 $\boldsymbol{x}$ 的偏导数 $\nabla_x L(\boldsymbol{x}, \boldsymbol{\lambda})$ 置零，就可以得到 $\nabla f(\boldsymbol{x}^*) + \lambda g(\boldsymbol{x}^*) = 0$。同时，将其对 $\boldsymbol{\lambda}$ 的偏导数 $\nabla_\lambda L(\boldsymbol{x}, \boldsymbol{\lambda})$ 置零就可以得到约束条件 $g(\boldsymbol{x}) = 0$，因此，原有约束优化问题可以转化为对拉格朗日函数 $L(\boldsymbol{x}, \boldsymbol{\lambda})$ 的无约束优化问题。

2. 梯度下降法

梯度下降法是一种常见的一阶优化方法，是求解无约束优化问题最简单、最经典的方法之一。

考虑无约束优化问题 $\min_x f(x)$，其中，$f(x)$ 为连续可微的函数。如果能够构造一个序列 $x^0, x^1, x^2, \cdots$ 满足 $f(x^{t+1}) < f(x^t), t = 0, 1, 2 \cdots$，那么不断执行该过程即可收敛到局部极小点。想要满足上式，根据泰勒展开式有

$$f(\boldsymbol{x} + \Delta \boldsymbol{x}) \simeq f(\boldsymbol{x}) + \Delta \boldsymbol{x}^{\mathrm{T}} \nabla f(\boldsymbol{x}) \tag{9-44}$$

于是，如果想要满足 $f(\boldsymbol{x} + \Delta \boldsymbol{x}) < f(\boldsymbol{x})$，可以选择

$$\Delta \boldsymbol{x} = -\gamma \nabla f(\boldsymbol{x}) \tag{9-45}$$

式中，步长 γ 是一个小常数。这就是梯度下降法。

若目标函数 $f(\boldsymbol{x})$ 满足一些条件，则通过选取合适的步长就能确保通过梯度下降法收敛到局部极小点。

当目标函数 $f(\boldsymbol{x})$ 二阶连续可微时，可以将 $f(\boldsymbol{x} + \Delta \boldsymbol{x}) \simeq f(\boldsymbol{x}) + \Delta \boldsymbol{x}^{\mathrm{T}} \nabla f(\boldsymbol{x})$ 替换为更精确的二阶泰勒展式，这样就得到了牛顿法。牛顿法是典型的二阶方法，其迭代次数远小于梯度下降法。但牛顿法使用了二阶导数 $\nabla^2 f(\boldsymbol{x})$，其每轮迭代中涉及 Hessian 矩阵的求逆，计算复杂度相当高，尤其在高维问题中几乎不可行。若能使用较低的计算代价寻找 Hessian 矩阵的近似逆矩阵，则可显著降低计算开销，这就是拟牛顿法。

9.2.3 概率论

概率论是用于表示不确定性声明的数学框架。它不仅提供了量化不确定性的方法，也提供了用于导出新的不确定性声明的公理。它使人们能够提出不确定的声明以及在不确定性存在的情况下进行推理，而信息论使人们能够量化概率分布中的不确定性总量。

在机器学习领域，经常使用后验概率来实现执果索因的目的。常用的公式表述为

$$\begin{cases} P(X \mid Y) = \dfrac{P(Y \mid X)P(X)}{P(Y)} \\ P(Y) = \displaystyle\sum_X P(Y \mid X)P(X) \end{cases} \tag{9-46}$$

式中，$P(X \mid Y)$ 为随机事件 Y 发生的前提下，随机事件 X 发生的概率，也称为后验概率，$P(X)$ 为先验概率，$P(Y \mid X)$ 为似然项，$P(Y)$ 为随机事件 Y 的先验概率或边缘概率。

对于参数估计，统计学界有两个学派：频率主义学派和贝叶斯学派。频率主义学派认为参数虽然未知，但却是客观存在的固定值，因此可通过优化似然函数等准则来确定参数值；贝叶斯学派认为参数是未观察到的随机变量，其本身也可由分布，因此可假设参数服从一个

先验分布，然后基于观测到的数据来计算参数的后验分布。

对应最大似然估计，设样本 X 有概率函数

$$f(x \mid \theta) = f(x \mid \theta_1, \theta_2, \cdots, \theta_n) \tag{9-47}$$

这里 x 为样本 X 的观测值，当固定 x 时把 $f(x \mid \theta)$ 看成 θ 的函数，称为似然函数 $L(\theta)$。

若在给定 x 时，值 $\hat{\theta}$ 满足

$$L(\hat{\theta}) = \max_{\theta} L(\theta) \tag{9-48}$$

则称 $\hat{\theta}$ 为参数 θ 的最大似然估计值。直观上看，最大似然估计即试图在 θ 所有可能的取值中找到使数据出现可能性最大的值。

假设样本独立同分布，则似然函数可表示为

$$L(\theta) = \prod_i f(x_i \mid \theta) \tag{9-49}$$

通常进一步使用对数似然函数进行求解。

$$LL(\theta) = \log \prod_i f(x_i \mid \theta) = \sum_i \log f(x_i \mid \theta) \tag{9-50}$$

9.3 机器学习的主要方法

9.3.1 人工神经网络

1. 人工神经网络的概念

作为人工智能中联结主义学派研究的主要内容，人工神经网络（Artificial Neural Network，ANN，简称神经网络）对机器智能的理解是通过模拟人脑结构来实现的。具体来讲，就是基于生物学中神经网络的基本原理，在理解和抽象了人脑结构和外界刺激响应机制后，以网络拓扑知识为理论基础，模拟人脑的神经系统对复杂信息的处理机制的一种数学模型。其应用领域涉及机器视觉、语言识别、优化计算、智能控制、系统建模、模式识别、理解与认知、神经计算机、知识推理等诸多领域，涉及神经生物学、认知科学、数理科学、心理学、信息科学、计算机科学、动力学、生物电子学等诸多学科。

人脑极其复杂，由1000多亿个神经元交织在一起的网状结构构成，其中大脑皮层约有140亿个神经元，小脑皮层约有1000亿个神经元。而人工神经网络是由大量处理单元经广泛互连而组成的人工网络，用来模拟脑神经系统的结构和功能。这些处理单元称作人工神经元。人工神经网络中，尽管每个神经元的结构、功能并不复杂，但神经网络的行为并不是单个单元行为的简单相加，网络的整体动态行为是极其复杂的，可以组成高度非线性动力学系统，从而表达很多复杂的物理系统。以下从神经元、网络结构、网络学习方式等方面对人工神经网络技术进行描述。

2. 人工神经元

神经细胞是构成神经系统的基本单元，称为生物神经元，简称神经元。神经元主要由三部分构成：细胞体、轴突、树突。如图 9-1 所示：突触是神经元之间相互连接的接口部分，即一个神经元的神经末梢与另一个神经元的树突相接触的交界面，是轴突的终端。

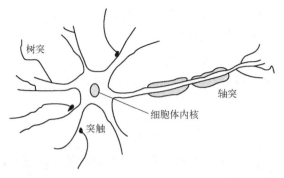

图 9-1　神经元组成

神经元的信息传递和处理是一种电化学活动。树突由于电化学作用接受外界的刺激，通过胞体内的活动体现为轴突电位，当轴突电位达到一定的值时形成神经脉冲或动作电位，再通过轴突末梢传递给其他的神经元。从控制论的观点来看，这一过程可以视为一个多输入单输出非线性系统的动态过程。

人工神经元的研究源于脑神经元学说。19 世纪末，在生物、生理学领域，Waldeger 等人创建了神经元学说。神经元模型是对生物神经元的抽象和模拟，可看作多输入单输出的非线性器件。人工神经网络可看成以人工神经元为节点，用有向加权弧连接起来的有向图。人工神经元是组成人工神经网络的基本单元，一般具有三个要素。

1）具有一组突触或联结，神经元 i 和神经元 j 之间的联结强度用 w_{ij} 表示，称为权值。

2）具有反映生物神经元时空整合功能的输入信号累加器。

3）具有一个激励函数，用于限制神经元的输出和表征神经元的响应特征。

一个典型的人工神经元模型如图 9-2 所示。其中，$x_j(j=1,2,\cdots,N)$ 为神经元 i 的输入信号；w_{ij} 为突触强度或联结权值；u_i 是神经元 i 的净输入，是输入信号的线性组合；θ_i 为神经元的阈值，也可用偏差 b_i 表示；v_i 是经偏差调整后的值，称为神经元的局部感应区。

$$u_i = \sum_j w_{ij}x_j \qquad (9\text{-}51)$$

$$v_i = u_i - \theta_i = u_i + b_i \qquad (9\text{-}52)$$

$f(\ )$ 是神经元的激励函数，y_i 是神经元 i 的输出。

$$y_i = f(v_i) \qquad (9\text{-}53)$$

激励函数的形式有很多种，常用的基本激励函数有三种。

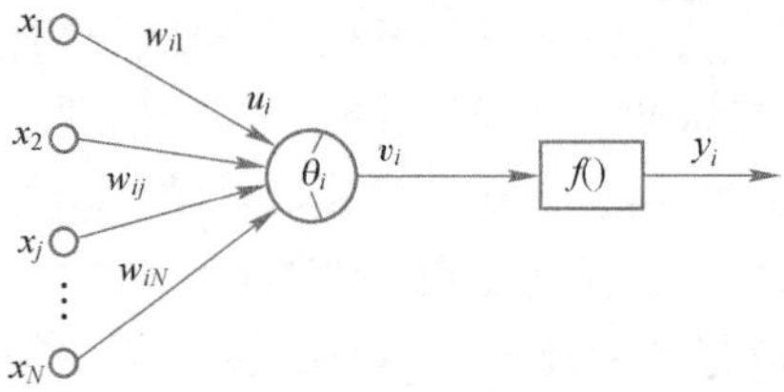

图 9-2　神经元模型

（1）离散型激励函数

离散型激励函数又可分为单极性和双极性两种，单极性的离散激励函数可选为阶跃函数（见图 9-3）

$$f(v) = \begin{cases} 1, & v \geq 0 \\ 0, & v < 0 \end{cases} \qquad (9\text{-}54)$$

双极性的离散激励函数可选为符号函数（见图 9-4）

$$f(v) = Sgn(v) = \begin{cases} +1, & v \geq 0 \\ -1, & v < 0 \end{cases} \qquad (9\text{-}55)$$

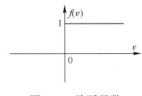
图 9-3 阶跃函数

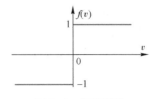
图 9-4 符号函数

（2）分段线性函数

单极性分段线性函数（见图 9-5）为

$$f(v) = \begin{cases} 1, & v \geq +1 \\ v, & 0 < v < 1 \\ 0, & v \leq 0 \end{cases} \tag{9-56}$$

双极性分段线性函数（见图 9-6）为

$$f(v) = \begin{cases} +1, & v \geq +1 \\ v, & -1 < v < 1 \\ -1, & v \leq -1 \end{cases} \tag{9-57}$$

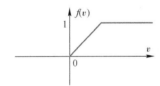
图 9-5 单极性分段线性函数

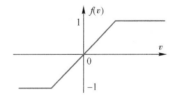
图 9-6 双极性分段线性函数

（3）Sigmoid 函数

Sigmoid 函数也称为 S 型函数，由于其具有单调、连续、光滑、处处可导等优点，是目前人工神经网络中最常用的激励函数。它也有单极性和双极性两种形式。单极性（见图 9-7）函数形式为

$$f(v) = \frac{1}{1 + e^{-av}} \tag{9-58}$$

双极性 Sigmoid 函数（见图 9-8）可采用双曲正切函数表示

$$f(v) = \frac{1 - e^{-cv}}{1 + e^{-cv}} \tag{9-59}$$

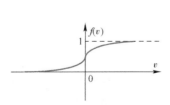
图 9-7 单极性 Sigmoid 函数

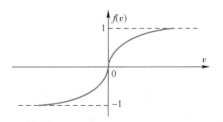
图 9-8 双曲正切函数

3. 神经网络的基本模型

人工神经网络的种类很多，从网络结构的角度可分为前向（前馈）型网络和反馈型网络。前向型网络的典型代表是 BP 神经网络，反馈型网络的典型代表是 Hopfield 网络。还有一部分是在这二者基础上派生出来的新型网络。另外，一些学者也结合其他学科的知识提出了大量新型复合神经网络模型。

（1）前向型网络

前向神经网络包括一个输入层、一个输出层和若干隐层。网络中的各个神经元只接受前一级的输入，并输出到下一级，网络中没有反馈，输入与输出的神经元与外界相连。

典型的三层前向网络结构如图 9-9 所示，它是具有一个隐藏层和一个输出层的全连接网络。在分层网络中，神经元（节点）以层的形式组织，输入层的源节点提供激活模式的输入向量，构成第二层（第一隐藏层）神经元的输入信号，最后的输出层给出对应于源节点激活模式的网络输出。网络各神经元之间不存在反馈，通常又称为前馈网络。

典型的前向型网络包括感知器、BP（反向传播）网、RBF（径向基函数）网和 CMAC（小脑模型控制器）网等。

（2）反馈型网络

反馈型网络也叫递归网络，一些神经元的输出经过若干个神经元后，再反馈到这些神经元的输入端，即输出层到输入层存在反馈环。网络结构如图 9-10 所示。

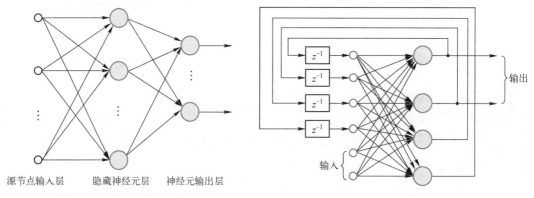

图 9-9　前向型神经网络　　　　　　图 9-10　反馈型神经网络

图 9-10 中，z^{-1} 表示单元延迟运算符。反馈环的存在对网络的学习能力和性能影响很大。典型的反馈网络包括 Hopfield 网络、Elman 神经网络等，前者是反馈网络中最简单且应用最广泛的模型，为全互联结构，即每个神经元与其他神经元都相连；后者包含一个双曲正切 S 型隐含层和一个线性输出层，S 型隐含层接收网络输入和自身的反馈，线性输出层从 S 型隐含层得到输入。

4. 神经网络的学习方式

人工神经网络的最大优点之一就是网络具有学习能力，可以通过向环境学习获取知识来改进自身性能，甚至超过设计者原有的知识水平。性能的改善通常是按照某种预定的度量，通过逐渐修正网络的参数（如权值、阈值等）来实现的。根据环境提供信息量的不同，神经网络的学习方式大致可分为三种。

（1）监督学习（有导师学习）

这种学习方式需要外界环境给定一个"导师"信号，可对一组给定输入提供期望的输出。这种已知的输入输出数据称为训练样本集，神经网络根据网络的实际输出与期望输出之间的误差来调节其参数，实现网络的训练学习过程，其原理框图如图 9-11 所示。

（2）无监督学习（无导师学习）

这种学习方式下外界环境不提供"导师"信号，只规定学习方式或某些规则，具体的学习内容随系统所处环境（即输入信号情况）而异，网络根据外界环境所提供数据的某些统计规律来实现自身参数或结构的调节，从而表示出外部输入数据的某些固有特征。系统可以自动发现环境特征和规律性，具有更近似于人脑的功能。其原理框图如图 9-12 所示。

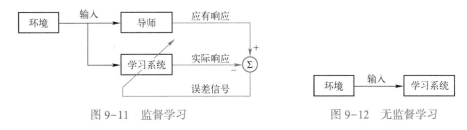

图 9-11　监督学习　　　　　　　　图 9-12　无监督学习

（3）再励学习（强化学习）

这种学习方式介于监督学习和无监督学习之间，外部环境对网络输出给出一定的评价信息，网络通过强化那些被肯定的动作来改善自身的性能。其原理框图如图 9-13 所示。

常见的学习规则有 Hebb 学习、纠错学习、基于记忆的学习、随机学习和竞争学习等。

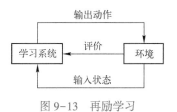

图 9-13　再励学习

5. 常用神经网络介绍

（1）BP 神经网络

BP 神经网络于 1986 年由 Rumelhart 和 McCelland 为首的科学家小组提出，是一种按误差反向传播算法训练的多层前馈网络，是目前应用最广泛的神经网络模型之一。BP 网络能学习和存储大量的输入-输出模式映射关系，而无须事前揭示描述这种映射关系的数学方程。它的学习规则是使用最速下降法，网络的学习包括正向传播（计算网络输出）和反向传播（实现权值调整）两个过程，通过反向传播来不断调整网络的权值和阈值，使网络的误差平方和最小。从网络结构上看，BP 网络属于前向网络；从网络训练过程上看，BP 网络属于有监督网络；从学习算法来看，BP 网络采用的是 Delta 学习规则；而从隐藏层激活函数类型上，BP 网络通常采用 Sigmoid 函数。

图 9-14 给出了含有一个隐藏层的 BP 网络结构，其中，i 为输入层神经元数，$X = (x_1, x_2, \cdots, x_i)^T$ 为网络的输入向量，j 为隐藏层神经元数，k 为输出层神经元数，可记作 i-j-k 结构。w_{ij} 表示输入层到隐藏层的权值，w_{jk} 表示隐藏层到输出层的权值。

BP 算法的训练过程包括正向传播和反向传播两部分。借助于有监督学习网络的思想，在正向传播过程中，由导师对外部环境进行了解并给出期望的输出信号（理想输出），而网络自身的输入信息经隐藏层传向输出层，信息通过逐层处理，得到实际输出值，当理想输出和实际输出存在差异（在某个范围内），网络转至反向传播过程。其基本思想是借助非线性规划中的梯度下降法，即采用梯度搜索技术，认为参数沿目标函数的负梯度方向改变，可以使网络理想输出和实际输出的误差均方差（RMS）达到最小。

以 BP 网络作为"通用逼近器"为例，给出其对非线性函数（系统）进行逼近的学习过程。图 9-15 为逼近器结构图。其中，k 为采样时间，$u(k)$ 为控制信号，直接作用于被控对象，$y(k)$ 为过程的实际输出（理想输出，称为导师信号），两者共同作为 BP 逼近器的输入信号。$y_n(k)$ 为 BP 网络的实际输出，将理想输出和网络实际输出的误差作为逼近器的调整信号 $e(k)$。

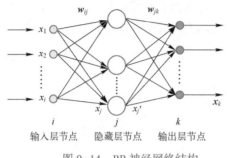

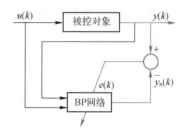

图 9-14　BP 神经网络结构　　　　　图 9-15　BP 神经网络逼近器

1）正向传播：计算网络的实际输出。

隐藏层神经元（对应第 j 个）输入为所有输入加权之和，即

$$x_j = \sum_i w_{ij} x_i \tag{9-60}$$

其中，若 $i=2$，代表输入层的两个神经元。方程仅给出一般表达式，以下不再做特殊说明。

隐藏层神经元（对应第 j 个）的输出 x_j' 为 x_j 的 Sigmoid 函数，即

$$x_j' = f(x_j) = \frac{1}{1+e^{-x_j}} \tag{9-61}$$

则

$$\frac{\partial x_j'}{\partial x_j} = \frac{e^{-x_j}}{(1+e^{-x_j})^2} = x_j'(1-x_j') \tag{9-62}$$

输出层神经元的输出为

$$y_n(k) = \sum_j w_{jk} x_j' \tag{9-63}$$

本例为单输出网络，权值 w_{jk} 中 $k=1$，代表输出层仅有一个神经元。

调整信号为理想输出和网络实际输出的误差，即

$$e(k) = y(k) - y_n(k) \tag{9-64}$$

误差纠正学习的最终目的是使某一基于 $e(k)$ 的目标函数达到最小，以使每一个输出神经元的实际输出在某种统计意义上最逼近于期望输出。最常用的目标函数为均方误差函数，即误差性能指标函数，表示为

$$J = \frac{1}{2} e(k)^2 \tag{9-65}$$

正如上面所谈，BP 网络的学习训练是希望 $y_n(k)$ 最逼近 $y(k)$，在第一步迭代中，输入

隐层神经元的权值矢量 $W_1 = [W_{ij}]$、隐层到输出层神经元的权值向量 $W_2 = [W_{jk}]$ 都需要计算机随机值（避免初值设为相等，导致所有权值调整量相同），使得误差 $e(k)$ 存在，表明下一步需要进行权值的调节，BP 学习进入反向传播过程。

2）反向传播：采用 Delta 学习算法，调节各层之间的权值。

首先调节输出层到隐藏层的权值 w_{jk}，设相邻两次采样时间对应的变化量为 Δw_{jk}，则

$$\Delta w_{jk} = -\eta \frac{\partial J}{\partial w_{jk}} = \eta \cdot e(k) \cdot \frac{\partial y_n(k)}{\partial w_{jk}} = \eta \cdot e(k) \cdot x'_j \qquad (9\text{-}66)$$

求解偏导的过程称为连锁法（Chain Rule）。

式（9-66）中，$\eta \in [0,1]$ 称为学习效率，或步长，通常取 $\eta = 0.5$。

$t+1$ 时刻，网络的权值调整为

$$w_{jk}(t+1) = w_{jk}(t) + \Delta w_{jk} \qquad (9\text{-}67)$$

为了避免权值的学习过程发生振荡、收敛速度慢，引入动量因子 α，修正后的权值表示为

$$w_{jk}(t+1) = w_{jk}(t) + \Delta w_{jk} + \alpha(w_{jk}(t) - w_{jk}(t-1)) \qquad (9\text{-}68)$$

式（9-68）表明，下一时刻的权值不但与当前时刻权值有关，同时追加了上一时刻权值变化对下一时刻权值的影响，该方法被称为 BP 的改进算法，$\alpha \in [0,1]$ 也叫做惯性系数、平滑因子或阻尼系数（减小学习过程的振荡趋势），通常取 $\alpha = 0.05$；$(w_{jk}(t) - w_{jk}(t-1))$ 称为惯性项。

依此原理，再次应用连锁法，隐藏层到输入层的权值 w_{ij} 的学习算法为

$$\Delta w_{ij} = -\eta \frac{\partial J}{\partial w_{ij}} = \eta \cdot e(k) \cdot \frac{\partial y_n(k)}{\partial w_{ij}} \qquad (9\text{-}69)$$

其中

$$\frac{\partial y_n(k)}{\partial w_{ij}} = \frac{\partial y_n(k)}{\partial x'_j} \cdot \frac{\partial x'_j}{\partial x_j} \cdot \frac{\partial x_j}{\partial w_{ij}} = w_{jk}(k) \cdot \frac{\partial x'_j}{\partial x_j} \cdot x_i = w_{jk}(k) \cdot x'_j(1 - x'_j) \cdot x_i \qquad (9\text{-}70)$$

$t+1$ 时刻，网络的权值为

$$w_{ij}(t+1) = w_{ij}(t) + \Delta w_{ij} + \alpha(w_{ij}(t) - w_{ij}(t-1)) \qquad (9\text{-}71)$$

BP 网络的特点如下。

1）BP 网络的层与层之间采用全互连方式，即相邻层任意一对神经元都有连接。同一层的处理单元（神经元）是完全并行的，层间的信息传递是串行的，由于层间节点数目远大于网络层数，因此是一种并行推理。个别神经元的损坏只会对输入输出关系产生较小影响，故网络具有很好的容错性能。

2）BP 网络的突出性能还体现在其具有较强的泛化能力（Generalization Ability，也称为综合能力或概括能力），可理解为：①用较少的样本进行训练时，网络能够在给定的区域内达到要求的精度；②用较少的样本进行训练时，网络对未经训练的输入也能给出合适的输出；③当神经网络输入带有噪声时，即与输入样本存在差异时，神经网络的输出同样能够准确地呈现应有的输出。

3）Kolmogorov 定理证明，对于任意 $\varepsilon > 0$，存在一个结构为 $n\text{-}(2n+1)\text{-}m$ 的三层 BP 网络，能够以任意 ε^2 精度逼近连续函数 $f:[0,1]^n \to \mathbf{R}^m$。而对于多层 BP 网络，理论上也可以证明，只要采用足够多的隐层和隐层节点数，利用扁平函数或线性分段多项式函数作为激活

函数，就可以对任意感兴趣的函数以任意精度进行逼近，因此，多层前向网络是一种通用的逼近器。但对于特定问题，直接确定网络的结构尚无理论上的指导，仍然需要根据经验进行试验。

4）J 的超曲面可能存在多个极值点，按梯度下降法对网络权值进行训练，很容易陷入局部极小值，即收敛到初值附近的局部极值。

5）由于 BP 网络隐藏层采用的是 Sigmoid 函数，其值在输入空间中无限大的范围内为非零值，因而是一种全局逼近网络。也正是由于 BP 网络的全局逼近性能，每一次样本的迭代学习都要重新调整各层权值，使得网络收敛速度慢，难以满足实际工况的实时性要求。而下面要介绍的 RBF 网络所采用的是高斯基函数，大大加快了网络的学习速度，能满足实时控制要求。

2. RBF 神经网络

RBF（Radial Basis Function，径向基函数）网络的理论与径向基函数理论有着密切的联系，因而有较为坚实的数学基础。RBF 网络结构简单，为具有单隐层的三层前向网络，网络的第一层为输入层，将网络与外界环境连接起来；第二层为径向基层（隐藏层），其作用是在输入空间到隐层空间之间进行非线性变换；第三层为线性输出层，为作用于输入层的信号提供响应。

（1）径向基函数

RBF 是数值分析中的一个主要研究领域，该技术就是要选择一个具有下列形式的函数。

$$F(x) = \sum_{i=1}^{I} w_i \phi(\parallel x - c_i \parallel) \tag{9-72}$$

其中，$\{\phi(\parallel x - c_i \parallel)\}$，$i = 1, 2, \cdots, I$ 是 I 个任意函数的集合，称为径向基函数；$\parallel \cdot \parallel$ 表示范数，通常是欧几里德范数；数据 c_i 与 x 具有相同的维数，表示第 i 个基函数的中心，当 x 远离 c_i 时，$\phi(\parallel x - c_i \parallel)$ 很小，可以近似为零。实际上，只有当 $\phi(\parallel x - c_i \parallel)$ 大于某值（例如 0.05）时，才对相应的权值 w_i 进行修正。

典型的径向基函数包括四种。

1）多二次（Multiquadrics）函数

$$\phi(x) = (x^2 + p^2)^{\frac{1}{2}} \quad p > 0, \ x \in \mathbf{R} \tag{9-73}$$

2）逆多二次（Inverse multiquadrics）函数

$$\phi(x) = \frac{1}{(x^2 + p^2)^{\frac{1}{2}}} \quad p > 0, \ x \in \mathbf{R} \tag{9-74}$$

3）高斯（Gauss）函数

$$\phi(x) = \exp\left(-\frac{x^2}{2\sigma^2}\right) \quad \sigma > 0, \ x \in \mathbf{R} \tag{9-75}$$

4）薄板样条（Thin plate spline）函数

$$\phi(x) = \left(\frac{x}{\sigma}\right)^2 \log\left(\frac{x}{\sigma}\right) \quad \sigma > 0, \ x \in \mathbf{R} \tag{9-76}$$

函数的曲线形状如图 9-16 所示。

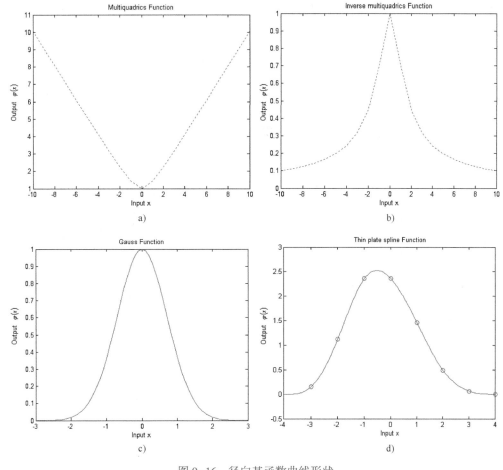

图 9-16　径向基函数曲线形状

a）多二次函数　b）逆多二次函数　c）高斯函数　d）薄板样条函数

由于高斯函数形式简单、径向对称、解析性和光滑性好，即便对于多变量输入也不增加太多复杂性，所以一般选取高斯函数作为 RBF 神经网络的径向基函数，表示为

$$g_i(x) = g_i(\parallel x - c_i \parallel) = \exp\left(-\frac{\parallel x - c_i \parallel^2}{2\sigma_i^2}\right) \quad i = 1, 2, \cdots, I \tag{9-77}$$

式中，σ_i 为第 i 个感知的变量，它决定了该基函数围绕中心点的宽度；I 为隐藏层激活函数的个数；$g_i(x)$ 在 c_i 处有一个唯一的最大值，随着 $\parallel x - c_i \parallel$ 的增大会迅速衰减到零。对于给定的输入 $x \in \mathbf{R}^n$，只有一小部分靠近 x 中心的被激活。

σ_i 决定了高斯基函数曲线的宽度，其值越大，曲线越宽，对网络输入的覆盖范围越大，激活的敏感性越差；其值越小，曲线越窄，对网络输入的覆盖范围越小，激活的敏感性越好。c_i 代表高斯基函数的中心，网络的输入值与中心越近，表明激活函数对输入的敏感性越好，反之越差。

（2）径向基函数网络结构

RBF 神经网络的基本思想是：径向基函数作为隐单元的"基"，构成隐含层空间，通过输入空间到隐层空间之间的非线性变换，将低维的输入数据变换到高维空间，从低维空间的线性不可分转换到高维空间的线性可分。

由式（9-72），RBF 网络的输出函数可表示为（对应第 k 个输出神经元）

$$F_k(x) = \sum_{i=1}^{I} w_{ik} g_i(x) \quad k = 1, 2, \cdots, n \tag{9-78}$$

式中，x 为输入变量；m 为输入神经元个数；w_{ik} 为输出层权值；I 为径向基函数的个数（中心的个数）。

RBF 网络结构如图 9-17 所示，输入层完成 $x \to g_i(x)$ 的非线性映射，输出层实现从 $g_i(x) \to F_k(x)$ 的线性映射。

（3）网络学习算法

仍以 RBF 网络作为通用逼近器为例，给出其对非线性函数（系统）进行逼近的学习过程。图 9-18 为逼近器结构图。其中，k 为采样时间，$u(k)$ 为控制信号，直接作用于被控对象，$y(k)$ 为过程的实际输出（称为导师信号），两者共同作为 RBF 逼近器的输入信号。$y_n(k)$ 为 RBF 网络的实际输出，将理想输出和网络实际输出的误差作为逼近器的调整信号 $e(k)$。

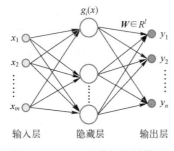

图 9-17　RBF 网络拓扑结构图

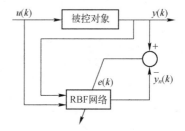

图 9-18　RBF 神经网络逼近器

在 RBF 网络结构中，设 $\boldsymbol{X} = (x_1, x_2, \cdots, x_m)^\mathrm{T}$ 为网络的输入向量，隐藏层的径向基向量表示为 $\boldsymbol{G} = (g_1, g_2, \cdots, g_I)^\mathrm{T}$，即

$$g_i = \exp\left(-\frac{\| \boldsymbol{X} - \boldsymbol{C}_i \|^2}{2\sigma_i^2}\right) \quad i = 1, 2, \cdots, I \tag{9-79}$$

式中，隐藏层第 i 个节点中心向量为 $\boldsymbol{C}_i = (c_{i1}, c_{i2}, \cdots, c_{im})^\mathrm{T}$。

设网络的基宽向量为

$$\boldsymbol{\Sigma} = (\sigma_1, \sigma_2, \cdots, \sigma_I)^\mathrm{T} \tag{9-80}$$

其中，σ_i 为节点 i 的基宽参数。网络的权值向量表示为

$$\boldsymbol{W} = (w_1, w_2, \cdots, w_I)^\mathrm{T} \quad (k = 1，网络只有一个输出节点)$$

则 RBF 网络的实际输出为

$$y_n(k) = w_1 g_1 + w_2 g_2 + \cdots + w_i g_I \tag{9-81}$$

调整信号为理想输出和网络实际输出的误差，即

$$e(k) = y(k) - y_n(k) \tag{9-82}$$

建立目标函数，即误差性能指标函数为

$$J = \frac{1}{2} e(k)^2 = \frac{1}{2}(y(k) - y_n(k))^2 \tag{9-83}$$

借助梯度下降法、连锁法和带有惯性项的权值修正法，对待训练的各组参数进行修正，算法为

$$\Delta w_i = -\eta \frac{\partial J}{\partial w_i} = \eta \cdot e(k) \cdot \frac{\partial y_n(k)}{\partial w_i} = \eta \cdot e(k) \cdot g_i \tag{9-84}$$

$$w_i(k+1) = w_i(k) + \Delta w_i + \alpha(w_i(k) - w_i(k-1)) \tag{9-85}$$

$$\Delta \sigma_i = -\eta \frac{\partial J}{\partial \sigma_i} = \eta \cdot e(k) \cdot \frac{\partial y_n(k)}{\partial g_i} \cdot \frac{\partial g_i}{\partial \sigma_i} = \eta \cdot e(k) \cdot w_i \cdot g_i \cdot \frac{\|X - C_i\|^2}{\sigma_i^3} \tag{9-86}$$

$$\sigma_i(k+1) = \sigma_i(k) + \Delta \sigma_i + \alpha(\sigma_i(k) - \sigma_i(k-1)) \tag{9-87}$$

$$\Delta c_{ij} = -\eta \frac{\partial J}{\partial c_{ij}} = \eta \cdot e(k) \cdot \frac{\partial y_n(k)}{\partial g_i} \cdot \frac{\partial g_i}{\partial c_{ij}} = \eta \cdot e(k) \cdot w_i \cdot g_i \cdot \frac{x_j - c_{ij}}{\sigma_i^2} \quad j = 1, 2, \cdots, m \tag{9-88}$$

$$c_{ij}(k+1) = c_{ij}(k) + \Delta c_{ij} + \alpha(c_{ij}(k) - c_{ij}(k-1)) \tag{9-89}$$

式中，$\eta \in [0,1]$为学习效率，$\alpha \in [0,1]$为动量因子。

在程序设计中，对所有权值向量 W、基宽向量 Σ 和中心向量 C_i（$i = 1, 2, \cdots, I$）赋以随机任意小值，预先设计迭代步数，或给出网络训练的最终目标，如 $J = 10^{-10}$，使网络跳出递归循环。

3. Hopfield 神经网络

1982 年和 1984 年，美国加州理工学院物理学家 J. J. Hopfield 提出了离散型和连续型的 Hopfield 神经网络。他在网络中引入了"能量函数"的概念，采用类似于 Lyapunov 稳定性的分析方法，构造了一种能量函数，并证明，当满足一定的参数条件时，该函数值在网络演化过程中不断降低，网络最后趋于稳定。另外，Hopfield 利用该网络成功地解决了 TSP 问题的优化计算，而且还采用电子电路硬件实现了该神经网络的构建。这是 Hopfield 在神经网络领域的三个突出贡献。

Hopfield 网络是神经网络发展历史上的一个重要里程碑，它的提出推进了神经网络理论的发展，并开拓了神经网络在联想记忆和优化计算等领域的应用新途径。

（1）离散型 Hopfield 网络

Hopfield 网络是全互连反馈网络，其拓扑结构如图 9-19 所示。

Hopfield 网络具有单层结构，每个神经元的输出反馈到其他神经元，影响其状态的变化，具有了动态特性，因此与静态的 BP 神经网络不同，Hopfield 网络是一种动态神经网络。另外，Hopfield 网络的神经元无自反馈，这也是 Hopfield 网络的一个显著特点。对于连续性的 Hopfield 网络，如果对其神经元增加了自反馈，网络将会表现出极其复杂的动力学行为。

离散型 Hopfield 网络的数学模型表示如下：

$$v_i(t+1) = f(u_i(t)) \tag{9-90}$$

$$u_i(t) = \sum_{j \neq i} w_{ij} v_j(t) - \theta_i \tag{9-91}$$

式中，$v_i(t)$ 表示第 i 个神经元 t 时刻的输出状态；$v_j(t)$ 表示第 j 个神经元 t 时刻的输出状态；$u_i(t)$ 表示第 i 个神经元 t 时刻的内部输入状态；θ_i 表示神经元 i 的阈值；w_{ij} 为连接权值，可按照 Hebb 学习规则设计。式（9-91）求和中标出 $i \neq j$ 表明了网络不具有自反馈。式（9-90）中的激励函数 $f()$ 可选择离散型的激励函数。

离散型 Hopfield 网络有同步和异步两种工作方式。同步工作方式下，神经网络中所有神

经元的状态更新同时进行。异步工作方式下，神经网络中神经元的状态更新依次进行，每一时刻仅有一个神经元的状态获得更新，神经元的更新顺序可以是随机的。

离散型 Hopfield 网络的能量函数定义为

$$E = -\frac{1}{2} \sum_{i=1}^{n} \sum_{\substack{j=1 \\ j \neq i}}^{n} w_{ij} v_i v_j + \sum_{i=1}^{n} \theta_i v_i \tag{9-92}$$

随着神经元状态的更新，神经网络不断演化，如果从某一时刻开始，神经网络中所有神经元的状态都不再发生改变，则称该神经网络已演化到稳定状态。

（2）连续型 Hopfield 网络

连续型 Hopfield 网络的拓扑结构与离散型相同，且可采用图 9-20 所示的硬件电路模型实现。

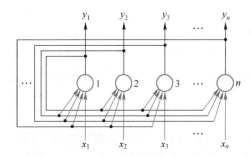

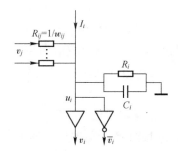

图 9-19　Hopfield 网络结构图　　　图 9-20　连续性 Hopfield 网络神经元电路模型

图 9-20 中，u_i 为神经元的输入状态，R_i 和 C_i 分别为输入电阻和输入电容，I_i 为输入电流，w_{ij} 为第 j 个神经元到第 i 个神经元的连接权值，v_i 为神经元的输出，是神经元输入状态 u_i 的非线性函数。

根据基尔霍夫定律，建立第 i 个神经元的微分方程为

$$\begin{cases} C_i \dfrac{\mathrm{d}u_i}{t} = \displaystyle\sum_{j=1}^{n} w_{ij} v_j - \dfrac{u_i}{R_i} + I_i \\ v_i = f(u_i) \end{cases} \tag{9-93}$$

式中，$i=1,2,\cdots,n$。

激励函数 $f(\ )$ 可取为双曲函数

$$f(s) = \rho \frac{1-\mathrm{e}^{-s}}{1+\mathrm{e}^{-s}} \tag{9-94}$$

式中，$\rho > 0$。

连续型 Hopfield 网络的权值也是对称的，且无自反馈，即 $w_{ij}=w_{ji}$，$w_{ii}=0$。

连续性 Hopfield 网络的能量函数定义为

$$E = -\frac{1}{2} \sum_{i=1}^{n} \sum_{j=1}^{n} w_{ij} v_i v_j + \sum_{i=1}^{n} \frac{1}{R_i} \int_0^{v_i} f_i^{-1}(v)\,\mathrm{d}v - \sum_{i=1}^{n} v_i I_i \tag{9-95}$$

当权值矩阵是对称矩阵（即 $w_{ij}=w_{ji}$）时，

$$\frac{\mathrm{d}E}{\mathrm{d}t} = \sum_{i=1}^{n} \frac{\partial E}{\partial v_i} \cdot \frac{\mathrm{d}v_i}{\mathrm{d}t} = -\sum_i \frac{\mathrm{d}v_i}{\mathrm{d}t} \left(\sum_j w_{ij} v_j - \frac{u_i}{R_i} + I_i \right) = -\sum_i \frac{\mathrm{d}v_i}{\mathrm{d}t} \left(C_i \frac{\mathrm{d}u_i}{\mathrm{d}t} \right) \tag{9-96}$$

由于 $v_i = f(u_i)$，所以

$$\frac{\mathrm{d}E}{\mathrm{d}t} = -\sum_i C_i \frac{\mathrm{d}f^{-1}(v_i)}{\mathrm{d}v_i}\left(\frac{\mathrm{d}v_i}{\mathrm{d}t}\right)^2 \tag{9-97}$$

由于 $C_i > 0$，双曲函数是单调上升函数，所以它的反函数 $f^{-1}(v_i)$ 也是单调上升函数，则可得到 $\mathrm{d}E/\mathrm{d}t \le 0$，因此能量函数具有负梯度，当且仅当 $\mathrm{d}v_i/\mathrm{d}t = 0$ 时，$\mathrm{d}E/\mathrm{d}t = 0 (i = 1, 2, \cdots, n)$。由此可见，随着时间的演化，网络的解总是朝着能量 E 减小的方向运动。网络最终到达一个平衡点，即能量函数 E 的一个极小点上。

我国学者廖晓昕指出，Hopfield 网络的稳定性并不是 Lyapunov 意义下的稳定性。而是指平衡点集的吸引性，并称之为 Hopfield 意义下的稳定性。

连续型 Hopfield 神经网络的典型应用是对优化问题进行求解。优化问题涉及的工程领域很广，种类与性质繁多。归纳而言，优化问题可分为函数优化问题和组合优化问题两大类，很多实际的工程问题都可以转换为其中之一进行求解。其中，函数优化的对象是一定区间内的连续变量，而组合优化的对象是解空间中的离散状态。

应用 Hopfield 神经网络来解决优化问题的一般步骤如下。

1）分析问题：网络输出与问题的解相对应。

2）构造网络能量函数：使其最小值对应问题最佳解。

3）设计网络结构：由能量函数和网络稳定条件设计网络参数，得到动力学方程。

4）硬件实现或软件模拟。

在进行优化问题求解时，令 $\sum w_{ij}v_j - u_i/R_i + I_i = -\partial E/\partial v_i$ 即可实现问题的求解。由于 Hopfield 网络的寻优机制是基于梯度寻优，所以优化结果与初值选取密切相关。

9.3.2 支持向量机

支持向量机是由 Vapnik 等人 1995 年正式提出的，它是建立在统计学习理论的 VC 维理论和结构风险最小原理基础之上的一种学习机器，是统计学习理论的一种实现方法。它在解决小样本、非线性及高维模式识别问题中表现出许多特有的优势，并能够推广应用到其他机器学习问题中。

支持向量机的机理是寻找一个满足分类要求的最优分类超平面，在保证分类精度的同时能够使超平面两侧的空白区域最大化。支持向量机对于线性可分数据能够找出一条最优分界超平面，将两类数据完美分开，如图 9-21 所示。图中实心点和空心点分别表示两类训练样本，H 为最优分类线。H_1、H_2 分别为过各类样本中离分类线最近的点且平行于分类线的直线，它们之间的距离叫作两类的分类空隙。所谓最优分类线就是要求分类线不但能将两类无错误地分开，而且要使两类的分类空隙最大。推广到高维空间，最优分类线就成为最优分类面。

假设存在训练样本 $(x_1, y_1), (x_2, y_2), \cdots, (x_l, y_l)$，$x_i \in \mathbf{R}^n, y_i \in \{+1, -1\}$，$l$ 为输入维数，使得这两类样本完全分开的超平面 H 描述为

$$\boldsymbol{w}\boldsymbol{x} + \boldsymbol{b} = 0 \tag{9-98}$$

则有

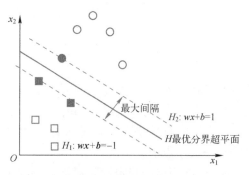

图 9-21　最优分类面

$$\begin{cases} wx_i + b \geqslant 0 & y_i = +1 \\ wx_i + b < 0 & y_i = -1 \end{cases} \tag{9-99}$$

式中，w 是超平面的法向量，$\dfrac{w}{\parallel w \parallel}$ 为单位法向量，其中 $\parallel w \parallel$ 是欧氏模函数。

如果训练数据可以无误差地被划分，以及每一类数据与超平面距离最近的向量与超平面之间的距离最大，则称这个超平面为最优超平面，两个边界平面之间的距离为 $\dfrac{2}{\parallel w \parallel}$。

在线性可分的情况下，可以将求解最优超平面看成解二次型规划的问题。对于给定的训练样本，找到权值 w 和偏移量 b 的最优值，使得权值代价函数最小化

$$\min \Phi(w) = \frac{1}{2} \parallel w \parallel^2 \tag{9-100}$$

满足约束条件

$$y_i(w \cdot x_i + b) - 1 \geqslant 0, i = 1, 2, \cdots, l \tag{9-101}$$

优化函数 $\Phi(w)$ 为二次型，约束条件是线性的，因此是典型的二次型规划问题，可由拉格朗日乘子法求解。引入拉格朗日乘子 $\alpha_i \geqslant 0 (i = 1, 2, \cdots, l)$

$$L(w, b, \alpha) = \frac{1}{2} \parallel w \parallel^2 - \sum_{i=1}^{l} \alpha_i \{ y_i(x_i \cdot w + b) - 1 \} \tag{9-102}$$

这里，L 的极值点为鞍点，可取 L 对 w 和 b 的最小值 $w = w^*$，$b = b^*$，以及对 α 的最大值 $\alpha = \alpha^*$。对 L 求偏导可得。

$$\frac{\partial L}{\partial b} = \sum_{i=1}^{l} y_i \alpha_i = 0 \tag{9-103}$$

$$\frac{\partial L}{\partial w} = w - \sum_{i=1}^{l} y_i \alpha_i x_i = 0 \tag{9-104}$$

式中，$\dfrac{\partial L}{\partial w} = \left(\dfrac{\partial L}{\partial w_1}, \dfrac{\partial L}{\partial w_1}, \cdots, \dfrac{\partial L}{\partial w_l} \right)$。

利用二次规划，得到相应的 α^* 和 w^*

$$w^* = \sum_{i=1}^{l} \alpha_i^* y_i x_i \tag{9-105}$$

以及最优超平面。此时此问题的对偶问题为

$$\max W(\alpha) = \sum_{i=1}^{l} \alpha_i - \frac{1}{2} \sum_{i=1}^{l} \sum_{j=1}^{l} \alpha_i \alpha_j y_i y_j x_i x_j \tag{9-106}$$

满足约束 $\sum_{i=1}^{l} y_i \alpha_i = 0, \alpha_i \geq 0, i = 1, 2, \cdots, l$。

这是一个凸规划问题，因为目标函数和约束条件都是凸的。根据最优化理论，这个问题存在唯一全局最优解时，其解必须满足 KKT 条件

$$\alpha_i \{ y_i (\boldsymbol{w} \cdot x_i + b) - 1 \} = 0 \quad i = 1, 2, \cdots, l \tag{9-107}$$

因此多数样本对应的 α_i 将为 0，对于分类问题是不起作用的，只有小部分 α_i 不为 0，它们对应的样本就是支持向量。所求向量中的 $\boldsymbol{\alpha}^*$ 和 $\boldsymbol{w}^*$ 可以被训练算法显式求得。选用一个支持向量样本 x_i，可得 $\boldsymbol{b}^*$ 为

$$\boldsymbol{b}^* = y_i - \boldsymbol{w} \cdot x_i \tag{9-108}$$

此时就可以得到最优分类函数为

$$f(\boldsymbol{x}) = \text{sgn}(\boldsymbol{w}^* \cdot \boldsymbol{x} + \boldsymbol{b}^*) \tag{9-109}$$

对非线性问题，可以把 x 映射到某个高维特征空间 H，并在 H 中使用分离器，也就是说将 x 做变换 $\Phi: R^d \rightarrow H$

$$\boldsymbol{x} \rightarrow \boldsymbol{\Phi}(\boldsymbol{x}) = (\varphi_1(\boldsymbol{x}), \varphi_2(\boldsymbol{x}), \cdots, \varphi_i(\boldsymbol{x}), \cdots)^{\text{T}} \tag{9-110}$$

式中，$\varphi_i(\boldsymbol{x})$ 是函数。

核函数 K 就是其高位特征空间中的一个点积，不同的核函数构成了不同的 SVM 算法。常用的核函数如下。

1）Polynomial 核函数

$$K(\boldsymbol{x}, x_i) = (\boldsymbol{x} \cdot x_i + 1)^q \tag{9-111}$$

2）RBF 核函数

$$K(\boldsymbol{x}, x_i) = \exp \left\{ -\frac{|\boldsymbol{x} - x_i|^2}{\sigma^2} \right\} \tag{9-112}$$

3）linear 核函数

$$K(\boldsymbol{x}, x_i) = x^{\text{T}} x_i \tag{9-113}$$

支持向量机的基本思想是将样本输入向量经非线性变换映射到另一个高维空间，使原来的线性不可分样本在高维空间线性可分。支持向量机算法本身是一个二类问题的判别方法，但实际应用中经常会遇到需要对多类问题进行分类的情况，通常需要将多类问题通过一定的输出编码方法转换为二类问题，以求使用支持向量机实现多类分类。

对于多类问题，可通过组合或者构造多个二类分类器来解决。常用的算法有两种：①一对多模式，对于每一类都构造一个分类器，使其与其他类分离，即 c 类问题构造 c 个二类分类器；②一对一模式，在 c 类训练样本中构造所有可能的二类分类器，每个分类器分别将某一类从其他任意类中分离出来，在 c 类中的二类训练样本上训练共构造 $c(c-1)/2$ 个二类分类器。测试阶段将测试样本输入每个分类器，采用投票机制来判断样本所属类。若二类分类器判定样本属于第 j 类，则第 j 类的票数加 1，最终样本属于得票最多的那一类。

下面的例子使用 MATLAB 自带的鸢尾属植物数据集来将支持向量机训练和分类付诸实践。数据集本身共 150 个样本，每个样本为一个 4 维的特征向量，4 维特征的意义分别为：花瓣长度、花瓣宽度、萼片长度和萼片宽度。150 个样本分别属于三类鸢尾植物（每类 50 个样本）。实验中只用了前二维特征，这主要是为了便于训练和分类结果的可视化。为了避

开多类问题，将样本是哪一类的三类问题变成了样本是不是"setosa"类的二类问题。分类效果如图 9-22 所示。

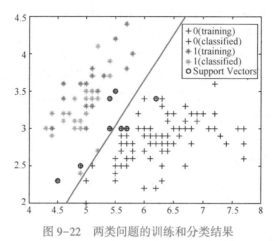

图 9-22 两类问题的训练和分类结果

支持向量机分类的 MATLAB 程序代码如下。

```
loadfisheriris%载入 fisheriris 数据集
data=[meas(:,1),meas(:,2)]%取出所有样本的前 2 维作为特征
%转化为"是不是 setosa 类"的二类问题
groups=ismember(species,'setosa');
%利用交叉验证随机分割数据集
[train,test]=crossvalind('holdOut',groups);
%训练一个线性的支持向量机，将训练好的分类器保存在 svmStruct
svmStruct=svmtrain(data(train,:),groups(train),'showplot',true);
%利用包含训练所得分类器信息的 svmStruct 对测试样本进行分类，将分类结果保存到 classes
classes=svmclassify(svmStruct,data(test,:),'showplot',true);
%计算测试样本的识别率
ans=nCorrect
nCorrect=sum(classes==groups(test,:));%正确分类的样本数目
accuracy=nCorrect/length(classes)%计算正确率
```

9.3.3 K 均值聚类

K 均值聚类是 J. B. Mac Queen 在 1967 年提出的一种基于距离的硬聚类算法。基于距离是指 K 均值聚类算法主要采用欧式距离、曼哈顿距离、切氏距离等距离函数作为相似性度量的评价指标。其中，欧氏距离是最常见的一种相似性度量函数。采用距离函数作为相似性度量指标时，依据两个数据间的距离来判定两个数据之间的相似度，两个数据距离越近，则两个数据相似性越高，反之，两个数据相似度越低。硬聚类算法是指分类过程中数据集的每个数据都有明确的归属，不会出现同时属于多个子集的模糊状态。K 均值聚类算法凭借其自身简洁、高效的特点被广泛应用于机器学习、数据挖掘、模式识别和数理统计等领域，但它存在着容易陷入局部最小解、需要事先指定聚类数目、对噪声干扰敏感等缺点。随着广大学者的研究和使用，已经在原有的基础上衍生出了许多改进算法，组成了 K 均值聚类算法家族。

K 均值聚类被用于解决将含有 n 个数据的数据集划分为 k 个子数据集的分类问题，它的基本原理如下。对于含有 n 个数据的输入数据集，首先为其指定聚类数目 k，并在数据集中随机选取 k 个数据作为初始聚类中心。然后计算输入数据集中除所选取的聚类中心外的每个数据点到各个聚类中心的距离，比较它到各个聚类中心距离的大小，将该点划分到与其距离最近的聚类中心所属的聚类子集中，最终形成 k 个初始聚类子集，并计算每个子集中所有数据点的平均值作为该子集新的聚类中心。接着，进行迭代，不断重复输入数据集中数据点的分配和新聚类中心的生成过程，直到聚类中心不再发生变化。这表明，输入数据集中的所有数据点均已分配到各自对应的聚类子集中，算法结束。为了避免 K 均值聚类算法经过长时间运行后仍无法正确分类导致程序无法结束，通常会为 K 均值聚类算法的迭代过程设置一个最大迭代次数。同时，为了减少运算时间，并不一定要到前后两次迭代所得到的所有聚类中心完全一致才结束算法，而是设置一个阈值，只要前后两次迭代所得到的所有聚类中心的偏移量均在阈值范围内，就可以认为当前已经取得较好的分类结果，算法可以结束。

K 均值聚类算法的算法流程如下。

输入：数据集 $X = \{x_1, x_2, x_3, \cdots x_n\}$，聚类数目 k，最大迭代次数 $Itera$。

输出：最终的聚类中心 m_j 及与之对应的聚类子集 C_j，其中 $j = 1, 2, 3, \cdots, k$。

步骤一：在输入数据集 X 中随机选择 k 个数据点作为 k 个聚类子集的初始聚类中心 $m_j(I)$，其中 $j = 1, 2, 3, \cdots, k$，I 设为 1。

步骤二：计算输入数据集 X 中的数据点 x_i 到 k 个聚类中心的距离 $d(x_i, m_j(I))$，其中 $i = 1, 2, 3, \cdots, n$，$j = 1, 2, 3, \cdots, k$。比较它们的大小，如果 $d(x_i, m(I))$ 满足：$d(x_i, m(I)) = \min \{d(x_i, m_j(I))\}$，则将当前点划分到对应的聚类子集，即 $x_i \in C_j$。

步骤三：为每个聚类子集计算新的聚类中心 $m_j(I+1)$，$m_j(I+1)$ 为第 j 个聚类子集中所有数据点的均值，其中 $j = 1, 2, 3, \cdots, k$。

步骤四：判断 $I+1$ 是否等于 $Itera$，若相等，则算法结束；否则，判断 $m_j(I+1)$ 与 $m_j(I)$ 是否相等。若 $m_j(I+1)$ 与 $m_j(I)$ 不相等，则 $I = I+1$，返回步骤二；否则，算法结束。

步骤五：输出 k 个最终的聚类中心 m_j 及与之对应的聚类子集 C_j。

在 K 均值聚类算法的迭代过程中，还可以加入聚类准则函数，通过判断聚类准则函数是否达到收敛状态来作为迭代终止的条件。当聚类准则函数收敛时，跳出循环结束算法。通常，将误差平方和函数作为聚类准则函数。在每次计算出新的聚类中心后，将各聚类子集中所有点到对应的聚类中心的误差平方和 E 与前一次计算结果进行比较。若两次计算结果没有明显变化，说明 E 已经收敛，算法结束，否则根据新的聚类中心再次对输入数据集中的点进行分类并计算 E 进行比较，直到 E 收敛为止。

$$E = \sum_{i=1}^{k} \sum_{j=1}^{n_i} |x_{ij} - m_i|^2 \tag{9-114}$$

式中，n_i 表示第 i 个聚类子集中所包含的数据点个数；x_{ij} 表示第 i 个聚类子集中的第 j 个数据点。

9.3.4 集成学习

集成学习是一种新的机器学习范式，它使用多个通常是同质的学习器来解决同一个问题。目前集成学习技术已经广泛应用于行星探测、地震波分析、Web 信息过滤、生物特征识别、计算机辅助医疗诊断等众多领域，只要能用到机器学习的地方，就能用到集成学习。

如图 9-23 所示，集成学习通过构建并结合多个学习器来完成任务，有时候也被称为多分类器、基于委员会的学习等。狭义地说，集成学习是指利用多个同质的学习器来对同一个问题进行学习，这里的"同质"是指所使用的学习器属于同一种类型，例如所有的学习器都是决策树、都是神经网络等。广义地说，只要是使用多个学习器来解决问题，就是集成学习。在集成学习的早期研究中，狭义定义采用得比较多，而随着该领域的发展，越来越多的学者倾向于接受广义定义。

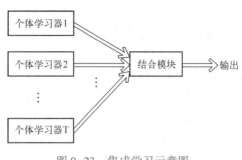

图 9-23　集成学习示意图

集成学习通过将多个学习器进行结合，常可获得比单一学习器显著优越的泛化性能，对"弱学习器"来说尤为明显。弱学习器常指泛化性能略优于随机猜测的学习器。集成学习的结果通过投票法产生，即"少数服从多数"。个体学习不能太坏，并且要有"多样性"，即学习器间具有差异，集成个体应"好而不同"。

根据个体学习器的生成方式，目前的集成学习方法大致分为两类：以 Boosting 为代表的个体学习器间存在强依赖关系、必须串行生成的序列化方法，以及以 Bagging 为代表的个体学习器间不存在强依赖关系、可同时生成的并行化方法。

1. Boosting 算法

Boosting 是一种可将弱学习器提升为强学习器的算法。其先从初始训练集训练出一个基学习器，再根据基学习器的表现对训练样本分布进行调整，使得先前基学习器做错的训练样本在后续受到更多关注，然后基于调整后的样本分布来训练下一个基学习器；如此重复进行，直至基学习器数目达到事先指定的值，最后将这些基学习器进行加权结合。在 Boosting 算法中最具代表性的当属 AdaBoosting 算法。下面以 AdaBoosting 算法为例，对 Boosting 算法进行简单的介绍。

AdaBoosting 算法的主要思想是给定一个弱学习算法和一个训练集 $\{(x_1,y_1),\cdots,(x_i,y_i),\cdots,(x_n,y_n)\}$，这里 x_i 为向量，y_i 对于分类问题为类别标记，对于回归问题为问题。初始化时对每一个训练示例赋相等的权重 $1/n$，然后用该学习算法对训练集训练 T 轮，每次训练后，对训练失败的训练示例赋以较大的权重，也就是让学习算法在后续的学习中集中对比较难的训练示例进行学习，从而得到一个预测函数序列 $\{h_1,\cdots,h_j,\cdots,h_t\}$，其中 h_j 也有一定的权重，预测效果好的函数权重较大，反之较小。最终的预测函数 H 对分类问题采用有权重的投票方式，对回归问题采用加权平均的方法对新示例进行判别。AdaBoosting 算法的伪码描述如下。

输入：弱学习算法 L，训练集 $D=\{(x_1,y_1),(x_2,y_2),\cdots,(x_n,y_n)\}$，训练的最大轮数为 T。

过程：

$$D_1(x) = 1/n$$

for $t = 1, 2, \cdots, T$

$$h_t = L(D, D_t)$$

$$\varepsilon_t = P_{x \sim D_t}(h_t(x) \neq f(x))$$

if $\varepsilon_t > 0.5$ then break

$$\alpha_t = \frac{1}{2} \ln\left(\frac{1-\varepsilon_t}{\varepsilon_t}\right)$$

$$D_{t+1}(x) = \frac{D_t(x)}{Z_t}\begin{cases} \exp(-\alpha_t), & if \quad h_t(x) = f(x) \\ \exp(\alpha_t), & if \quad h_t(x) \neq f(x) \end{cases}$$

$$= \frac{D_t(x)\exp(-\alpha_t h_t(x)f(x))}{Z_t}$$

end for

输出: $H(x) = sign\left(\sum_{t=1}^{T} \alpha_t h_t(x)\right)$。

上面给出的算法是针对二类问题的,关于如何将 Boosting 算法应用到多类问题,研究者提出了多种不同的方法。最直接的应用于多类问题的方法就是 Freund 和 Schapire 提出的 Ada-Boosting.M1 算法,但是这种方法常常会因为弱学习器不能达到 50% 的精度而失败。针对这种情况研究者又提出了不同的方法,这些方法通常是将多类问题转化成一个大的二类问题。1997 年 Schapire R 和 Singer Y 提出了 AdaBoosting.MH 方法,该方法将一个多类问题转化为一系列二类问题,即对每个样本点 X 都判断它是否属于某个类别 Y。Freund 和 Schapire 提出的 Ada-Boosting.M2 算法也是基于类似的思想,只是它总是判断样本点 X 的正确类别是 Y 还是 Y′。另外还有一些其他的方法,例如借助偏差校正输出代码方法来识别多类问题,也能达到与 Ada-Boosting.MH 相同的效果。Adaboosting 算法存在很多改进版本。Boosting 方法的一个非常著名应用是 Viola-Jones 的人脸检测器,可用于视频中的人脸检测。

图 9-24 为采用 OpenCV 3.1 自带的人脸检测程序实现人脸检测。该分类器采用 Harr 分类器,调用 face_cascade.detectMultiScale 进行人脸检测。Harr 分类器使用了 Boosting 中的 Adaboosting 算法。

图 9-24 人脸检测结果

人脸检测程序如下。

```cpp
#include<opencv2\opencv.hpp>
#include <iostream>
#include <stdio.h>

using namespace std;
using namespace cv;

Stringface_cascade_name = "C:\\opencv\\sources\\data\\haarcascades\\haarcascade_frontalface_
default.xml";
Stringsmile_cascade_name = "C:\\opencv\\sources\\data\\haarcascades\\haarcascade_smile.xml";
CascadeClassifier face_cascade;
CascadeClassifier smile_cascade;
Stringwindow_name = "Capture - Face detection";

int main()
{
    VideoCapture capture;
    Mat frame;

    if( !face_cascade.load(face_cascade_name) )
    {
        printf("--(!)Error loading face cascade\n");
        return -1;
    }
    if( !smile_cascade.load(smile_cascade_name) )
    {
        printf("--(!)Error loading eyes cascade\n");
        return -1;
    }

    //读取视频数据流
    capture.open(0);
    if( !capture.isOpened() )
    {
        printf("--(!)Error opening video capture\n");
        return -1;
    }

    while (capture.read(frame))
    {
        if (frame.empty())
        {
            printf(" --(!) No captured frame -- Break!");
            break;
        }

        std::vector<Rect> faces;
        Mat frame_gray;

        cvtColor(frame, frame_gray, COLOR_BGR2GRAY);
```

```
    equalizeHist(frame_gray, frame_gray);
    face_cascade.detectMultiScale(frame_gray, faces, 1.05, 8, CASCADE_SCALE_IMAGE);

    for (size_t i = 0; i < faces.size(); i++)
    {
        rectangle(frame, faces[i], Scalar(255, 0, 0), 2, 8, 0);

        Mat faceROI = frame_gray(faces[i]);
        std::vector<Rect> smile;

        //检测笑容
        smile_cascade.detectMultiScale(faceROI, smile, 1.1, 55, CASCADE_SCALE_IMAGE);

        for (size_t j = 0; j < smile.size(); j++)
        {
            Rect rect(faces[i].x + smile[j].x, faces[i].y + smile[j].y, smile[j].width,
smile[j].height);
            rectangle(frame, rect, Scalar(0, 0, 255), 2, 8, 0);
        }
    }
    //-- Show what you got
    namedWindow(window_name, 2);
    imshow(window_name, frame);
    waitKey(10);
}
int c = waitKey(0);
if ((char)c == 27) { return 0; }

return 0;
}
```

2. Bagging 算法

Breiman 在 1996 年提出了与 Boosting 相似的技术——Bagging。Bagging 的基础是重复取样，它通过产生样本的重复 Bootstrap 实例作为训练集，每次运行时都随机从大小为 N 的原始训练集中抽取 m 个样本作为此次训练的集合。这种训练集都被称作原始训练集合的 Bootstrap 复制，这种技术也称为 Bootstrap 综合，也就是 Bagging。平均来说，每一个 Bootstrap 包含原始训练集的 63.2%，原始训练集中的某些样本可能在新的训练集中出现多次，而另外一些样本则可能一次也不出现。Bagging 通过重新选取训练集增加了分量学习器集成的差异度，从而提高了泛化能力。

Bagging 与 Boosting 的区别在于 Bagging 对训练集的选择是随机的，各轮训练集之间相互独立，而 Boosting 对训练集的选择不是独立的，各轮训练集的选择与前面各轮的学习结果有关；Bagging 的各个预测函数没有权重，而 Boosting 的各个预测函数只能顺序生成。对于像神经网络这样极为耗时的学习方法，Bagging 可以通过并行训练节省大量时间。

值得提到的是，Bagging 的自助采样可以用于包外估计：由于每个基学习器只使用了初始训练集中约 63.2% 的样本，剩下的 36.8% 就可用于验证集对泛化性能进行包外估计。包外样本还有许多其他用途，比如：使用包外样本来辅助剪枝，或用于估计决策中各节点的后验概率以辅助对零训练样本节点的处理；当基学习器是神经网络时，可使用包外样本来辅助早期停止以减小过拟合风险。

Bagging 算法的原理如下：给定数据集 $L=\{(x_1,y_1),\cdots,(x_m,y_m)\}$，基础学习器为 $h(x,L)$。如果输入为 x，就通过 $h(x,L)$ 来预测 y。假定有一个数据集序列 $\{L_k\}$，每个序列都有 m 个与 L 从同样分布下得来的独立观察组成，任务是使用 $\{L_k\}$ 来得到一个更好的学习器，它比单个数据集学习器 $h(x,L)$ 要强。这就要使用学习器序列 $\{h(x,L_k)\}$。

如果 y 是数值，用 $\{h(x,L_k)\}$ 在 k 上的平均取代 $h(x,L)$，即通过 $h_A(x)=E_L h(x,L)$，其中，E_L 表示 L 上的数学期望，h_A 的下标"A"表示综合。如果 $h(x,L)$ 预测一个类 $j\in\{1,\cdots,J\}$，则综合 $h(x,L_k)$ 的一种方法是通过投票。设 $M_j=\#\{k,h(x,L_k)=j\}$，使 $h_A(x)=\arg\max_j M_j$。Bagging 算法的伪码描述如下。

输入：训练集 $S=\{(x_1,y_1),\cdots,(x_n,y_n)\}$，某个弱学习器 WeakLearn，训练的最大轮数 T。

输出：集成训练模型。

步骤一：从初始的训练集中采用 Bootstrap 方法抽取出 m 个训练实例组成子集。

步骤二：在子集上训练弱学习器，得到第 t 轮的预测函数。

步骤三：若 $t<T$，回到步骤一，并令 $t=t+1$，否则转到步骤四。

步骤四：将各预测函数 $h_1,h_2,\cdots,h_T$ 生成最终的预测函数

$$h_A(x)=\mathrm{sign}\left(\sum h_i(x)\right) \tag{9-115}$$

随机森林是 Bagging 的扩展，在以决策树为基学习器构建 Bagging 集成的基础上，进一步在决策树的训练过程中引入了随机属性选择。传统决策树在选择划分属性时是在当前节点的属性集合中选择一个最优属性；而在随机森林中对基决策树的每个节点，先从该节点的属性集合中随机选择一个包含 k 个属性的子集，然后再从这个子集中选择一个最优属性用于划分。随机森林简单、易于实现、计算量小，但在很多方面表现出了强大的性能，被誉为"代表集成学习技术水平的方法"。

图 9-25 为 Bagging 算法分类的结果，程序采用著名 Python 机器学习工具包 scikit-learn，并与 SVM，Adaboosting 等其他分类算法进行了比较。

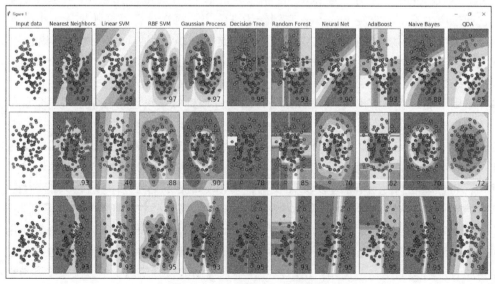

图 9-25　Bagging 算法分类结果

Bagging 算法分类程序如下。

```python
#!/usr/bin/python
# -*- coding: utf-8 -*-

"""
====================
Classifier comparison
====================
A comparison of a several classifiers in scikit-learn on synthetic datasets.
The point of this example is to illustrate the nature of decision boundaries
of different classifiers.
This should be taken with a grain of salt, as the intuition conveyed by
these examples does not necessarily carry over to real datasets.

Particularly in high-dimensional spaces, data can more easily be separated
linearly and the simplicity of classifiers such as naive Bayes and linear SVMs
might lead to better generalization than is achieved by other classifiers.

The plots show training points in solid colors and testing points
semi-transparent. The lower right shows the classification accuracy on the test
set.
"""
print(__doc__)


# Code source: Gaël Varoquaux
#              Andreas Müller
# Modified for documentation by Jaques Grobler
# License: BSD 3 clause

import numpy as np
import matplotlib.pyplot as plt
from matplotlib.colors import ListedColormap
from sklearn.model_selection import train_test_split
from sklearn.preprocessing import StandardScaler
from sklearn.datasets import make_moons, make_circles, make_classification
from sklearn.neural_network import MLPClassifier
from sklearn.neighbors import KNeighborsClassifier
from sklearn.svm import SVC
from sklearn.gaussian_process import GaussianProcessClassifier
from sklearn.gaussian_process.kernels import RBF
from sklearn.tree import DecisionTreeClassifier
from sklearn.ensemble import RandomForestClassifier, AdaBoostClassifier
from sklearn.naive_bayes import GaussianNB
from sklearn.discriminant_analysis import QuadraticDiscriminantAnalysis

h = .02  # step size in the mesh

names = ["Nearest Neighbors", "Linear SVM", "RBF SVM", "Gaussian Process",
         "Decision Tree", "Random Forest", "Neural Net", "AdaBoost",
         "Naive Bayes", "QDA"]
```

```python
classifiers = [
    KNeighborsClassifier(3),
    SVC(kernel="linear", C=0.025),
    SVC(gamma=2, C=1),
    GaussianProcessClassifier(1.0 * RBF(1.0)),
    DecisionTreeClassifier(max_depth=5),
    RandomForestClassifier(max_depth=5, n_estimators=10, max_features=1),
    MLPClassifier(alpha=1),
    AdaBoostClassifier(),
    GaussianNB(),
    QuadraticDiscriminantAnalysis()]

X, y = make_classification(n_features=2, n_redundant=0, n_informative=2,
                           random_state=1, n_clusters_per_class=1)
rng = np.random.RandomState(2)
X += 2 * rng.uniform(size=X.shape)
linearly_separable = (X, y)
datasets = [make_moons(noise=0.3, random_state=0),
            make_circles(noise=0.2, factor=0.5, random_state=1),
            linearly_separable
            ]

figure = plt.figure(figsize=(27, 9))
i = 1
# iterate over datasets
for ds_cnt, ds in enumerate(datasets):
    # preprocess dataset, split into training and test part
    X, y = ds
    X = StandardScaler().fit_transform(X)
    X_train, X_test, y_train, y_test = \
        train_test_split(X, y, test_size=.4, random_state=42)

    x_min, x_max = X[:, 0].min() - .5, X[:, 0].max() + .5
    y_min, y_max = X[:, 1].min() - .5, X[:, 1].max() + .5
    xx, yy = np.meshgrid(np.arange(x_min, x_max, h),
                         np.arange(y_min, y_max, h))

    # just plot the dataset first
    cm = plt.cm.RdBu
    cm_bright = ListedColormap(['#FF0000', '#0000FF'])
    ax = plt.subplot(len(datasets), len(classifiers) + 1, i)
    if ds_cnt == 0:
        ax.set_title("Input data")
    # Plot the training points
    ax.scatter(X_train[:, 0], X_train[:, 1], c=y_train, cmap=cm_bright,
               edgecolors='k')
    # Plot the testing points
    ax.scatter(X_test[:, 0], X_test[:, 1], c=y_test, cmap=cm_bright, alpha=0.6,
               edgecolors='k')
    ax.set_xlim(xx.min(), xx.max())
    ax.set_ylim(yy.min(), yy.max())
    ax.set_xticks(())
```

```
        ax. set_yticks(( ))
        i += 1


    # iterate over classifiers
    for name, clf in zip( names, classifiers) :
        ax = plt. subplot( len( datasets) , len( classifiers) + 1, i)
        clf. fit( X_train, y_train)
        score = clf. score( X_test, y_test)

        # Plot the decision boundary. For that, we will assign a color to each
        # point in the mesh [ x_min, x_max]x[ y_min, y_max].
        if hasattr( clf, "decision_function") :
            Z = clf. decision_function( np. c_[ xx. ravel( ) , yy. ravel( )])
        else:
            Z = clf. predict_proba( np. c_[ xx. ravel( ) , yy. ravel( )])[ :, 1]

        # Put the result into a color plot
        Z = Z. reshape( xx. shape)
        ax. contourf( xx, yy, Z, cmap = cm, alpha = . 8)

        # Plot the training points
        ax. scatter( X_train[ :, 0], X_train[ :, 1], c = y_train, cmap = cm_bright,
                    edgecolors = 'k')
        # Plot the testing points
        ax. scatter( X_test[ :, 0], X_test[ :, 1], c = y_test, cmap = cm_bright,
                    edgecolors = 'k', alpha = 0. 6)

        ax. set_xlim( xx. min( ) , xx. max( ))
        ax. set_ylim( yy. min( ) , yy. max( ))
        ax. set_xticks(( ))
        ax. set_yticks(( ))
        if ds_cnt == 0:
            ax. set_title( name)
        ax. text( xx. max( ) - . 3, yy. min( ) + . 3, ('%. 2f' % score). lstrip('0'),
                size = 15, horizontalalignment = 'right')
        i += 1


plt. tight_layout( )
plt. show( )
```

9.3.5 深度学习和深度神经网络

1. 深度学习理论

(1) 深度学习的概念

深度学习是机器学习的分支,是一种试图使用包含复杂结构或由多重非线性变换构成的多个处理层对数据进行高层抽象的算法。至今已有数种深度学习框架,如卷积神经网络、深度置信网络和递归神经网络等,它们已经应用在机器视觉、语音识别、自然语言处理等领域。

深度学习框架可追溯到1980年福岛邦彦提出的新认知机。1989年,Yann LeCun 等人开始将1974年提出的标准反向传播算法应用于深度神经网络，但当时的计算成本非常大。最早进行物体图像识别的深度学习网络是 Juyang Weng 等在1991和1992发表的生长网（Cresceptron）。2007年前后，Geoffrey Hinton 和 Ruslan Salakhutdinov 提出了一种在前馈神经网络中进行有效训练的算法。

深度学习本质上就是构建含有多隐层的机器学习模型，通过使用大规模数据进行训练，得到大量具有代表性的特征信息，从而对样本进行分类和预测，提高分类与预测的精度。深度学习理论与应用发展迅速，目前已经出现了大量的深度神经网络模型，比如用于语音识别的循环（递归）神经网络。

（2）卷积神经网络

卷积神经网络（CNN）在深度学习的历史中发挥了重要作用，属于深度学习的标志性成果。它是将研究大脑获得的深刻理解成功用于机器学习的关键例子。CNN 本质上是一种人工神经网络，但与传统神经网络相比，它的权值共享网络结构使之更类似于生物神经网络，降低了网络模型的复杂度，减少了权值的数量。该优点在网络的输入是多维图像时表现得更为明显，使图像可以直接作为网络的输入，避免了传统识别算法中复杂的特征提取和数据重建过程。

卷积神经网络的代表有 AlexNet、ZFNet、VGGNet、GoogleNet、ResNet 等。AlexNet 第一次展现了深度学习的强大能力，ZFNet 是可视化理解卷积神经网络的结果，VGGNet 表明深度能显著提高深度学习的效果，GoogleNet 第一次打破了卷积层、池化层堆叠的模式，ResNet 首次成功训练了深度为152层的神经网路。从应用方面，用于目标检测的网络有 R-CNN、Fast R-CNN、Faster R-CNN、Mask R-CNN、YOLO、YOLO2 等，用于图像超分辨的网络有 SRCNN、FSRCNN、ESPCN、VDSR、LapSRN 等，用于图像分割的网络有 VGG16、DeconvNet、SegNet、Mask-RCNN、UNet 等。

在不考虑输入层的情况下，典型的卷积神经网络通常由若干个卷积层（Convolutional Layer）、激活层（Activation Layer）、池化层（Pooling Layer）和全连接层（Fully Connection Layer）组成，结构图如图9-26所示。

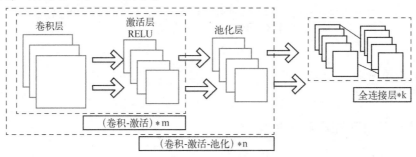

图9-26　卷积神经网络

1）卷积层：卷积神经网络的核心，通过局部感知和权值共享等一系列的设计理念，可以达到两个重要的目的——对高维输入数据进行降维处理，实现原始图片数据核心特征的自动提取。

2）激活层：将前一层的线性输出，通过非线性激活函数处理，实现模拟任意函数的功能，进而增强网络的表征能力。在深度学习领域，RELU（Rectified-Linear Unit，修正线性单元）是目前使用比较多的激活函数，原因是它收敛更快，且不存在梯度消失问题。

3）池化层：也称为采样层。利用局部相关性，采样操作可以在获取较小数据规模的同时保留有用信息。通过对特征图谱降维，能有效减少后续层需要的参数。对于输入，当像素在邻域发生微小位移时，池化层输出是不变的，使网络的鲁棒性增强，具有一定的抗扰动能力。

4）全连接层：通常来讲，"卷积–激活–池化"是一个基本的处理栈，通过前面多个栈的处理之后，待处理数据就有了显著的变化。一方面，输入数据的维度已经下降到全连接网络来处理；另一方面，全连接层的输入数据是经过反复提纯之后的结果，使得最终输出的结果更加可控。

神经网络部分连接的思想是受生物学中视觉系统结构的启发产生的。视觉皮层神经元接收局部信息来获取全局情况，图像中距离较近的局部像素间联系比较紧密，相对距离较远的像素关联度不高。因此，神经网络中每个神经元没有必要对全局图像连接，只需要对局部进行感知，在更高层将局部信息综合即可得到全局信息。以识别交通标识的神经网络为例，如图 9-27 所示，左图表示全连接，右图表示局部连接。

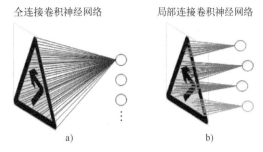

图 9-27　全连接与局部连接

如图 9-27a 所示，对于 1000×1000 像素的图像，有 100 万个隐层神经元，在全连接（每个隐层神经元都连接图像的每一个像素点）情况下，有 $1000×1000×1000000=10^{12}$ 个连接，也就是 10^{12} 个权值参数。如图 9-27b 所示，在局部连接的情况下，局部感受野是 10×10，隐层每个感受野只需要和 10×10 的局部图像相连接，所以有 10×10×1000000，即 10^8 个参数。

2. 深度学习平台

（1）TensorFlow 平台

TensorFlow 是 Google 公司 2015 年底发布的开源人工智能系统。该系统此前一直是 Google 公司的内部机器学习系统。TensorFlow 构架灵活，可以在 Windows、Linux 等平台使用，支持一个或多个 CPU，也支持一个或多个 GPU、服务器、移动设备等。

TensorFlow 是一个采用数据流图，由"节点"和"线"组成来进行数学计算的开源软件库。图中的每一个节点表示一个数学操作，每一条线表示节点之间的输入输出关系。节点之间流通的是数据，并且这些数据用张量（tensor）这种数据结构表示。张量可以理解为 Python 语言里一个 N 维的数组或者列表。每一个节点，即操作，首先会获得零个或多个张量，然后执行操作，再产生零个或多个张量。一个 TensorFlow 图描述了数学计算的任务过程，而在执行计算的时候，需要将图在会话（session）中启动。在 TensorFlow 上进行开发的常规流程是：首先创建一个图，然后在会话中加载图。

该平台的优点如下。

1）灵活性高。TensorFlow 并不是一个严格的深度学习框架范围内的开发系统，任何可以转化为数据流图形式的计算都可以被使用。TensorFlow 也是一个很底层的框架，可以根据需要在 TensorFlow 中开发上层的库。

2）能自动求微分。机器学习中有很多基于梯度的算法，而 TensorFlow 能自动为用户计算相关的导数。

3）可移植性好。TensorFlow 可以在 CPU 和 GPU 上运行，不管是台式机、笔记本还是移动设备，不管是将模型作为云端服务还是将其运行在 Docker 容器里，TensorFlow 都能满足。

（2）Caffe 平台

Caffe 是深度学习框架之一，基于 C++编写，并且具有得到正式许可的 BSD，开放源代码，提供了面向命令行、MATLAB 和 Python 的接口，是一个清晰、可读性强、快速的深度学习框架。

Caffe 是通过 Layer 来完成所有运算的。它定义的网络模型由多个 Layer 组成，从数据层开始，Loss 层结束。Caffe 是通过四维的 Blob 数据块来进行数据存储和传递的，存储格式主要有 HDF5、LMDB 和 LevelDB 三种。Caffe 之所以成为颇受欢迎的深度学习框架之一，是因为它具有以下优势。

1）Caffe 代码完全开源，速度快，支持 GPU 加速。

2）Caffe 自带一系列的网络模型，如 AlexNet、VGG、SSD 等。

3）Caffe 代码设计具有模块化、可读性强的特点。

4）Caffe 具有 Python 和 MATLAB 接口，灵活性强。

5）Caffe 提供了一整套的数据处理流程，如数据预处理、训练、测试和精调。

（3）Torch 平台

Torch 是一个用于机器学习和科学计算的模块化开源库。Torch 最初是由纽约大学的研究人员为学术研究而开发的。该库通过对 LuaJIT 编译器的利用提高了性能，而且基于 C 的 NVIDIA CUDA 扩展使得 Torch 能够利用 GPU 加速。

（4）Pytorch 平台

2017 年初，Facebook 在机器学习和科学计算工具 Torch 的基础上，针对 Python 语言发布了一个全新的机器学习工具包 PyTorch。PyTorch 是根据经过改良的伯克利软件套件（Berkeley Software Distribution）发布的一个开源 Python 包。

PyTorch 的优势如下。

1）动态计算图表。大部分使用计算图表的深度学习框架都会在运行时之前生成和分析图表。相反，PyTorch 在运行时期间使用反向模式自动微分来构建图表，因此，它对模型的随意更改不会增加运行时间延迟和重建模型的开销。PyTorch 拥有反向模式自动微分的最快实现之一。除了更容易调试之外，动态图表还使得 PyTorch 能够处理可变长度输入和输出，这在文本和语音的自然语言处理（NLP）中特别有用。

2）精简的后端。PyTorch 没有使用单一后端，而是对 CPU、GPU 和不同的功能特性使用了单独的后端。例如，针对 CPU 的张量后端为 TH，而针对 GPU 的张量后端为 THC。类似地，针对 CPU 和 GPU 的神经网络后端分别是 THNN 和 THCUNN。单个后端得以获得精简的代码，这些代码高度关注在特定类型的处理器上以高内存效率运行的特定任务。单独后端的使用使得将 PyTorch 部署在资源受限的系统上变得更容易，比如嵌入式应用程序中使用的系统。

3）支持 autograd。

（5）MXNet 平台

MXNet 平台是由 dmlc/cxxnet、dmlc/minerva 和 Purine2 的作者发起的一个高效率、灵活

性强的深度学习框架，兼具 Minerva 的动态执行、cxxnet 的静态优化和 Purine2 的符号计算思想，支持基于 Python 的 parameter server 接口。

MXNet 可进行多设备间的数据交互，该功能通过 KVStore 实现，它提供了一个分布式的 key-value 存储来进行数据交换。MXNet 的核心是一个动态的依赖调度，能够实现符号和命令操作的自动并行。它的图像优化层加快了符号的执行速度，提高了内存的使用效率。MXNet 的系统架构如图 9-28 所示。

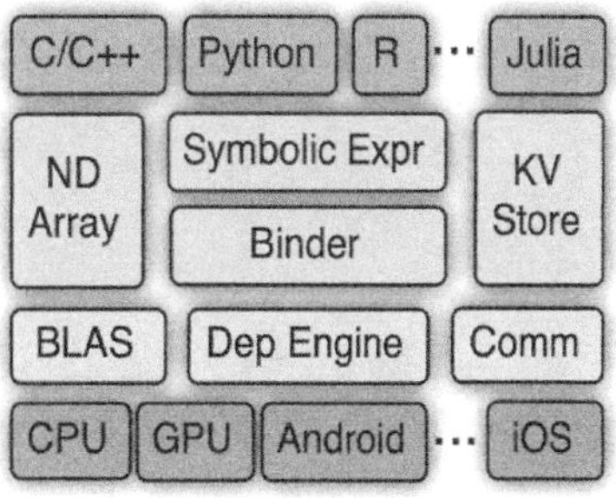

图 9-28　MXNet 的系统架构

MXNet 具有如下特点。

- 支持平台：Ubuntu/Debian，OS X，Windows，AWS，Android，iOS。
- 编写语言：C++，Python，Julian，MATLAB，R。
- 支持云计算：所有数据模型可以从 S3/HDFS/Azure 上直接加载训练。

（6）Theano 平台

Theano 由蒙特利尔大学 LISA 实验室开发，由深度学习三大先驱（Hinton、LeCun、Bengio）中的 Bengio 构建。Theano 不是一般意义上的编程语言，而是使用 Python 编程生成 Theano 的表达式。它实际上是一个 Python 库，允许定义、优化和计算数学表达式。用 Theano 构建神经网络十分方便，其可以自动计算梯度，并且只需要定义函数和计算梯度两个过程。

（7）MatConvNet

MatConvNet 是基于 MATLAB 的卷积神经网络与深度学习构建平台，其优点在于简单、高效，尤其适合于熟悉 MATLAB 的开发人员。MatConvNet 支持 CPU 与 GPU 平台。更多信息可参考官方网站 http://www.vlfeat.org/matconvnet/。

9.4　习题

1. 查阅文献总结机器学习的发展历程。
2. 给出支持向量机实现分类的原理。
3. 总结 BP 神经网络的正向传播和反向传播过程。
4. 给出单神经元模型。单神经元模型中的激活函数有哪些形式？
5. 什么是深度学习？深度学习的特点是什么？
6. 什么是卷积神经网络？
7. 画出卷积神经网络的一般结构，并说明各层代表的意义是什么。
8. 对比卷积神经网络与传统神经网络。
9. 调研深度学习网络模型有哪些，以及深度学习在机器视觉中的具体应用。

第10章 机器学习在机器视觉领域的应用

10.1 机器学习在超分辨率重建中的应用

图像超分辨率（SR）是指从低分辨图像重建出高分辨图像，通常分为基于单幅图像的超分辨重建与多幅图像的超分辨重建。从给出的单幅图低分辨率（LR）图像，生成高分辨率（HR）图像的问题，通常称为单幅图像超分辨率（SISR）。从安全监控成像到医疗影像，由于需要更多的图像细节，SISR 已经被广泛应用于机器视觉领域。计算机视觉领域已经对 SISR 方法进行了深入研究，早期方法包括插值（例如双三次插值和 Lanczos 重采样），以及利用统计图像先验或内部补片复现的更强大的超分辨率重建方法。

目前，学习方法被广泛用于从 LR 到 HR 的映射建模中。稀疏编码方法使用基于稀疏信号表示的稀疏字典，已经得到了广泛应用。最近，随机森林和卷积神经网络已被用于超分辨率重建中，使得算法准确性有了很大提高。卷积神经网络可以用于以端到端的方式学习从 LR 到 HR 的映射，不需要其他方法中通常需要的任何纹理特征，并且具有较好的性能。

1. SRCNN 超分辨率重建方法

SRCNN 超分辨率重建模型由 Chao Dong 于 2014 年提出。SRCNN 可以直接在高、低分辨率图像之间建立"端到端"的映射。如图 10-1 所示，SRCNN 中将学习映射大致分为三个层：块提取与表示、非线性映射和重构（重建）。

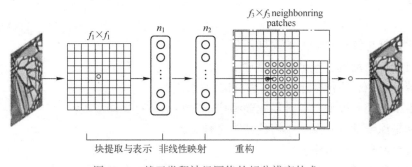

图 10-1 基于卷积神经网络的超分辨率技术

首先输入一张给定的低分辨率图像 Y，使其先通过卷积层获得一组特征图，然后在第二层里让这些特征图非线性映射到高分辨率的图块中，最后通过聚合来重建出高分辨率图像 $F(Y)$。其具体实现过程如下。

（1）块提取与表示

密集地提取图像块，并用一系列预先训练出来的基（如 PCA、Haar、DCT 等）表述出来，这是图像重建领域中的一种常见方式。此处将这个方式视为用一组与基相关的滤波器去卷积图像。

第一层卷积表示为

$$F_1(Y) = \max(0, W_1 * Y + B_1) \tag{10-1}$$

式中，W_1 代表滤波器组；B_1 代表偏差组；"$*$" 为卷积符号。

如图 10-1 所示，W_1 对应的是一组数量为 n_1、大小为 $c \times f_1 \times f_1$ 的滤波器组。c 是输入图片的通道数，f_1 为滤波器的空间大小。直观来讲，就是用 n_1 个大小为 $c \times f_1 \times f_1$ 的不同滤波器去分别卷积输入图像，得到 n_1 张特征图。而 B_1 是一个 n_1 维的向量，其每一个元素将对应一张特征图。

实际上，这一层是从低分辨率图像 r 中提取出图像块，并将每一个图像块表示为一个高维向量，这些向量组成了一组特征图，其数量为这个高维向量的维数。这一步近似于线性卷积。

（2）非线性映射

这一层是将第一层中每个图像块的 n_1 维向量非线性地映射到另一个维数为 n_2 的向量中。这等价于用 n_2 个滤波器去对第一层的那一组特征图进行滤波处理。

第二层卷积表示为

$$F_2(Y) = \max(0, W_2 * F_1(Y) + B_2) \tag{10-2}$$

式中，W_2 包含 n_2 个大小为 $n_1 \times f_2 \times f_2$ 的滤波器；B_2 为一个维数为 n_2 的向量。从概念上来说，这一层输出的每一个 n_2 维向量都代表一个高分辨率图像的图像块。

（3）重建

在这一层中，将高分辨率图像块聚合到一起，以形成与真实图像 X 相似的高分辨率图像。在传统方法中，一般将预测出来的高分辨率重叠图像块用求平均值的方式来转换为最后的完整图像。这个平均过程一般被视为一组特征图的一个预定义滤波器。因此，可定义重建层为

$$F(Y) = W_3 * F_2(Y) + B_2 \tag{10-3}$$

式中，W_3 对应 c 个大小为 $n_2 \times f_3 \times f_3$ 的线性滤波器；B_3 为一个维数为 c 的向量。

以上三层的意义都为卷积层，并组成了 SRCNN 网络。这个模型所有滤波权值和偏置已被优化。在完成网络组建后要进一步对网络进行训练以获取卷积神经网络的权值及其映射。

由以上的网络结构可知，想要获得端对端的映射 F 就需要获得一组网络参数 $\theta = \{W_1, W_2, W_3, B_1, B_2, B_3\}$。当重建图像 $F(Y; \theta)$ 和其对应的真实图像 X 之间的损失最小时，就可以获得这组参数。

给定一组真实图像 $\{X_i\}$ 和其相应的低分辨率图像 $\{Y_i\}$，用均方误差（MSE）来表示损失函数。

$$L(\theta) = \frac{1}{n} \sum_{i=1}^{n} \| F(Y_i; \theta) - X_i \|^2 \tag{10-4}$$

式中，n 为训练样本数。

在这里，只要损失函数可导，就可以任意更换其他可导函数作为损失函数。所以只要有

更好的图像评价方式，就可以将损失函数朝着那个方向替换，以提高重建出来的高分辨率图像的质量。这也体现了 SRCNN 的灵活性。下面使用 MSE 作为损失函数。

为了使损失最小，在反向传播时将使用随机梯度下降。其权重矩阵更新公式为

$$\Delta_{i+1} = 0.9\Delta_i + \eta \frac{\partial L}{\partial W_i^t} \tag{10-5}$$

$$W_i^t = W_i^t + \Delta_{i+1} \tag{10-6}$$

式中，层数 $t \in \{1,2,3\}$；i 为此层的迭代索引；η 为步长。每层的滤波器权重初始化将由均值为 0、标准差为 0.001、偏差也为 0 的高斯分布随机给出。由于在第三层中，步长越小，越容易收敛，所以在第一、二层里，η 为 10^{-4}，而在第三层，η 为 10^{-5}。

在训练阶段，真实图像 $\{X_i\}$ 由训练图像随意裁剪成大小为 $f_{sub} \times f_{sub} \times c$ 的子图像。这里的"子图像"是尺寸小的图像，而不是可重叠的且需要后期处理的图像块。为了合成低分辨率图像样本 $\{Y_i\}$，要将子图像进行高斯模糊和下采样，并用 Bicubic 方法按之前的放大因子将下采样后的图像进行插值放大。

2. Keras 实现与结果

目前已实现的 SRCNN 程序包括 TensorFlow、Keras、Caffe、MATLAB 等版本，其官方版本为 Caffe 版本（训练过程基于 Caffe 框架，测试可用 MATLAB 实现）。本案例采用 Keras 版本的 SRCNN 程序（源程序网址为 https://github.com/MarkPrecursor/SRCNN-keras）。本案例程序运行环境：Windows 10、Python 3.6.6、TensorFlow-cpu.0.4.1、Keras 2.2.0。网络训练数据集网址为 http://mmlab.ie.cuhk.edu.hk/projects/SRCNN.html。网络训练参数 epoch 为 200，batch 大小为 128。

图 10-2 所示为测试所用彩色图像。图 10-3 为测试所用灰度图像，其中图 10-3a 为实验室相机拍摄的图像，图 10-3b~图 10-3d 来自 MATLAB 软件。图 10-4 和图 10-5 所示为图 10-2 对应的 Bicubic（双三次）插值与 SRCNN 超分辨率重建结果。图 10-6~图 10-9 为图 10-3 对应的 Bicubic 插值与 SRCNN 超分辨率重建结果。从实验结果可得，SRCNN 超分辨率重建比 Bicubic 插值更能有效保持图像的边缘细节信息。图 10-10 为图 10-9 图像对应的边缘提取结果。从图 10-10 可以看出，SRCNN 重建图像的边缘信息比 Bicubic 插值图像的边缘信息更多。表 10-1 为图 10-4~图 10-9 的峰值信噪比（Peak Signal-to-Noise Ratio, PSNR）评价指标，从 PSNR 评价指标可知 SRCNN 重建结果优于 Bicubic 结果。

a)   b)

图 10-2 彩色测试图像

a) 蝴蝶 b) 鸟

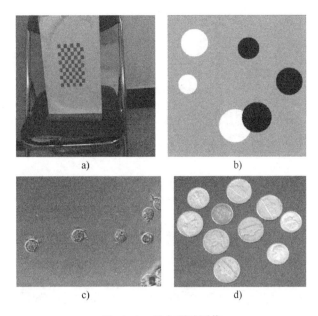

图 10-3　黑白测试图像

a）实验采集图片　b）圆　c）AT3_1m4_01　d）硬币

图 10-4　蝴蝶的 Bicubic 插值与 SRCNN 结果

a）Bicubic 插值　b）SRCNN

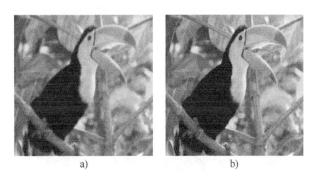

图 10-5　鸟的 Bicubic 插值与 SRCNN 结果

a）Bicubic 插值　b）SRCNN

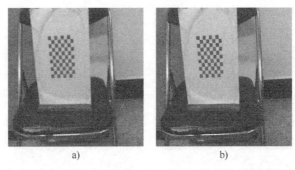

a)   b)

图 10-6   图 10-3a 所示图像的 Bicubic 插值与 SRCNN 结果

a）Bicubic 插值   b）SRCNN

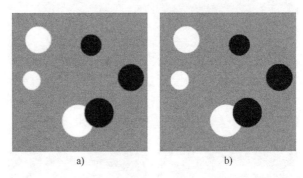

a)   b)

图 10-7   图 10-3b 所示图像的 Bicubic 插值与 SRCNN 结果

a）Bicubic 插值   b）SRCNN

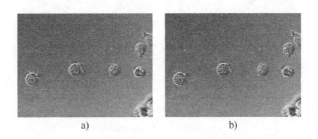

a)   b)

图 10-8   图 10-3c 所示图像的 Bicubic 插值与 SRCNN 结果

a）Bicubic 插值   b）SRCNN

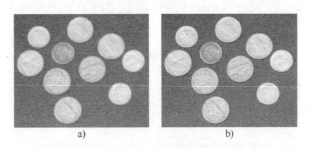

a)   b)

图 10-9   图 10-3d 所示图像的 Bicubic 插值与 SRCNN 结果

a）Bicubic 插值   b）SRCNN

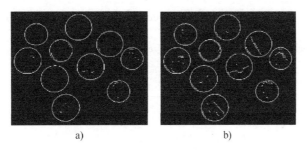

a)　　　　　　　　　　　　b)

图 10-10　图 10-9 所示图像的边缘提取结果

a）图 10-9a 对应结果　b）图 10-9b 对应结果

表 10-1　SRCNN 重建结果的 PSNR 指标

图　　像	Bicubic/dB	SRCNN/dB
图 10-4	24. 70	30. 51
图 10-5	33. 51	38. 80
图 10-6	42. 03	43. 89
图 10-7	43. 24	48. 76
图 10-8	36. 00	38. 90
图 10-9	29. 58	35. 35

SRCNN 算法的 Keras 代码如下：

```
from keras. models import Sequential
from keras. layers import Conv2D, Input, BatchNormalization
# from keras. layers. advanced_activations import LeakyReLU
from keras. callbacks import ModelCheckpoint
from keras. optimizers import SGD, Adam
import prepare_data as pd
import numpy
import math

def psnr(target, ref):
    # assume RGB image
    target_data = numpy. array(target, dtype=float)
    ref_data = numpy. array(ref, dtype=float)
    diff = ref_data - target_data
    diff = diff. flatten('C')
    rmse = math. sqrt(numpy. mean(diff ** 2. ))

    return 20 * math. log10(255. / rmse)

def model():
    # lrelu = LeakyReLU(alpha=0. 1)
    SRCNN = Sequential()
    SRCNN. add(Conv2D(nb_filter=128, nb_row=9, nb_col=9, init='glorot_uniform',
                activation='relu', border_mode='valid', bias=True, input_shape=(32, 32,
1)))
    SRCNN. add(Conv2D(nb_filter=64, nb_row=3, nb_col=3, init='glorot_uniform',
```

```
                              activation='relu', border_mode='same', bias=True))
        # SRCNN. add( BatchNormalization( ) )
        SRCNN. add( Conv2D( nb_filter=1, nb_row=5, nb_col=5, init='glorot_uniform',
                              activation='linear', border_mode='valid', bias=True))
        adam = Adam(lr=0.0003)
        SRCNN. compile(optimizer=adam, loss='mean_squared_error',
metrics=['mean_squared_error'])
        return SRCNN


def predict_model( ) :
        # lrelu = LeakyReLU(alpha=0.1)
        SRCNN = Sequential( )
        SRCNN. add( Conv2D( nb_filter=128, nb_row=9, nb_col=9, init='glorot_uniform',
                              activation='relu', border_mode='valid', bias=True, input_shape=(None,
None, 1)))
        SRCNN. add( Conv2D( nb_filter=64, nb_row=3, nb_col=3, init='glorot_uniform',
                              activation='relu', border_mode='same', bias=True))
        # SRCNN. add( BatchNormalization( ) )
        SRCNN. add( Conv2D( nb_filter=1, nb_row=5, nb_col=5, init='glorot_uniform',
                              activation='linear', border_mode='valid', bias=True))
        adam = Adam(lr=0.0003)
        SRCNN. compile(optimizer=adam, loss='mean_squared_error',
metrics=['mean_squared_error'])
        return SRCNN


def train( ) :
        srcnn_model = model( )
        print(srcnn_model. summary( ))
        data, label = pd. read_training_data(". /crop_train. h5")
        val_data, val_label = pd. read_training_data(". /test. h5")

        print(" size val_label")
        print(val_label. shape)
        print(data. shape)
        checkpoint = ModelCheckpoint("SRCNN_check. h5", monitor='val_loss', verbose=1, save_best_
only=False,
                                        save_weights_only=False, mode='min')
        callbacks_list = [ checkpoint]

        srcnn_model. fit( data, label, batch_size=128, validation_data=( val_data, val_label),
                              callbacks=callbacks_list, shuffle=True, nb_epoch=300, verbose=0)

def predict( ) :
        srcnn_model = predict_model( )
        #srcnn_model. load_weights( "3051crop_weight_200. h5")
        srcnn_model. load_weights("SRCNN_check. h5")
        IMG_NAME = "butterfly_GT. bmp"
        INPUT_NAME = "inputbutterfly_GT200. jpg"
        OUTPUT_NAME = "prebbutterfly_GT20. jpg"

        import cv2
        img = cv2. imread( IMG_NAME, cv2. IMREAD_COLOR)
```

```
img = cv2. cvtColor( img, cv2. COLOR_BGR2YCrCb)
shape = img. shape
Y_img = cv2. resize( img[ :, :, 0], ( shape[ 1] // 2, shape[ 0] // 2), cv2. INTER_CUBIC)
Y_img = cv2. resize( Y_img, ( shape[ 1], shape[ 0]), cv2. INTER_CUBIC)
img[ :, :, 0] = Y_img
img = cv2. cvtColor( img, cv2. COLOR_YCrCb2BGR)
cv2. imwrite( INPUT_NAME, img)

Y = numpy. zeros( ( 1, img. shape[ 0], img. shape[ 1], 1), dtype=float)
Y[ 0, :, :, 0] = Y_img. astype( float) / 255.
pre = srcnn_model. predict( Y, batch_size=1) * 255.
pre[ pre[ :] > 255] = 255
pre[ pre[ :] < 0] = 0
pre = pre. astype( numpy. uint8)
img = cv2. cvtColor( img, cv2. COLOR_BGR2YCrCb)
img[ 6: -6, 6: -6, 0] = pre[ 0, :, :, 0]
img = cv2. cvtColor( img, cv2. COLOR_YCrCb2BGR)
cv2. imwrite( OUTPUT_NAME, img)

# psnr calculation:
im1 = cv2. imread( IMG_NAME, cv2. IMREAD_COLOR)
im1 = cv2. cvtColor( im1, cv2. COLOR_BGR2YCrCb)[ 6: -6, 6: -6, 0]
im2 = cv2. imread( INPUT_NAME, cv2. IMREAD_COLOR)
im2 = cv2. cvtColor( im2, cv2. COLOR_BGR2YCrCb)[ 6: -6, 6: -6, 0]
im3 = cv2. imread( OUTPUT_NAME, cv2. IMREAD_COLOR)
im3 = cv2. cvtColor( im3, cv2. COLOR_BGR2YCrCb)[ 6: -6, 6: -6, 0]

print( "bicubic:")
print( cv2. PSNR( im1, im2))
print( "SRCNN:")
print( cv2. PSNR( im1, im3))

if __name__ == "__main__":
    #train()
    predict()
```

10.2　机器学习在模式识别中的应用

10.2.1　基于 Pytorch 的 LeNet-5 手写字符识别

1. LeNet-5 模型

本案例中采用 Yann LeCu 提供的手写字符 MNIST 数据集，其中有 6 万个训练样本和 1 万个测试样本。图 10-11 显示了 MNIST 数据集的部分数据。手写数字识别采用的卷积神经网络为 LeNet-5，其模型结构如图 10-12 所示。

如图 10-12 所示，不包括输入层，LeNet-5 共有 7

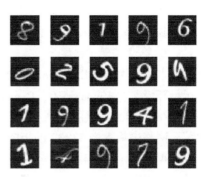

图 10-11　MNIST 数据集部分数据

层，较低层由卷积层和最大池化层交替构成，更高层是全连接。每一层的结构如下所述。

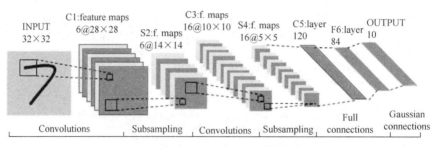

图 10-12　LeNet-5 结构

1）C1 层：卷积层。由 6 个大小为 28×28 的特征映射组成，卷积核大小为 5×5。本层训练参数共 6×(5×5+1)=156 个，共 28×28×156=122304 个连接。

2）S2 层：这一层为子采样层。由 C1 层每组特征映射中的 2×2 邻域点次采样为 1 个点，也就是 4 个数的平均。本层学习参数共有 1×6+6=12 个，S2 中的每个像素都与 C1 层中的 2×2 个像素和 1 个阈值相连，共 6×(2×2+1)×14×14=5880 个连接。

3）C3 层：卷积层。由 16 个大小为 10×10 的特征映射组成。当中的每个特征映射与 S2 层若干个特征映射的局部感受野（大小为 5×5）相连。其中，前 6 个特征映射与 S2 层连续 3 个特征映射相连，后面的 6 个映射与 S2 层的连续 4 个特征映射相连，之后的 3 个特征映射与 S2 层不连续的 4 个特征映射相连，最后一个映射与 S2 层的所有特征映射相连。学习参数共有 6×(3×5×5+1)+9×(4×5×5+1)+1×(6×5×5+1)=1516 个参数。图像大小为 10×10，因此共有 151600 个连接。

4）S4 层：降采样层。本层学习参数有 16×1+16=32 个，同时共有 16×(2×2+1)×5×5=2000 个连接。

5）C5 层：卷积层（或全连接层）。本层是由 120 个大小为 1×1 的特征映射组成的卷积层，而且 S4 层与 C5 层是全连接的，因此学习参数总个数为 120×(16×25+1)=48120 个。

6）F6 层：本层是全连接层，有 84×(120+1)=10164 个学习参数。

7）F7 层：OUTPUT 层，有 84×10+10=850 个训练参数。卷积神经网络的输入为 32×32 的矩阵。输出层设置为 10 个神经网络节点，对应从 0 到 9 的数字。卷积核大小为 5×5。降采样层的池化方式是 max-pooling，大小为 2×2。设计的网络使用 ReLU 函数作为激活函数。ReLU 的表达式如下：

$$f(x)=\max(0,x) \tag{10-7}$$

其具体实现过程如图 10-13 所示。

2. 算法实现与结果

本案例主要使用 Python 结合 Pytorch 的库函数来完成手写数字识别的算法。本案例程序运行环境是：Windows 10、Python 3.6.6、Pytorch-0.4.1、程序基于 https://github.com/pytorch/examples 提供的样例。

网络中输入为 32×32 的矩阵（图像像素矩阵），经过两次卷积、两次池化再经过全连接层后得到输出。搭建的神经网络结构图如图 10-14 所示。算法测试运行过程如图 10-15 所示，可以看出经过 10 epoch 测试准确率达到 99%。

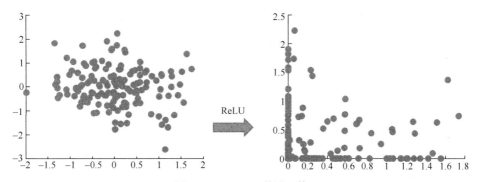

图 10-13　ReLU 激活函数

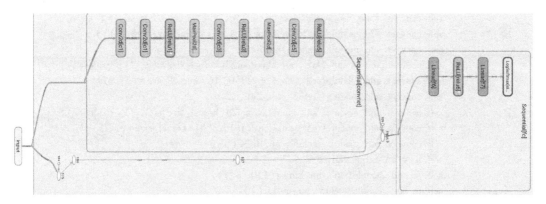

图 10-14　卷积神经网络结构

```
Run:      ministmain ×
          Train Epoch: 10 [46080/60000 (77%)] Loss: 0.021767
          Train Epoch: 10 [46720/60000 (78%)] Loss: 0.004671
          Train Epoch: 10 [47360/60000 (79%)] Loss: 0.029030
          Train Epoch: 10 [48000/60000 (80%)] Loss: 0.029678
          Train Epoch: 10 [48640/60000 (81%)] Loss: 0.011254
          Train Epoch: 10 [49280/60000 (82%)] Loss: 0.004723
          Train Epoch: 10 [49920/60000 (83%)] Loss: 0.110180
          Train Epoch: 10 [50560/60000 (84%)] Loss: 0.053636
          Train Epoch: 10 [51200/60000 (85%)] Loss: 0.060792
          Train Epoch: 10 [51840/60000 (86%)] Loss: 0.029073
          Train Epoch: 10 [52480/60000 (87%)] Loss: 0.002236
          Train Epoch: 10 [53120/60000 (88%)] Loss: 0.012298
          Train Epoch: 10 [53760/60000 (90%)] Loss: 0.065662
          Train Epoch: 10 [54400/60000 (91%)] Loss: 0.011664
          Train Epoch: 10 [55040/60000 (92%)] Loss: 0.005130
          Train Epoch: 10 [55680/60000 (93%)] Loss: 0.024213
          Train Epoch: 10 [56320/60000 (94%)] Loss: 0.004690
          Train Epoch: 10 [56960/60000 (95%)] Loss: 0.146749
          Train Epoch: 10 [57600/60000 (96%)] Loss: 0.004432
          Train Epoch: 10 [58240/60000 (97%)] Loss: 0.023568
          Train Epoch: 10 [58880/60000 (98%)] Loss: 0.159908
          Train Epoch: 10 [59520/60000 (99%)] Loss: 0.037294

          Test set: Average loss: 0.0389, Accuracy: 9877/10000 (99%)
```

图 10-15　测试过程准确率

Pytorch 手写数字识别算法代码如下：

```
from __future__ import print_function
import argparse
import torch
import torch.nn as nn
import torch.nn.functional as F
import torch.optim as optim
from torchvision import datasets, transforms
from collections import OrderedDict
class LeNet(nn.Module):
    def __init__(self):
        super(LeNet, self).__init__()
        self.convnet = nn.Sequential()
        self.convnet.add_module('c1', nn.Conv2d(1, 6, kernel_size=(5, 5)))
        self.convnet.add_module('relu1', nn.ReLU())
        self.convnet.add_module('s2', nn.MaxPool2d(kernel_size=(2, 2), stride=2))
        self.convnet.add_module('c3', nn.Conv2d(6, 16, kernel_size=(5, 5)))
        self.convnet.add_module('relu3', nn.ReLU())
        self.convnet.add_module('s4', nn.MaxPool2d(kernel_size=(2, 2), stride=2))
        self.convnet.add_module('c5', nn.Conv2d(16, 120, kernel_size=(5, 5)))
        self.convnet.add_module('relu5', nn.ReLU())
        self.fc = nn.Sequential()
        self.fc.add_module('f6', nn.Linear(120, 84))
        self.fc.add_module('relu6', nn.ReLU())
        self.fc.add_module('f7', nn.Linear(84, 10))
        self.fc.add_module('sig7', nn.LogSoftmax(dim=-1))

    def forward(self, x):
        output = self.convnet(x)
        output = output.view(x.size(0), -1)
        output = self.fc(output)
        return output

def train(args, model, device, train_loader, optimizer, epoch):
    model.train()
    for batch_idx, (data, target) in enumerate(train_loader):
        data, target = data.to(device), target.to(device)
        optimizer.zero_grad()
        output = model(data)
        loss = F.nll_loss(output, target)
        loss.backward()
        optimizer.step()
        if batch_idx % args.log_interval == 0:
            print('Train Epoch: {} [{}/{} ({:.0f}%)]\tLoss: {:.6f}'.format(
                epoch, batch_idx * len(data), len(train_loader.dataset),
                100. * batch_idx / len(train_loader), loss.item()))

def test(args, model, device, test_loader):
    model.eval()
    test_loss = 0
    correct = 0
```

```python
    with torch. no_grad( ) :
        for data, target in test_loader:
            data, target = data. to( device) , target. to( device)
            output = model( data)
            test_loss += F. nll_loss( output, target, reduction ='sum'). item( ) # sum up batch loss
            pred = output. argmax( dim = 1, keepdim = True) # get the index of the max log-probability
            correct += pred. eq( target. view_as( pred) ). sum( ). item( )

    test_loss /= len( test_loader. dataset)

    print('\nTest set: Average loss: { :. 4f} , Accuracy: { } / { } ( { :. 2f} %) \n'. format(
        test_loss, correct, len( test_loader. dataset) ,
        100. * correct / len( test_loader. dataset) ) )


def main( ) :
    # 训练设置
    parser = argparse. ArgumentParser( description ='PyTorch MNIST Example')
    parser. add_argument('--batch-size', type = int, default = 64, metavar ='N',
                        help ='input batch size for training ( default: 64)')
    parser. add_argument('--test-batch-size', type = int, default = 1000, metavar ='N',
                        help ='input batch size for testing ( default: 1000)')
    parser. add_argument('--epochs', type = int, default = 20, metavar ='N',
                        help ='number of epochs to train ( default: 10)')
    parser. add_argument('--lr', type = float, default = 0. 01, metavar ='LR',
                        help ='learning rate ( default: 0. 01)')
    parser. add_argument('--momentum', type = float, default = 0. 5, metavar ='M',
                        help ='SGD momentum ( default: 0. 5)')
    parser. add_argument('--no-cuda', action ='store_true', default = False,
                        help ='disables CUDA training')
    parser. add_argument('--seed', type = int, default = 1, metavar ='S',
                        help ='random seed ( default: 1)')
    parser. add_argument('--log-interval', type = int, default = 10, metavar ='N',
                        help ='how many batches to wait before logging training status')

    parser. add_argument('--save-model', action ='store_true', default = False,
                        help ='For Saving the current Model')
    args = parser. parse_args( )
    use_cuda = not args. no_cuda and torch. cuda. is_available( )

    torch. manual_seed( args. seed)

    device = torch. device( "cuda" if use_cuda else "cpu")

    kwargs = {'num_workers': 1, 'pin_memory': True} if use_cuda else { }
    train_loader = torch. utils. data. DataLoader(
        datasets. MNIST('. /data/MNIST', train = True, download = False,
                        transform = transforms. Compose( [
                            transforms. Resize( ( 32, 32) ) ,
                            transforms. ToTensor( ) ,
                            transforms. Normalize( ( 0. 1307, ) , ( 0. 3081, ) )
                        ] ) ) ,
        batch_size = args. batch_size, shuffle = True, * * kwargs)
```

```
test_loader = torch. utils. data. DataLoader(
    datasets. MNIST('. /data/MNIST', train = False, transform = transforms. Compose( [
                        transforms. Resize( (32, 32) ),
                        transforms. ToTensor( ),
                        transforms. Normalize( (0. 1307,) , (0. 3081,) )
                    ]) ),
    batch_size = args. test_batch_size, shuffle = True, * * kwargs)

model = LeNet( ). to( device)
optimizer = optim. SGD( model. parameters( ), lr = args. lr, momentum = args. momentum)

for epoch in range( 1, args. epochs + 1) :
    train( args, model, device, train_loader, optimizer, epoch)
    test( args, model, device, test_loader)

if ( args. save_model) :
    torch. save( model. state_dict( ) ,"mnist_cnn. pt")

if __name__ == '__main__':
    main( )
```

10.2.2 基于 TensorFlow 的交通标志识别

1. 交通标志训练数据

交通标志数据集是实现交通标志智能识别系统的基础，国外对交通标志的研究起步早于国内，多年来各国已经生成了一些比较完整的交通标志数据集，目前研究中使用较为广泛的数据集如下。

1）德国交通标志数据集（German Traffic Sign Benchmarks，GTSRB）。

2）比利时交通标志数据集（Belgium Traffic Sign Dataset，BTSD）。

3）瑞典交通标志数据集（Sweden Traffic Sign，STS）。

4）荷兰交通标志数据集（RUG）。

5）Stereopolis 数据集（法国交通标志）。

构建一个适合研究的数据集是一件非常耗费人力物力的工程，以上数据集均由各国学者贡献大量时间建成。GTSRB 数据集包含基于 Vienna 标准的 43 种德国交通标志，STS 包含 7种瑞典交通标志，RUG 和 Stereopolis 数据集相对比较小，现阶段应用较少。当前使用最多的是 GTSRB，它由 Stallkamp J. 等人建立，最初用于 IJCNN（International Joint Conference on Neural Networks）举办的德国交通标志识别比赛中。

因此，本案例使用 GTSRB，该数据集中的样本图片包含多种光照、遮挡、雾霾等情况且含有背景，数据量相对较大，能够有效地适用于交通标志识别研究的开展。基于 GTSRB 数据集，随机产生的交通标志样本如图 10-16 所示。

图 10-16 随机数据集样本

GTSRB 数据集中，39209 张交通标志样本用于训练，12630 张交通标志样本用于测试。43 类交通标志的分类编号为 0~42，均为 RGB 图像。

GTSRB 数据集中每张图片的大小不完全一样，需要经过缩放和扩张的归一化处理后得到适合网络输入的 32×32 大小。数据集中样本的数据类别分布如图 10-17 所示，其中，横坐标表示样本所属类别，纵坐标表示样本数量。从图 10-17 可知，样本数据类别分布并不均衡，对数据集进行扩充和相应的预处理是必要的。

2. 数据预处理

由于数据集中某一类样本较少，造成整个数据集状态是不均衡的，为了得到更好的分类识别效果，本节使用翻转/镜像进行数据集扩展。

在交通标志数据集中，存在一些交通标志呈

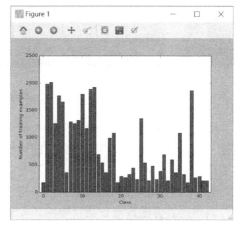

图 10-17　数据集类别分布

现水平对称或垂直对称。图 10-18a 为直行标志进行垂直镜像，图 10-18b 为 80 km/h 限速标志进行水平镜像，图 10-18c 为禁止车辆通行标志进行水平镜像和垂直镜像，图 10-18d 为解除所有限速标志进行垂直镜像和水平镜像，最终得到的都是原数据集的同类别新样本。

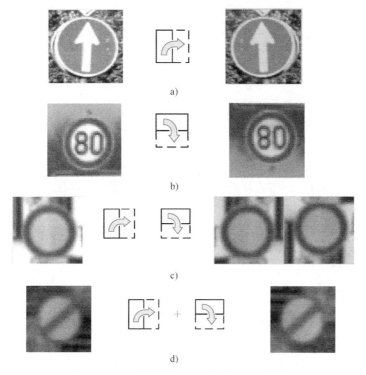

图 10-18　数据集样本水平镜像和垂直镜像

a) 直行标志垂直镜像操作　b) 80 km/h 限速标志水平镜像操作

c) 禁止车辆通行标志水平镜像和垂直镜像　d) 解除所有限速标志垂直镜像和水平镜像

通过对数据集的水平镜像和垂直镜像进行数据扩充后，为了得到更均衡的数据集，对数据集进行另一部分的随机旋转和投影变换，具体如图 10-19 所示。

图 10-19　数据集样本随机旋转和投影变换

将数据集中数量较少的交通标志类别进行图 10-19 所示的随机旋转和投影变换。最终，通过一些图像处理和变换，可以方便快捷地扩充数据集到原来的 10 倍，以便于开展后续研究工作。

为了能更好地得到图像的特征信息、增强图像对比度，选择直方图均衡化对图像对比度进行调整。直方图均衡化通过使用累积函数对灰度值进行调整，以实现对比度的增强。它的基本原理是把原始图像的灰度直方图从比较集中的某个灰度区间变成在全部灰度范围内的均匀分布，本质是对图像进行非线性拉伸，重新分配图像像素值，使一定灰度范围内的像素数量大致相同。

改进的自适应直方图均衡化图片处理效果如图 10-20 所示，为后续进行图像卷积、提取图像特征提供了更好的原始数据。

图 10-20　改进的自适应直方图均衡化图片处理效果

3. 基于 TensorFlow 的卷积神经网络搭建

本案例所设计的卷积神经网络输入大小设置为 32×32，对数据集中不满足该尺寸要求的样本图片，经过缩放和扩张的归一化处理来适应网络的输入。卷积层第 2 层、第 5 层、第 8 层的卷积核大小均为 5×5，并分别选择 20%、30%、30% 的 Dropout 率。最终测试后，将步长设为 1，实际效果更好，将下采样的工作全部交给池化层。使用填充，使得卷积前后的图像尺寸保持相同，可以保持边界的信息。池化层第 4 层、第 7 层、第 10 层均为 2×2 最大值池化，步长为 2。全连接层选择 50% 的 Dropout 率。本节中所实现的多尺度特征卷积神经网络的具体参数见表 10-2。

表 10-2　卷积神经网络参数

层	类　　型	节 点 数 量	Dropout
1	32×32 输入	32×32	–
2	5×5 卷积	32×32	20%
3	ReLU	32×32	–
4	2×2 最大值池化	16×16	–
5	5×5 卷积	16×16	30%

层	类　　　型	节点数量	Dropout
6	ReLU	16×16	–
7	2×2 最大值池化	8×8	–
8	5×5 卷积	8×8	30%
9	ReLU	8×8	–
10	2×2 最大值池化	4×4	–
11	展开	3584×1	–
12	全连接	1024×1	50%
13	Softmax	43	–
14	输出	1	–

搭建的网络模型如图 10-21 所示。

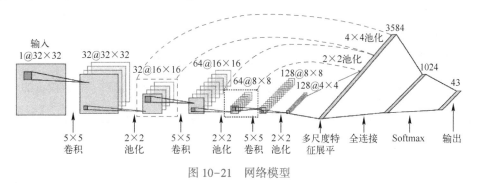

图 10-21　网络模型

在训练本节中的卷积神经网络时，为了防止过拟合，选择 Dropout 和 L2 正则化方法。

Dropout 是指在每一轮训练过程中，都随机使一些隐含层节点失效，从而改变本次训练的神经网络结构，可以以极小的代价达到集成学习的效果，削弱了节点间的联合适应能力，使权值更新不再依赖于有固定关系的若干个隐含节点，增强了神经网络的泛化能力。Dropout 示意图如图 10-22 所示。

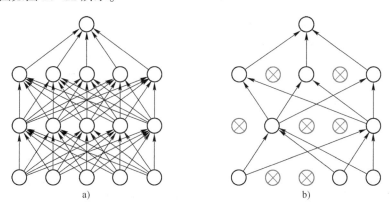

图 10-22　Dropout 示意图

a）标准神经网络　b）加入 Dropout 的神经网络

L2 正则化是在损失函数的基础上追加 L2 正则化项，如式（10-8）所示。

$$C = C_0 + \frac{\lambda}{2n} \sum_w w^2 \tag{10-8}$$

式中，C_0 为原损失函数；后面是正则化项；w 为权重。

对式（10-8）求导得

$$\begin{cases} \dfrac{\partial C}{\partial w} = \dfrac{\partial C_0}{\partial w} + \dfrac{\lambda}{n}w \\ \dfrac{\partial C}{\partial b} = \dfrac{\partial C_0}{\partial b} \end{cases} \tag{10-9}$$

式中，b 为偏置。

从式（10-9）变换得

$$w \rightarrow w - \eta \frac{\partial C_0}{\partial w} - \frac{\eta \lambda}{n}w = \left(1 - \frac{\eta \lambda}{n}\right)w - \eta \frac{\partial C_0}{\partial w} \tag{10-10}$$

式中，η 为迭代参数。

由此可知，L2 正则化对权重的更新有一定影响，对偏置的更新没有影响。

在不使用 L2 正则化的情况下，求导结果中权重 w 前面的系数为 1；L2 正则化之后，权重系数为 $1 - \dfrac{\eta \lambda}{n}$，由于 n、λ、η 均为正数，所以整体系数小于 1，起到了衰减权重的作用。L2 正则化通过减小参数权重，降低了神经网络模型的复杂度，在一定程度上避免了网络模型过拟合。

图 10-23 所示为系统识别训练集中一张随机图片的识别结果，所显示图片经过 Softmax 层后，0.02 的概率是 30 km/h，0.02 的概率是 50 km/h，0.96 的概率是 20 km/h，最后确定输出的是 20 km/h。如图 10-24 所示，算法最终在训练集上达到 99.41% 的准确率，测试集准确率达到 99.26%。

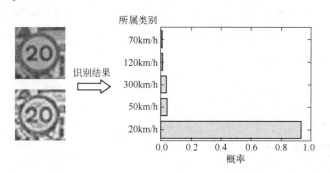

图 10-23　20 km/h 限速标志识别结果

10.2.3　基于深度学习框架 MatConvNet 的图像识别

本节使用的深度学习平台为 MatConvNet，操作系统为 Windows 10，计算机 CPU 为 i5 7500，GPU 为 GTX1080，内存 16G。MatConvNet 版本为 matconvnet-1.0-beta23，首先启动，然后编译。GPU 编译命令如下：

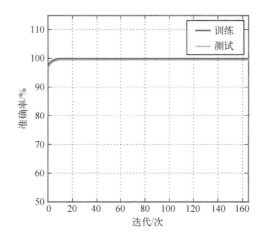

图 10-24　网络模型准确率

```
vl_compilenn('enableGpu', true, 'cudaMethod', 'nvcc', ...
              'cudaRoot', 'C:\Program Files\NVIDIA GPU Computing Toolkit\CUDA\v8.0', ...
              'enableCudnn', true, 'cudnnRoot', 'local/cudnn-5.0');
```

编译好之后，即可在 MATLAB 环境下使用 MatConvNet 深度学习平台。

1. mnist 图像分类

运行主程序：

```
%% Experiment with the cnn_mnist_fc_bnorm

[net_bn, info_bn] = cnn_mnist(...
   'expDir', 'data/mnist-bnorm', 'batchNormalization', true);
[net_fc, info_fc] = cnn_mnist(...
   'expDir', 'data/mnist-baseline', 'batchNormalization', false);
figure(1); clf;
subplot(1,2,1);
semilogy(info_fc.val.objective', 'o-'); hold all;
semilogy(info_bn.val.objective', '+--');
xlabel('Training samples [x 10^3]'); ylabel('energy');
grid on;
h=legend('BSLN', 'BNORM');
set(h,'color','none');
title('objective');
subplot(1,2,2);
plot(info_fc.val.error', 'o-'); hold all;
plot(info_bn.val.error', '+--');
h=legend('BSLN-val','BSLN-val-5','BNORM-val','BNORM-val-5');
grid on;
xlabel('Training samples [x 10^3]'); ylabel('error');
set(h,'color','none');
title('error');
drawnow;
```

子程序如下：

```
function net = cnn_mnist_init(varargin)
```

```
% CNN_MNIST_LENET Initialize a CNN similar for MNIST
opts.batchNormalization = true ;
opts.networkType = 'simplenn' ;
opts = vl_argparse(opts, varargin) ;

rng('default') ;
rng(0) ;

f=1/100 ;
net.layers = {} ;
net.layers{end+1} = struct('type', 'conv', ...
                           'weights', {{f * randn(5,5,1,20, 'single'), zeros(1, 20, 'single'
)}}, ...
                           'stride', 1, ...
                           'pad', 0) ;
net.layers{end+1} = struct('type', 'pool', ...
                           'method', 'max', ...
                           'pool', [2 2], ...
                           'stride', 2, ...
                           'pad', 0) ;
net.layers{end+1} = struct('type', 'conv', ...
                           'weights', {{f * randn(5,5,20,50, 'single'), zeros(1,50,'single'
)}}, ...
                           'stride', 1, ...
                           'pad', 0) ;
net.layers{end+1} = struct('type', 'pool', ...
                           'method', 'max', ...
                           'pool', [2 2], ...
                           'stride', 2, ...
                           'pad', 0) ;
net.layers{end+1} = struct('type', 'conv', ...
                           'weights', {{f * randn(4,4,50,500, 'single'), zeros(1,500,'single'
)}}, ...
                           'stride', 1, ...
                           'pad', 0) ;
net.layers{end+1} = struct('type', 'relu') ;
net.layers{end+1} = struct('type', 'conv', ...
                           'weights', {{f * randn(1,1,500,10, 'single'), zeros(1,10,'single'
)}}, ...
                           'stride', 1, ...
                           'pad', 0) ;
net.layers{end+1} = struct('type', 'softmaxloss') ;

% optionally switch to batch normalization
if opts.batchNormalization
   net = insertBnorm(net, 1) ;
   net = insertBnorm(net, 4) ;
   net = insertBnorm(net, 7) ;
end

% Meta parameters
net.meta.inputSize = [28 28 1] ;
```

```
net. meta. trainOpts. learningRate = 0.001 ;
net. meta. trainOpts. numEpochs = 20 ;
net. meta. trainOpts. batchSize = 100 ;

% Fill in defaul values
net = vl_simplenn_tidy( net ) ;

% Switch to DagNN if requested
switch lower( opts. networkType)
  case 'simplenn'
    % done
  case 'dagnn'
    net = dagnn. DagNN. fromSimpleNN( net, 'canonicalNames', true) ;
    net. addLayer('top1err', dagnn. Loss('loss', 'classerror') , ...
        {'prediction', 'label'} , 'error') ;
    net. addLayer('top5err', dagnn. Loss('loss', 'topkerror', ...
      'opts', {'topk', 5} ), {'prediction', 'label'} , 'top5err') ;
  otherwise
    assert( false) ;
end

% ----------------------------------------------------------------
function net = insertBnorm( net, l)
% ----------------------------------------------------------------
assert( isfield( net. layers{l} , 'weights') );
ndim = size( net. layers{l}. weights{1} , 4) ;
layer = struct('type', 'bnorm', ...
                    'weights', {{ones( ndim, 1, 'single') , zeros( ndim, 1, 'single')}} , ...
                    'learningRate', [1 1 0.05] , ...
                    'weightDecay', [0 0]) ;
net. layers{l}. biases = [ ] ;
net. layers = horzcat( net. layers(1:l) , layer, net. layers(l+1:end) ) ;
```

2. CIFAR-10 图像分类

CIFAR-10 数据集包含 60000 张 32×32 像素大小的彩色图像，共 10 类，每类 6000 张（见图 10-25），其中 50000 张用于训练网络，10000 张用于测试。图 10-26 为 CIFAR-10 图像分类所用网络结构，图 10-27 为 CIFAR-10 图像分类训练过程中的指标变化。

图 10-25　CIFAR-10 图像

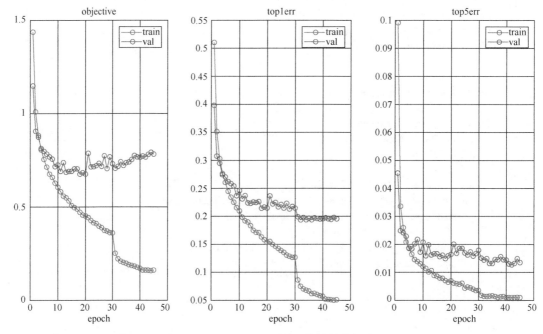

图 10-26 CIFAR-10 训练过程中的指标变化

layer	0	1	2	3	4	5	6	7	8	9	10	11	12	13
type	input	conv	mpool	relu	conv	relu	apool	conv	relu	apool	conv	relu	conv	softmxl
name	n/a	layer1	layer2	layer3	layer4	layer5	layer6	layer7	layer8	layer9	layer10	layer11	layer12	layer13
support	n/a	5	3	1	5	1	3	5	1	3	4	1	1	1
filt dim	n/a	3	n/a	n/a	32	n/a	n/a	32	n/a	n/a	64	n/a	64	n/a
filt dilat	n/a	1	n/a	n/a	1	n/a	n/a	1	n/a	n/a	1	n/a	1	n/a
num filts	n/a	32	n/a	n/a	32	n/a	n/a	64	n/a	n/a	64	n/a	10	n/a
stride	n/a	1	2	1	1	1	2	1	1	2	1	1	1	1
pad	n/a	2	0x1x0x1	0	2	0	0x1x0x1	2	0	0x1x0x1	0	0	0	0
rf size	n/a	5	7	7	15	15	19	35	35	43	67	67	67	67
rf offset	n/a	1	2	2	2	2	4	4	4	8	20	20	20	20
rf stride	n/a	1	2	2	2	2	4	4	4	8	8	8	8	8
data size	32	32	16	16	16	16	8	8	8	4	1	1	1	1
data depth	3	32	32	32	32	32	32	64	64	64	64	64	10	1
data num	100	100	100	100	100	100	100	100	100	100	100	100	100	1
data mem	1MB	13MB	3MB	3MB	3MB	3MB	800KB	2MB	2MB	400KB	25KB	25KB	4KB	4B
param mem	n/a	10KB	0B	0B	100KB	0B	0B	200KB	0B	0B	256KB	0B	3KB	0B

图 10-27 CIFAR-10 图像分类网络结构

分类程序如下。

```
function net = cnn_cifar_init( varargin )
opts. networkType = 'simplenn' ;
opts = vl_argparse( opts , varargin) ;
lr = [ .1 2 ] ;
% Define network CIFAR10-quick
net. layers = {} ;
```

```matlab
% Block 1
net.layers{end+1} = struct('type', 'conv', ...
                            'weights', {{0.01 * randn(5,5,3,32, 'single'), zeros(1, 32, 'single')}}, ...
                            'learningRate', lr, ...
                            'stride', 1, ...
                            'pad', 2) ;
net.layers{end+1} = struct('type', 'pool', ...
                            'method', 'max', ...
                            'pool', [3 3], ...
                            'stride', 2, ...
                            'pad', [0 1 0 1]) ;
net.layers{end+1} = struct('type', 'relu') ;
% Block 2
net.layers{end+1} = struct('type', 'conv', ...
                            'weights', {{0.05 * randn(5,5,32,32, 'single'), zeros(1,32,'single')}}, ...
                            'learningRate', lr, ...
                            'stride', 1, ...
                            'pad', 2) ;
net.layers{end+1} = struct('type', 'relu') ;
net.layers{end+1} = struct('type', 'pool', ...
                            'method', 'avg', ...
                            'pool', [3 3], ...
                            'stride', 2, ...
                            'pad', [0 1 0 1]) ; % Emulate caffe
% Block 3
net.layers{end+1} = struct('type', 'conv', ...
                            'weights', {{0.05 * randn(5,5,32,64, 'single'), zeros(1,64,'single')}}, ...
                            'learningRate', lr, ...
                            'stride', 1, ...
                            'pad', 2) ;
net.layers{end+1} = struct('type', 'relu') ;
net.layers{end+1} = struct('type', 'pool', ...
                            'method', 'avg', ...
                            'pool', [3 3], ...
                            'stride', 2, ...
                            'pad', [0 1 0 1]) ; % Emulate caffe
% Block 4
net.layers{end+1} = struct('type', 'conv', ...
                            'weights', {{0.05 * randn(4,4,64,64, 'single'), zeros(1,64,'single')}}, ...
                            'learningRate', lr, ...
                            'stride', 1, ...
                            'pad', 0) ;
net.layers{end+1} = struct('type', 'relu') ;
% Block 5
net.layers{end+1} = struct('type', 'conv', ...
                            'weights', {{0.05 * randn(1,1,64,10, 'single'), zeros(1,10,'single')}}, ...
                            'learningRate', .1 * lr, ...
```

```
                                        'stride', 1, ...
                                        'pad', 0) ;
% Loss layer
net. layers{end+1} = struct('type', 'softmaxloss') ;
% Meta parameters
net. meta. inputSize = [32 32 3] ;
net. meta. trainOpts. learningRate = [0. 05 * ones(1,30) 0. 005 * ones(1,10) 0. 0005 * ones(1,5)] ;
net. meta. trainOpts. weightDecay = 0. 0001 ;
net. meta. trainOpts. batchSize = 100 ;
net. meta. trainOpts. numEpochs = numel(net. meta. trainOpts. learningRate) ;


function net = cnn_cifar_init_nin(varargin)
opts. networkType = 'simplenn' ;
opts = vl_argparse(opts, varargin) ;


% CIFAR-10 model from
% M. Lin, Q. Chen, and S. Yan. Network in network. CoRR,
% abs/1312. 4400, 2013.
%
% It reproduces the NIN + Dropout result of Table 1 (<= 10. 41% top1 error).

net. layers = {} ;

lr = [1 10] ;

% Block 1
net. layers{end+1} = struct('type', 'conv', ...
                                        'name', 'conv1', ...
                                        'weights', {init_weights(5,3,192)}, ...
                                        'learningRate', lr, ...
                                        'stride', 1, ...
                                        'pad', 2) ;
net. layers{end+1} = struct('type', 'relu', 'name', 'relu1') ;
net. layers{end+1} = struct('type', 'conv', ...
                                        'name', 'cccp1', ...
                                        'weights', {init_weights(1,192,160)}, ...
                                        'learningRate', lr, ...
                                        'stride', 1, ...
                                        'pad', 0) ;
net. layers{end+1} = struct('type', 'relu', 'name', 'relu_cccp1') ;
net. layers{end+1} = struct('type', 'conv', ...
                                        'name', 'cccp2', ...
                                        'weights', {init_weights(1,160,96)}, ...
                                        'learningRate', lr, ...
                                        'stride', 1, ...
                                        'pad', 0) ;
net. layers{end+1} = struct('type', 'relu', 'name', 'relu_cccp2') ;
net. layers{end+1} = struct('name', 'pool1', ...
                                        'type', 'pool', ...
                                        'method', 'max', ...
                                        'pool', [3 3], ...
                                        'stride', 2, ...
```

```
                              'pad', 0) ;
net. layers{end+1} = struct('type', 'dropout', 'name', 'dropout1', 'rate', 0.5) ;


% Block 2
net. layers{end+1} = struct('type', 'conv', ...
                              'name', 'conv2', ...
                              'weights', {init_weights(5,96,192)} , ...
                              'learningRate', lr, ...
                              'stride', 1, ...
                              'pad', 2) ;
net. layers{end+1} = struct('type', 'relu', 'name', 'relu2') ;
net. layers{end+1} = struct('type', 'conv', ...
                              'name', 'cccp3', ...
                              'weights', {init_weights(1,192,192)} , ...
                              'learningRate', lr, ...
                              'stride', 1, ...
                              'pad', 0) ;
net. layers{end+1} = struct('type', 'relu', 'name', 'relu_cccp3') ;
net. layers{end+1} = struct('type', 'conv', ...
                              'name', 'cccp4', ...
                              'weights', {init_weights(1,192,192)} , ...
                              'learningRate', lr, ...
                              'stride', 1, ...
                              'pad', 0) ;
net. layers{end+1} = struct('type', 'relu', 'name', 'relu_cccp4') ;
net. layers{end+1} = struct('name', 'pool2', ...
                              'type', 'pool', ...
                              'method', 'avg', ...
                              'pool', [3 3], ...
                              'stride', 2, ...
                              'pad', 0) ;
net. layers{end+1} = struct('type', 'dropout', 'name', 'dropout2', 'rate', 0.5) ;


% Block 3
net. layers{end+1} = struct('type', 'conv', ...
                              'name', 'conv3', ...
                              'weights', {init_weights(3,192,192)} , ...
                              'learningRate', lr, ...
                              'stride', 1, ...
                              'pad', 1) ;
net. layers{end+1} = struct('type', 'relu', 'name', 'relu3') ;
net. layers{end+1} = struct('type', 'conv', ...
                              'name', 'cccp5', ...
                              'weights', {init_weights(1,192,192)} , ...
                              'learningRate', lr, ...
                              'stride', 1, ...
                              'pad', 0) ;
net. layers{end+1} = struct('type', 'relu', 'name', 'relu_cccp5') ;
net. layers{end+1} = struct('type', 'conv', ...
                              'name', 'cccp6', ...
                              'weights', {init_weights(1,192,10)} , ...
                              'learningRate', 0.001 * lr, ...
```

```matlab
                              'stride', 1, ...
                              'pad', 0) ;
net.layers{end}.weights{1} = 0.1 * net.layers{end}.weights{1} ;
%net.layers{end+1} = struct('type', 'relu', 'name', 'relu_cccp6') ;
net.layers{end+1} = struct('type', 'pool', ...
                              'name', 'pool3', ...
                              'method', 'avg', ...
                              'pool', [7 7], ...
                              'stride', 1, ...
                              'pad', 0) ;


% Loss layer
net.layers{end+1} = struct('type', 'softmaxloss') ;


% Meta parameters
net.meta.inputSize = [32 32 3] ;
net.meta.trainOpts.learningRate = [0.002, 0.01, 0.02, 0.04 * ones(1,80), 0.004 * ones(1,
10), 0.0004 * ones(1,10)] ;
net.meta.trainOpts.weightDecay = 0.0005 ;
net.meta.trainOpts.batchSize = 100 ;
net.meta.trainOpts.numEpochs = numel(net.meta.trainOpts.learningRate) ;


% Fill in default values
net = vl_simplenn_tidy(net) ;


% Switch to DagNN if requested
switch lower(opts.networkType)
  case 'simplenn'
    % done
  case 'dagnn'
    net = dagnn.DagNN.fromSimpleNN(net, 'canonicalNames', true) ;
    net.addLayer('error', dagnn.Loss('loss', 'classerror'), ...
      {'prediction','label'}, 'error') ;
  otherwise
    assert(false) ;
end


function weights = init_weights(k,m,n)
weights{1} = randn(k,k,m,n,'single') * sqrt(2/(k*k*m)) ;
weights{2} = zeros(n,1,'single') ;



function [net, info] = cnn_cifar(varargin)
% CNN_CIFAR   Demonstrates MatConvNet on CIFAR-10
%    The demo includes two standard model: LeNet and Network in
%    Network (NIN). Use the 'modelType' option to choose one.

run(fullfile(fileparts(mfilename('fullpath')), ...
  '..', '..', 'matlab', 'vl_setupnn.m')) ;


opts.modelType = 'lenet' ;
[opts, varargin] = vl_argparse(opts, varargin) ;
```

```
opts. expDir = fullfile( vl_rootnn, 'data', ...
    sprintf('cifar-%s', opts. modelType) ) ;
[ opts, varargin ] = vl_argparse( opts, varargin ) ;

opts. dataDir = fullfile( vl_rootnn, 'data', 'cifar') ;
opts. imdbPath = fullfile( opts. expDir, 'imdb. mat') ;
opts. whitenData = true ;
opts. contrastNormalization = true ;
opts. networkType = 'simplenn' ;
opts. train = struct( ) ;
opts = vl_argparse( opts, varargin ) ;
if ~isfield( opts. train, 'gpus') , opts. train. gpus = [ ] ; end;

% ----------------------------------------------------------------
%                                               Prepare model and data
% ----------------------------------------------------------------

switch opts. modelType
    case 'lenet'
        net = cnn_cifar_init('networkType', opts. networkType) ;
    case 'nin'
        net = cnn_cifar_init_nin('networkType', opts. networkType) ;
    otherwise
        error('Unknown model type "%s".', opts. modelType) ;
end

if exist( opts. imdbPath, 'file')
    imdb = load( opts. imdbPath) ;
else
    imdb = getCifarImdb( opts) ;
    mkdir( opts. expDir) ;
    save( opts. imdbPath, '-struct', 'imdb') ;
end

net. meta. classes. name = imdb. meta. classes( :)' ;

% ----------------------------------------------------------------
%                                                         Train
% ----------------------------------------------------------------

switch opts. networkType
    case 'simplenn', trainfn = @ cnn_train ;
    case 'dagnn', trainfn = @ cnn_train_dag ;
end

[ net, info ] = trainfn( net, imdb, getBatch( opts) , ...
    'expDir', opts. expDir, ...
    net. meta. trainOpts, ...
    opts. train, ...
    'val', find( imdb. images. set == 3) ) ;

% ----------------------------------------------------------------
```

```
function fn = getBatch( opts)
% -----------------------------------------------------------------------
switch lower( opts. networkType)
  case 'simplenn'
    fn = @ (x,y) getSimpleNNBatch(x,y) ;
  case 'dagnn'
    bopts = struct('numGpus', numel( opts. train. gpus)) ;
    fn = @ (x,y) getDagNNBatch( bopts,x,y) ;
end


% -----------------------------------------------------------------------
function [images, labels] = getSimpleNNBatch( imdb, batch)
% -----------------------------------------------------------------------
images = imdb. images. data( :,:,:,batch) ;
labels = imdb. images. labels(1,batch) ;
if rand > 0.5, images=fliplr(images) ; end


% -----------------------------------------------------------------------
function inputs = getDagNNBatch( opts, imdb, batch)
% -----------------------------------------------------------------------
images = imdb. images. data( :,:,:,batch) ;
labels = imdb. images. labels(1,batch) ;
if rand > 0.5, images=fliplr(images) ; end
if opts. numGpus > 0
  images = gpuArray( images) ;
end
inputs = {'input', images, 'label', labels} ;


% -----------------------------------------------------------------------
function imdb = getCifarImdb( opts)
% -----------------------------------------------------------------------
% Preapre the imdb structure, returns image data with mean image subtracted
unpackPath = fullfile( opts. dataDir, 'cifar-10-batches-mat') ;
files = [ arrayfun(@ (n) sprintf('data_batch_%d. mat', n), 1:5, 'UniformOutput', false) ...
    {'test_batch. mat'} ] ;
files = cellfun(@ (fn) fullfile( unpackPath, fn), files, 'UniformOutput', false) ;
file_set = uint8( [ones(1, 5), 3]) ;

if any( cellfun(@ (fn) ~exist(fn, 'file'), files))
  url = 'http://www. cs. toronto. edu/~kriz/cifar-10-matlab. tar. gz' ;
  fprintf('downloading %s\n', url) ;
  untar( url, opts. dataDir) ;
end


data = cell(1, numel(files)) ;
labels = cell(1, numel(files)) ;
sets = cell(1, numel(files)) ;
for fi = 1:numel(files)
  fd = load(files{fi}) ;
  data{fi} = permute(reshape(fd. data',32,32,3,[]),[2 1 3 4]) ;
  labels{fi} = fd. labels' + 1; % Index from 1
  sets{fi} = repmat(file_set(fi), size(labels{fi})) ;
```

```
        end

        set = cat(2, sets{:});
        data = single(cat(4, data{:}));

        % remove mean in any case
        dataMean = mean(data(:,:,:,set == 1), 4);
        data = bsxfun(@minus, data, dataMean);

        % normalize by image mean and std as suggested in `An Analysis of
        % Single-Layer Networks in Unsupervised Feature Learning` Adam
        % Coates, Honglak Lee, Andrew Y. Ng

        if opts.contrastNormalization
          z = reshape(data,[],60000);
          z = bsxfun(@minus, z, mean(z,1));
          n = std(z,0,1);
          z = bsxfun(@times, z, mean(n) ./ max(n, 40));
          data = reshape(z, 32, 32, 3, []);
        end

        if opts.whitenData
          z = reshape(data,[],60000);
          W = z(:,set == 1) * z(:,set == 1)'/60000;
          [V,D] = eig(W);
          % the scale is selected to approximately preserve the norm of W
          d2 = diag(D);
          en = sqrt(mean(d2));
          z = V * diag(en./max(sqrt(d2), 10)) * V' * z;
          data = reshape(z, 32, 32, 3, []);
        end

        clNames = load(fullfile(unpackPath, 'batches.meta.mat'));

        imdb.images.data = data;
        imdb.images.labels = single(cat(2, labels{:}));
        imdb.images.set = set;
        imdb.meta.sets = {'train', 'val', 'test'};
        imdb.meta.classes = clNames.label_names;
```

10.2.4 基于深度学习框架 MatConvNet 的图像语义分割

基于深度学习在图像分类方面的优秀表现, Ross Girshick 将目标检测与识别任务划分为基于候选区域提取的分类任务, 从而可以利用深度学习在分类任务上的强大性能。与传统方法相比, 他提出的 R-CNN 不需要人为设计特征, 而是通过深度学习方法自动获取特征; 采用区域建议的方式提取可能目标, 而不是用滑窗的方式检测目标, 减少了不必要的识别过程; 加入了边界框回归策略来进一步提高检测精度。

如图 10-28 所示, R-CNN 首先用选择性搜索算法提取目标候选区域, 通过深度卷积神经网络提取每一个候选区域的深度特征, 训练分类器进行分类, 最后通过边界框回归算法重新定位目标边界框。目标检测算法使用的是滑窗法，用来进行候选区域的提取，这样在每张图片中需要大量的候选区。在 R-CNN 中，使用选择性搜索预先提取一些可能包含物体的候选区域，随后对这些区域进行进一步特征提取，判断是否为目标。然后，对每一个候选区域提取，得到一维的特征向量进行分类。R-CNN 采用支持向量机进行分类。为更精确地进行目标定位，还需采用边框回归。

图 10-28　R-CNN 模型框架

R-CNN 也存在一些问题：①整个模型分为多个步骤，包括选择搜索提取候选区域，训练 CNN 特征提取模型，选取 SVM 分类器和边界回归器；②测试时间长，因为每张图片都要处理大量目标候选框；③训练时所需空间大，花费时间长，因为 R-CNN 在训练时每个候选区域都要调整成相同大小的图像，并输入网络中。

如图 10-29 所示，与 R-CNN 相比 Fast R-CNN 在目标候选区域生成方面没有改变，但是提出 ROI 感兴趣区域策略将候选区域映射到 CNN 模型的特征层，在特征层上提取对应区域的深层特征，然后将提取的特征直接用 Softmax 预测区域类别，用网络来学习一个边界框回归器。这样就将整个特征提取、分类和边界回归都整理成一个部分，提高了整个模型的效率。图 10-30 为 Fast R-CNN 模型框架的检测结果。

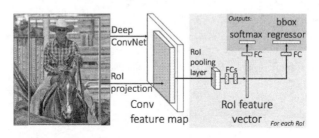

图 10-29　Fast R-CNN 模型框架

Fast R-CNN 的检测程序如下。

```
function fast_rcnn_demo( varargin )
%FAST_RCNN_DEMO   Demonstrates Fast-RCNN
%
% Copyright（C）2016 Abhishek Dutta and Hakan Bilen.
% All rights reserved.
%
% This file is part of the VLFeat library and is made available under
% the terms of the BSD license（see the COPYING file）.

run（fullfile（fileparts（mfilename（'fullpath'）），...
```

```
                  '..', '..', 'matlab', 'vl_setupnn.m')) ;

  addpath(fullfile(vl_rootnn,'examples','fast_rcnn','bbox_functions')) ;

  opts.modelPath = '' ;
  opts.classes = {'car'} ;
  opts.gpu = [ ] ;
  opts.confThreshold = 0.5 ;
  opts.nmsThreshold = 0.3 ;
  opts = vl_argparse(opts, varargin) ;

  % Load or download the Fast RCNN model
  paths = {opts.modelPath, ...
           './fast-rcnn-vgg16-dagnn.mat', ...
           fullfile(vl_rootnn, 'data', 'models', 'fast-rcnn-vgg16-pascal07-dagnn.mat'), ...
           fullfile(vl_rootnn, 'data', 'models-import', 'fast-rcnn-vgg16-pascal07-dagnn.mat')} ;
  ok = min(find(cellfun(@(x)exist(x,'file'), paths))) ;

  if isempty(ok)
    fprintf('Downloading the Fast RCNN model ... this may take a while\n') ;
    opts.modelPath = fullfile(vl_rootnn, 'data', 'models', 'fast-rcnn-vgg16-pascal07-dagnn.mat') ;
    mkdir(fileparts(opts.modelPath)) ;
    urlwrite('http://www.vlfeat.org/matconvnet/models/fast-rcnn-vgg16-pascal07-dagnn.mat', ...
             opts.modelPath) ;
  else
    opts.modelPath = paths{ok} ;
  end

  % Load the network and put it in test mode.
  net = load(opts.modelPath) ;
  net = dagnn.DagNN.loadobj(net);
  net.mode = 'test' ;

  % Mark class and bounding box predictions as 'precious' so they are
  % not optimized away during evaluation.
  net.vars(net.getVarIndex('cls_prob')).precious = 1 ;
  net.vars(net.getVarIndex('bbox_pred')).precious = 1 ;

  % Load a test image and candidate bounding boxes.
  im = single(imread('000004.jpg')) ;
  imo = im; % keep original image
  boxes = load('000004_boxes.mat') ;
  boxes = single(boxes.boxes') + 1 ;
  boxeso = boxes - 1; % keep original boxes

  % Resize images and boxes to a size compatible with the network.
  imageSize = size(im) ;
  fullImageSize = net.meta.normalization.imageSize(1) ...
       / net.meta.normalization.cropSize ;
```

```
scale = max( fullImageSize ./ imageSize( 1:2 ) ) ;
im = imresize( im, scale, ...
                    net. meta. normalization. interpolation, ...
                    'antialiasing', false ) ;
boxes = bsxfun( @ times, boxes − 1, scale ) + 1 ;

% Remove the average color from the input image.
imNorm = bsxfun( @ minus, im, net. meta. normalization. averageImage ) ;

% Convert boxes into ROIs by prepending the image index. There is only
% one image in this batch.
rois = [ ones( 1 , size( boxes,2) ) ; boxes ] ;

% Evaluate network either on CPU or GPU.
if numel( opts. gpu ) > 0
  gpuDevice( opts. gpu ) ;
  imNorm = gpuArray( imNorm ) ;
  rois = gpuArray( rois ) ;
  net. move( 'gpu' ) ;
end

net. conserveMemory = false ;
net. eval( { 'data', imNorm, 'rois', rois } ) ;

% Extract class probabilities and   bounding box refinements
probs = squeeze( gather( net. vars( net. getVarIndex( 'cls_prob' ) ). value ) ) ;
deltas = squeeze( gather( net. vars( net. getVarIndex( 'bbox_pred' ) ). value ) ) ;

% Visualize results for one class at a time
for i = 1:numel( opts. classes )
  c = find( strcmp( opts. classes{i} , net. meta. classes. name ) ) ;
  cprobs = probs( c,: ) ;
  cdeltas = deltas( 4 * ( c−1 )+( 1:4 ) ,: )' ;
  cboxes = bbox_transform_inv( boxeso', cdeltas ) ;
  cls_dets = [ cboxes cprobs' ] ;

  keep = bbox_nms( cls_dets, opts. nmsThreshold ) ;
  cls_dets = cls_dets( keep, : ) ;

  sel_boxes = find( cls_dets( : ,end ) >= opts. confThreshold ) ;

  imo = bbox_draw( imo/255,cls_dets( sel_boxes,: ) ) ;
  title( sprintf( 'Detections for class "%s"', opts. classes{i} ) ) ;

  fprintf( 'Detections for category "%s":\n', opts. classes{i} ) ;
  for j=1:size( sel_boxes,1 )
    bbox_id = sel_boxes( j,1 ) ;
    fprintf( '\t( %. 1f,%. 1f) \t( %. 1f,%. 1f) \tprobability =%. 6f\n', ...
             cls_dets( bbox_id,1 ) , cls_dets( bbox_id,2 ) , ...
```

```
                cls_dets( bbox_id,3), cls_dets( bbox_id,4), ...
                cls_dets( bbox_id,end) );

        end
    end
```

图 10-30　Fast R-CNN 模型框架的检测结果

10.3　机器学习在图像去噪领域中的应用

深度学习不仅在高水平图像处理（如分类与识别等）领域取得了巨大的成功，在低水平图像处理（如图像去噪）方面也取得了相当不错的效果。尤其是 2017 年，Zhang 等提出用深层神经网络实现图像去噪，其性能优于 BM3D（Block-Matching and 3D Filtering）。Zhang 等进一步提出基于残差网络的深层次神经网络去噪模型 DnCNN 模型，将 CNN 去噪器集成到基于模型的优化算法中，可实现图像去噪、解模糊等任务。该模型对噪声进行学习，并且采用 BN 层提高模型的性能，加速训练。训练中，从 BSD 图像库选取 400 幅图像，选择从 ImageNet 图像库 400 幅图像，从 Waterloo Exploration Database 选取 4744 幅图像。

最大后验概率（MAP）问题可表示为

$$\hat{x} = \arg \max_{x} \log p(y \mid x) + \log p(x) \tag{10-11}$$

式中，$\log p(y \mid x)$ 代表观察数据 y 的对数最大似然，$\log p(x)$ 刻画 x 的先验信息并且与 y 无关。

在图像处理领域，式（10-11）进一步写成

$$\hat{x} = \arg \min_{x} \frac{1}{2} \parallel y - Hx \parallel^2 + \lambda \Phi(x) \tag{10-12}$$

式（10-12）进一步可以写成

$$\hat{x} = \arg \min_{x} \frac{1}{2} \parallel y - Hx \parallel^2 + \lambda \Phi(z) \quad \text{s. t.} \quad z = x \tag{10-13}$$

然后，采用 HSQ 方法，进一步表示成

$$L_{\mu}(x,z)\hat{x} = \frac{1}{2} \parallel y - Hx \parallel^2 + \lambda \Phi(z) + \frac{\mu}{2} \parallel z - x \parallel^2 \tag{10-14}$$

式中，μ 为惩罚项参数。

式（10-14）的问题进一步可以写成

$$\begin{cases} x_{k+1} = \arg \min_{x} \parallel y - Hx \parallel^2 + \mu \parallel z_k - x \parallel^2 \\ z_{k+1} = \arg \min_{z} \frac{\mu}{2} \parallel z - x_{k+1} \parallel^2 + \lambda \Phi(z) \end{cases} \tag{10-15}$$

至此，正则化项和保真项被分开。保真项具有快速解法，比如

$$x_{k+1} = (H^T H + uI)^{-1}(H^T y + uz_k) \tag{10-16}$$

正则化项的解可写成

$$z_{k+1} = \arg \min_{z} \frac{1}{2 \left(\sqrt{\lambda/\mu} \right)^2} \parallel x_{k+1} - z \parallel^2 + \Phi(z) \tag{10-17}$$

其对应高斯去噪形式，噪声水平为 $\sqrt{\lambda/\mu}$。进一步，写成

$$z_{k+1} = Denoiser(x_{k+1}, \sqrt{\lambda/\mu}) \tag{10-18}$$

因此，图像先验 $\Phi(\cdot)$ 可用去噪先验 *Denoiser* 代替，并使用深度学习实现。学习到的 CNN *Denoiser* 作为一个模块用于基于模型的图像复原问题。

DnCNN 网络模型结构如图 10-31 所示。网络结构分为 7 层，依次为 Dialted Conv+ReLU、5 个 Dialted Conv+BNorm+ReLu 与 Dialted Conv，使用 Dialted filter 增加视野。图 10-32 和图 10-33 为去噪结果。DnCNN 对 BSD68 数据集的 PSNR 结果见表 10-3。

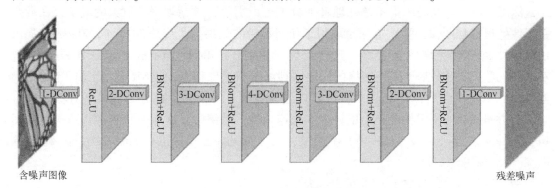

图 10-31　DnCNN 网络模型结构

表 10-3　DnCNN 对 BSD68 数据集的 PSNR 结果

方法	BM3D	WNNM	EPLL	MLP	CSF	TNRD	DnCNN-S	DnCNN-B
$\sigma = 15$	31.07	31.37	31.21	–	31.24	31.42	31.73	31.61
$\sigma = 25$	28.57	28.83	28.68	28.96	28.74	28.92	29.23	29.16
$\sigma = 50$	25.62	25.87	25.67	26.03	–	25.97	26.23	26.23

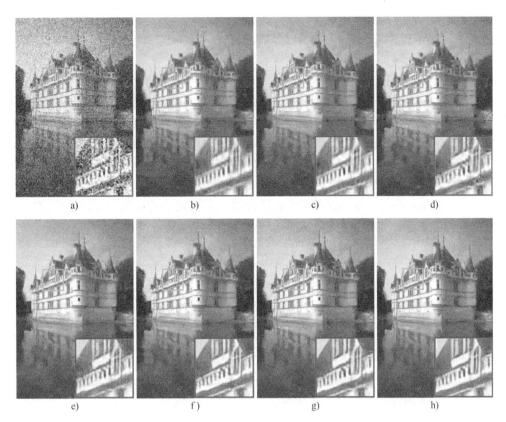

图 10-32　DnCNN 去噪结果 1

a）Noisy/14.76 dB　b）BM3D/26.21 dB　c）WNNM/26.51 dB　d）EPLL/26.36 dB

e）MLP/26.54 dB　f）TNRD/26.59 dB　g）DnCNN-S/26.90 dB　h）DnCNN-B/26.92 dB

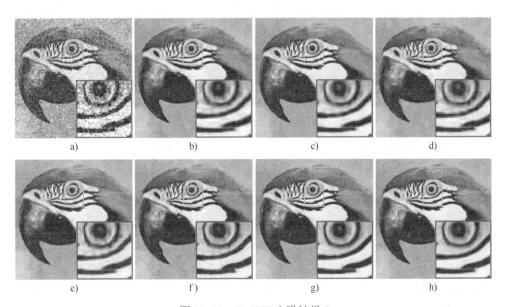

图 10-33　DnCNN 去噪结果 2

a）Noisy/15.00 dB　b）BM3D/25.90 dB　c）WNNM/26.14 dB　d）EPLL/25.95 dB

e）MLP/26.12 dB　f）TNRD/26.16 dB　g）DnCNN-S/26.48 dB　h）DnCNN-B/26.48 dB

10.4 机器学习在目标跟踪中的应用

1. 相关滤波跟踪原理

相关滤波基于两个信号相关值越大、相似性越大的原理。图像与滤波器进行相关处理，得到相应结果，根据滤波输出来判别与定位。理想的滤波器期望是在相关输出值中目标位置处产生强峰值，而其他位置处近似为 0。2010 年，David S. Bolme 在文章《Visual Object Tracking Using Adaptive Correlation Filters》中首次提出将相关滤波用于视觉跟踪。在跟踪开始阶段，首先在第一帧中初始选择目标窗口并进行随机仿射变换，得到一组样本图像序列。

David S. Bolme 提出了最小误差平方和滤波器，利用较少的样本和合成输出组对，通过最小化所有训练图像的实际相关输出与期望相关输出之差的平方和。

$$\min_{H^*} \sum_{i=1}^{n} |F_i \circ H^* - G_i|^2 \tag{10-19}$$

可得滤波器为

$$H_i^* = \frac{\sum\limits_{i=1}^{n} G_i \circ F_i^*}{\sum\limits_{i=1}^{n} F_i \circ F_i^* + \varepsilon} \tag{10-20}$$

在后续帧中，滤波器与搜索窗口进行相关操作，找到相关输出的最大位置来表示目标的当前帧位置，实现跟踪。同时，基于新的位置在线更新滤波器。

$$H_i^* = A_i / B_i \tag{10-21}$$

$$A_i = \eta G_i \circ F_i^* + (1-\eta) A_{i-1} \tag{10-22}$$

$$B_i = \eta G_i \circ F_i^* + (1-\eta) B_{i-1} \tag{10-23}$$

相关滤波器利用 FFT 运算加快速度，如 MOSSE 滤波器跟踪速度可达数百帧每秒，且准确率较高。

2. 深度学习跟踪

基于 CNN 的目标跟踪包括 ECO、C-COT 算法等。

基于 CNN 的目标跟踪相关资源可参考 https://github.com/martin-danelljan/Continuous-ConvOp 和 https://github.com/martin-danelljan/ECO 等。相应网址为 http://www.cvl.isy.liu.se/research/objrec/visualtracking/conttrack/index.html 和 http://www.cvl.isy.liu.se/research/objrec/visualtracking/ecotrack/index.html。

在图 10-34 所示的 COT 深度学习跟踪原理中，第一列为原图和特征图，特征图由预先训练的第一个和最后一个卷积输出。特征包含 5 种分辨率。第二列为训练得到的连续卷积滤波器，每个通道对应一个滤波器。第三列为由第二列滤波器对第一列特征图处理得到的响应图。第四列为第三列的加权平均，其最大值对应预测目标位置。采用三次样条插值运算从离散的特征图获取连续空间分辨率的特征图。C-COT 算法在 OTB-2015 的 100 个视频中，该方法在 OverLap 精度上从原有的 77.3% 提高到了 82.4%。ECO 在 C-COT 基础上进行改进：采用因式分解卷积，实现了对 C-COT 中滤波器的精简，降低了复杂性；在模型更新策略方面，采用固定帧数方式的稀疏更新策略，防止过拟合。图 10-35 为 C-COT 算法与其他算法的性能比较。图 10-36 和图 10-37 为 C-COT 和 ECO 跟踪结果示例。

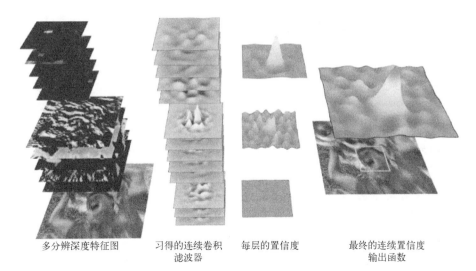

| 多分辨深度特征图 | 习得的连续卷积
滤波器 | 每层的置信度 | 最终的连续置信度
输出函数 |

图 10-34　C-COT 深度学习跟踪原理

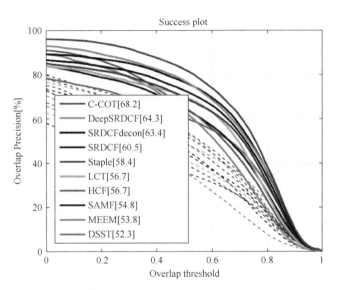

图 10-35　深度学习跟踪性能比较

C-COT 主程序：

```
setup_paths();
% Load video information
video_path = 'sequences/Crossing';
[seq, ground_truth] = load_video_info(video_path);

% Run C-COT
results = testing(seq);

s_frames = seq.s_frames;

% Feature specific parameters
hog_params.cell_size = 4;
```

```
grayscale_params. colorspace='gray';
grayscale_params. cell_size = 1;

cn_params. tablename = 'CNnorm';
cn_params. useForGray = false;
cn_params. cell_size = 4;

ic_params. tablename = 'intensityChannelNorm6';
ic_params. useForColor = false;
ic_params. cell_size = 4;

cnn_params. nn_name = 'imagenet-vgg-m-2048. mat'; % Name of the network
cnn_params. output_layer = [0 3 14];          % Which layers to use
cnn_params. downsample_factor = [4 2 1];     % How much to downsample each output layer
cnn_params. input_size_mode = 'adaptive';     % How to choose the sample size
cnn_params. input_size_scale = 1;             % Extra scale factor of the input samples to the network
                                              ( 1 is no scaling)

% Which features to include
params. t_features = {
    struct('getFeature', @ get_cnn_layers, 'fparams', cnn_params), ...
    ... struct('getFeature', @ get_colorspace, 'fparams', grayscale_params), ...
    ... struct('getFeature', @ get_fhog, 'fparams', hog_params), ...
    ... struct('getFeature', @ get_table_feature, 'fparams', cn_params), ...
    ... struct('getFeature', @ get_table_feature, 'fparams', ic_params), ...
};

% Global feature parameters
params. t_global. normalize_power = 2;       % Lp normalization with this p
params. t_global. normalize_size = true;     % Also normalize with respect to the spatial size of the fea-
                                             ture
params. t_global. normalize_dim = true;      % Also normalize with respect to the dimensionality of the fea-
                                             ture

% Image sample parameters
params. search_area_shape = 'square';        % The shape of the samples
params. search_area_scale = 5. 0;            % The scaling of the target size to get the search area
params. min_image_sample_size = 200^2;       % Minimum area of image samples
params. max_image_sample_size = 300^2;       % Maximum area of image samples

% Detection parameters
params. refinement_iterations = 1;           % Number of iterations used to refine the resulting position in
                                             a frame
params. newton_iterations = 5;               % The number of Newton iterations used for optimizing the de-
                                             tection score

% Learning parameters
params. output_sigma_factor = 1/12;          % Label function sigma
params. learning_rate = 0. 0075;             % Learning rate
params. nSamples = 400;                       % Maximum number of stored training samples
params. sample_replace_strategy = 'lowest_prior';   % Which sample to replace when the memory is full
params. lt_size = 0;                          % The size of the long-term memory (where all samples have e-
```

qual weight)

```
% Conjugate Gradient parameters
params. max_CG_iter = 5;                    % The number of Conjugate Gradient iterations
params. init_max_CG_iter = 100;             % The number of Conjugate Gradient iterations used in the
                                              first frame

params. CG_tol = 1e-3;                      % The tolerence of CG does not have any effect
params. CG_forgetting_rate = 10;            % Forgetting rate of the last conjugate direction
params. precond_data_param = 0.5;           % Weight of the data term in the preconditioner
params. precond_reg_param = 0.01;           % Weight of the regularization term in the preconditioner

% Regularization window parameters
params. use_reg_window = true;              % Use spatial regularization or not
params. reg_window_min = 1e-4;              % The minimum value of the regularization window
params. reg_window_edge = 10e-3;            % The impact of the spatial regularization
params. reg_window_power = 2;               % The degree of the polynomial to use ( e. g. 2 is a quadratic
                                              window)

params. reg_sparsity_threshold = 0.05;      % A relative threshold of which DFT coefficients that should be
                                              set to zero

% Interpolation parameters
params. interpolation_method = 'bicubic';   % The kind of interpolation kernel
params. interpolation_bicubic_a = -0.75;    % The parameter for the bicubic interpolation kernel
params. interpolation_centering = true;     % Center the kernel at the feature sample
params. interpolation_windowing = false;    % Do additional windowing on the Fourier coefficients of
                                              the kernel

% Scale parameters
params. number_of_scales = 5;               % Number of scales to run the detector
params. scale_step = 1.02;                  % The scale factor

% Other parameters
params. visualization = 1;                  % Visualiza tracking and detection scores
params. debug = 0;                          % Do full debug visualization


% Initialize
params. wsize = [ seq. init_rect( 1 ,4) , seq. init_rect( 1 ,3) ];
params. init_pos = [ seq. init_rect( 1 ,2) , seq. init_rect( 1 ,1) ] + floor( params. wsize/2) ;
params. s_frames = s_frames;

% Run tracker
results = tracker( params) ;
```

ECO 主程序:

```
video_path = 'sequences/Crossing';
[ seq, ground_truth ] = load_video_info( video_path) ;
Feature specific parameters
hog_params. cell_size = 4;
hog_params. compressed_dim = 10;
% grayscale_params. colorspace='gray';
% grayscale_params. cell_size = 1;
```

```
%
% cn_params. tablename = 'CNnorm';
% cn_params. useForGray = false;
% cn_params. cell_size = 4;
% cn_params. compressed_dim = 3;
%
% ic_params. tablename = 'intensityChannelNorm6';
% ic_params. useForColor = false;
% ic_params. cell_size = 4;
% ic_params. compressed_dim = 3;

cnn_params. nn_name = 'imagenet-vgg-m-2048. mat';    % Name of the network
cnn_params. output_layer = [3 14];              % Which layers to use
cnn_params. downsample_factor = [2 1];          % How much to downsample each output layer
cnn_params. compressed_dim = [16 64];           % Compressed dimensionality of each output layer
cnn_params. input_size_mode = 'adaptive';       % How to choose the sample size
cnn_params. input_size_scale = 1;               % Extra scale factor of the input samples to the network
                                                  (1 is no scaling)

% Which features to include
params. t_features = {
    struct('getFeature',@ get_cnn_layers, 'fparams',cnn_params),...
    struct('getFeature',@ get_fhog, 'fparams',hog_params),...
    ...struct('getFeature',@ get_colorspace, 'fparams',grayscale_params),...
    ...struct('getFeature',@ get_table_feature, 'fparams',cn_params),...
    ...struct('getFeature',@ get_table_feature, 'fparams',ic_params),...
};

% Global feature parameters1s
params. t_global. normalize_power = 2;      % Lp normalization with this p
params. t_global. normalize_size = true;    % Also normalize with respect to the spatial size of the feature
params. t_global. normalize_dim = true;     % Also normalize with respect to the dimensionality of the fea-
                                              ture

% Image sample parameters
params. search_area_shape = 'square';       % The shape of the samples
params. search_area_scale = 4. 5;           % The scaling of the target size to get the search area
params. min_image_sample_size = 200^2;      % Minimum area of image samples
params. max_image_sample_size = 250^2;      % Maximum area of image samples

% Detection parameters
params. refinement_iterations = 1;      % Number of iterations used to refine the resulting position in
                                          a frame
params. newton_iterations = 5;          % The number of Newton iterations used for optimizing the detec-
                                          tion score
params. clamp_position = false;         % Clamp the target position to be inside the image

% Learning parameters
params. output_sigma_factor = 1/12;     % Label function sigma
params. learning_rate = 0. 009;         % Learning rate
params. nSamples = 50;                  % Maximum number of stored training samples
params. sample_replace_strategy = 'lowest_prior';    % Which sample to replace when the memory is full
```

params. lt_size = 0;   % The size of the long−term memory (where all samples have equal weight)

params. train_gap = 5;   % The number of intermediate frames with no training (0 corresponds to training every frame)

params. skip_after_frame = 1;   % After which frame number the sparse update scheme should start (1 is directly)

params. use_detection_sample = true;   % Use the sample that was extracted at the detection stage also for learning

% Factorized convolution parameters

params. use _ projection _ matrix = true;   % Use projection matrix, i. e. use the factorized convolution formulation

params. update_projection_matrix = true;   % Whether the projection matrix should be optimized or not

params. proj_init_method = 'pca';   % Method for initializing the projection matrix

params. projection_reg = 5e−8;   % Regularization paremeter of the projection matrix

% Generative sample space model parameters

params. use_sample_merge = true;   % Use the generative sample space model to merge samples

params. sample_merge_type = 'Merge';   % Strategy for updating the samples

params. distance_matrix_update_type = 'exact';   % Strategy for updating the distance matrix

% Conjugate Gradient parameters

params. CG_iter = 5;   % The number of Conjugate Gradient iterations in each update after the first frame

params. init_CG_iter = 10 * 15;   % The total number of Conjugate Gradient iterations used in the first frame

params. init_GN_iter = 10;   % The number of Gauss−Newton iterations used in the first frame (only if the projection matrix is updated)

params. CG_ use _ FR = false;   % Use the Fletcher − Reeves (true) or Polak − Ribiere (false) formula in the Conjugate Gradient

params. CG_standard_alpha = true;   % Use the standard formula for computing the step length in Conjugate Gradient

params. CG_forgetting_rate = 75;   % Forgetting rate of the last conjugate direction

params. precond_data_param = 0. 3;   % Weight of the data term in the preconditioner

params. precond_reg_param = 0. 015;   % Weight of the regularization term in the preconditioner

params. precond_proj_param = 35;   % Weight of the projection matrix part in the preconditioner

% Regularization window parameters

params. use_reg_window = true;   % Use spatial regularization or not

params. reg_window_min = 1e−4;   % The minimum value of the regularization window

params. reg_window_edge = 10e−3;   % The impact of the spatial regularization

params. reg_ window _ power = 2;   % The degree of the polynomial to use (e. g. 2 is a quadratic window)

params. reg_sparsity_threshold = 0. 05;   % A relative threshold of which DFT coefficients that should be set to zero

% Interpolation parameters

params. interpolation_method = 'bicubic';   % The kind of interpolation kernel

params. interpolation_bicubic_a = −0. 75;   % The parameter for the bicubic interpolation kernel

params. interpolation_centering = true;   % Center the kernel at the feature sample

params. interpolation_windowing = false;   % Do additional windowing on the Fourier coefficients of the kernel

```
% Scale parameters for the translation model
% Only used if: params. use_scale_filter = false
params. number_of_scales = 5;                   % Number of scales to run the detector
params. scale_step = 1. 02;                      % The scale factor

% Scale filter parameters
% Only used if: params. use_scale_filter = true
params. use_scale_filter = false;                % Use the fDSST scale filter or not (for speed)
% params. scale_sigma_factor = 1/16;             % Scale label function sigma
% params. scale_learning_rate = 0. 025;          % Scale filter learning rate
% params. number_of_scales_filter = 17;          % Number of scales
% params. number_of_interp_scales = 33;          % Number of interpolated scales
% params. scale_model_factor = 1. 0;             % Scaling of the scale model
% params. scale_step_filter = 1. 02;             % The scale factor for the scale filter
% params. scale_model_max_area = 32 * 16;        % Maximume area for the scale sample patch
% params. scale_feature = 'HOG4';                % Features for the scale filter (only HOG4 supported)
% params. s_num_compressed_dim = 'MAX';          % Number of compressed feature dimensions in the
scale filter
% params. lambda = 1e-2;                          % Scale filter regularization
% params. do_poly_interp = true;                  % Do 2nd order polynomial interpolation to obtain more
                                                    accurate scale

% Visualization
params. visualization = 1;                        % Visualiza tracking and detection scores
params. debug = 0;                                % Do full debug visualization

% GPU
params. use_gpu = true;                           % Enable GPU or not
params. gpu_id = [ ];                             % Set the GPU id, or leave empty to use default

% Initialize
params. seq = seq;
```

图 10-36   C-COT 视频跟踪效果

图 10-37　ECO 视频跟踪效果

10.5　机器学习在三维重建中的应用

10.5.1　双目视觉

深度学习在高水平视觉问题方面的性能得到了有效验证，如目标检测、分类、分割等领域。在低水平领域，也在逐渐得到关注。双目视觉基于双目视差原理得到深度图。通过深度神经网络对视差进行预测是双目视差估计方面的新发展。卷积神经网络可用于双目立体图像的匹配。给定左边图像的 patch（块），其任务是右侧图像中正确的 patch。网络模型通常为孪生神经网络，其通过两个分支网络对两组输入数据进行相同处理，然后采用分类的思想对特征向量进行预测。

如图 10-38 所示，在卷积图层之上使用一个简单的点积图层来连接网络的两个分支。从而以更快的速度进行计算。训练过程中，从左图像选取一个 patch，左图像对应的一个网络得到一个 64 维特征向量，从另外一个分支得到另外一个 64 维特征向量，然后对每个可能的视差计算内积，通过 Softmax 函数计算损失函数。图 10-39 为 10 万次训练条件下双目视差深度神经网络的视差预测结果。

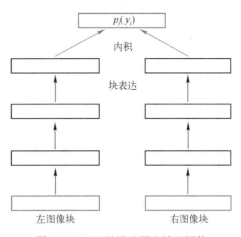

图 10-38　双目视差深度神经网络

图 10-39 双目视差深度神经网络视差预测结果

算法实现代码如下。

```
import tensorflow as tf
import os
import models. net_factory as nf
import numpy as np
from data_handler import Data_handler

flags = tf. app. flags

flags. DEFINE_integer('batch_size', 128, 'Batch size. ')
flags. DEFINE_integer('num_iter', 120000, 'Total training iterations')
flags. DEFINE_string('model_dir', 'model', 'Trained network dir')
flags. DEFINE_string('data_version', 'kitti2015', 'kitti2012 or kitti2015')
flags. DEFINE_string('data_root', './training', 'training dataset dir')
flags. DEFINE_string('util_root', './debug_15', 'Binary training files dir')
flags. DEFINE_string('net_type', 'win19_dep9', 'Network type: win37_dep9 pr win19_dep9')
```

```
flags. DEFINE_integer('eval_size', 200, 'number of evaluation patchs per iteration')
flags. DEFINE_integer('num_tr_img', 160, 'number of training images')
flags. DEFINE_integer('num_val_img', 34, 'number of evaluation images')
flags. DEFINE_integer('patch_size', 19, 'training patch size')
flags. DEFINE_integer('num_val_loc', 50000, 'number of validation locations')
flags. DEFINE_integer('disp_range', 201, 'disparity range')
flags. DEFINE_string('phase', 'evaluate', 'train or evaluate')

flags. DEFINE_string('load_model_dir', './model', 'Trained network dir')

FLAGS = flags. FLAGS

np. random. seed(123)

dhandler = Data_handler(data_version=FLAGS. data_version,
    data_root=FLAGS. data_root,
    util_root=FLAGS. util_root,
    num_tr_img=FLAGS. num_tr_img,
    num_val_img=FLAGS. num_val_img,
    num_val_loc=FLAGS. num_val_loc,
    batch_size=FLAGS. batch_size,
    patch_size=FLAGS. patch_size,
    disp_range=FLAGS. disp_range)


if FLAGS. data_version == 'kitti2012':
    num_channels = 1
elif FLAGS. data_version == 'kitti2015':
    num_channels = 3
else :
    print('no data')


def train() :
    if not os. path. exists(FLAGS. model_dir) :
        os. makedirs(FLAGS. model_dir)


    g = tf. Graph()
    with g. as_default() :

        limage = tf. placeholder(tf. float32, [None, FLAGS. patch_size, FLAGS. patch_size, num_
channels], name='limage')
            rimage = tf. placeholder(tf. float32, [None, FLAGS. patch_size, FLAGS. patch_size +
FLAGS. disp_range - 1, num_channels], name='rimage')
        targets = tf. placeholder(tf. float32, [None, FLAGS. disp_range], name='targets')

        snet = nf. create(limage, rimage, targets, FLAGS. net_type)

        loss = snet['loss']
        train_step = snet['train_step']
        session = tf. InteractiveSession()
```

367

```python
#train from iter 0
session.run(tf.global_variables_initializer())
saver = tf.train.Saver(max_to_keep=1)

#train from restore
#print(FLAGS.load_model_dir)
#saver.restore(session, tf.train.latest_checkpoint(FLAGS.load_model_dir))

acc_loss = tf.placeholder(tf.float32, shape=())
loss_summary = tf.summary.scalar('loss', acc_loss)
train_writer = tf.summary.FileWriter(FLAGS.model_dir + '/training', g)

saver = tf.train.Saver(max_to_keep=1)
losses = []
summary_index = 1
lrate = 1e-2

for it in range(1, FLAGS.num_iter):
    lpatch, rpatch, patch_targets = dhandler.next_batch()

    train_dict = {limage:lpatch, rimage:rpatch, targets:patch_targets,
                  snet['is_training']: True, snet['lrate']: lrate}
    _, mini_loss = session.run([train_step, loss], feed_dict=train_dict)
    losses.append(mini_loss)

    if it % 100 == 0:
        print('Loss at step: %d: %.6f' % (it, mini_loss))
        saver.save(session, os.path.join(FLAGS.model_dir, 'model.ckpt'),
global_step=snet['global_step'])
        train_summary = session.run(loss_summary,
            feed_dict={acc_loss: np.mean(losses)})
        train_writer.add_summary(train_summary, summary_index)
        summary_index += 1
        train_writer.flush()
        losses = []

    if it == 24000:
        lrate = lrate / 5.
    elif it > 24000 and (it - 24000) % 8000 == 0 and it<40000:
        lrate = lrate / 5.
    elif it == 40000:
        lrate = lrate / 10.
    elif it > 40000 and (it - 40000) % 8000 == 0:
        lrate = lrate / 10.


def evaluate():
    lpatch, rpatch, patch_targets = dhandler.evaluate()
    labels = np.argmax(patch_targets, axis=1)

    with tf.Session() as session:
```

```python
        limage = tf. placeholder ( tf. float32, [ None, FLAGS. patch _ size, FLAGS. patch _ size, num _
channels], name = 'limage')
        rimage = tf. placeholder ( tf. float32, [ None, FLAGS. patch _ size, FLAGS. patch _ size +
FLAGS. disp_range - 1, num_channels], name = 'rimage')
        targets = tf. placeholder( tf. float32, [ None, FLAGS. disp_range], name = 'targets')

        snet = nf. create( limage, rimage, targets, FLAGS. net_type)
        prod = snet[ 'inner_product']
        predicted = tf. argmax( prod, axis = 1)
        acc_count = 0

        saver = tf. train. Saver( )
        saver. restore( session, tf. train. latest_checkpoint( FLAGS. model_dir) )

        for i in range( 0, lpatch. shape[ 0], FLAGS. eval_size) :
            eval_dict = { limage:lpatch[ i: i + FLAGS. eval_size],
                rimage:rpatch[ i: i + FLAGS. eval_size], snet[ 'is_training'] : False }
            pred = session. run( [ predicted], feed_dict = eval_dict)
            acc_count += np. sum( np. abs( pred - labels[ i: i + FLAGS. eval_size]) <= 3)
            print( 'iter. %d finished, with %d correct ( 3-pixel error)' % ( i + 1, acc_count))

        print( 'accuracy: %. 3f' % ( ( acc_count / lpatch. shape[ 0]) * 100))


if FLAGS. phase == 'train':
    train( )
elif FLAGS. phase == 'evaluate':
    evaluate( )
else :
    print( 'no data2')


import tensorflow as tf
import os
import models. net_factory as nf
import numpy as np
from data_handler import Data_handler
from scipy import misc
import matplotlib. pyplot as plt

flags = tf. app. flags

flags. DEFINE_integer( 'batch_size', 128, 'Batch size. ')
flags. DEFINE_integer( 'num_iter', 97400, 'Total training iterations')
flags. DEFINE_string( 'model_dir', '. /model', 'Trained network dir')
flags. DEFINE_string( 'out_dir', '. /disp_images', 'output dir')
flags. DEFINE_string( 'data_version', 'kitti2015', 'kitti2012 or kitti2015')
flags. DEFINE_string( 'data_root', '. /training', 'training dataset dir')
flags. DEFINE_string( 'util_root', '. /debug_15', 'Binary training files dir')
flags. DEFINE_string( 'net_type', 'win19_dep9', 'Network type: win37_dep9 pr win19_dep9')

flags. DEFINE_integer( 'eval_size', 200, 'number of evaluation patchs per iteration')
```

```python
flags. DEFINE_integer('num_tr_img', 160, 'number of training images')
flags. DEFINE_integer('num_val_img', 34, 'number of evaluation images')
flags. DEFINE_integer('patch_size', 19, 'training patch size')
flags. DEFINE_integer('num_val_loc', 50000, 'number of validation locations')
flags. DEFINE_integer('disp_range', 128, 'disparity range')
flags. DEFINE_integer('num_imgs', 5, 'Number of test images')
flags. DEFINE_integer('start_id', 0, 'ID of first test image')


FLAGS = flags. FLAGS

np. random. seed(123)

file_ids = np. fromfile(os. path. join(FLAGS. util_root, 'myPerm. bin'), '<f4')

if FLAGS. data_version == 'kitti2015':
    num_channels = 3
elif FLAGS. data_version == 'kitti2012':
    num_channels = 1

scale_factor = 255 / (FLAGS. disp_range - 1)

if not os. path. exists(FLAGS. out_dir):
        os. makedirs(FLAGS. out_dir)


with tf. Session() as session:

        limage = tf. placeholder(tf. float32, [None, None, None, num_channels], name='limage')
        rimage = tf. placeholder(tf. float32, [None, None, None, num_channels], name='rimage')
        targets = tf. placeholder(tf. float32, [None, FLAGS. disp_range], name='targets')

        snet = nf. create(limage, rimage, targets, FLAGS. net_type)

        lmap = tf. placeholder(tf. float32, [None, None, None, 64], name='lmap')
        rmap = tf. placeholder(tf. float32, [None, None, None, 64], name='rmap')


        map_prod = nf. map_inner_product(lmap, rmap)

        saver = tf. train. Saver()
        saver. restore(session, tf. train. latest_checkpoint(FLAGS. model_dir))

        for i in range(FLAGS. start_id, FLAGS. start_id + FLAGS. num_imgs):
            file_id = file_ids[i]

            if FLAGS. data_version == 'kitti2015':
                linput = misc. imread(('%s/image_2/%06d_10. png') % (FLAGS. data_root, file_
id))
                rinput = misc. imread(('%s/image_3/%06d_10. png') % (FLAGS. data_root, file_
id))
```

```
elif FLAGS. data_version = = 'kitti2012'：
    linput = misc. imread(('%s/image_0/%06d_10. png') % (FLAGS. data_root, file_
id))
    rinput = misc. imread(('%s/image_1/%06d_10. png') % (FLAGS. data_root, file_
id))


linput = (linput - linput. mean()) / linput. std()
rinput = (rinput - rinput. mean()) / rinput. std()

linput = linput. reshape(1, linput. shape[0], linput. shape[1], num_channels)
rinput = rinput. reshape(1, rinput. shape[0], rinput. shape[1], num_channels)

test_dict = {limage：linput, rimage：rinput, snet['is_training']：False}
limage_map, rimage_map = session. run([snet['lbranch'], snet['rbranch']], feed_dict
=test_dict)

map_width = limage_map. shape[2]
unary_vol = np. zeros((limage_map. shape[1], limage_map. shape[2], FLAGS. disp_
range))

for loc in range(FLAGS. disp_range)：
    x_off = -loc
    l = limage_map[：, :, max(0, -x_off)：map_width, :]
    r = rimage_map[：, :, 0：min(map_width, map_width + x_off), :]
    res = session. run(map_prod, feed_dict={lmap: l, rmap: r})

    unary_vol[：, max(0, -x_off)：map_width, loc] = res[0, :, :]

print('Image %s processed. ' % (i + 1))
pred = np. argmax(unary_vol, axis=2) * scale_factor

misc. imsave('%s/disp_map_%06d_10. png' % (FLAGS. out_dir, file_id), pred)
```

10.5.2 光场成像与重建

传统工业相机具有低动态范围、小景深（光圈越大景深越小）、单一视角等缺点。与传统相机的成像相比，光场相机一次曝光成像可获得光线空间位置信息与方向信息，能通过计算成像实现多视角成像、数字重聚焦、景深扩展与深度重建等功能。光场成像是近年来计算摄像学领域的研究热点。图 10-40 所示为斯坦福大学（图 10-40a）、Raytrix 公司（图 10-40b）和 Lytro 公司（图 10-40c）研制或生产的光场相机。

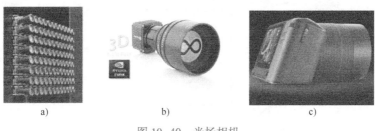

a)   b)   c)

图 10-40　光场相机

微透镜光场成像的基本原理图如图 10-41 所示：在主透镜与传感器之间放入为微透镜阵列，微透镜的个数决定了光场子孔径图像的分辨率，单个透镜覆盖的像素个数决定了光场图像的方向个数。光场成像的效果可以理解为很多个相机阵列的成像。

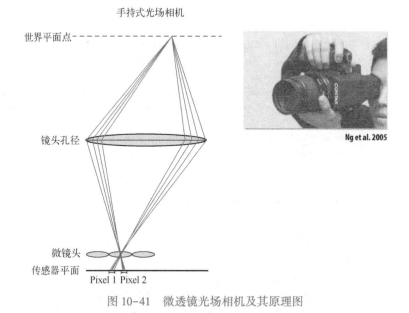

图 10-41　微透镜光场相机及其原理图

图 10-42 为 EPINET 深度神经网络，网络模型为全卷积形式，输入数据为多视图 EPI 数据，输出为深度图。本部分使用的深度学习平台为 TensorFlow，操作系统为 Windows 10，CPU 为 i5 7500，GPU 为 GTX1080，内存 16G。TensorFlow 版本为 1.8，Python 版本为 3.5。图 10-43 为 EPINET 深度神经网络的光场三维重建结果，实现代码如下。

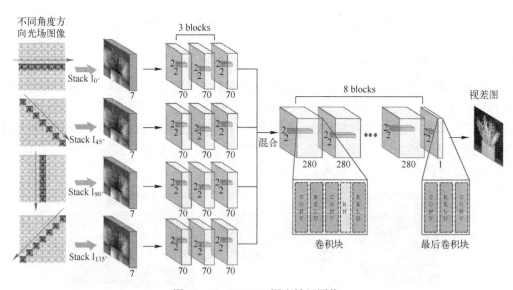

图 10-42　EPINET 深度神经网络

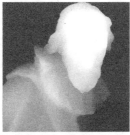

图 10-43　EPINET 光场三维重建结果

– * – coding：utf-8 – * –
"""
Created on Wed Mar 28 14：41：04 2018

@ author：shinyonsei2
"""
'''

The order of LF image files may be different with this file.
（Top to Bottom，Left to Right，and so on..）
If you use different LF images，
you should change our 'func_makeinput. py' file.
Light field images：input_Cam000–080. png
All viewpoints = 9x9（81）

–– LF viewpoint ordering ––
00 01 02 03 04 05 06 07 08
09 10 11 12 13 14 15 16 17
18 19 20 21 22 23 24 25 26
27 28 29 30 31 32 33 34 35
36 37 38 39 40 41 42 43 44
45 46 47 48 49 50 51 52 53
54 55 56 57 58 59 60 61 62
63 64 65 66 67 68 69 70 71
72 73 74 75 76 77 78 79 80

We use star–shape 9x9 viewpoints
for depth estimation
#
00   04   08
10   13   16
20   22   24
30 31 32

```
# 36 37 38 39 40 41 42 43 44
#          48 49 50
#     56      58     60
#   64        67         70
# 72          76              80

'''

#import numpy as np
import numpy as np
import os
import time
from epinet_fun. func_pfm import write_pfm
from epinet_fun. func_makeinput import make_epiinput
from epinet_fun. func_makeinput import make_multiinput
from epinet_fun. func_epinetmodel import layer1_multistream
from epinet_fun. func_epinetmodel import layer2_merged
from epinet_fun. func_epinetmodel import layer3_last
from epinet_fun. func_epinetmodel import define_epinet
import matplotlib. pyplot as plt

if __name__ == '__main__':

    # Input : input_Cam000-080. png
    # Depth output : image_name. pfm
    dir_output='epinet_output'
    if not os. path. exists( dir_output) :
        os. makedirs( dir_output)
    # GPU setting ( gtx 1080ti - gpu0 )
    os. environ[ "CUDA_DEVICE_ORDER" ] ="PCI_BUS_ID"
    os. environ[ "CUDA_VISIBLE_DEVICES" ] ="0"


    '''
    /// Setting 1. LF Images Directory

    Setting01_LFdir = 'synthetic': Test synthetic LF images ( from 4D Light Field Benchmark)
                        "A Dataset and Evaluation Methodology for
                        Depth Estimation on 4D Light Fields".
                        http://hci-lightfield. iwr. uni-heidelberg. de/

    Setting01_LFdir = 'Lytro': Test real LF images( Lytro)

    '''
    Setting01_LFdir = 'Lytro'
#   Setting01_LFdir='Lytro'

    if ( Setting01_LFdir == 'synthetic') :
        dir_LFimages=[ 'training/dino','training/cotton']
        image_w=512
        image_h=512
```

374

```
    elif ( Setting01_LFdir = = 'Lytro' ) :
        dir_LFimages = [ 'lytro/2067' ]
        image_w = 552
        image_h = 383


    '''
    /// Setting 2.  Angular Views

    Setting02_AngualrViews = [ 2,3,4,5,6 ] : 5x5 viewpoints

    Setting02_AngualrViews = [ 0,1,2,3,4,5,6,7,8 ] : 9x9 viewpoints

    # ------ 5x5 viewpoints -----
    #
    #       20    22    24
    #          30 31 32
    #       38 39 40 41 42
    #          48 49 50
    #       56    58    60
    #
    # --------------------------


    # ------ 9x9 viewpoints -----
    #
    # 00           04           08
    #     10           13           16
    #          20    22    24
    #             30 31 32
    # 36 37 38 39 40 41 42 43 44
    #             48 49 50
    #          56    58    60
    #     64           67           70
    # 72              76              80
    #
    # --------------------------
    '''


#   Setting02_AngualrViews = [ 2,3,4,5,6 ]   # number of views ( 2~6 for 5x5 )
    Setting02_AngualrViews = [ 0,1,2,3,4,5,6,7,8 ]   # number of views ( 0~8 for 9x9 )

    if ( len( Setting02_AngualrViews ) = = 5 ) :
        path_weight = 'epinet_checkpoints/iter12640_5x5mse1. 526_bp5. 96. hdf5' # sample weight.
    if ( len( Setting02_AngualrViews ) = = 9 ) :
        path_weight = 'epinet_checkpoints/iter16320_9x9mse1. 496_bp3. 55. hdf5' # sample weight.

    img_scale = 1 #    1 for small_baseline( default ) <3. 5px,
                  # 0. 5 for large_baseline images    <   7px

    img_scale_inv = int( 1/img_scale )
```

```python
''' Define Model ( set parameters )'''

model_conv_depth = 7
model_filt_num = 70
model_learning_rate = 0. 1 * * 5
model_512 = define_epinet( round( img_scale * image_h) ,
                           round( img_scale * image_w) ,
                           Setting02_AngualrViews ,
                           model_conv_depth ,
                           model_filt_num ,
                           model_learning_rate)


''' Model Initalization '''

model_512. load_weights( path_weight)
dum_sz = model_512. input_shape[ 0 ]
dum = np. zeros( ( 1 , dum_sz[ 1 ] , dum_sz[ 2 ] , dum_sz[ 3 ] ) , dtype = np. float32)
dummy = model_512. predict( [ dum , dum , dum , dum ] , batch_size = 1 )


"""   Depth Estimation    """
for image_path in dir_LFimages :


    ( val_90d , val_0d , val_45d , val_M45d) = make_multiinput( image_path ,
                                                                image_h ,
                                                                image_w ,
                                                                Setting02_AngualrViews)

    start = time. clock( )

    # predict
    val_output_tmp = model_512. predict( [ val_90d[ : , : : img_scale_inv , : : img_scale_inv ] ,
                                           val_0d[ : , : : img_scale_inv , : : img_scale_inv ] ,
                                           val_45d[ : , : : img_scale_inv , : : img_scale_inv ] ,
                                           val_M45d[ : , : : img_scale_inv , : : img_scale_inv ] ] ,
                                         batch_size = 1 ) ;

    runtime = time. clock( ) − start
    plt. imshow( val_output_tmp[ 0 , : , : , 0 ] )
    print( "runtime : %. 5f( s) " % runtime)

    # save . pfm file
    write_pfm( val_output_tmp[ 0 , : , : , 0 ] , dir_output + '/%s. pfm' % ( image_path. split( '/' ) [ −
1 ] ) )
```

参 考 文 献

[1] 张广军. 机器视觉 [M]. 北京：科学出版社, 2005.

[2] 宋丽梅, 王红一. 数字图像处理基础及工程应用 [M]. 北京：机械工业出版社, 2018.

[3] 马颂德, 张正友. 计算机视觉 [M]. 北京：科学出版社, 1998.

[4] Milan Sonka, Vaclav Hlavac, Roger Boyle. 图像处理、分析与机器视觉 [M]. 艾海舟, 苏延超, 等译. 北京：清华大学出版社, 2008.

[5] 伯特霍尔德·霍恩. 机器视觉 [M]. 蒋欣兰, 等译. 北京：中国青年出版社, 2014.

[6] 章毓晋. 图像工程 [M]. 北京：清华大学出版社, 2012.

[7] Richard Szeliski. 计算机视觉——算法与应用 [M]. 艾海舟, 兴军亮, 译. 北京：清华大学出版社, 2012.

[8] 韩九强. 机器视觉技术及应用 [M]. 北京：高等教育出版社, 2009.

[9] Rafael C. Gonzalez, Richard E. Woods. 数字图像处理 [M]. 3 版. 阮秋琦, 阮宇智, 等译. 北京：电子工业出版社, 2017.

[10] 何明一, 卫保国. 数字图像处理 [M]. 北京：科学出版社, 2008.

[11] 周志华. 机器学习 [M]. 北京：清华大学出版社, 2016.

[12] 张铮, 徐超, 任淑霞, 等. 数字图像处理与机器视觉 [M]. 北京：人民邮电出版社, 2016.

[13] 詹青龙, 卢爱芹, 李立宗, 等. 数字图像处理技术 [M]. 北京：清华大学出版社, 2010.

[14] 王一丁, 李琛, 王蕴红. 数字图像处理 [M]. 西安：西安电子科技大学出版社, 2015.

[15] 禹晶, 孙卫东, 肖创柏. 数字图像处理 [M]. 北京：机械工业出版社, 2015.

[16] 张培珍, 等. 数字图像处理及应用 [M]. 北京：北京大学出版社, 2015.

[17] 宋丽梅, 罗菁, 等. 模式识别 [M]. 北京：机械工业出版社, 2015.

[18] 冯象初. 图像处理的变分和偏微分方程方法 [M], 北京：科学出版社, 2009.

[19] 赵启. 图像匹配算法研究 [D]. 西安：西安电子科技大学, 2013.

[20] 朱虹, 蔺广逢, 欧阳光振. 数字图像处理基础与应用 [M]. 北京：清华大学出版社, 2012.

[21] 孙正. 数字图像处理技术及应用 [M]. 北京：机械工业出版社, 2016.

[22] 毛星云, 冷雪飞, 等. OpenCV3 编程入门 [M]. 北京：电子工业出版社, 2015.

[23] 龚声蓉. 数字图像处理与分析 [M]. 北京：清华大学出版社, 2014.

[24] 焦李成. 深度学习、优化与识别 [M]. 北京：清华大学出版社, 2017.

[25] 赵斌, 周军. 基于改进棋盘的角点自动检测与排序 [J]. 光学精密工程, 2015, 23 (01)：237-244.

[26] 马扬飚, 钟约先, 郑聆, 等. 三维数据拼接中编码标志点的设计与检测 [J]. 清华大学学报（自然科学版）, 2006, 46 (02)：169-175.

[27] 解则晓, 高翔, 朱瑞新. 环状编码标记点的高效提取与鲁棒识别算法 [J]. 光电子·激光, 2015, 26 (03)：559-566.

[28] 赵静. 三维激光扫描数据处理 [D]. 扬州：扬州大学, 2009.

[29] 刘姝男. 基于三维扫描仪的逆向产品开发研究 [D]. 长春：长春理工大学, 2015.

[30] 张云珠. 工业机器人手眼标定技术研究 [D]. 哈尔滨：哈尔滨工程大学, 2009.

[31] 杨广林, 孔令富, 王洁. 一种新的机器人手眼关系标定方法 [J]. 机器人, 2006, 28 (4)：400-405.

[32] 宋丽梅,陈昌曼,陈卓,等.环状编码标记点的检测与识别 [J]. 光学精密工程, 2013, 21 (12): 3239-3247.

[33] 常玉兰. 多摄像机三维物体空间坐标采集系统的研究 [D]. 天津:天津工业大学, 2016.

[34] 王佳炎. 基于机器视觉的车用灯泡检测系统研究 [D]. 天津:天津工业大学, 2017.

[35] 魏泽. 引脚共面度的高精度三维检测与识别方法研究 [D]. 天津:天津工业大学, 2018.

[36] 邓耀辉. 反光表面的快速三维瑕疵检测与识别方法研究 [D]. 天津:天津工业大学, 2018.

[37] 张贤达. 矩阵分析与应用 [M]. 北京:清华大学出版社, 2013.

[38] 胡浩,梁晋,唐正宗,等. 显微立体视觉小尺度测量系统的标定 [J]. 光学精密工程, 2014, 22 (8): 1985-1994.

[39] 李景辉. 显微立体视觉系统标定与微结构半遮挡研究 [D]. 大连:大连海事大学, 2007.

[40] 王文强. 显微视觉定位系统中的摄像机标定技术研究 [D]. 大连:大连海事大学, 2013.

[41] 任宏伟. ESPI 相位提取中的关键技术及电路系统动态热变形实验研究 [D], 天津:天津大学. 2013.

[42] 朱新军,邓耀辉,唐晨,等. 条纹投影三维形貌测量的变分模态分解相位提取 [J]. 光学精密工程, 2016, 24 (9): 2318-2324.

[43] 王超, 基于变分问题和偏微分方程的图像处理技术研究 [D]. 合肥:中国科学技术大学, 2007.

[44] 喻俨,莫瑜,等. 深度学习原理与 TensorFlow 实践 [M]. 北京:电子工业出版社. 2017.

[45] 胡伟. 改进的层次 K 均值聚类算法 [J]. 计算机工程与应用, 2013, 49 (02): 157-159.

[46] 王晓华,傅卫平. 零件的双目视觉识别定位与抓取系统研究 [J]. 制造业自动化, 2010, 12: 129-132.

[47] 邓桦. 机械臂空间目标视觉抓取的研究 [D]. 哈尔滨:哈尔滨工业大学, 2013.

[48] 刘晓召. 基于小波变换的纹理图像多尺度分割算法研究 [D]. 重庆:重庆大学, 2010.

[49] 张启灿,苏显渝. 动态三维面形测量的研究进展 [J]. 激光与光电子学进展, 2013, 50 (1): 010001.

[50] 达飞鹏,盖绍彦. 光栅投影三维精密测量 [M]. 北京:科学出版社 2011.

[51] 李中伟. 基于数字光栅投影的结构光三维测量技术与系统研究 [D]. 武汉:华中科技大学, 2009.

[52] 曹奥阳. 交通标志识别算法研究 [D]. 北京:北京交通大学, 2017.

[53] 宋丽梅,覃名翠,杨燕罡,等. 激光视觉方法用于检测齿轮加工误差 [J]. 光电工程, 2015, 01: 1-5.

[54] 张荣,李伟平,莫同. 深度学习研究综述 [J]. 信息与控制, 2018, 47 (4): 385-397.

[55] 修春波. 人工智能原理 [M]. 北京:机械工业出版社, 2011.

[56] 卢昱璇. 基于卷积神经网络的图像超分辨率重建及其视觉改进 [D]. 合肥:安徽大学, 2016.